嵌入式控制系统人机界面设计

侯殿有 编著

北京航空航天大学出版社

内 容 简 介

本书讲解嵌入式控制系统人机界面设计，分三部分：第一部分对 LED 和 LCD 的显示原理做简单介绍；第二部分介绍 LED 的使用和程序编写；第三部分介绍 LCD 的使用和程序编写。为照顾使用不同编程语言的读者，程序分别使用 C 语言和汇编语言给出。

本书适合于嵌入式控制系统相关专业的本科生、研究生，以及从事嵌入式控制系统教学和科研的教师及工程技术人员阅读。

图书在版编目(CIP)数据

嵌入式控制系统人机界面设计 / 侯殿有编著. -- 北京：北京航空航天大学出版社，2011.9
ISBN 978-7-5124-0570-7

Ⅰ. ①嵌… Ⅱ. ①侯… Ⅲ. ①计算机控制系统－人机界面－系统设计 Ⅳ. ①TB11

中国版本图书馆 CIP 数据核字(2011)第 162411 号

版权所有，侵权必究。

嵌入式控制系统人机界面设计
侯殿有　编著
责任编辑　张少扬　孟　博　杨　坤

*

北京航空航天大学出版社出版发行

北京市海淀区学院路 37 号（邮编 100191）　http://www.buaapress.com.cn
发行部电话：(010)82317024　传真：(010)82328026
读者信箱：emsbook@gmail.com　邮购电话：(010)82316936
北京时代华都印刷有限公司印装　各地书店经销

*

开本：787×1 092　1/16　印张：29　字数：736 千字
2011 年 9 月第 1 版　2011 年 9 月第 1 次印刷　印数：4 000 册
ISBN 978-7-5124-0570-7　定价：59.00 元（含光盘 1 张）

若本书有倒页、脱页、缺页等印装质量问题，请与本社发行部联系调换。联系电话：(010)82317024

前言

1. 为什么写作本书

我多年来一直在兵器部第55研究所做嵌入式系统开发工作,其间参加4项国家指令性课题,20余项横向课题;现被聘为大学教授,5个学年、10个学期一直给学生讲授《单片机C语言程序设计》和《ARM嵌入式C语言编程》等课程,指导学生参加全国和省级电子设计和嵌入式设计大赛,获奖多项;在工作和教学中积累了不少经验,特别是关于"人机界面设计"更有一些体会,把这些东西总结出来与同学和同行共享,感到非常快乐。

2. 本书有什么特点

本书最大的特点是实践性非常强,有许多程序是我在工作中研制、总结和使用过的,在其他资料中是没有的。例如通用字模提取程序、各种字模转换和一些驱动程序都是我编制的,直接可在工作中使用,对从事嵌入式设计的同行会有很大帮助。

3. 本书结构

本书内容分为三部分:第一部分对LED和LCD的显示原理做简单介绍;第二部分介绍LED的使用和程序;第三部分,也是本书重点,介绍LCD的使用和程序编写。为照顾使用不同编程语言的读者,程序分别使用C语言和汇编语言给出。这里有许多程序是我在多年工作中使用的,不一定最优,但确实好用。

4. 本书资料来源

本书资料主要来自几个方面:

① 多年《MCS-51单片机C语言程序设计》和《ARM嵌入式程序设计》教学中使用的资料。

② 作者在20多年科研工作中使用、指导学生参加各种大赛中积累的经验、资料、程序。

③ 网上资源。

④ 其他类似著作和教材。

⑤ 一些公司的产品使用说明书或技术资料。

作者对使用或借鉴资料的个人或公司表示感谢。

5. 使用本书建议

对本书的意见和建议请与作者联系,联系信箱:houdianyou456@sina.com。

6. 书中资料可免费在北京航空航天大学出版社网站下载

书中通用字模提取程序密码:194512125019。

侯殿有

长春理工大学光电信息学院

2011年7月17日

目 录

第 1 章 嵌入式控制系统的特点 ⋯⋯⋯⋯⋯⋯⋯⋯⋯⋯⋯⋯⋯⋯⋯⋯⋯⋯⋯⋯⋯⋯⋯⋯⋯⋯ 1
1.1 嵌入式控制系统人机界面设计方案及各种方案的特点 ⋯⋯⋯⋯⋯⋯⋯⋯⋯⋯⋯ 1
1.1.1 LED 显示器 ⋯⋯⋯⋯⋯⋯⋯⋯⋯⋯⋯⋯⋯⋯⋯⋯⋯⋯⋯⋯⋯⋯⋯⋯⋯⋯⋯ 2
1.1.2 LCD 显示器 ⋯⋯⋯⋯⋯⋯⋯⋯⋯⋯⋯⋯⋯⋯⋯⋯⋯⋯⋯⋯⋯⋯⋯⋯⋯⋯⋯ 3
1.2 嵌入式控制系统人机界面设计中的显示器件 ⋯⋯⋯⋯⋯⋯⋯⋯⋯⋯⋯⋯⋯⋯⋯⋯ 4
1.2.1 采用 LED 显示器 ⋯⋯⋯⋯⋯⋯⋯⋯⋯⋯⋯⋯⋯⋯⋯⋯⋯⋯⋯⋯⋯⋯⋯⋯⋯ 4
1.2.2 采用 LCD 显示器 ⋯⋯⋯⋯⋯⋯⋯⋯⋯⋯⋯⋯⋯⋯⋯⋯⋯⋯⋯⋯⋯⋯⋯⋯⋯ 9

第 2 章 LED 显示器驱动 ⋯⋯⋯⋯⋯⋯⋯⋯⋯⋯⋯⋯⋯⋯⋯⋯⋯⋯⋯⋯⋯⋯⋯⋯⋯⋯⋯ 15
2.1 半导体发光二极管点阵驱动 ⋯⋯⋯⋯⋯⋯⋯⋯⋯⋯⋯⋯⋯⋯⋯⋯⋯⋯⋯⋯⋯⋯⋯ 15
2.1.1 8×8 二极管点阵驱动 ⋯⋯⋯⋯⋯⋯⋯⋯⋯⋯⋯⋯⋯⋯⋯⋯⋯⋯⋯⋯⋯⋯⋯ 15
2.1.2 16×16 二极管点阵驱动 ⋯⋯⋯⋯⋯⋯⋯⋯⋯⋯⋯⋯⋯⋯⋯⋯⋯⋯⋯⋯⋯⋯ 20
2.2 八段式数码管动态驱动 ⋯⋯⋯⋯⋯⋯⋯⋯⋯⋯⋯⋯⋯⋯⋯⋯⋯⋯⋯⋯⋯⋯⋯⋯⋯ 25
2.2.1 八段式数码管与计算机的连接 ⋯⋯⋯⋯⋯⋯⋯⋯⋯⋯⋯⋯⋯⋯⋯⋯⋯⋯ 25
2.2.2 动态显示程序 ⋯⋯⋯⋯⋯⋯⋯⋯⋯⋯⋯⋯⋯⋯⋯⋯⋯⋯⋯⋯⋯⋯⋯⋯⋯⋯ 25

第 3 章 LCD 显示汉字和图形的基本原理 ⋯⋯⋯⋯⋯⋯⋯⋯⋯⋯⋯⋯⋯⋯⋯⋯⋯⋯⋯⋯ 28
3.1 国标汉字字符集与区位码 ⋯⋯⋯⋯⋯⋯⋯⋯⋯⋯⋯⋯⋯⋯⋯⋯⋯⋯⋯⋯⋯⋯⋯⋯ 28
3.1.1 汉字和字符显示原理 ⋯⋯⋯⋯⋯⋯⋯⋯⋯⋯⋯⋯⋯⋯⋯⋯⋯⋯⋯⋯⋯⋯⋯ 28
3.1.2 汉字字符集概述 ⋯⋯⋯⋯⋯⋯⋯⋯⋯⋯⋯⋯⋯⋯⋯⋯⋯⋯⋯⋯⋯⋯⋯⋯⋯ 30
3.1.3 汉字的内码 ⋯⋯⋯⋯⋯⋯⋯⋯⋯⋯⋯⋯⋯⋯⋯⋯⋯⋯⋯⋯⋯⋯⋯⋯⋯⋯⋯ 30
3.1.4 内码转换为区位码 ⋯⋯⋯⋯⋯⋯⋯⋯⋯⋯⋯⋯⋯⋯⋯⋯⋯⋯⋯⋯⋯⋯⋯⋯ 30
3.1.5 其他西文字符在计算机中的存储和显示 ⋯⋯⋯⋯⋯⋯⋯⋯⋯⋯⋯⋯⋯⋯ 31
3.2 字模提取与小字库的建立 ⋯⋯⋯⋯⋯⋯⋯⋯⋯⋯⋯⋯⋯⋯⋯⋯⋯⋯⋯⋯⋯⋯⋯⋯ 32
3.2.1 用汇编语言提取字模和汉字显示 ⋯⋯⋯⋯⋯⋯⋯⋯⋯⋯⋯⋯⋯⋯⋯⋯⋯ 32
3.2.2 用 C 语言提取字模和建立小字库 ⋯⋯⋯⋯⋯⋯⋯⋯⋯⋯⋯⋯⋯⋯⋯⋯⋯ 39
3.2.3 用 Delphi 提取字模和建立小字库 ⋯⋯⋯⋯⋯⋯⋯⋯⋯⋯⋯⋯⋯⋯⋯⋯⋯ 45
3.2.4 通用字模提取程序 MinFonBase 的使用说明 ⋯⋯⋯⋯⋯⋯⋯⋯⋯⋯⋯⋯ 56
3.3 两种字模形式的自动转换 ⋯⋯⋯⋯⋯⋯⋯⋯⋯⋯⋯⋯⋯⋯⋯⋯⋯⋯⋯⋯⋯⋯⋯⋯ 56
3.3.1 汇编语言字模转换为 C 语言字模 ⋯⋯⋯⋯⋯⋯⋯⋯⋯⋯⋯⋯⋯⋯⋯⋯⋯ 56
3.3.2 C 语言字模转换为汇编语言字模 ⋯⋯⋯⋯⋯⋯⋯⋯⋯⋯⋯⋯⋯⋯⋯⋯⋯ 56
3.4 自造字模点阵和图形点阵 ⋯⋯⋯⋯⋯⋯⋯⋯⋯⋯⋯⋯⋯⋯⋯⋯⋯⋯⋯⋯⋯⋯⋯⋯ 60

第 4 章 T6963C 的汉字字符显示 ⋯⋯⋯⋯⋯⋯⋯⋯⋯⋯⋯⋯⋯⋯⋯⋯⋯⋯⋯⋯⋯⋯⋯⋯ 61
4.1 T6963C 的一般介绍 ⋯⋯⋯⋯⋯⋯⋯⋯⋯⋯⋯⋯⋯⋯⋯⋯⋯⋯⋯⋯⋯⋯⋯⋯⋯⋯⋯ 61

4.1.1	T6963C 的硬件构造	61
4.1.2	T6963C 的电气特性和时序	63

4.2 T6963C 的指令系统 ... 64
    4.2.1 T6963C 的状态字 ... 64
    4.2.2 T6963C 的参数设置指令 ... 64
    4.2.3 T6963C 的控制字指令 ... 66
    4.2.4 T6963C 的数据读/写指令 ... 68
    4.2.5 T6963C 的屏操作指令 ... 68
    4.2.6 T6963C 的位操作指令 ... 69

4.3 T6963C 和单片机的连接 ... 69
    4.3.1 T6963C 和单片机的直接连接 ... 69
    4.3.2 T6963C 和单片机的间接连接 ... 71

4.4 T6963C 的驱动程序 ... 73
    4.4.1 T6963C 的汇编语言驱动程序 ... 73
    4.4.2 T6963C 的 C 语言驱动程序 ... 82
    4.4.3 T6963C 的内嵌字符表 ... 102

第 5 章 JM12864F 的汉字和字符显示 ... **103**

5.1 JM12864F 的概况 ... 103
5.2 JM12864F 的软件驱动程序 ... 104
    5.2.1 JM12864F 的汇编语言驱动程序 ... 104
    5.2.2 JM12864F 的 C 语言驱动程序 ... 111

第 6 章 KS0108 液晶显示器驱动控制 ... **126**

6.1 KS0108 液晶显示器概述 ... 126
    6.1.1 KS0108 的硬件特点 ... 126
    6.1.2 KS0108 的时序 ... 128
    6.1.3 KS0108 与微处理器的接口 ... 129
    6.1.4 KS0108 的电源和对比度调整 ... 129

6.2 KS0108 的指令系统 ... 130
6.3 KS0108 的软件驱动程序 ... 132
    6.3.1 KS0108 的汇编语言驱动程序 ... 132
    6.3.2 KS0108 的 C 语言驱动程序 ... 151

第 7 章 HD61830 液晶显示器驱动控制 ... **177**

7.1 HD61830 液晶显示器概述 ... 177
    7.1.1 HD61830 液晶显示器的特点 ... 177
    7.1.2 HD61830 与微处理器的连接 ... 179

7.2 HD61830 的指令系统 ... 182
    7.2.1 方式控制指令 ... 183
    7.2.2 显示域设置指令 ... 183
    7.2.3 光标设置指令 ... 184

7.2.4　数据读/写指令 ·· 185
　　7.2.5　"位"操作指令 ·· 185
7.3　HD61830 液晶显示器驱动控制程序 ·· 185
　　7.3.1　HD61830 的汇编语言显示驱动 ·· 185
　　7.3.2　HD61830 的 C 语言显示驱动 ·· 193

第 8 章　LSD12864CT 显示驱动 — 212

8.1　LSD12864CT 硬件概述 ·· 212
　　8.1.1　主要技术参数和性能 ·· 212
　　8.1.2　LSD12864CT 的引脚及功能 ··· 213
　　8.1.3　LSD12864CT 的时序 ··· 214
　　8.1.4　LSD12864CT 与微处理器的连接 ··· 215
8.2　LSD12864CT 的指令系统 ··· 215
　　8.2.1　LSD12864CT 内部寄存器 ·· 215
　　8.2.2　LSD12864CT 指令说明 ··· 217
8.3　LSD12864CT 的软件驱动程序 ··· 218
　　8.3.1　LSD12864CT 汇编语言驱动程序 ··· 218
　　8.3.2　LSD12864CT C 语言驱动程序 ·· 224

第 9 章　HD44780(KS0066U)的显示驱动 — 242

9.1　硬件特点和电特性 ·· 242
　　9.1.1　基本特点和电特性 ··· 242
　　9.1.2　HD44780 的时序和参数 ·· 243
　　9.1.3　HD44780 与微处理器的连接 ·· 244
9.2　HD44780 的指令系统 ·· 244
　　9.2.1　内部寄存器设置 ·· 244
　　9.2.2　指令说明 ··· 247
9.3　HD44780 的显示驱动程序 ·· 250
　　9.3.1　HD44780 的汇编语言显示驱动 ··· 250
　　9.3.2　HD44780 的 C 语言显示驱动 ··· 259

第 10 章　内嵌中文字库的 LCD 显示驱动 — 267

10.1　STN7920 概述 ·· 267
　　10.1.1　STN7920 的主要特点和功能 ··· 267
　　10.1.2　STN7920 的引脚功能描述 ·· 268
　　10.1.3　STN7920 的读/写时序 ··· 270
　　10.1.4　STN7920 与微处理器的接口 ··· 271
10.2　STN7920 的指令系统 ··· 273
　　10.2.1　STN7920 的内部寄存器 ··· 273
　　10.2.2　STN7920 的基本指令系统 ·· 274
　　10.2.3　STN7920 的扩展指令系统 ·· 276
10.3　STN7920 的软件驱动程序 ··· 277

- 10.3.1 STN7920 的汇编语言驱动程序 …… 277
- 10.3.2 STN7920 的 C 语言驱动程序 …… 287
- 10.3.3 STN7920 显示驱动的进一步探讨 …… 291

第 11 章 SED1520/1521 LCD 显示驱动 …… 305
- 11.1 SED1520/1521 功能概述 …… 305
  - 11.1.1 SED1520/1521 的主要特点 …… 305
  - 11.1.2 SED1520/1521 的时序 …… 306
  - 11.1.3 SED1520/1521 的 RAM 结构 …… 307
  - 11.1.4 SED1520/1521 的指令系统 …… 308
- 11.2 SED1520/1521 与微处理器的连接 …… 310
  - 11.2.1 SED1520D0A 与微处理器的连接 …… 310
  - 11.2.2 SED1520DAA 与微处理器的连接 …… 313
- 11.3 SED1520/1521 软件驱动程序 …… 315
  - 11.3.1 SED1520/1521 的汇编语言驱动程序 …… 315
  - 11.3.2 SED1520/1521 的 C 语言驱动程序 …… 329

第 12 章 SED1330 LCD 显示驱动 …… 355
- 12.1 SED1330 功能概述 …… 355
  - 12.1.1 SED1330 的主要特点和硬件结构 …… 355
  - 12.1.2 SED1330 和微处理器的接口和时序 …… 357
- 12.2 SED1330 指令系统 …… 358
  - 12.2.1 系统控制指令 …… 359
  - 12.2.2 显示操作指令 …… 360
  - 12.2.3 绘图操作指令 …… 363
  - 12.2.4 数据读/写操作指令 …… 364
- 12.3 SED1330 的软件驱动程序 …… 365
  - 12.3.1 SED1330 的汇编语言驱动程序 …… 365
  - 12.3.2 SED1330 的 C 语言驱动程序 …… 372

第 13 章 嵌入式处理器 S3C2410 显示驱动 …… 385
- 13.1 S3C2410 的 LCD 控制器 …… 385
  - 13.1.1 S3C2410 显示控制特点 …… 385
  - 13.1.2 S3C2410 的控制信号和外部引脚 …… 386
  - 13.1.3 S3C2410 STN 的视频操作 …… 388
  - 13.1.4 S3C2410 TFT LCD 的视频操作 …… 392
  - 13.1.5 LCD 专用控制寄存器 …… 393
- 13.2 S3C2410 的 LCD 驱动程序 …… 398
  - 13.2.1 S3C2410 的系统资源 …… 398
  - 13.2.2 "LCD 驱动"程序 …… 400
  - 13.2.3 S3C2410 的汉字和图形显示 …… 406

第 14 章 灰度液晶 HD66421 的应用 …… 426

14.1　HD66421 的硬件简介 ……………………………………………………………… 426
14.2　HD66421 的软件编程 ……………………………………………………………… 428
　　14.2.1　HD66421 的内部寄存器 …………………………………………………… 428
　　14.2.2　HD66421 与微处理器的接口及驱动程序 ………………………………… 431

第 15 章　S3C6410(ARM11)显示驱动 ……………………………………………… 444
15.1　嵌入式操作系统 …………………………………………………………………… 444
15.2　基于 FrameBuffer 的 LCD 驱动程序简介 ………………………………………… 444
15.3　利用打点函数完成图形和汉字显示 ……………………………………………… 448
15.4　显示程序调试 ……………………………………………………………………… 450

参考文献 …………………………………………………………………………………… 451

第 1 章
嵌入式控制系统的特点

1.1 嵌入式控制系统人机界面设计方案及各种方案的特点

在现代计算机应用领域,除经常使用以 PC 为代表的通用计算机外,在工业和控制领域还大量使用单片机。

单片机就是在一片半导体硅片上集成了中央处理单元(CPU)、存储器(RAM/ROM)和各种 I/O 接口的微型计算机。这样一块集成电路芯片具有一台微型计算机的功能,因此被称为单片微型计算机,简称单片机。

有些单片机功能比较齐全,我们称之为通用单片机;有些单片机是专门为某一应用领域研制的,突出某一功能,例如专门的数控芯片、数字信号处理芯片等,我们称之为专用单片机。有时我们也把这两种单片机统称为微处理器。

单片机主要应用在测试和控制领域,由于单片机在使用时,通常处于测试和控制领域的核心地位并嵌入其中,因此我们也常把单片机称为嵌入式微控制器(embedded micro controller unit),把嵌入某种微处理器或单片机的测试和控制系统称为嵌入式控制系统(embedded control system)。

嵌入式控制系统在航空航天、机械电子、家用电器等领域都有广泛应用,特别是家用电器领域是嵌入式控制系统最大的应用领域,MP3 播放器、MP4 播放器、MP5 播放器、数码相机、扫描仪、PC、车载电视、DVD 播放机、PDA……,到处都可以看到嵌入式控制系统的应用。

我们在进行嵌入式控制系统设计时,首先要进行人机界面设计,根据嵌入式控制系统的特点,人机界面应该具有小、巧、轻、灵、薄和信息量大、价格低廉的特点。

在比较简单的嵌入式控制系统中,常使用发光二极管(Light Emitting Diode,LED)或由发光二极管组成的点阵做显示界面,这种界面显示字体清晰、价格低廉。缺点是显示的信息量少。

在嵌入式控制系统中,最常使用液晶显示器(Liquid Crystal Display,LCD)做显示界面,这种界面显示的信息量大,显示字体的大小和内容可由软件控制,中低档产品价格低廉。缺点是温度范围小,在温度超过 85 ℃或低于 −20 ℃时显示可能不正常。

1.1.1 LED 显示器

LED(Light Emitting Diode)发光二极管,是一种固态的半导体器件,它可以直接把电转化为光,其构造如图 1-1 所示。

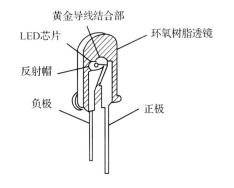

图 1-1 发光二极管

LED 的心脏是一个半导体的晶片,晶片的一端附在一个支架上,是负极;另一端连接电源的正极,整个晶片用环氧树脂封装起来。

半导体晶片由两部分组成,一部分是 P 型半导体,其中空穴占主导地位;另一部分是 N 型半导体,其中电子占主导地位。当这两种半导体连接起来的时候,它们之间就形成一个"P-N 结"。当电流通过导线作用于这个晶片的时候,电子就会被推向 P 区,在 P 区里电子跟空穴复合,然后就会以光子的形式发出能量,这就是 LED 发光的原理。而光的波长决定光的颜色,是由形成 P-N 结材料的禁带宽度决定的。

鉴于 LED 的自身优势,目前主要应用于以下几大方面:

① 由于 LED 具有抗振、耐冲击、光响应速度快、省电和寿命长等特点,广泛应用于各种室内照明、户外显示屏、交通信号灯上。

② 汽车内部的仪表板、音响指示灯、开关的背光源、阅读灯和外部的刹车灯、尾灯、侧灯以及头灯、高位刹车灯等。

③ LED 背光源,特别是高效侧发光的背光源最为引人注目,LED 作为 LCD 背光源应用,具有寿命长、发光效率高、无干扰和性价比高等特点,已广泛应用于电子手表、手机、电子计算器和刷卡机上,随着便携电子产品日趋小型化,LED 背光源更具优势,因此背光源制作技术将向更薄型、低功耗和均匀一致方面发展。

④ LED 照明光源早期的产品发光效率低,光强一般只能达到几个到几十个 mcd,适用在室内场合(家电、仪器仪表、通信设备、微机及玩具等方面)应用。目前直接目标是 LED 光源替代白炽灯和荧光灯,这种替代趋势已从局部应用领域开始发展。

⑤ 其他应用,例如受到儿童欢迎的闪光鞋、电动牙刷的电量指示灯等。

⑥ 家用室内照明的 LED 产品越来越受人们的欢迎,LED 筒灯、LED 天花灯、LED 日光灯、LED 光纤灯已悄悄地进入家庭。

⑦ 除上面介绍的以外,在控制系统中,1 位 LED 发光二极管可以显示一个控制对象的状态;8 位发光二极管除可以显示 8 个控制对象的状态外,还可以显示 1 字节的 8 位数据。无符号数的显示范围为 0~255;有符号数的显示范围为 -128~+127。最高位亮,该数为负;最高位暗,该数为正。

若干个 LED 发光二极管按一定规律排列,可以组成各种常用点阵,如图 1-2 所示。关于它们的显示将在第 2 章讲述。

第 1 章　嵌入式控制系统的特点

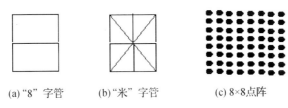

(a) "8"字管　　　(b) "米"字管　　　(c) 8×8点阵

图 1-2　几种常用 LED 点阵

1.1.2　LCD 显示器

LCD 为英文 Liquid Crystal Display 的缩写,即液晶显示,LCD 是一种数字显示技术。

我们先从"液晶"的诞生开始讲起。在 1888 年,一位奥地利的植物学家菲德烈·莱尼泽(Friedrich Reinitzer)发现了一种特殊的物质,他从植物中提炼出一种称为螺旋性甲苯酸盐的化合物。在为这种化合物做加热实验时,他意外地发现此种化合物具有两个不同温度的熔点。而它的状态介于我们一般所熟知的液态与固态物质之间,有点类似肥皂水的胶状溶液,但它在某一温度范围内却具有液体和结晶双重性质。由于这种物质的独特状态,后来便把它命名为 Liquid Crystal,就是液态结晶物质的意思。不过,虽然液晶早在 1888 年就被发现了,但是真正达到实际应用,却是在 80 年后的事情了。

1968 年,美国 RCA 公司(美国无线电公司)的沙诺夫研发中心,工程师们发现了液晶分子会受到电压的影响而改变其分子的排列状态,并且可以让射入的光线产生偏转的现象。利用此原理,RCA 公司发明了世界上第一台使用液晶显示的 LCD 屏。后来,液晶显示技术被广泛地用在一般的电子产品中,如计算器、电子表、手机 LCD 屏、医院所使用的仪器或数字相机中的 LCD 屏等。

液晶显示器是以液晶材料为基本组件的,由于液晶是介于固态和液态之间的,既具有固态晶体光学特性,又具有液态流动特性,可以说是一个中间相。而要了解液晶所产生的光电效应,我们必须来解释液晶的物理特性,包括它的黏性(viscosity)、弹性(elasticity)和极化性(polarizalility)。

液晶的黏性和弹性与液晶分子的排列性质有关,当外界作用力量(如电场)的方向不同时,液晶的排列会发生改变,进而对光线产生不同的折射效果。

此外,液晶除具有黏性的反应外,还具有弹性的反应,它们对于外加的力量,呈现了方向性的效果。因此光线射入液晶物质中,必然会按照液晶分子的排列方式,产生偏转现象。

至于液晶分子中的电子结构,则具备着很强的电子共轭运动能力,所以当液晶分子受到外加电场的作用时,很容易地被极化产生感应偶极性(induced dipolar),这也是液晶分子之间互相作用力量的来源。

一般电子产品中所用的液晶显示器,就是利用液晶的光电效应,借助外部的电压控制,再通过液晶分子的折射特性以及对光线的偏转能力来获得亮暗变化(或称为可视光学的对比),进而达到显像目的的。

液晶显示器,依驱动方式可分为被动矩阵驱动(static matrix)、单纯矩阵驱动(simple matrix)以及主动矩阵驱动(active matrix)三种。其中,被动矩阵型又可分为扭转式向列型(Twisted Nematic,TN)、超扭转式向列型(Super Twisted Nematic,STN)及其他被动矩阵驱动液晶显示器;而主动矩阵型大致可分为薄膜式晶体管型(Thin Film Transistor,TFT)及二端子二极管型(Metal/Insulator/Metal,MIM)两种形式。

TN、STN及TFT型液晶显示器因其利用液晶分子扭转原理不同,在视角、彩色、对比及动画显示品质上有高低层次的差别,使其应用范围亦有明显区别。

以目前液晶显示技术所应用的范围以及层次而言,主动式矩阵驱动技术是以薄膜式晶体管型(TFT)为主流,多应用于笔记本计算机及动画、影像处理产品。而单纯矩阵驱动技术目前则以扭转向列(TN)及超扭转向列(STN)为主,目前的应用多以文书处理器以及消费性产品为主。其中,TFT液晶显示器所需的资金投入以及技术需求较高,而TN及STN的技术及资金需求则相对较低。

在嵌入式控制系统中,产品的最大特点是轻、薄、短、小,所以其显示系统大多使用LCD显示器。

这类产品由于本身的特点和价格低廉,大多使用单纯的本身只有明暗两种情形(或称黑白)的TN液晶显示器和显示色调以淡绿色与橘色为主的STN液晶显示器。

在某些高级应用场合,常用尺寸为640×480像素、320×240像素、160×160像素等,最大为2 048×1 024像素,有256级彩色模式或4 096级彩色模式的TFT LCD显示器。

液晶显示器件一般包括控制器、驱动器和液晶显示屏三部分,而液晶显示模块则是把液晶显示屏、控制器、驱动器、连接件、PCB线路板、背光源、结构件装配到一起的组件,英文名称为LCD Module,简称LCM,我们一般简称为"液晶显示模块",如图1-3所示。

图1-3 液晶显示模块结构

液晶显示模块的型号非常多,但只要是控制器相同,其驱动程序基本相同。控制器按功能分为两种,一种是字符型控制器,另一种是点阵图形型控制器。字符型控制器只能显示西文字符或笔画简单的汉字,价格低廉,在低档嵌入式控制系统中使用较多;点阵型控制器能显示各种曲线和汉字,在复杂嵌入式控制系统中使用较多。

为了满足用户的需求,LCD生产厂家研制和生产了各种性能和规格的LCD显示模块,厂家把LCD控制器、驱动器和显示屏做在一个模块上,用户只要把模块上的LCD控制器接口和微处理器简单连接,并按不同LCD控制器的指令系统编写驱动程序,即可完成系统显示工作。

本书的主要任务就是帮助读者完成各类LCD显示模块的显示驱动工作。

1.2 嵌入式控制系统人机界面设计中的显示器件

1.2.1 采用LED显示器

1. 采用一只或几只发光二极管做系统显示

在这种情况下,主要就是选择价格低廉、性能较好的发光二极管。发光二极管的种类非常多,价格从 0.1～1 元不等,图 1-4 列出几种常用的发光二极管。

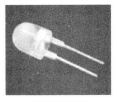
(a) 圆头型LED

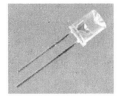
(b) 内凹型LED

(c) 草帽型LED

图 1-4 几种常用的发光二极管

发光二极管还可分为普通单色发光二极管、高亮度发光二极管、超高亮度发光二极管、变色发光二极管、闪烁发光二极管、电压控制型发光二极管、红外发光二极管和负阻发光二极管等。

(1) 普通单色发光二极管

普通单色发光二极管具有体积小、工作电压低、工作电流小、发光均匀稳定、响应速度快、寿命长等优点,可用各种直流、交流、脉冲等电源驱动点亮。它属于电流控制型半导体器件,使用时需串接合适的限流电阻。

普通单色发光二极管的发光颜色与发光的波长有关,而发光的波长又取决于制造发光二极管所用的半导体材料。红色发光二极管的波长一般为 650～700 nm,琥珀色发光二极管的波长一般为 630～650 nm,橙色发光二极管的波长一般为 610～630 nm 左右,黄色发光二极管的波长一般为 585 nm 左右,绿色发光二极管的波长一般为 555～570 nm。

常用的国产普通单色发光二极管有 BT(厂标型号)系列、FG(部标型号)系列和 2EF 系列。

常用的进口普通单色发光二极管有 SLR 系列和 SLC 系列等。

(2) 高亮度单色发光二极管和超高亮度单色发光二极管

高亮度单色发光二极管和超高亮度单色发光二极管使用的半导体材料与普通单色发光二极管不同,所以发光的强度也不同。

通常,高亮度单色发光二极管使用砷铝化镓(GaAlAs)等材料,超高亮度单色发光二极管使用磷铟砷化镓(GaAsInP)等材料,而普通单色发光二极管使用磷化镓(GaP)或磷砷化镓(GaAsP)等材料。

(3) 变色发光二极管

变色发光二极管是能变换发光颜色的发光二极管。变色发光二极管发光颜色种类可分为双色发光二极管、三色发光二极管和多色(有红、蓝、绿、白四种颜色)发光二极管。

变色发光二极管按引脚数量可分为二端变色发光二极管、三端变色发光二极管、四端变色发光二极管和六端变色发光二极管。

常用的双色发光二极管有 2EF 系列和 TB 系列,常用的三色发光二极管有 2EF302、2EF312、2EF322 等型号。

(4) 闪烁发光二极管

闪烁发光二极管(BTS)是一种由 CMOS 集成电路和发光二极管组成的特殊发光器件,可用于报警指示及欠压、超压指示。

闪烁发光二极管在使用时,无须外接其他元件,只要在其引脚两端加上适当的直流工作电压(5 V)即可闪烁发光。

(5) 普通发光二极管

普通发光二极管属于电流控制型器件,在使用时需串接适当阻值的限流电阻。电压控制型发光二极管(BTV)是将发光二极管和限流电阻集成制作为一体,使用时可直接并接在电源两端。

发光二极管,按其使用材料可分为磷化镓(GaP)发光二极管、磷砷化镓(GaAsP)发光二极管、砷化镓(GaAs)发光二极管、磷铟砷化镓(GaAsInP)发光二极管和砷铝化镓(GaAlAs)发光二极管等多种。

按其封装结构及封装形式除可分为金属封装、陶瓷封装、塑料封装、树脂封装和无引线表面封装外,还可分为加色散射封装(D)、无色散射封装(W)、有色透明封装(C)和无色透明封装(T)。

按其封装外形可分为圆形、方形、矩形、三角形和组合形等多种,图 1-4 所示为几种发光二极管的外形。

塑封发光二极管按管体颜色又分为红色、琥珀色、黄色、橙色、浅蓝色、绿色、黑色、白色、透明无色等多种。而圆形发光二极管的外径为 2~20 mm,有多种规格。

按发光二极管的发光颜色又可分为有色光和红外光。有色光又分为红色光、黄色光、橙色光、绿色光等。

发光二极管控制电路简单,网上有大量资料可借鉴,本书只做简单介绍。

2. 选择八段数码管或米字管做显示器件

(1) 八段式 LED 数码管

在应用系统中,经常用八段式 LED 数码管作显示输出设备。八段式 LED 数码管显示器显示信息简单,具有显示清晰、亮度高、使用电压低、寿命长、与单片机接口方便等特点。

八段式 LED 数码显示器是由发光二极管按一定的结构组合起来的显示器件,它有共阴极和共阳极两种,如图 1-5 所示。

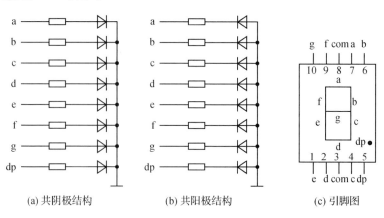

(a) 共阴极结构　　(b) 共阳极结构　　(c) 引脚图

图 1-5　八段式 LED 数码管结构图

图(a)是共阴极结构,使用时公共端接地,要哪根发光二极管亮,则对应的阳极接高电平。图(b)为共阳极结构,八段发光二极管的阳极端连接在一起,阴极段分开控制,公共端接电源。

要哪根发光二极管亮,则对应的阴极端接地。

其中七段发光二极管构成7笔的字形"日",一根发光二极管构成小数点。图(c)为引脚图,从a~g引脚输入不同的7位二进制编码,可实现不同的数字或字符显示,通常把控制发光二极管的7(或8)位二进制编码称为字段码。

不同数字或字符其字段码不一样,对于同一个数字或字符,共阴极连接和共阳极连接的字段码也不一样,共阴极和共阳极的字段码互为反码,常见的数字和字符的共阴极和共阳极的字段码如表1-1所列。

表1-1 常见字符的共阴极和共阳极的字段码

显示字符	共阴极字段码	共阳极字段码	显示字符	共阴极字段码	共阳极字段码
0	0x3F	0xC0	C	0x39	0xC6
1	0x06	0xF9	d	0x5E	0xA1
2	0x5B	0xA4	E	0x79	0x86
3	0x4F	0xB0	F	0x71	0x8E
4	0x66	0x99	P	0x73	0x8C
5	0x6D	0x92	U	0x3E	0xC1
6	0x7D	0x82	Γ	0x31	0xCE
7	0x07	0xF8	y	0x6E	0x91
8	0x7F	0x80	L	0x38	0x7C
9	0x6F	0x90	日.	0xFF	0x00
A	0x77	0x88	全灭	0x00	0xFF
b	0x7C	0x83	…	…	…

八段式LED数码管硬件译码方式是利用专门的硬件电路来实现显示字符到字段码的转换,这样的硬件电路有很多,比如MOTOLOLA公司生产的MC14495芯片就是其中的一种,MC14495是共阴极1位十六进制数到字段码转换芯片,能够输出4位二进制表示的1位十六进制数的7位字段码(不带小数点),电路如图1-6所示。

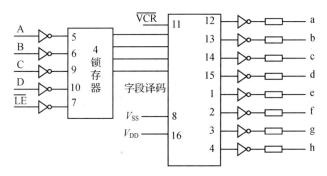

图1-6 MC14495结构

MC14995内部由两部分组成:内部锁存器和译码驱动电路。在译码驱动电路部分还包括一个字段码ROM阵列,内部锁存器锁存输入的4位二进制数并对其进行译码。引脚信号$\overline{\text{LE}}$

是数据锁存控制器,当$\overline{LE}=0$时输入数据,当$\overline{LE}=1$时数据锁存于锁存器中,A、B、C、D为4位二进制数输入端,a~g引脚为7位字段码输出端,h引脚为大于或等于10的指示端,当输入数据大于或等于10时,h引脚为高电平;$\overline{VCR}$为输入15的指示端,当输入数据为15时,$\overline{VCR}$为低电平。

硬件译码时,要显示1位的数字,在A、B、C、D输入端输入该数的二进制形式即可,A是最低位,D是最高位。

八段式数码管驱动分静态和动态两种。LED静态显示时,其公共端直接接地(共阴极)或接电源(共阳极),各段选线分别与I/O口线相连。要显示字符,直接在I/O线送相应的字段码。静态由于占用I/O口线较多,实际上很少采用。LED动态显示是将所有的数码管的段选线并接在一起,用一个I/O口控制,公共端不是直接接地(共阴极)或电源(共阳极),而是通过相应的I/O口线控制。

假设数码管为共阳极,动态显示的工作过程为:第一步,使右边第一个数码管的公共端D0为1,其余的数码管的公共端为0,同时在I/O口线上送右边第一个数码管的字段码,这时,只有右边第一个数码管显示,其余不显示;第二步,使右边第二个数码管的公共端D1为1,其余的数码管的公共端为0,同时在I/O口线上送右边第二个数码管的字段码,这时,只有右边第二个数码管显示,其余不显示。以此类推,直到最后一个,这样数码管轮流显示相应的信息。一个循环完成后,下一循环又这样轮流显示。从计算机的角度看,是一个一个地显示,但由于人的视觉滞留效应,只要循环的周期足够快,看起来所有的数码管都是一起显示的。这就是动态显示的原理。而这个循环周期对于计算机来说很容易实现。所以在单片机中经常用到动态显示。

八段式数码管与单片机的接口及动态驱动程序将在第2章介绍。

(2) 米字管

米字管在结构上和八段式LED显示器基本相同,只是比八段式LED多使用6支发光二极管,它们的结构如图1-7所示。

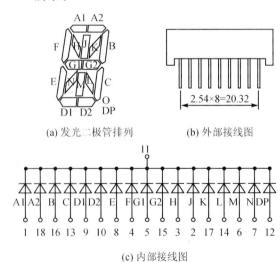

(a) 发光二极管排列　　(b) 外部接线图

(c) 内部接线图

图1-7　米字管结构

从图1-7中看出,米字管比八段式LED引脚多,控制复杂,占用I/O口线多,所以很少使用。多用来表示一些符号,如显示±、干、×、*等。

第1章 嵌入式控制系统的特点

3. 发光二极管点阵的使用

在控制系统中,有时使用发光二极管点阵做显示器件。这种点阵基础是 8×8 LED 点阵模块,一个 8×8 LED 点阵模块可以显示一个 ASCII 码字符。

如果要显示汉字或笔划多的图案,则可以把若干 8×8 LED 点阵模块组合起来使用,比如要显示 16×16 点阵汉字,需使用 4 块 8×8 LED 点阵模块;显示 24×24 点阵汉字,需使用 9 块 8×8 LED 点阵模块;显示 48×48 点阵汉字,需使用 36 块 8×8 LED 点阵模块。图 1-8 中显示了一款 8×8 LED 点阵模块的结构。

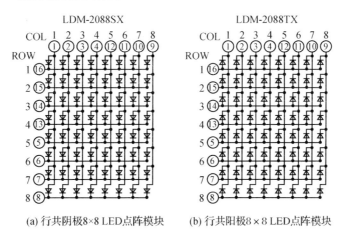

图 1-8 8×8 LED 点阵模块的结构

发光二极管点阵模块的驱动将在第 2 章介绍。

1.2.2 采用 LCD 显示器

嵌入式控制系统中,产品的最大特点是轻、薄、短、小。所以其显示系统大多使用 LCD 显示器做显示器件。

LCD 屏含有固定数量的液晶单元,只能在全 LCD 屏使用一种分辨率显示(每个单元就是一个像素)。

CRT 通常有三个电子枪,射出的电子流焦点必须精确一致,否则就得不到清晰的图像显示。但 LCD 不存在聚焦问题,因为每个液晶单元都是单独开关的。这正是同样一幅图在 LCD 屏上为什么如此清晰的原因。

LCD 也不必关心刷新频率和闪烁,液晶单元要么开,要么关,所以在 40~60 Hz 这样的低刷新频率下显示的图像也不会闪烁。

不过,LCD 屏的液晶单元会很容易出现瑕疵。对 1 024×768 像素的 LCD 屏来说,每个像素都由三个单元构成,分别负责红色、绿色和蓝色的显示,所以总共约需 240 万个单元(1 024×768×3＝2 359 296)。很难保证所有这些单元都完好无损。最有可能的是,其中一部分已经短路(出现"亮点"),或者断路(出现"黑点")。

LCD 显示屏包含了在 CRT 技术中未曾用到的一些东西。为 LCD 屏提供光源的是盘绕在其背后的荧光管。有些时候,会发现 LCD 屏的某一部分出现异常亮的线条,也可能出现一些不雅的条纹。此外,一些相当精密的图案(比如经抖动处理的图像)可能在 LCD 显示屏出现难看的波纹或者干扰纹。

现在,几乎所有应用于笔记本或桌面系统的 LCD 都使用薄膜晶体管(TFT)激活液晶层中的单元格。TFT LCD 技术能够显示更加清晰、明亮的图像。早期的 LCD 由于是非主动发光器件,速度低、效率差、对比度小,虽然能够显示清晰的文字,但是在快速显示图像时往往会产生阴影,影响视频的显示效果,因此,如今只被应用于需要黑白显示的掌上电脑或手机中。

随着技术的日新月异,LCD 技术也在不断发展。目前各大 LCD 显示器生产商纷纷加大对 LCD 研发的投资,力求突破 LCD 的技术瓶颈,进一步加快 LCD 显示器的产业化进程,降低生产成本,实现用户可以接受的价格水平。

为了满足用户的需求,LCD 生产厂家研制和生产了各种性能和规格的 LCD 显示模块,厂家把 LCD 控制器、驱动器和显示屏做在一个模块上,用户只要把模块上的 LCD 控制器接口和微处理器简单连接,并按不同 LCD 控制器的指令系统编写驱动程序,即可完成系统显示工作。

1. 液晶显示器件的基本结构和分类

液晶显示器件的基本结构是由两片玻璃或塑料薄膜制成的薄形盒,里面装有液晶材料,这种结构有利于用做显示窗口,而且它可以在有限的面积上容纳最大量的显示内容。此外,这种结构不仅可以做得很小,如某些手持设备的显示屏;而且也可以做得很大,如大 LCD 屏电视或大 LCD 屏液晶广告。

塑料基片制成的液晶显示器件,薄如纸,可以弯曲,从而可用到特殊场合。

由于液晶显示器件的一些优点,各生产厂家研发和生产了大量的各种类型的液晶显示器件。按驱动形式分,可有:电场效应型、电流效应型、电热效应型、电热光效应型及有源矩阵型(AM)等。

电场效应型又分:扭曲向列型(TN)、超扭曲向列型(STN)、宾主型(GH)、相变型(PC)、铁电型(PE)和电控双折射型(ECB)。

电流效应型又可分为动态散射型(DS)和有源矩阵型。有源矩阵型又可分为有源三端矩阵型(TFT)和有源二端矩阵型(MSM 和 MIM)。

每种型号又可再细分更多的分支。

在这些型号中有一些我们较熟,使用较多,如扭曲向列型(TN)、超扭曲向列型(STN)和有源三端矩阵型(TFT)。其他型号液晶显示器件有的技术还有一些困难,有的成本较高,用得不多。但随着技术的进步,肯定会有许多技术先进、价格低廉的新产品问世。

2. 液晶显示器件的基本特性和参数

液晶显示器件的种类很多,不同类型的液晶显示器件有不同的特性和参数。我们只简单介绍最常用的 TN 和 STN 型液晶显示器件的基本特性和参数。

(1) 基本电特性

TN 和 STN 型液晶显示器件的基本电参数如表 1-2 所列。

(2) 基本光电特性

TN 和 STN 型液晶显示器件的基本光电参数如表 1-3 所列。

第1章 嵌入式控制系统的特点

表1-2 TN和STN型液晶显示器件的基本电参数

项 目	符 号	单 位	TN型液晶显示器			STN型液晶显示器			备 注
			最小值	典型值	最大值	最小值	典型值	最大值	
工作电压	V_{op}	V	2		5	2		8	
工作电流	I_{op}	$\mu A/cm^2$		<1.0			<1.0		
工作频率	F_o	Hz	32		128	32		128	

表1-3 TN和STN型液晶显示器件的基本光电参数

项 目		符 号	单 位	TN型液晶显示器			STN型液晶显示器			备 注
				最小值	典型值	最大值	最小值	典型值	最大值	
阀值电压		V_{LH}	V	1.8		3	2		6	
响应时间	上升	T_R	ms	50	100	200	100		200	
	下降	T_D	ms	50	100	250	100		200	
视角范围		β,θ	°		±45			±40		
对比度		C		5:1		20:1		10:1		

(3) 基本环境参数

液晶显示器件由于工作电压低、功耗小,因此其寿命是很长的,其使用时间可在10年以上。在特殊情况下可以把工作电流增加一倍做为寿命终了标志,按此标准其寿命也在10万小时以上。

液晶显示器件工作环境要求不高,大体如表1-4所列。

表1-4 液晶显示器件工作环境参数

项 目	符 号	单 位	参数范围	
			常温型	宽温型
工作温度	T_W	℃	0~40	−15~70
存储温度	T_m	℃	−20~50	−40~80
工作湿度	H_W	RH	<70%	
存储湿度	H_m	RH	<60%	

(4) 基本极限参数

液晶显示器件的基本极限参数如表1-5所示。

3. 液晶显示模块的装配和型号

液晶显示器件一般包括控制器、驱动器和液晶屏。而液晶显示模块则是把液晶显示器件、连接件、PCB线路板、背光源、结构件装配到一起的组件,英文名称"LCD Module",简称"LCM",我们一般简称为"液晶显示模块"。

液晶显示模块在嵌入式控制系统中应用非常广泛,但是对使用者来说,装配非常困难,所以多采用专业厂家生产的现成产品。这些产品留有和微处理器连接的简单接口,用户只要把这些接口和自己的控制系统做简单连接,然后按不同控制器指令系统编写驱动程序即可。

表 1-5 液晶显示器件的基本极限参数

项 目	符 号	单 位	参 数 最小值	参 数 最大值	备 注
工作电压	V_W	V	无	32	
工作频率	F_W	Hz	无	1 000	
工作温度	T_W	℃	0～40	-20～70	
存储温度	T_m	℃	-20～50	-40～80	
振动	G	g	无	10	完整包装
冲击	G	g	无	6	完整包装

液晶显示模块的型号大体由三部分组成,第一部分是厂家系列型号代码,第二部分是产品序号,通过序号可知该模块的像素数。而第三部分的字母后缀则代表或定义模块的某种功能特性,如背光源、颜色、温度范围等。例如:

➢ 日本 OPTREX 公司液晶显示模块

    DMF-50000 N Y H U- S E B 1
     ①   ② ③ ④ ⑤ ⑥ ⑦ ⑧ ⑨ ⑩

①——模块类型:日本 OPTREX 公司点阵液晶显示模块。

②——规格型号:3～5 位数字。

③——N:STN 型。空:TN 型。

④——空:中性色。Y:黄色。B:蓝色。K:深蓝。A:淡黄。

⑤——空:常温。H:宽温。

⑥——空:视角 6 时方向。U:视角 12 时方向。

⑦——空:反射,半反射。S:透过。

⑧——空:无背光。E:EL。L:LED。F:CFD。

⑨——空:无背光。W:白光。B:蓝光。Y:黄绿色。

⑩——序列号:1～99。

➢ 香港精电公司液晶显示模块

    MGL S-12864-HT-HV-G-LED-04 Y-12
    ① ② ③ ④ ⑤ ⑥ ⑦ ⑧ ⑨ ⑩

①——MGL:点阵型模块。MDL:字符型模块。

②——空:TN 型。S:STN 型。

③——点阵列数和行数的组合。

④——应用温度范围。空:字符型-5～50 ℃,点阵型 0～50 ℃。

    HT:字符型-20～70 ℃,点阵型-20～70 ℃。

    EHT:字符型-30～80 ℃。

⑤——驱动电压选择。LV:字符型 5 V;无点阵型。

    HV:字符型+5 V/-5 V;无点阵型。

⑥——STN 模式。G：黄绿模式,黑色字/黄绿底色。
　　　　　S：银色模式,蓝色字/白底色。
　　　　　B：蓝色模式,白色字/蓝底色。
　　　　　F：FSTN 模式,黑色字/白底色。
　　　　　D：DSTN 模式,黑色字/白底色。
⑦——背光类型。空：无背光。LED：LED 背光板。CCFL：冷阴极管背光。
⑧——LED 背光板规格：01,02,03,04。
⑨——LED 背光板颜色。Y：黄色。G：绿色。R：红色。
⑩——视角。空：6 时方向。12：12 时方向。

液晶显示模块的生产厂家很多,我们使用的很多是日本、香港和台湾生产的产品,型号命名很难统一,读者使用时可登陆各公司网站查询。

4. 液晶显示模块的选购、评价和使用注意事项

液晶显示模块的选购主要考虑嵌入式控制系统的要求,因为嵌入式控制系统大多小、轻、薄、灵,所以首先要考虑液晶显示模块的装配尺寸；其次,如果显示系统只是显示英文字母和少量笔划简单的汉字,如时间或货币单位,可选字符型液晶显示模块,这样可降低成本,同时编程容易。如果想显示汉字或曲线,那么只能选购点阵式液晶显示模块。

以上二点确定之后,可登陆各公司网站查询选购。

关于液晶显示模块的评价,由于用途、型号、规格和品种的不同,生产厂家和产品的参数会有一定的差别,但其差别的范围不大。如果我们用户自己进行测试,由于使用的测试设备不同,测试条件和方法的不同,测试结果也会有一些差别。所以很难给出一个确切的衡量标准。

对于 TN 型液晶显示模块,由于其电光响应的斜率不够大,因此不太适合多路驱动,因此 TN 型液晶显示模块多使用在静态驱动或 4 路以下的动态驱动的显示中。

TN 型液晶显示模块的响应时间大约有 50～100 ms,这样只能显示静态画面,对活动画面的显示有一定困难。

TN 型液晶显示模块是一种电场效应器件,其内阻很大,因此工作电压很低,这使其很适合工作在耗电小的手持设备中。但工作电压很低,也容易受电磁干扰,这一点要注意。

不管是 TN 型液晶显示模块还是 STN 型液晶显示模块,其工作温度范围都不是很宽,这是液晶显示器件的一大缺点。当温度过高,液晶态会消失,不能显示,当温度过低,响应速度会明显变低,直至结晶。普通型液晶显示器件的工作温度范围为 0～40 ℃,宽温型也只能工作在 -10～50 ℃。

正是液晶显示器件这一温度特性,使其在北方寒冷的室外或高温车间的使用受到限制。

液晶显示器件在使用中要注意以下几点：

① 不要对液晶屏表面施加大的压力。因为液晶显示器件是由二片玻璃制成的扁平盒为主体构成的,盒中间的间隙厚度仅 5～7 μm,内部表面覆有极精细的、能使液晶分子按一定方向取向的定向层。稍加用力就容易破坏。

② 防止冲击和摔打。因为液晶显示器件是由玻璃制成的,冲击、摔打或失落有可能造成玻璃破裂。

③ 防潮。潮湿会造成内部短路或绝缘电阻降低,产生"串扰"。

④ 防止施加大的直流电压。长时间施加大的直流电压会使电极老化,驱动电压直流成分越小越好,最好不超过 50 mV。

⑤ 在规定的温度范围内使用和保管。当温度过高,液晶态会消失,变成液态,不能显示。此时千万不能通电,待温度正常后再通电工作。当温度过低,响应速度会明显变慢,直至结晶。因此,要在规定的温度范围内使用和保管。

第 2 章

LED 显示器驱动

2.1 半导体发光二极管点阵驱动

2.1.1 8×8 二极管点阵驱动

1. 8×8 二极管点阵与计算机的连接

我们以 8×8 二极管点阵 LNM-1088BX 为例。LNM-1088BX 是行共阴极的二极管点阵,具体电路与图 1-8(a)相同,它和计算机的连接如图 2-1 所示,其中行驱动经 8550 放大,因此对数据端来说是低电平有效,行驱动通过 P3 口的几位控制 74164 移位寄存器输出。列驱动通过 P1 口控制。程序的功能是在屏上显示一个"X"。仿此例,可在屏上显示一个 8×8 的 ASCII 字符。

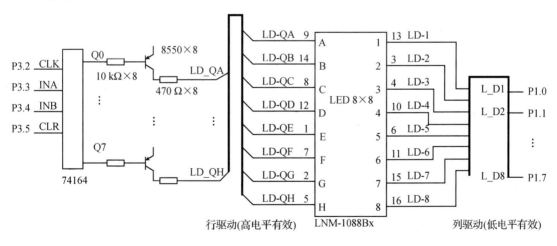

图 2-1 二极管点阵与计算机的连接

2. 参考程序

参考程序见如下代码。

```c
#include "reg51.h"
sbit CLK = P3^2;
sbit DINA = P3^3;
sbit DINB = P3^4;
sbit CLEAR = P3^5;
unsigned char code dispdata[8] = {0x7e,0xBD,0xDB,0xE7,0xE7,0xDB,0xBD,0x7E};  //"X"字模
unsigned char code dispbit[8] = {0xfe,0xfd,0xfb,0xf7,0xef,0xDf,0xBf,0x7f};  //列控制字
bdata unsigned char kdat;            //定义中间变量
sbit cc = kdat^0;                    //定义位变量,做串行移位数据
void sendto(unsigned char dat);      //发送数据程序
void DELAY();                        //延时
//------------------------------------------------------------
//    主程序
//------------------------------------------------------------
main()
{
unsigned char i;
    for(i = 0;i<200;i++);            //短延时
    CLEAR = 0;
    CLK = 1;
    DINA = 1;
    DINB = 1;
    CLEAR = 1;
    while(1)
    {
        for(i = 0;i<8;i++)           //循环发1字节数据
        {
            P1 = 0XFF;               //每发1 bit,先全灭
            sendto(dispdata[i]);     //发送1字节数据
            P1 = dispbit[i];         //点亮1行
            DELAY();
        }
    }
}
//------------------------------------------------------------
//    发送数据
//------------------------------------------------------------
void sendto(unsigned char dat)       //用74LS164发送数据8位
{
unsigned char i;
    CLK = 0;
    kdat = dat;
```

```c
    for(i = 0;i<8;i++)
    {
        DINA = cc;
        CLK = 1;
        CLK = 0;
        kdat = kdat>>1;
    }
}
//-----------------------------------------------------------------
//    延时
//-----------------------------------------------------------------
void DELAY()
{
unsigned char k,j;
    for(k = 0;k<10;k++)
        for(j = 0;j<50;j++);
}
```

3. 字符的移动

上例中,字符在屏上是一个一个显示,如果想实现字符移动,例如循环左移,可参考如下代码。

```c
#include "reg51.h"
sbit CLK = P3^2;
sbit DINA = P3^3;
sbit DINB = P3^4;
sbit CLEAR = P3^5;
unsigned char code dispdata[32] = {0x00,0x00,0x00,0x80,0xFE,0x00,0x00,0x00,
                                   0x28,0x7F,0x88,0x3F,0x08,0x08,0x3F,0x00,
                                   0x00,0xFF,0x52,0x38,0x3E,0x10,0x10,0x10,
                                   0x08,0x7E,0x42,0x10,0x7E,0x24,0x18,0x16
                                   };
//4个8×8汉字"一生平安"字模
unsigned char dispdata1[32];
unsigned char code dispbit[8] = {0xFE,0xFD,0xFB,0xF7,0xEF,0xDF,0xBF,0x7F};
//列控制字
bdata unsigned char kdat;                //定义中间变量
sbit cc = kdat^0;                        //定义位变量,作串行移位数据
void sendto(unsigned char dat);          //发送数据程序
void movdata(void);                      //数据移动
unsigned char d0,d1,d2,d3;               //定义4个中间变量,暂存移动的高位
sbit a0 = ACC^0;
sbit a7 = ACC^7;
sbit b0 = B^0;
sbit b7 = B^7;
void DELAY();                            //延时
```

```
//-----------------------------------------------------
//    主程序
//-----------------------------------------------------
    main()
    {
    unsigned char i,j;
        for(i = 0;i<200;i++);                //短延时
        CLEAR = 0;
        CLK = 1;
        DINB = 1;
        CLEAR = 1;
    d0 = 0;
    d1 = 0;
    d2 = 0;
    d3 = 0;
     for(i = 0;i<32;i++)
         dispdata1[i] = dispdata[i];          //数据移送中间变量
       while(1)
       {
        for(j = 0;j<4;j++)                    //显示 4 个汉字
         {
          for(i = 0;i<8;i++)                  //循环发 8 字节数据
           {
              P1 = 0xFF;                      //每发 1 bit,先全灭
              sendto(dispdata1[i+j*8]);       //发送 1 字节数据
              P1 = dispbit[i];                //点亮 1 行
              DELAY();
           }
            movdata();
         }
        }
     }
//-----------------------------------------------------
//    发送数据
//-----------------------------------------------------
    void sendto(unsigned char dat)            //用 74LS164 发送数据 8 位
    {
    unsigned char i;
        CLK = 0;
        kdat = dat;
        for(i = 0;i<8;i++)
        {
            DINA = cc;
            CLK = 1;
            CLK = 0;
            kdat = kdat>>1;
```

```c
        }
    }
//------------------------------------------------------------
//    数据移动
//------------------------------------------------------------
        void movdata(void)
        {
         unsigned char i;
         for(i = 0;i<8;i++)                      //提各字节最高位
         {
           ACC = dispdata1[i];
           B = d0;
           b0 = a7;
           B<< = 1;
           d0 = B;
           ACC<< = 1;
           dispdata1[i] = ACC;

           ACC = dispdata1[i + 8];
           B = d1;
           b0 = a7;
           B<< = 1;
           d1 = B;
           ACC<< = 1;
           dispdata1[i + 8] = ACC;

           ACC = dispdata1[i + 16];
           B = d2;
           b0 = a7;
           B<< = 1;
           d2 = B;
           ACC<< = 1;
           dispdata1[i + 16] = ACC;

           ACC = dispdata1[i + 24];
           B = d3;
           b0 = a7;
           B<< = 1;
           d3 = B;
           ACC<< = 1;
           dispdata1[i + 24] = ACC;
         };
         for(i = 0;i<8;i++)   /*各字节最高位放前一字节最低位,第一字节最高位放第4字节最低位*/
         {
           ACC = dispdata1[i];
           B = d1;
           a0 = b7;
           B<< = 1;
```

```
            d1 = B;
            dispdata1[i] = ACC;
            ACC = dispdata1[i + 8];
            B = d2;
            a0 = b7;
            B<< = 1;
            d2 = B;
            dispdata1[i + 8] = ACC;
            ACC = dispdata1[i + 16];
            B = d3;
            a0 = b7;
            B<< = 1;
            d3 = B;
            dispdata1[i + 16] = ACC;
            ACC = dispdata1[i + 24];
            B = d0;
            a0 = b7;
            B<< = 1;
            d0 = B;
            dispdata1[i + 24] = ACC;
        }
    }
//------------------------------------------------
//     延时
//------------------------------------------------
    void DELAY()
    {
    unsigned char k,j;
        for(k = 0;k<10;k++)
            for(j = 0;j<50;j++);
    }
```

2.1.2　16×16 二极管点阵驱动

1. 16×16 半导体发光二极管点阵与计算机的连接

16×16 半导体发光二极管点阵由 4 块 8×8 发光二极管点阵组成,可以显示一个 16×16 点阵汉字或 2 个 8×16 英文字符。

8×8 发光二极管点阵选 SD411988,它类似图 1-8(b)中的 LDM-2088TX 行共阳极模块。

16×16 点阵需要 32 个驱动,分别为 16 个列驱动及 16 个行驱动。行低电平与列高电平可以使连接在该行和列上的发光管亮,共有 256 个发光管,采用动态驱动方式。每次显示一行,10 ms 后再显示下一行。为了保证显示效果,每字显示 50 次,共显示 10 个汉字,10 个汉字显示完毕,再重新循环。

选 4 片 74574 分别驱动行的高 8 位、低 8 位以及列的高 8 位、低 8 位。

选 74138 译出 4 个地址,分别为 CLCK(驱动行的低 8 位)、CHCK(驱动行的高 8 位)、RLCK(驱动列的低 8 位)和 RHCK(驱动列的高 8 位)。根据 138 译码器的接法,它们的地址分别是:0x0000、0x0001、0x0002 和 0x0003。

其中,CLCK 接第 1 片 74574 的 CLK,控制输出 LCO0~LCO7,CHCK 接第 2 片 74574 的 CLK,控制输出 LCO8~LCO15;RLCK 接第 3 片 74574 的 CLK,控制输出 RCO0~RCO7,RHCK 接第 4 片 74574 的 CLK,控制输出 RCO8~RCO15。

该例是南京伟福公司 LAB6000 教学实验系统中的一个项目,为方便讲述稍加修改。由于硬件接线关系,它的字模和正常字模是反向的,即第 0 号字节是正常字模的第 31 号字节,第 31 号字节是正常字模的第 0 号字节等。如需要这种形式的字模,可向该公司索取提字模软件。具体接线如图 2-2 所示。

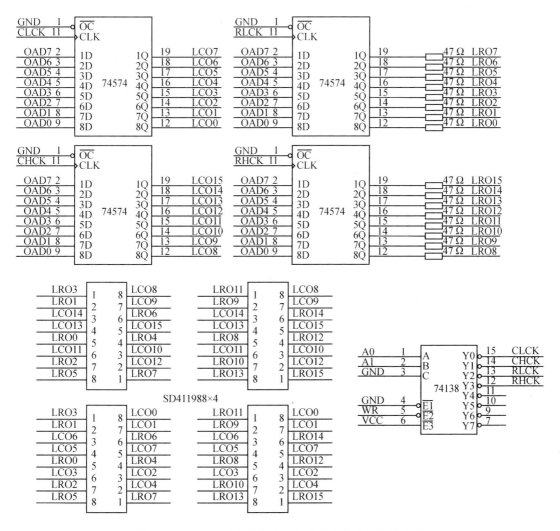

图 2-2　16×16 半导体发光二极管点阵与计算机的连接

2. 参考驱动程序

参考驱动程序见如下代码。

```c
#include <reg51.h>
#define uchar unsigned char
#define uint  unsigned int
xdata unsigned char RowLow  _at_ 0x0000;   //行低 8 位地址
xdata unsigned char RowHigh _at_ 0x0001;   //行高 8 位地址
xdata unsigned char ColLow  _at_ 0x0002;   //列低 8 位地址
xdata unsigned char ColHigh _at_ 0x0003;   //列高 8 位地址
code uchar Font[][32] = {
//南
0x08,0x40,0x14,0x41,0x04,0x41,0x04,0x41,0xF4,0x5F,0x04,0x41,0x04,0x41,0xF4,0x5F,
0x44,0x44,0x24,0x48,0xFE,0x7F,0x04,0x01,0x00,0x01,0xFE,0xFF,0x04,0x01,0x00,0x01,
//京
0x00,0x02,0x08,0x25,0x18,0x11,0x30,0x09,0x40,0x09,0x00,0x01,0xF0,0x1F,0x10,0x10,
0x10,0x10,0x10,0x10,0xF8,0x1F,0x10,0x00,0xFE,0xFF,0x04,0x01,0x00,0x01,0x00,0x02,
//伟
0x40,0x10,0x40,0x10,0x48,0x10,0x54,0x10,0x44,0x10,0x44,0x10,0xFE,0x1F,0x44,0x10,
0x40,0x90,0xFC,0x57,0x48,0x30,0x40,0x10,0xFE,0x17,0x44,0x08,0x40,0x08,0x40,0x08,
//福
0x04,0x14,0xFC,0x17,0x44,0x14,0x44,0x14,0xFC,0x17,0x44,0x14,0x44,0x94,0xFE,0x57,
0x04,0x38,0xF8,0x13,0x08,0x0A,0x08,0xFA,0xF8,0x03,0x00,0x10,0xFC,0x17,0x08,0x20,
//实
0x04,0x60,0x0C,0x18,0x10,0x04,0x20,0x02,0x40,0x01,0x00,0x01,0xFE,0xFF,0x84,0x04,
0x80,0x0C,0x80,0x10,0x80,0x02,0x84,0x86,0x02,0x48,0xFE,0x7F,0x00,0x01,0x00,0x02,
//业
0x00,0x00,0xFE,0xFF,0x44,0x04,0x40,0x04,0x40,0x04,0x60,0x14,0x50,0x14,0x50,0x14,
0x48,0x14,0x48,0x24,0x44,0x24,0x44,0x44,0x40,0x04,0x40,0x04,0x40,0x04,0x40,0x04,
//有
0x20,0x08,0x50,0x08,0x10,0x08,0x10,0x08,0xF0,0x0F,0x10,0x88,0x10,0x48,0xF0,0x2F,
0x10,0x18,0x10,0x08,0xF8,0x0F,0x10,0x04,0x00,0x04,0xFE,0xFF,0x04,0x02,0x00,0x02,
//限
0x00,0x41,0x84,0x41,0x4E,0x41,0x10,0x51,0x20,0x69,0x50,0x45,0x88,0x45,0x04,0x45,
0xF8,0x49,0x08,0x49,0x08,0x51,0xF8,0x49,0x08,0x49,0x08,0x45,0xFC,0x7D,0x08,0x00,
//公
0x00,0x00,0x10,0x00,0xF0,0x1F,0x20,0x10,0x40,0x08,0x00,0x04,0x00,0x02,0x04,0xC2,
0x0E,0x21,0x10,0x11,0x20,0x08,0x40,0x08,0x40,0x04,0x80,0x04,0x80,0x00,0x00,0x00,
//司
0x10,0x00,0x28,0x00,0x88,0x20,0x88,0x3F,0x88,0x20,0x88,0x20,0x88,0x20,0x88,0x20,
0xC8,0x3F,0x88,0x00,0x08,0x00,0xE8,0xFF,0x48,0x00,0x08,0x00,0xFC,0x3F,0x08,0x00
};
//------------------------------------------------------------
// 延时程序
//------------------------------------------------------------
```

```c
    void delay(uchar t)
    {
        uchar i,j;
        for(i = t; i>0; i--)
        {
            for(j = 0; j<100; j++);
        }
    }
//----------------------------------------------------------------
//  主程序
//----------------------------------------------------------------
    void main()
    {
      uchar i,j;
      uchar count;
      uint bitmask;
                                            //清屏
      ColLow = 0xFF;                        //行驱动低电平有效
      ColHigh = 0xFF;
      RowLow = 0x00;                        //列驱动高电平有效
      RowHigh = 0x00;
      while(1){
            for(j = 0; j<10; j++){          //显示 10 个汉字
            for(count = 0; count<50; count++){  //每个汉字显示 50 次
            bitmask = 0x01;
            for(i = 0;i<16;i++){            //显示 1 个汉字
              RowLow  = 0x00;               //首先清屏
              RowHigh = 0x00;
              ColLow = ~ Font[j][i*2    ];  //写出一行数据
              ColHigh = ~ Font[j][i*2 + 1]; //因行低电平有效,字模取反
              RowLow = bitmask & 0xFF;      //点亮此行
              RowHigh = bitmask >> 8;
              bitmask <<= 1;                //移位,指向下一行
              delay(1);
          }
        }
      ColLow = 0xFF;
      ColHigh = 0xFF;
      }
    }
}
```

上面程序在点阵上一个一个地显示 10 个汉字,如果我们想使汉字从屏的一侧移入屏中,从另一侧移出,可参考下面程序。

```c
# include <reg51.h>
```

```c
#define uchar unsigned char
#define uint   unsigned int
xdata unsigned char RowLow  _at_ 0x0000;         //行低8位地址
xdata unsigned char RowHigh _at_ 0x0001;         //行高8位地址
xdata unsigned char ColLow  _at_ 0x0002;         //列低8位地址
xdata unsigned char ColHigh _at_ 0x0003;         //列高8位地址
code uchar Font[32] =
{
0x08,0x40,0x14,0x41,0x04,0x41,0x04,0x41,0xF4,0x5F,0x04,0x41,0x04,0x41,0xF4,0x5F,
0x44,0x44,0x24,0x48,0xFE,0x7F,0x04,0x01,0x00,0x01,0xFE,0xFF,0x04,0x01,0x00,0x01,
};//南
//-----------------------------------------------------------
//  延时程序
//-----------------------------------------------------------
void delay(uchar t)
{
  uchar i,j;
  for(i=t; i>0; i--){
    for(j=0; j<100; j++);
  }
}
//-----------------------------------------------------------
//  主程序
//-----------------------------------------------------------
void main()
{
uchar i,j,xi,xj;
 uchar count;
 uint bitmask;
 uchar temp[32];
 uchar t1,t2,t3,t4;
 //清屏
 ColLow = 0xFF;                    //行驱动低电平有效
 ColHigh = 0xFF;
 RowLow = 0x00;                    //列驱动高电平有效
 RowHigh = 0x00;
 while(1){
         for(j=0,xj=0; j<8; j++,xj++)
         {
           for(xi=0;xi<32;xi++)
           {
           t1 = Font[xi*2];
           t2 = Font[xi*2+1];        //高字节位
           t2 = t2<<j;
           t3 = t1;                  //低字节位备份
```

```
            t1 = t1<<j;
            t4 = t2|(t3>>(8 - xj));         //两字节合成
            temp[xi * 2] = t1;
            temp[xi * 2 + 1] = t4;
        }
        for(count = 0; count <50; count ++ ){
            bitmask = 0x01;
            for(i = 0;i<16;i ++ ){
                RowLow = 0x00;              //首先清屏
                RowHigh = 0x00;
                ColLow = ~ temp[i * 2];
                ColHigh = ~ temp[i * 2 + 1];
                    RowLow = bitmask & 0xFF;    //点亮此行
                RowHigh = bitmask >> 8;
                bitmask <<= 1;              //移位,指向下一行
                delay(1);
            }
        }
        ColLow = 0xFF;
        ColHigh = 0xFF;
    }
}
}
```

2.2 八段式数码管动态驱动

2.2.1 八段式数码管与计算机的连接

实际使用八段式数码管时基本上采用动态驱动,我们选择 8 个 LED 显示器与计算机的连接和软件驱动说明问题。

硬件连接见图 2-3,图中 8 个 LED 显示器通过 8255 扩展口与 8051 单片机相连,8255 控制口、PA 口、PB 口地址分别是 0x7FF3、0x7FF0、和 0x7FF1。使用共阴极 LED 管。

显示效果是 8 个数码管,从左到右分别显示 0、1、2、3、4、5、6、7。

2.2.2 动态显示程序

动态显示程序见如下代码。

```
# include <reg51.h>
# include <absacc.h>                //定义绝对地址访问
# define uchar unsigned char
# define uint unsigned int
```

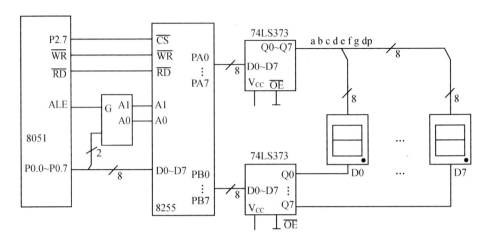

图2-3 8个数码管的控制电路

```
void delay(uint);                    //声明延时函数
void display(void);                  //声明显示函数
uchar  disbuffer[8]={0,1,2,3,4,5,6,7};  //定义显示缓冲区
//-----------------------------------------------------------
//   主程序
//-----------------------------------------------------------
void main(void);
{
XBYTE[0x7FF3] = 0x80;                //8255A初始化,PA口、PB口输出
while(1)
   {
   display( );                       //调显示函数
   }
}
//-----------------------------------------------------------
//   延时程序
//-----------------------------------------------------------
void  delay(uint i)                  //延时函数
{
for  (j = 0; j < i; j++);
}
//-----------------------------------------------------------
//   显示程序
//-----------------------------------------------------------
void  display(void);                 //定义显示函数
{ uchar codevalue[16] = {0x3F,0x06,0x5B,0x4F,0x66 ,0x6D, 0x7D, 0x07,0x7F, 0x6F, 0x77, 0x7C,
                0x39, 0x5E, 0x79,0x71};          //0~f的字段码表
uchar chocode[8] = {0xFE,0xFD, 0xFB, 0xF7, 0xEF, 0xDF, 0xBF, 0x7F};   //位选码表
uchar i, p,temp;
while(1)
{
```

```
for(i = 0; i < 8; i++)
 {
 p = disbuffer[i];              //取当前显示的字符
 temp = codevalue[p];           //查得显示字符的字段码
 XBYTE[0x7FF0] = temp;          //PA 口送出字段码
 temp = chocode[i];             //取当前的位选码
 XBYTE[0x7FF1] = temo;          //PB 口送出位选码
 Delay(20);                     //延时
  }
 }
}
```

第 3 章
LCD 显示汉字和图形的基本原理

3.1 国标汉字字符集与区位码

3.1.1 汉字和字符显示原理

无论是 CRT 显示器,还是单片机系统常用的 LCD,它们的分辨率都是以像素为单位的,一个像素就是 LCD 屏上的一个可以显示的最小单位,也就是常说的点。因此,要在 LCD 屏上显示一个汉字或图形就必须将汉字或图形用点来表式,这些表示某种图形的点的集合就是所说的点阵。

如嵌入式控制系统中最常用的汉字是 16×16 点阵,它是由每行每列各 16 个点,共 256 个点组成的点阵图案,每行的 16 个点在内存中占 2 字节,1 个 16×16 点阵汉字共 16 行,在内存中占 32 字节。

根据这些字节在内存中存放的顺序,第一行的第 1 字节称 0 号字节,第 2 字节称 1 号字节;第二行的第 1 字节称 2 号字节,第 2 字节称 3 号字节。以此类推,最后一行的第 1 字节称 30 号字节,第 2 字节称 31 号字节,每个字节高位在前,低位在后,即 D7 在一个字节的最左侧,D0 在最右侧,如图 3-1 所示。

D7 D6 ··· D0	D7 D6 ··· D0
0 号字节	1 号字节
2 号字节	3 号字节
⋮	⋮
28 号字节	29 号字节
30 号字节	31 号字节

图 3-1 16×16 点阵汉字在内存中的排列

不同的汉字各字节数据不同,图 3-2 是仿宋体"哈"字的 16×16 点阵字模。在点阵中,每一个小方格代表字节中的 1 位(即 bit),黑色的点对应的 bit 值等于 1,白色的点对应的 bit 值

第3章 LCD显示汉字和图形的基本原理

等于0。这样,仿宋体"哈"字的16×16点阵字模的32个字节数据如下:

0x0040,0x0040,0x00A0,0x78A0,0x4910,0x4908,0x4A0E,0x4DF4,
0x4800,0x4800,0x7BF8,0x4A08,0x0208,0x0208,0x03F8,0x0208。

在计算机内部,每2个"字节"可组成1个16位的"字",32个"字节"是以16个"字"形式存储的。

如要在LCD屏的X行Y列位置显示上面的"哈"字,则可以从点(X,Y)开始将0号字节和1号字节的内容输出到LCD屏上;然后行加1,列再回到Y,输出2号字节和3号字节,以此类推,16个循环即可完成一个汉字的显示。

输出一个字节数据时,该字节中"位"(bit)为1时,在该"位"对应的位置打点;为0时,在该"位"对应的位置打空白,如图3-2所示。

此外常用的汉字还有24×24点阵,它是由每行每列各24个点组成的点阵图案,它每列的24个点在内存中占3字节,1个24×24点阵汉字共24列,在内存中占72字节;48×48点阵,行×列为48×48,1个汉字占内存288字节。12×12点阵(为方便编程把列12点扩展为16点,即2字节),行×列为12×16,1个汉字占内存24字节。

由于常用的24针打印机的打印头是24针纵向排列的,一次垂直打印24点,即3字节,然后再打印下一列24点,横向移动24列,就完成了一个24×24点阵汉字的打印,所以在UCDOS汉字库中为方便打印机使用,24×24点阵汉字字模的排列是与16×16点阵不同的,如图3-3所示。

图3-2 仿宋体"哈"字的16×16点阵字模   图3-3 24×24点阵汉字在内存中排列

0号、1号、2号3个字节排在第1列,3号、4号、5号3个字节排在第2列,以此类推,最后一列是69号、70号、71号字节,这样打字机从左到右扫描,不用换行就可完成一个24×24点阵汉字打印。

因此显示24×24点阵汉字程序与显示16×16点阵汉字程序有所不同,下面讲到汉字显示时会详述。

3.1.2 汉字字符集概述

我国1981年公布了《信息交换用汉字编码字符集(基本集)》GB 2312—80方案,把高频字、常用字和次常用字集合成汉字基本字符(共6 763个),在该集中按汉字使用的频度,又将其分成一级汉字3 755个(按拼音排序)、二级汉字3 008个(按部首排序),再加上西文字母、数字、图形符号等共700个。

国家标准的汉字字符集(GB2312—80)在汉字操作系统中是以汉字库的形式提供的。汉字库结构作了统一规定,即将字库分成94个区,每个区有94个汉字(以位作区别),每一个汉字在汉字库中有确定的区和位编号(用2字节),就是所谓的区位码(区位码的第一个字节表示区号,第二个字节表示位号),因而只要知道了区位码,就可知道该汉字在字库中的地址。

每个汉字在字库中是以点阵字模形式存储的,如一般采用16×16点阵形式,每个点用1个二进制位(bit)表示,bit=1的点,就可以在LCD屏显示一个亮点;bit=0的点,则在LCD屏上不显示。这样把某字的16×16点阵信息直接用来在显示器上按上述原则显示,则将出现对应的汉字。如"哈"的区位码为2594,它表示该字字模在字符集的第25个区的第94个位置。

3.1.3 汉字的内码

计算机内英文字符用1字节的ASCII码表示,该字节最高位一般用做奇偶校验,故实际是用7位码来代表128个字符的;但对于众多的汉字,只有用2字节才能代表,这样用2字节代表一个汉字的代码体制,国家制定了统一标准,称为国标码。

国标码规定,组成2字节代码的最高位为0,即每个字节仅只使用7位,这样在机器内使用时,由于英文的ASCII码也在使用,可能将国标码看成2个ASCII码,因而规定用国标码在机内表示汉字时,将每个字节的最高位置1,以表示该码表示的是汉字,这些国标码两字节最高位加1后的代码称为机器内的汉字代码,简称内码。

以"哈"字为例:其国标码为0x3974,其内码为0xB9F4,即国标码与内码存在一种简单转换关系,将十六进制的国标码,两个字节各加0x80后,即成内码。

3.1.4 内码转换为区位码

当用某种输入设备例如键盘将汉字输入计算机时,则管理模块将自动地把键盘输入的汉字转换为内码,再由内码转换成区位码,通过区位码在汉字库中找到该汉字进行显示。

由于区位码和内码存在着固定的对应关系,因而知道了某汉字的内码,即可确定出对应的区位码,即若汉字内码为十六进制数0xAAFF,则区号qh和位号wh分别为:

$$qh = 0xAA - 0xA0$$
$$wh = 0xFF - 0xA0$$

因而该汉字在汉字库中离起点的偏移位置(以字节为单位),16×16点阵可计算为:

$$offset16 = (94 \times (qh-1) + (wh-1)) \times 32$$

24×24点阵因为有些特殊,其偏移位置可计算为:
$$\text{offset}24=(94\times(\text{qh}-16)+(\text{wh}-1))\times 72$$
48×48点阵原理同24×24点阵,其偏移位置可计算为:
$$\text{offset}48=(94\times(\text{qh}-16)+(\text{wh}-1))\times 288$$

3.1.5 其他西文字符在计算机中的存储和显示

我们在工作中除英文字符和汉字外,还会遇到拉丁文数字、一般符号、序号、日文平假名、希腊字母、俄文、汉语拼音符号及汉语注音字母等,这些符号在计算机中是如何存储和显示的呢?

我国在1981年公布的《信息交换用汉字编码字符集(基本集)》GB2312—80中,94个区中除6 763个汉字外,第3~7区给这些符号留下了位置,如第3区为英文大小写符号、第4区为日文平假名、第5区为日文片假名、第6区为大小写希腊字母、第7区为大小写俄文……

这些字符每一个都有固定的区位码,当然也都有一个固定的内码。当用某种输入法输入一个西文字符时,在计算机中是用内码表示的,显示时通过内码计算出区位码,找到该字符字模进行显示。其中英文字符比较特殊,在西文操作系统中,它是以 ASCII 码存储的,而在汉字操作系统中,它是作为一个汉字,以内码方式存储。

如希腊字母"β"的区位码是0634,它在字库中位于6区34位,它的16×16点阵字模如图3-4所示,显示效果如图3-5所示。

0x00,0x00,0x00,0x00,0x00,0xC0,0x03,0x60,
0x06,0x30,0x06,0x30,0x06,0xE0,0x07,0x80,
0x06,0xE0,0x06,0x30,0x06,0x30,0x07,0xE0,
0x06,0xC0,0x06,0x00,0x00,0x00,0x00,0x00

图3-4 希腊字母"β"的16×16点阵字模

现在我们基本上不使用汉字操作系统,在西文操作系统中除英文字符外,其他西文字符和日文片假名的输入大多采用微软软键盘或搜狗输入法等,但不管采用什么输入法,西文字符的存储和显示都按上述原则处理。

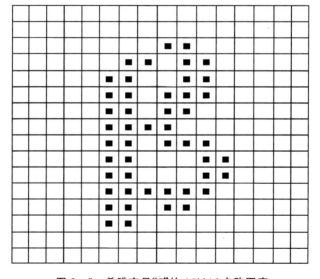

图3-5 希腊字母"β"的16×16点阵图案

3.2 字模提取与小字库的建立

在嵌入式控制系统中显示汉字必须解决字模问题,这当然可以在系统中增加硬件汉卡解决,但有时需要显示的汉字不多,增加多种字体硬件汉卡经济上不划算,特别是批量较大的产品。有的时候现场条件不允许或系统体积受限或显示的汉字种类较多时,从大字库中提取字模建立本系统自己的小字库就非常重要了。根据上一节的叙述已经知道了汉字显示原理,现在可以用任何一种编程语言来提取字模与建立小字库。

3.2.1 用汇编语言提取字模和汉字显示

1. 提取字模

如果用汇编语言开发应用程序,则建立小字库的程序也应该用汇编语言来编制,此处先给出建立 24×24 点阵小字库程序。程序分节给出,每节给出尽量详细的解释。代码如下:

```
;JXHZK.ASM
.MODEL    SMALL                          ;小模式
.STACK                                   ;缺省栈
.DATA                                    ;数据段
PAT DB  "D:\SUN.DAT",0                   ;在 D 盘上建立的小字库名
PATD DW 0                                ;目标文件代号
PATS DW 0                                ;源文件代号
HZH DB  "D:\HZK24S",0                    ;24×24 大汉字库在 D 盘上
BUF DB 72 DUP (0)                        ;一个 24×24 点阵占 72 字节
ZCODE DB 0                               ;区码
BCODE DB 0                               ;位码
REC DW 0                                 ;中间变量
ER1 DB 0AH,0DH,'CREATE FILE ERROR','$'   ;错误提示
ER2 DB 0AH,0DH,'OPEN FILE ERROR','$'
ER6 DB 0AH,0DH,'READ FILE ERROR','$'
ER4 DB 0AH,0DH,'FILE   POINTER   ERROR','$'
ER5 DB 0AH,0DH,'CLOSE FILE ERROR','$'
ER3 DB 0AH,0DH,'WRITH FILE RROR','$'
STR DB"长春理工大学侯殿有","$"            ;小字库存的汉字
.CODE                                    ;码段
START:
```

(1) 建立新文件

在新文件中以二进制形式存储小字库字模。程序段使用了 8088 汇编语言中的 INT 21H 系统调用,调用功能放在 AH 寄存器之中,AH=3CH 是建立文件的系统调用。

包括新文件的路径名和一个全 0 字节的"ASCIZ(ASC_ZER0)"的串地址放 DX 寄存器之中,如果调用成功,则系统会在 AX 寄存器中返回一个新文件的句柄,以后对这个新文件的操作就可针对这个句柄来进行。更详细内容读者可参见"IBM-PC 汇编语言程序设计"方面的

书籍。

代码如下：

```
MOV     AX,SEG PAT              ;将数据段指向所建文件的区
MOV     DS,AX
MOV     DX,OFFSET PAT           ;建立文件的系统调用
MOV     AH,3CH
MOV     CX,0
INT     21H
JNC     N1
LEA     DX,ER1                  ;如有错误,显示错误类型
JMP     DISP
```

(2) 打开大字库

AH＝3DH，INT 21H 系统调用，是打开已存在的库文件，这里是打开 24×24 大汉字库：HZK24S。

代码如下：

```
N1:
    MOV     PATD,AX             ;无错误,存目标文件代码
    MOV     DX,OFFSET HZH       ;打开源文件
    MOV     AL,0
    MOV     AH,3DH
    INT     21H
    JNC     N2
    LEA     DX,ER2              ;如有错误,显示错误类型
    JMP     DISP
```

(3) 计算偏移量,移源文件指针

汉字在计算机内存中是以内码形式存储的,就像英文字符在计算机内存中是以 ASCII 码形式存储的一样,但一个内码要占 2 字节。

由汉字的内码可计算出其区位码,即若汉字内码为十六进制数 0xAAFF,则区号 qh 和位号 wh 分别为：

$$qh=0xAA-0xA0$$
$$wh=0xFF-0xA0$$

再由区位码找到该汉字在大字库的位置。

$$offset24=(94\times(qh-16)+(wh-1))\times72$$

将文件指针移到该位置,从该位置开始的 72 字节就是该汉字的字模。

代码如下：

```
N2:
    MOV     PATS,AX             ;无错误,存源文件代码
    MOV     DI,OFFSET STR       ;将汉字串首地址给 DI
    MOV     BP,9                ;共有 9 个汉字
N3:
```

```
        MOV     AX,[DI]              ;取出第一个汉字的内码给 AX
        SUB     AL,0A1H              ;低 8 位减 A1H 等于位码
        AND     AL,07FH
        SUB     AL,15                ;再减 15
        MOV     ZCODE,AL             ;结果存 ZCODE
        SUB     AH,0A1H              ;高 8 位减 A1H 等于区码
        AND     AH,07FH
        MOV     BCODE,AH             ;存 BCODE
        MOV     AH,0                 ;计算 OFFSET24
        MOV     DL,94
        MOV     AL,ZCODE
        MUL     DL
        CLC
        ADD     AL,BCODE
        ADC     AH,0
        MOV     REC,72
        MUL     REC
        MOV     CX,DX                ;计算结果存 CX:DX
        MOV     DX,AX
        MOV     AL,0
        MOV     BX,PATS              ;移源文件指针
        MOV     AH,42H
        INT     21H
        JNC     N4
        LEA     DX,ER4
        JMP     DISP
```

(4) 取字模,存入缓冲区

AH＝3FH,INT 21H 的系统调用是读文件。读的字节数由 CX 中给出,BX 是文件句柄,DX 是存储缓冲区首地址,存储读的内容。

代码如下:

```
N4:
        MOV     DX,OFFSET BUF        ;将缓冲区 BUF 首地址给 DX
        MOV     BX,PATS
        MOV     CX,72
        MOV     AH,3FH
        INT     21H
        JNC     N5
        LEA     DX,ER6
        JMP     DISP
```

(5) 将字模写入小字库

AH＝40H,INT 21H 的系统调用是写文件,是将提取的字模写入小汉字库。写的字节数由 CX 中给出,BX 是小字库文件句柄,DX 是存储缓冲区首地址,存储要写的内容。

代码如下:

第3章　LCD 显示汉字和图形的基本原理

```
N5:
    MOV     AH,40H                  ;将 BUF 中 72 字节放入文件
    MOV     DX,OFFSET BUF
    MOV     BX,PATD
    MOV     CX,72
    INT     21H
    JNC     N6
    LEA     DX,ER3
    JMP     DISP
```

(6) 取下一个汉字字模,直到结束

代码如下：

```
N6:
    DEC     BP                      ;处理下一个汉字
    JZ      N7
    INC     DI
    INC     DI
    JMP     N3
```

(7) 结束,关闭文件

AH＝3EH,INT 21H 的系统调用是关闭文件,工作结束将大小字库关闭。BX 是要关闭文件的句柄。

代码如下：

```
N7:
    MOV     AH,3EH                  ;结束,关闭源文件和目标文件
    MOV     BX,PATD
    INT     21H
    MOV     AH,3EH
    MOV     BX,PATS
    INT     21H
    LEA     DX,ER5
    JC      DISP
    MOV     AH,4CH                  ;关闭程序
    INT     21H
DISP:
    MOV     AH,9
    MOV     BX,0
    INT     21H
    END     START
```

调试汇编语言程序需要一些工具软件,这些软件在随书光盘"3.1"文件夹中,要将随书光盘上的汉字库文件和 DOS 工具文件复制到 D 盘,此程序也在 D 盘上运行。

在 WIN98 下进入 MS－DOS,运行"ED JXHZK. ASM",编辑和修改源程序 JXHZK. ASM；ED. EXE 是一个功能强大的行编辑软件,功能类似 EDLIN. EXE,但比 EDLIN. EXE 功能强,

使用方便,它的运行界面和使用方法类似 BURBOC 2.0,只是把 F10 键的功能用 ESC 键代替,在编辑界面下按 F1 键进入帮助菜单,有详细使用说明。

运行"MASM JXHZK.ASM",生成 OBJ 文件;运行"LINK JXHZK.OBJ",生成 EXE 文件。执行 JXHZK.EXE 就生成了小字库文件。用 DIR 命令可看到的确有 SUN.DAT 文件,字节数是 648,共 9 个汉字。

若是运行错误,则用"DEBUG JXHZK"去调试 EXE 文件,然后再运行"ED JXHZK.ASM"编辑和修改源程序,直到正确。16×16 或 48×48 小字库的建立与此完全相同,只须修改缓冲区大小、源文件名称、偏移量计算方法即可。

用 ED 编辑 ASM 源文件时,STR 字串中的汉字在 C 文 DOS 下输入是不允许的,此时可以在 WIN98 下运行系统带的 PDOS95.EXE 文件,这时系统就会把各种汉字输入法装入,用 CTRL+SHIFT 选择一种即可输入汉字了。

2. 汉字显示

虽然小字库是用汇编语言建的,因为它是二进制文件,故可用任何语言显示。下面给出用汇编语言编制的显示程序,程序也分节给出,每节给出尽量详细的解释。

```
;XSHZ.ASM
.MODEL
.STACK
.DATA
    INPREC DB 1000 DU P(?)          ;设内存缓冲区
    PAT DB 'SUN.DAT',0              ;PAT 存小字库路径
    HANDLE DW 0                     ;HANDLE 存文件句柄
    D3 DB 0                         ;显示开始列
    D1 DB 0                         ;显示开始行
.CODE
START:
```

(1) 设显示方式

显示方式和系统使用的显示器类型有关,本系统使用的是 VGA 640×480 16 色显示器,显示方式 AL=12H。代码如下:

```
    CALL    SETGM                   ;设显示方式
```

(2) 取显示字模

打开小字库文件,取要显示的汉字字模,存入内存中,然后关小字库文件,在(50,100)位置显示 9 个汉字。代码如下:

```
    MOV     AX,SEG PAT              ;打开小字库文件
    MOV     DS,AX
    MOV     ES,AX
    MOV     AH,3DH
    MOV     AL,0
    LEA     DX,PAT
    INT     21H
```

第3章　LCD显示汉字和图形的基本原理

```
DISPHZ1:
        MOV     HANDLE,AX           ;文件代码存 HANDLE
        MOV     AH,3FH              ;从小字库文件中读9个汉字字模放内存
        MOV     BX,HANDLE
        MOV     CX,9*72
        LEA     DX,INPREC
        INT     21H
DISPHZ2:
        MOV     BX,HANDLE           ;关闭小字库文件
        MOV     AH,3EH
        INT     21H
        MOV     D1,50               ;在(50,100)位置显示9个汉字
        MOV     D3,100
        MOV     CX,9*24
        LEA     SI,INPREC           ;缓冲区首址给 SI
        CALL    L_08A5
```

(3) 显示程序

24×24点阵汉字排列为24列,每列3字节,显示时按列处理,先处理第1列的3字节,然后处理第2列的3字节……直到第24列的3字节。处理一个字节时,对该字节的每一位进行判断,该位为1绘点,该位为0则不绘点,代码如下:

```
        L_08A5  PROC                ;显示子程序
L_08A50:
        PUSH    CX                  ;保存9个汉字总列数
        CALL    L_08E4              ;处理一列的3字节
L_08D2:
        POP     CX
        ADD     SI,3                ;处理下一列的3字节
        LOOP    L_08A50             ;处理完,返回
        RET
        L_08A5 ENDP

        L_08E4  PROC                ;处理一列的3字节
        MOV     BP,3
        PUSH    SI
        PUSH    D3
L_08EC:
        CLD
        LODSB                       ;先取1字节
        MOV     BL,AL
        MOV     BH,8                ;1字节8位
L_08F2:
        SHL     BL,1                ;按位判断
        JB      L_08FB
        MOV     AL,0                ;BIT=0 不绘点
```

```
            JMP     L_08FE
L_08FB:
            MOV     AL,1                        ;BIT＝1 绘点
L_08FE:
            CALL    L_0944                      ;调绘点程序
L_092D:
            DEC     BH                          ;判断1字节处理完毕
            JNZ     L_08F2
            DEC     BP                          ;判断一列的3字节处理完毕
            JNZ     L_08EC
            MOV     AX,D3                       ;指向下一列,行回到第一行
            POP     D3
            POP     SI
            INC     D1                          ;列加1
            RET
L_08E4 ENDP
```

(4) 绘点子程序

LCD 屏上汉字的显示通过绘点来完成，AH＝0CH，INT 10H 是在 LCD 屏上绘点的 BIOS 功能调用。AL 是显示方式，本系统 AL＝1，像素是白色；BH 是显示页号，BH＝0 是当前页；DX 是像素行，CX 是像素列。

程序代码如下：

```
L_0944 PROC                                     ;绘点的子程序,使用系统调用 0CH
            MOV     CX,D1
            MOV     DX,D3
            MOV     AL,1
            PUSH    BX
            MOV     BX,0
            MOV     AH,0CH
            INT     10H
            POP     BX
L_094E:
            INC     D3
            RET
L_0944 ENDP
```

(5) 显示方式

设 VGA 显示分辨率为 640×480×16 色，程序代码如下。

```
SETGM PROC                                      ;显示方式设置
            MOV     AH,0
            MOV     AL,12H                      ;VGA 640×480
            INT     10H
            MOV     AH,0BH                      ;调色板
            MOV     BH,0                        ;背景色
```

```
        MOV     BL,1                    ;16色选1
        INT     10H
        MOV     AH,0BH                  ;设颜色组
        MOV     BH,1                    ;设0#调色板
        MOV     BL,0
        INT     10H
        RET
SETGM   ENDP
        END     START
```

显示程序的编辑、调试、运行同 JXHZK.ASM 一样,不再重复。

3.2.2 用C语言提取字模和建立小字库

1. 提取 16×16 点阵汉字

如果应用程序是使用C语言编制的或编程者对C语言熟悉,那么使用C语言来提取字模和建立小字库就比较方便。C语言的汉字提取程序较多,我们用程序 Selchn16.c 来提取 16×16 点阵汉字。汉字输入是采用区位码,同时生成的小字库是C语言数据形式,可直接复制到用户程序中运行。还可以在LCD屏显示小字库内容。

程序分5段给出,每段都给出详细的解释。

```
//Selchn16.c
#include<io.h>
#include<fcntl.h>
#include<sys\types.h>
#include<sys\stat.h>
#include<stdio.h>
#include<process.h>
#include<conio.h>
#include<graphics.h>
#include<stdlib.h>
#include"QWCODE.h"            //这是用户定义的头文件
```

(1) QWCODE.H 头文件

头文件 QWCODE.H 包含小汉字的区位码,在随书光盘"3.2"文件夹中,在 QWCODE.H 中定义了:QU_WE[]={24,86,29,73,20,51,34,56,29,81};是作者随机选的4个汉字"个"、"介"、"从"、"仑"、"今"的区位码;CHNNUMBER(汉字个数)=5。

本程序的特点是不用输入汉字,直接输入区位码就可以得到字模,同时还可以得到国标上有的拉丁文数字、一般符号、序号、日文假名、希腊字母、英文、俄文、汉语拼音符号及汉语注音字母等字模。建立包括这些内容的字库,显示就更丰富多彩了。

具体可以显示哪些内容请参见中华人民共和国国家标准《信息交换用汉字编码字符集基本集 GB 2312—80》,它可以从网站 HTTP://WWW.GB168.CN 上购买。

```c
#define DISP-POX-X    16                                  //显示开始点坐标
#define DISP-POX-Y    16
char * buffw = {"0x00000,0x00000,0x00000,0x00000,0x00000,0x00000,0x00000,0x00000,\n"};
                                                          //小汉字库C语言数据格式
void bintasc (char binbyte, char high-10w, int n0);       //BIT置位程序
```

(2) char * buffw 数组

char * buffw 数组中事先存储了小汉字库中一行C语言字模的存储格式,一个16×16点阵汉字占32字节,程序将字模排成2行,1行8个字(16字节),改为C语言数据格式后,每个数前面加0x0,数与数之间用","分隔,再加上每行前面的14个空格,1行是76字节。

```c
int main(void)
{
    unsigned char   tstch;
    unsigned char   bufch[32];
    unsigned char   bufchar[52];
    char            achar1,achar2;
    long            location;
    int             gdriver = DETECT, gm0de, errorCODE;
    int             fdr,fdw;
    int             x = DISP-POX_X, y = DISP-POX_Y, color = 3, startchn = 1;
    int             i, j, k, n;
    initgraph(&gdriver,&gmode,"");
        fdr = open("HZK16",O_RDONLY|O_BINARY);             //打开大字库
        fdw = creat("CHN1616.INC",S_IWRITE|S-IREAD);       //建立小字库
        for ( j = 0;j< CHNNUMBER;j ++ )                    //区位码个数
        {
```

(3) 计算偏移量,移指针

根据区位码计算偏移量使用公式:

$$Location = (94 \times (qh-1) + (wh-1)) \times 32$$

然后将文件指针移到该位置,从该位置读32字节放输入缓冲区,同时在LCD屏显示该汉字。

```c
Location = ((long)((qu_we[j*2]-1) * 941) + (long)qu_we[j*2+1]-1) * 321;

lseek(fdr,location,0);                              //计算偏移量,移指针
read(fdr, bufch, 32);                               //读32字节进bufch
for(i = 0; i<16; ++i)                               //显示汉字
    {
        tstch = 0x80;
        for ( k = 0; k<8; ++k)                      //testch每次右移1位
        {
            if( bufch[i*2] & testch )               //测试第一个字节各位
                putpixel(x + 16 * startchn + k,y + i,color);   //该位为1,绘点
            if( bufcn[i*2+1]& testch)               //测试第二个字节各位
                putpixel(x + 16 * startchn + k + 8,y + i,color); //该位为1,绘点
```

```
                testch = testch>>1;
            }                                           //字节测试完成显示
        }                                               //一个汉字测试打印
        if ( ++startchn == 16 )                         //打印每行 16 个汉字
        {
            x = DISP - POX - X;
            y += 20;
            startchn = 0;
        }
```

(4) 将读入的字模转换为 C 语言形式

从字库读出的字模是二进制形式,现转换为 C 语言形式。转换后,每个 16×16 汉字字模排两行,每行 8 个字,即 16 字节。

转换时先转换第一个字节高 4 位,再转换第一个字节低 4 位;然后转换第二个字节高 4 位,最后转换第二个字节低 4 位。

```
        for ( k = 0; k<2; ++k )                                 //汉字的字模变 C 语言
        {
            for ( i = 0; i<8; ++i )                             //2 行,每行 8 个字
            {
                bintasc(bufch[k*16+i*2+0],1,i*8+14+0)           //第一个字节高 4 位
                bintasc(bufch[ k*16+i*2+0],0,1*8+14+1)          //第一个字节低 4 位
                bintasc( bufch[ k*16+i*2+1],1,i*8+14+2 )        //第二个字节高 4 位
                bintasc( bufch[ k*16+i*2+1],0,1*8+14+3 )        //第二个字节低 4 位
            }
            write(fdw, buffw,76 );                              //76 字节写入文件
        }
    }
    getch();                                                    //回车后关闭各文件
    close(fdr);
    close(fdw);
    closegraph();
    return 0;
}
```

(5) 按位转换程序

因为 4 个二进制数可用 1 个十六进制数表示,而要转换的 C 语言形式是十六进制数,所以把一个字节的高 4 位和低 4 位分别取出,将其数值加上 30H,既变为相应的 ASCII 码,然后存储。

建成的小汉字库以 C 语言数据格式存放在数组 CHN1616.INC 中。

```
    void bintasc(char binby,char h1,int n0)                 //按位整理字模
    {
        switch   ( h1 )
```

```c
    {
        case 0:
            binby = binby&0x0F;                        //低位
            break;
        case 1:
            binby = (binby>>4)&0x0F;                   //高位
            break;
        defult:
            break;
    }

    if binby>9
        binby = binby + 0x37;                          //字符 ASCII 码
    else
        binby = binby + 0x30;                          //数字变 ASCII 码
    buffw[n0] = binby;                                 //放入相应位

}
// CHN1616.INC
CHN1616.INC [ ] = {
0x00800,0x00804,0x017FE,0x01444,0x03444,0x037FC,0x05444,0x09444,
0x015F4,0x01514,0x01514,0x015F4,0x01514,0x01404,0x017FC,0x01404,
// "个"字的 16×16 点阵字模
0x00100,0x00100,0x00280,0x00440,0x00820,0x01010,0x0244E,0x0C444,
0x00440,0x00440,0x00440,0x00840,0x00840,0x00840,0x01040,0x02040,
// "介"字的 16×16 点阵字模
0x00910,0x00910,0x01110,0x01118,0x022A4,0x04A42,0x09440,0x01048,
0x0307C,0x05240,0x09240,0x01640,0x015C0,0x01470,0x0181E,0x01000,
// "从"字的 16×16 点阵字模
0x00100,0x00100,0x00280,0x00280,0x00440,0x00830,0x037DE,0x0C024,
0x03FF8,0x02488,0x02488,0x03FF8,0x02488,0x02488,0x024A8,0x02010,
// "仑"字的 16×16 点阵字模
0x00100,0x00100,0x00280,0x00440,0x00820,0x01210,0x0218E,0x0C084,
0x00000,0x01FF0,0x00010,0x00020,0x00020,0x00040,0x00080,0x00100}
// "今"字的 16×16 点阵字模
```

2. 提取 24×24 点阵字模

点阵字模不用修改可直接复制到程序中使用,简单方便。

下面介绍一个提取 24×24 点阵字模的 C 语言程序 Selchn24.c,它的原理同上面 Selchn16.c,程序也分段给出,对较难理解之处给出解释。

```c
// Selchn24.c
# include<io.h>
# include<fcntl.h>
# include<sys\types.h>
```

第3章　LCD显示汉字和图形的基本原理

```
#include<sys\stat.h>
#include<stdio.h>
#include<graphics.h>
#include<process.h>
#include<stdlib.h>
#include<conio.h>
#include "QWCODE.H"
#define DISP-POX-X    24
#define DISP-POX-Y    24
```

(1) 存储格式

char * buffw 数组中先存储了小汉字库中一行 C 语言字模的存储格式,1 个 24×24 点阵汉字占 72 字节,程序将字模排成 4 行,一行 18 字节,改为 C 语言数据格式后,每个数前面加 0x0,数与数之间用","分隔,再加上每行前面的 13 个空格,一行是 121 字节。

```
Char * buffw = {"0x000,0x000,0x000,0x000,0x000,0x000,0x000,0x000,0x000,0x000,0x000,0x000,
                0x000,0x000,0x000,0x000,0x000,0x000,\n"};
void   bintasc (char binbyte, char high-low, int n0);
void   main(void)
{
    unsigned char tstch;
    unsigned char bufch[72];
    char    achar1,achar2;
    long    location;
    int     gdriver = DETECT, gmode, errorCODE;
    int     fdr,fdw;
    int     x = DISP-POX_X, y = DISP-POX_Y, color = 3, startchn = 1;
    int     i, j, k,n,jj,ii,kk;
    unsigned char mask[] = {0x80,0x40,0x20,0x10,0x08,0x04,0x02,0x01};
    initgraph(&gdriver,ftgm0de,"");
    fdr = open("HZK24S",O_RDONLY|O_BINARY);
    fdw = creat( "CHN2424.INC",S_IWRITEIS_IREAD );
    for ( j = 0; j< CHNNUMBER; j++ )
        {
```

(2) 取汉字字模

根据每个汉字的区位码,取出汉字的字模并显示,每行显示 16 个汉字。24×24 点阵汉字字库和 16×16 点阵汉字库排列有一点差别,因此计算偏移量的公式也不同。

16×16 点阵汉字计算偏移量的公式为

$$offset16 = (94 \times (qh-1) + (wh-1)) \times 32$$

24×24 点阵汉字计算偏移量的公式为

$$offset24 = (94 \times (qh-16) + (wh-1)) \times 72$$

```
location = ((long) ( ( qu_we[j * 2] - 16 ) * 941 ) + (long)qu_we[j * 2 + 1] - 1 ) * 721;
    lseek(fdr,location,0);
```

```
        read(fdr, bufch, 72);
            for(ii = 0; ii<24; ++ii)
                for (jj = 0;jj< = 2;jj++ )
                    for ( kk = 0; kk<8; ++kk)
                        {
                            if(mask[kk % 8]&bufch[3 * ii + jj])
                            putpixel(x + 24 * startchn + ii,y + jj * 8 + kk,color);
                        }
                    startchn += 1;
        if ( ++ startchn == 16 )              //控制打印位置,每行 16 个汉字
                        {
                        x = DISP - POX - X;
                        y += 24;
                        startchn = 0;
                        }
```

(3) 转换成 C 语言形式

以下程序段是将每个汉字的字模按存储格式转换成 C 语言形式,每个字模占 4 行,每行 18 字节。转换工作是由下面 bintasc(char binby,char h1,int n0)程序完成的,先转换一个字节的低 4 位,再转换高 4 位。

```
for (k = 0; k<4;   ++k)
    {
        for ( i = 0;  i<18;   ++i)
        {
            Bintasc ( bufch[ k * 18 + i], 1, i * 6 + 15 + 0 )
            Bintasc ( bufch[ k * 18 + i], 0, 1 * 6 + 15 + 1 )
            write(fdw,buffw,121 );
        }
    }
}
getch();
close(fdr);
close(fdw);
closegraph();
return 0;
}
```

(4) 按位转换程序

按位转换程序的解释同提取 16×16 点阵汉字程序。

```
void bintasc(char binby,char h1,int n0)
{
        switch   ( h1 )
            {
```

```
        case 0:
            binby = binby&0x0F;
            break;
        case 1:
            binby = (binby>>4)&0x0F;
            break;
        defult:
            break;
    }
    if binby>9
        binby = binby + 0x37;
    else
        binby = binby + 0x30;
        buffw[n0] = binby;
}
```

24×24 点阵字模和 16×16 字模提取程序差别很小,但字模是按字节存放,1 行存 18 字节,1 个汉字共 4 行。如"好"字的 24×24 点阵字模如下:

0x000,0x000,0x000,0x002,0x000,0x002,0x002,0x00E,0x004,0x002,0x0FE,0x008,0x0FF,0x0F3,0x030,0x07F,0x001,0x0E0,

0x042,0x000,0x0C0,0x002,0x00F,0x0E0,0x007,0x0FE,0x078,0x007,0x0F0,0x038,0x002,0x008,0x000,0x000,0x008,0x000,

0x010,0x008,0x004,0x010,0x008,0x004,0x010,0x008,0x006,0x010,0x008,0x007,0x013,0x0FF,0x0FE,0x011,0x0FF,0x0FC,

0x016, 0x008, 0x000, 0x01C, 0x008, 0x000, 0x038, 0x018, 0x000, 0x010, 0x018, 0x000, 0x000, 0x008, 0x000,0x000,0x000,0x000,//"好"字的 24×24 点阵字模

该字模可以直接复制到应用程序中使用,利用这些字模在 LCD 上显示汉字的例子在以后章节中结合具体 LCD 的应用会详细介绍。

3.2.3 用 Delphi 提取字模和建立小字库

下面介绍用面向对象的可视化编程语言 Delphi 来提取字模,由于 Delphi 功能强大,因此作者在研制该软件时也尽量使其功能齐全、使用方便,该程序可以提取汇编语言和 C 语言两种形式字模,以方便使用不同语言的应用程序。

该程序可以提取的字模点阵有:12×12 点阵宋体汉字库,16×16 点阵宋体汉字库,16×16 点阵仿宋体汉字库,24×24 点阵宋体汉字库,24×24 点阵仿宋体汉字库,48×48 点阵宋体汉字库;如果输入方式选择区位码,还可以提取国标上有的拉丁文数字、一般符号、序号、日文假名、希腊字母、英文、俄文、汉语拼音符号和汉语注音字母等字模。

首先在窗口上加两个 Memo 控件,Memo1 用来输入汉字,Memo2 显示转换后的字模;放两个 ComboBox 控件,ComboBox1 做语言选择,它决定转换后的字模数据是 C 语言格式还是汇编语言格式,ComboBox2 用来选择点阵字库;又加入两个 Edit 控件,分别输入密码和输入小字库存放路径;加入两个 BitBtn 按钮,输入转换和关闭命令。

为了装饰，加了两个小动画控件 WebBroser1、WebBroser2 和两个 DateTimePicker 控件显示日期和时间。还有几个 Label 控件做标签。

程序名称为 MinFonBase，本程序较长，因此按结构分成 8 小节给出并解释。

```
unit MinFonBase;
interface
uses
    Windos,Messages,SysUtils,Variants,Classes,Graphics,Controls,Forms,
    Dialogs,StdCtrls,Buttons,OleCtrls,SHDocVw,ExtCtrls,ComCtrls;
type
  TForm1 = class(TForm)
    Memo1：TMemo；
    ComboBox1：TComboBox；
    ComboBox2：TComboBox；
    BitBtn1：TBitBtn；
    BitBtn2：TBitBtn；
    Memo2：TMemo；
    Label1：TLabel；
    Label2：TLabel；
    Label3：TLabel；
    Label4：TLabel；
    WebBroser1：TWebBroser；
    WebBroser2：TWebBroser；
    DateTimePicker1：TDateTimePicker；
    DateTimePicker2：TDateTimePicker；
    Timer1：TTimer；
    Edit1：TEdit；
    Label6：TLabel；
    Edit2：TEdit；
    Label5：TLabel；
    Procedure FormCreate(Sender：Tobject);          //初始化
    Procedure BitBtn1Click(Sender：Tobject);        //转换
    Procedure BitBtn2Click(Sender：Tobject);        //关闭
    Procedure Bintasc(binby：byte;hi：byte;n0：integer);  //按位整理字模
    Procedure COUNT_1616;                            //16×16 点阵处理
    Procedure COUNT_2424;                            //24×24 点阵处理
    Procedure COUNT_4848;                            //48×48 点阵处理
    Procedure Timer1Timer(Sender：Tobject);          //定时器
    private
    { Private declarations }
    public
    { Public declarations }
  end;
var
  Form1：TForm1;
```

第3章 LCD显示汉字和图形的基本原理

```
    verstr: string;
    dirstr2: string;                                       //当前路径
    dirstr1: string;                                       //小字库路径
implementation
var
```

1. 各种字模存储格式

以下6个数组是16×16、24×24、48×48三种汉字点阵的汇编语言和C语言每一行字模的存储格式。

```
    c51buf16: string = '0x00000,0x00000,0x00000,0x00000,0x00000,0x00000,0x00000,0x00000,';
    a51buf16: string = 'dw 00000h,00000h,00000h,00000h,00000h,00000h,00000h,00000h';
    c51buf24: string = '0x000,0x000,0x000,0x000,0x000,0x000,0x000,0x000,0x000,0x000,0x000,
                        0x000,0x000,0x000,0x000,0x000,0x000,';
    a51buf24: string = 'db 000h,000h,000h,000h,000h,000h,000h,000h,000h,000h,000h,000h,
                        000h,000h,000h,000h,000h ';
    c51buf48: string = '0x000,0x000,0x000,0x000,0x000,0x000,0x000,0x000,0x000,0x000,0x000,
                        0x000,0x000,0x000,0x000,0x000,0x000,';
    a51buf48: string = 'db 000h,000h,000h,000h,000h,000h,000h,000h,000h,000h,000h,000h,
                        000h,000h,000h,000h,000h ';
    qh,wh: integer;                                        //区位码变量定义
    location: Longint;                                     //以下为各种变量定义
    sf: file of byte;
    a51c51Flag: integer;
    dzkFlag: integer;
    c51buf161: string;
    a51buf161: string;
    c51buf241: string;
    a51buf241: string;
    c51buf481: string;
    a51buf481: string;
    bufch16: array[0..31] of byte;
    bufch24: array[0..71] of byte;
    bufch48: array[0..287] of byte;
    x: integer;
{$R *.dfm}
//------------------------------------------------------------
//       初始化
//------------------------------------------------------------
Procedure TForm1.FormCreate(Sender: Tobject);
begin
    dirstr2: = GetCurrentDir;                              //取当前路径
    dirstr2: = IncludeTrailingPathDelimiter(dirstr2);      //规范当前路径
    self.WebBroser1.Navigate(dirstr2 + '44a[1].gif');      //引入两个小动画
```

```
self.WebBroser2.Navigate(dirstr2 + '6a[1].gif');
Memo1.Clear;                                              //Memo清0
Memo2.Clear;
x:= 0;
```

2. 字模形式选择

ComboBox1 框选择提取字模是 C 语言形式还是汇编语言形式。

```
ComboBox1.Items.Add('C51 形式');                          //ComboBox1 初始化
ComboBox1.Items.Add('A51 形式');
ComboBox1.ItemIndex:= 0;
```

3. 点阵形式选择

ComboBox2 框选择提取字模的点阵形式。

```
ComboBox2.Items.Add('8 * 8 点阵西文字库');
ComboBox2.Items.Add('8 * 16 点阵西文字库');
ComboBox2.Items.Add('16 * 16 点阵图标库');
ComboBox2.Items.Add('16 * 29 点阵中等数字库');
ComboBox2.Items.Add('32 * 49 点阵大数字库');
ComboBox2.Items.Add('16 * 16 点阵宋体汉字库');
ComboBox2.Items.Add('16 * 16 点阵仿宋体汉字库');
ComboBox2.Items.Add('24 * 24 点阵宋体汉字库');
ComboBox2.Items.Add('24 * 24 点阵仿宋体汉字库');
ComboBox2.Items.Add('48 * 48 点阵宋体汉字库');
ComboBox2.ItemIndex:= 0;
 edit1.Text:= '';                                         //路径框清0
end;
//-----------------------------------------------------------------
//   关闭
//-----------------------------------------------------------------
Procedure TForm1.BitBtn1Click(Sender:Tobject);
begin
close;
end;
//-----------------------------------------------------------------
//   转换
//-----------------------------------------------------------------
Procedure TForm1.BitBtn2Click(Sender:Tobject);
```

4. 核对密码,选字库

核对密码,根据 ComboBox2 内容选字库,做标记和调相应提字模程序,转换结果存储。

```
var
 i,j: integer;
 wsstr: string;
```

```
xzkfilename:string;                              //小字库名
dazkfilename:string;                             //大字库名
begin
    if edit2.text<>'194512125019' then           //密码错
    begin
      showmessage('密码错,请与作者联系:houdianyou456@sina.com');
      exit;
    end;
  if edit1.text='' then
    begin
      showmessage('小字库路径错!');
      exit;
    end
    else
  dirstr1:=edit1.Text;                           //取路径
  dirstr1:=IncludeTrailingPathDelimiter(dirstr1); //确保路径后有定界符"\"
     if not DirectoryExists(dirstr1) then        //如路径不存在,就建一个
       CreateDir(dirstr1);
     if ComboBox1.Text='C51形式' then  a51c51Flag:=1  //设标志
     else   a51c51Flag:=0;
   if (ComboBox2.Text='8*8点阵西文字库') or (ComboBox2.Text='8*16点阵西文字库')or
   (ComboBox2.Text='16*16点阵图标库') or (ComboBox2.Text='16*29点阵中等数字库') or
   (ComboBox2.Text='32*49点阵大数字库')
     then
       begin
         showmessage('字库已存在,文件在'+dirstr2+'文件夹中');
         xzkfilename:='';
       end;
  if (ComboBox2.Text='16*16点阵宋体汉字库') then begin
         dazkfilename:=dirstr2+'HZK16';
         xzkfilename:=dirstr1+'XHZK16';
         dzkFlag:=1;
         end;
    if (ComboBox2.Text='16*16点阵仿宋体汉字库') then begin
         dazkfilename:=dirstr2+'HZK16F';
         xzkfilename:=dirstr1+'XHZK16F';
         dzkFlag:=1;
         end;
   if (ComboBox2.Text='24*24点阵宋体汉字库') then begin
         dazkfilename:=dirstr2+'HZK24S';
         xzkfilename:=dirstr1+'XHZK24S';
         dzkFlag:=2;
         end;
      if (ComboBox2.Text='24*24点阵仿宋体汉字库') then begin
         dazkfilename:=dirstr2+'HZK24F';
```

```
            xzkfilename: = dirstr1 + 'XHZK24F';
            dzkFlag: = 2;
        end;
    if (ComboBox2.Text = '48 * 48 点阵宋体汉字库') then begin
            dazkfilename: = dirstr2 + 'HZK48S';
            xzkfilename: = dirstr1 + 'XHZK48S';
            dzkFlag: = 3;
        end;
        AssignFile(sf,dazkfilename);                    //关联大字库文件逻辑文件
        Reset(sf);                                      //为读/写文件做准备
    for i: = 0 to Memo1.Lines.count - 1 do              //遍历 Memo1
        begin
            wsstr: = Memo1.Lines.Strings[i];            //逐串处理输入汉字
            for j: = 1 to Length( wsstr) do             //处理一串中的各个汉字
                begin
                    if   ord(WSStr[j])< = 127 then begin    //不是汉字退出
                        showmessage('输入错,重新输入！');
                        xzkfilename: = '';
                      end
                    else
                      if((j mod 2) = 1) then
                        begin
                            qh: = ord( wsstr[j]) - 160;     //区码
                            wh: = ord( wsstr[j + 1]) - 160; //位码
                              case dzkFlag of               //处理各种点阵
                              1: COUNT_1616;
                              2: COUNT_2424;
                              3: COUNT_4848
                              else
                                exit;
                              end;
                        end;
                end;
        end;
        if xzkfilename <>''then begin                   //小字库名如果不空
        xzkfilename: = xzkfilename + '.txt';
        Memo2.Lines.SaveToFile(xzkfilename);            //小汉字库存为.txt文件
        showmessage('小字库已建立,字模存 '+ xzkfilename +' 文件中');
        end;
end;
```

//--
// 按位转换
//--
```
    Procedure TForm1.Bintasc(binby: byte;hi: byte;n0: integer); //按位转换
```

第 3 章　LCD 显示汉字和图形的基本原理

5. 转换和存储

"TForm1.Bintasc()"根据 ComboBox1 内容，分别按 C 语言格式或汇编语言格式逐位转换。并将结果存放入相应格式数组。

```
begin
  case hi of
  0: binby: = binby and $ of;
  1: binby: = ( binby shr 4) and $ of;
  else
  Exit;
  end;
  if(binby>9)then
  binby: = binby + $ 37
  else
   binby: = binby + $ 30;
  if   a51c51Flag = 1 then
    begin
        case dzkFlag of
        1: c51buf16[n0]: = chr(binby);
        2: c51buf24[n0]: = chr(binby);
        3: c51buf48[n0]: = chr(binby)
        else
        exit;
        end;
    end
    else begin
        case dzkFlag of
        1: a51buf16[n0]: = chr(binby);
        2: a51buf24[n0]: = chr(binby);
        3: a51buf48[n0]: = chr(binby)
        else
        exit;
        end;
      end;
end;

//------------------------------------------------------------
//     1ms 定时
//------------------------------------------------------------
   {
   Procedure TForm1.Timer1Timer(Sender: Tobject);          //更新时钟
   begin
     DateTimePicker1.Date: = Now;
     DateTimePicker2.Time: = Now;
   end;
```

```
        }
//---------------------------------------------------------------
//      16×16 点阵字模提取
//---------------------------------------------------------------
```

6. 16×16 点阵转换

16×16 点阵一次转换 2 字节,每字节先转换低 4 位,再转换高 4 位。转换后 32 字节排 2 行,每行按 8 个字(16 字节)存储。

```
Procedure TForm1.COUNT_1616;                    //16×16 点阵字模提取
var
k,l: integer;
begin
location：=((qh-1)*94+(wh-1))*32;              //计算偏移量
            Seek(sf,0);
            Seek(sf,location);                  //移指针
            BlockRead(sf,bufch16,32);           //读 32 字节给 bufch16
            c51buf161：= c51buf16;
            a51buf161：= a51buf16;
            for k：= 0 to 1 do                  //修改数据为 C 或汇编形式
            begin
                for l：= 0 to 7 do              //排 2 行,1 行 8 个字
                    begin
                    //c51
                    if  a51c51Flag = 1 then begin
            bintasc(bufch16[k*16+l*2+0],1,l*8+4+0);  //第一个字节高位
            bintasc(bufch16[k*16+l*2+0],0,l*8+4+1);  //第一个字节低位
            bintasc(bufch16[k*16+l*2+1],1,l*8+4+2);  //第二个字节高位
            bintasc(bufch16[k*16+l*2+1],0,l*8+4+3);  //第二个字节低位
                    end
                    else
                    begin
                     //a51
            bintasc(bufch16[k*16+l*2+0],1,l*7+6+0);
            bintasc(bufch16[k*16+l*2+0],0,l*7+6+1);
            bintasc(bufch16[k*16+l*2+1],1,l*7+6+2);
            bintasc(bufch16[k*16+l*2+1],0,l*7+6+3);
                    end;
                    end;
                if  a51c51Flag = 1 then
                Memo2.Lines.add(c51buf16)
                 else
                    Memo2.Lines.add(a51buf16);
                c51buf16：= c51buf161;
                a51buf16：= a51buf161;
```

```
                    end;
                x:= x + 1;
            if  a51c51Flag = 1 then
            Memo2.Lines.add('// ' + chr(160 + qh) + chr(160 + wh) + '  查询索引号：' + inttostr(x - 1))
               else
            Memo2.Lines.add('； ' + chr(160 + qh) + chr(160 + wh) + '  查询索引号：' + inttostr(x - 1));
      end;
//-------------------------------------------------------------
//   24×24 点阵字模提取
//-------------------------------------------------------------
```

7. 24×24 点阵汉字转换

根据区位码移指针，读 72 字节给 bufch24。每个 24×24 点阵汉字占 72 字节，排 4 行，1 行 18 字节。

```
Procedure TForm1.COUNT_2424;                         //24×24 点阵字模提取
var
k,l: integer;
begin
location:= ((qh - 16) * 94 + (wh - 1)) * 72;         //根据区位码移指针
            Seek(sf,0);
            Seek(sf,location);
            BlockRead(sf,bufch24,72);                //读 72 字节给 bufch24
           c51buf241:= c51buf24;
           a51buf241:= a51buf24;
          for k:= 0 to 3 do
          begin
               for l:= 0 to 17 do
                begin
                   //c51
                   if  a51c51Flag = 1 then begin
                   bintasc(bufch24[k * 18 + l],1,l * 6 + 4 + 0);
                   bintasc(bufch24[k * 18 + l],0,l * 6 + 4 + 1);
                     end
                   else
                     begin
                      /a51
                      bintasc(bufch24[k * 18 + l],1,l * 5 + 6 + 0);
                      bintasc(bufch24[k * 18 + l],0,l * 5 + 6 + 1);
                     end;
               end; //l end
           if  a51c51Flag = 1 then
           Memo2.Lines.add(c51buf24)
             else
           Memo2.Lines.add(a51buf24);
```

```
                        c51buf24：= c51buf241；
                        a51buf24：= a51buf241；
                    end；
              //  Memo2.Lines.add('')；
              //  Memo2.Lines.add('//' + chr(160 + qh) + chr(160 + wh))；
                x：= x + 1；
                if a51c51Flag = 1 then
             Memo2.Lines.add('// ' + chr(160 + qh) + chr(160 + wh) + '  查询索引号：' + inttostr(x - 1))
                    else
             Memo2.Lines.add('; ' + chr(160 + qh) + chr(160 + wh) + '  查询索引号：' + inttostr(x - 1))；
    end；


//------------------------------------------------------------
//    48×48 点阵字模提取
//------------------------------------------------------------
```

8. 48×48 点阵汉字转换

根据区位码移指针，读 288 字节给 bufch48。每个 48×48 点阵汉字占 288 字节，排 16 行，1 行 18 字节。

```
        Procedure TForm1.COUNT_4848；              //48×48 点阵字模提取
        var
        k,l：integer；
        begin
        location：= ((qh - 16) * 94 + (wh - 1)) * 288；   //根据区位码移指针
                    Seek(sf,0)；
                    Seek(sf,location)；
                    BlockRead(sf,bufch48,288)；         //读 288 字节给 bufch48
                    c51buf481：= c51buf48；
                    a51buf481：= a51buf48；
                for k：= 0 to 15 do
                begin
                        for l：= 0 to 17 do
                        begin
                            //c51
                            if a51c51Flag = 1 then begin
                            bintasc(bufch48[k * 18 + l],1,l * 6 + 4 + 0)；
                            bintasc(bufch48[k * 18 + l],0,l * 6 + 4 + 1)；
                            end
                            else
                                begin
                            //a51
                            bintasc(bufch48[k * 18 + l],1,l * 5 + 6 + 0)；
                            bintasc(bufch48[k * 18 + l],0,l * 5 + 6 + 1)；
                            end；
```

```
                    end; //1 end
                if  a51c51Flag = 1 then
                Memo2.Lines.add(c51buf48)
                 else
                 Memo2.Lines.add(a51buf48);
                c51buf48: = c51buf481;
                a51buf48: = a51buf481;
             end;
           // Memo2.Lines.add('//' + chr(160 + qh) + chr(160 + wh));
              x: = x + 1;
           if  a51c51Flag = 1 then
           Memo2.Lines.add('// ' + chr(160 + qh) + chr(160 + wh) + '   查询索引号:' +
           inttostr(x - 1))
             else
           Memo2.Lines.add('; ' + chr(160 + qh) + chr(160 + wh) + '   查询索引号:' +
           inttostr(x - 1));
     end;
//---------------------------------------------------------------
//    1 ms 定时
//---------------------------------------------------------------
     Procedure TForm1.Timer1Timer(Sender: Tobject);           //更新时间和日期
     begin
      DateTimePicker1.Date: = now;
      DateTimePicker2.Time: = now;
     end;
     end.
```

程序执行界面如图 3-6 所示。

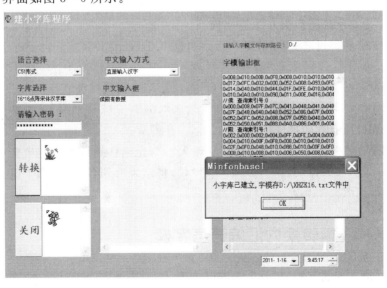

图 3-6 通用字模提取程序界面

3.2.4 通用字模提取程序 MinFonBase 的使用说明

程序使用非常方便,在随书光盘中选"3.3\MinFonBase1\ MinFonBase1.exe"双击,出现如图 3-6 所示界面。

在语言选择框中选择你要提取的字模形式是汇编语言形式还是 C 语言形式,然后选择字库,其中 8×8 点阵西文字库、8×16 点阵西文字库、16×16 点阵图库、16×29 点阵中等数字库及 32×49 点阵大数字库已在随书光盘"3.4"文件夹中给出,就不用再提取了,其他可以选择的字库是 16×16 点阵宋体汉字库、16×16 点阵仿宋体汉字库、24×24 点阵宋体汉字库、24×24 点阵仿宋体汉字库及 48×48 点阵宋体汉字库。

如果你选择区位码输入方式,则可以提取国标上有的拉丁文数字、一般符号、序号、日文假名、希腊字母、英文、俄文、汉语拼音符号及汉语注音字母等字模。

接着输入密码:194512125019,之后将光标移到中文输入框,用任一种中文输入法输入中文,将小字库存放的盘符输入到选择框,例如"D:\",按转换键,则转换好的字模会在"字模输出框"中显示,同时在 D 盘中会建立一个 XHZK16.TXT 的文件(假定提取的字模是 16×16 点阵),将文件打开,将字模最后一个","去掉,复制到一个数组中就可以在程序中使用了。

3.3 两种字模形式的自动转换

3.3.1 汇编语言字模转换为 C 语言字模

通过上面的通用字模提取程序可以提汇编语言形式的字模或 C 语言形式的字模,如果我们有汇编语言形式的字模,想用 C 语言形式;或者想把 C 语言形式字模转换为汇编语言形式的字模,利用作者在工作中摸索出的方法可以很容易实现。

首先看汇编语言字模转换为 C 语言字模。

① 把汇编模复制到记事本(或写字板)中,选中"DW□□0"("□"表示空格),选择"编辑→替换"菜单项,如图 3-7 所示。"替换为"栏输入"0x0",注意上下两个 0 要对齐,光标移到最前面,按"全部替换"按钮,结果如图 3-8 所示,解决了第一列的转换。

② 在"查找内容"栏输入"h,","替换为"栏输入",0x",光标移到最前面,按"全部替换"按钮,则除最后一列外所有列转换完成,结果如图 3-9 所示。

③ 在"查找内容"栏输入"h","替换为"栏输入",",光标移到最前面,按"全部替换"按钮,则最后一列 h 换为",";去掉最后一行最后一个",",将结果放到数组中,起个头文件名就可以使用了,最后结果如图 3-10 所示。

3.3.2 C 语言字模转换为汇编语言字模

如果已有 C 语言形式字模,想改为汇编语言形式,则按上述原理反向进行转换,操作步骤如下:

第3章 LCD显示汉字和图形的基本原理

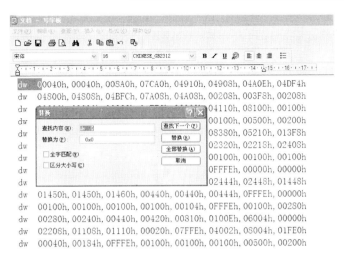

图3-7 "汇编变C"第一步,选中第一列

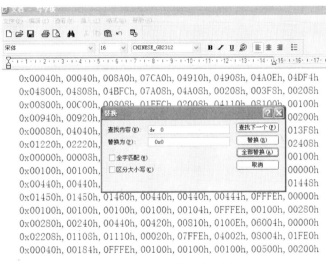

图3-8 "汇编变C"第二步,变换一列

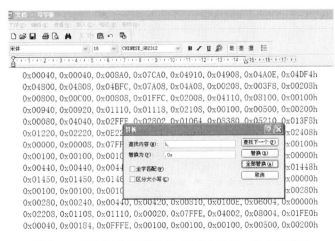

图3-9 "汇编变C"第三步,变换除最后一列外其他列

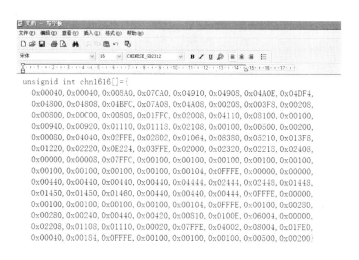

图 3-10 "汇编变 C"第四步,变换最后一列并全部完成

① 先把 C 语言形式字模复制到记事本(或写字板)中,最后一行末尾加一个",",选中",0x",选择"编辑→替换"菜单项。"替换为"栏输入"h,0",注意上面的","要与下面的"h"对齐,光标移到最前面,按"全部替换"按钮,解决了除第一列和最后一列外的其他各列的转换,结果如图 3-11 示。

图 3-11 "C 变汇编"第一步,除最后列和第一列全部完成

② "查找内容"栏输入"0x0","替换为"栏输入"dw□0",注意 dw 和 0 之间要有空格,"0x0"和"dw□0"要左对齐;光标移到最前面,按"全部替换"按钮,解决了第一列的转换,结果如图 3-12 所示。

③ "查找内容"栏输入",□",注意",□"里的空格,"替换为"栏输入"h,","h,"里的","与上面",□"的空格对齐;光标移到最前面,按"全部替换"按钮,则最后一列转换结束,结果如图 3-13 所示。最后一列因为没有标志,转换有时不成功,此时可把","先转换为"h,",再把"hh,"转换为"h,"即可,如图 3-13 所示,最后转换结果如图 3-14 所示。

第3章 LCD显示汉字和图形的基本原理

图3-12 "C变汇编"第二步,变换第一列

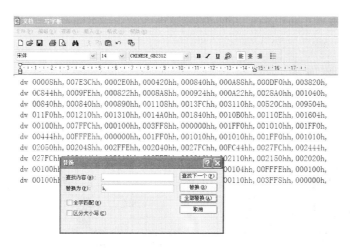

图3-13 "C变汇编"第三步,变换最后列

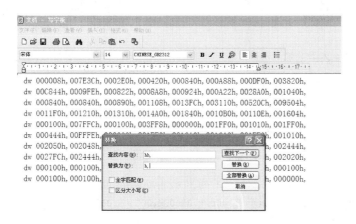

图3-14 "C变汇编"第四步,变换完成

3.4 自造字模点阵和图形点阵

1. 自造字模点阵方法

有的时候要提取的汉字或字符国标库里没有,例如要显示华氏温度的表示符号°F,在国标库里没有,这时就可以自己来画一个 16×16 的方格,在里面用黑色颗粒摆成°F 图型,将图形数据提出,送显示程序显示,如果觉得不满意,改动图案修改数据,再显示,直到满意为止,如图 3-15 所示。

相应数据的 C 语言形式为

```
HZF0[]= { 0x00000,0x003FC,0x03A04,0x02A04,0x02A00,0x00210,0x00251,0x00210,
         0x00200,0x00200,0x00200,0x00200,0x00200,0x00200,0x00680,0x00000}
```

相应数据的汇编语言形式为:

```
dw    00000H,003FCH,03A04H,02A04H,02A00H,00210H,00251H,00210H
dw    00200H,00200H,00200H,00200H,00200H,00200H,00678H,00000H
```

2. 自造图形点阵方法

设计图形点阵方法和汉字点阵方法步骤是一样的,例如要显示一个报警用的警钟,也要用 16×16 点阵,方法如图 3-16 所示。

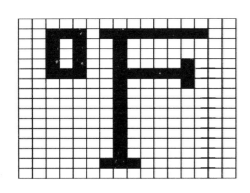

图 3-15　人工设计°F字模

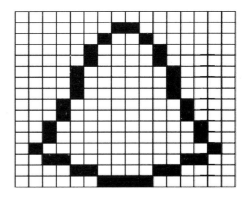

图 3-16　警钟的 16×16 点阵图模

相应点阵数据的 C 语言形式为

```
Syb1616[]= { 0x00000,0x0180,0x0240,0x0420,0x0420,0x0810,0x0810,0x0810,
             0x01008,0x1008,0x2004,0x2004,0x4002,0x300C,0x0C30,0x03C0}
```

相应点阵数据的汇编语言形式为:

```
dw    00000H,00180H,00240H,00420H,00420H,00810H,00810H,00810H
dw    01008H,01008H,02004H,02004H,04002H,0300CH,00C30H,003C0H
```

第 4 章
T6963C 的汉字字符显示

4.1 T6963C 的一般介绍

4.1.1 T6963C 的硬件构造

1. T6963C 的特点

T6963C 具有以下特点：

① T6963C 是点阵式液晶图形显示控制器，它能直接与 51 系列的 8 位微处理器接口。

② T6963C 的字符字体由硬件设置，其字形有 4 种：5×8、6×8、7×8、8×8。

③ T6963C 的占空比可从 1/16～1/128。

④ T6963C 可以用图形方式、文本方式及图形＋文本方式进行显示，以及文本方式下的特征显示，还可以实现图形复制操作等。

⑤ T6963C 具有内部字符发生器 CGROM，共有 128 个字符，T6963C 可管理 64 KB 显示缓冲区及字符发生器 CGRAM，并允许 MPU 随时访问显示缓冲区，甚至可以进行位操作。

2. T6963C 的引脚说明及功能

T6963C 的引脚如图 4-1 所示。

T6963C 的 QFP 封装共有 67 个引脚，各引脚说明如下：

① D0～D7：T6963C 与 MPU 接口的数据总线，三态。

② $\overline{RD}$、$\overline{WR}$：读、写选通信号，低电平有效，输入信号。

③ $\overline{CE}$：T6963C 的片选信号，低电平有效。

④ C/D：通道选择信号，1 为指令通道，0 为数据通道。

⑤ RESET、$\overline{HALT}$：RESET 为低电平有效的复位信号，它将行、列计数器和显示寄存器清零，关显示；$\overline{HALT}$ 具有 RESET 的基本功能，还将中止内部时钟振荡器的工作。

⑥ DUAL、SDSEL：DUAL＝1 为单屏结构，DUAL＝0 为双屏结构；SDSEL＝0 为 1 位串行数据传输方式，SDSEL＝1 为 8 位并行数据传输方式。

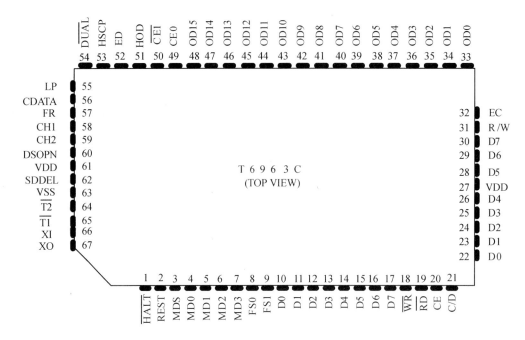

图 4-1 T6963C 引脚外形图

⑦ MD2、MD3：设置显示窗口长度，从而确定了列数据传输个数的最大值，其组合逻辑关系如表 4-1 所列。

表 4-1 T6963C 显示窗口长度

MD3	1	1	0	0
MD2	1	0	1	0
每行字符数	32	40	64	80

⑧ MDS、MD1、MD0：设置显示窗口宽度（行），从而确定 T6963C 的帧扫描信号的时序和显示驱动的占空比系数，当 DUAL=1 时，其组合功能如表 4-2 所列。当 DUAL=0 时，以上设置中的字符行和总行数增至原来的 2 倍，其他都不变，这种情况下的液晶屏结构为双屏结构。

表 4-2 T6963C 显示窗口宽度

MDS	0	0	0	0	1	1	1	1
MD1	1	1	0	0	1	1	0	0
MD0	1	0	1	0	1	0	1	0
字符行	2	4	6	8	10	12	14	16
总行数	16	32	48	64	80	96	112	128
占空比	1/16	1/32	1/48	1/64	1/80	1/96	1/112	1/128

⑨ FS1、FS0：显示字符的字体选择，如表 4-3 所列。

⑩ XI、XO：振荡时钟引脚。

⑪ AD0~AD15：输出信号，显示缓冲区 16 位地址总线。

⑫ D0~D7：三态，显示缓冲区 8 位数据总线。

第4章 T6963C的汉字字符显示

表 4-3 T6963C 字体选择

FS1	1	1	0	0
FS0	1	0	1	0
字体	5×8	6×8	7×8	8×8

⑬ $\overline{WR}$：输出，显示缓冲区读、写控制信号。

⑭ $\overline{CE}$：输出，显示缓冲区片选信号，低电平有效。

⑮ $\overline{CE0}$，$\overline{CE1}$：输出，DUAL=1 时的存储器片选信号。

⑯ T1、T2、CH1、CH2：用来检测 T6963C 工作使用情况，T1、T2 作为测试信号输入端，CH1、CH2 作为输出端。

⑰ HOD、HSCP、LODLSCP(CE1)、EDLP、CDATA、FR 为 T6963C 驱动信号。

4.1.2 T6963C 的电气特性和时序

电气特性一：电压和温度最大工作范围如表 4-4 所列。

表 4-4 T6963C 电压和温度最大工作范围

名　称	符　号	条　件	范　围	单　位
电源电压	V_{DD}	$T_a=25$ ℃	$-0.3\sim 0.7$	V
输入电压	V_{IN}	$T_a=25$ ℃	$-0.3\sim V_{DD}+0.3$	V
工作温度	T_{opr}		$-10\sim 70$	℃
存储温度	T_{stg}		$-55\sim 125$	℃

电气特性二：电气参数（测试条件为：$V_{SS}=0$ V，$V_{DD}=5$ V×$(1\pm 10\%)$，$T_a=25$ ℃）如表 4-5 所列。

表 4-5 T6963C 电气参数

名　称	符　号	条　件	最小值	典型值	最大值	单　位
工作电压	V_{DD}	—	4.5	5.0	5.5	V
"H"输入电压	V_{IH}		$V_{DD}-0.2$	—	V_{DD}	V
"L"输入电压	V_{IL}		0		0.8	V
"H"输出电压	V_{OH}		$V_{DD}-0.3$		V_{DD}	V
"L"输出电压	V_{OL}		0		0.3	V
"H"输出电阻	R_{OH}	$V_{OUT}=V_{DD}-0.5$ V		—	400	Ω
"L"输出电阻	R_{OL}	$V_{OUT}=0.5$ V			400	Ω
输入上拉电阻	R_{PU}		50	100	200	kΩ
工作频率	f_{osc}		0.4	—	5.5	MHz
工作时电流损耗	$I_{DD}(1)$	$V_{DD}=5.0$ V $f_{osc}=3.0$ MHz	—	3.3	6.0	mA
暂停时电流损耗	$I_{DD}(2)$	$V_{DD}=5.0$ V			3.0	μA

与 MPU 接口时序如图 4-2 所示。

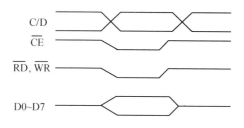

图 4-2 T6963C 读写时序

4.2 T6963C 的指令系统

4.2.1 T6963C 的状态字

T6963C 的初始化设置一般都由引脚设置完成,因此其指令系统将集中于显示功能的设置上。T6963C 的指令可带一个或两个参数,或无参数。每条指令的执行都是先送入参数(如果有的话),再送入指令代码。每次操作之前最好先进行状态字检测。T6963C 的状态字如下所示。

STA7	STA6	STA5	STA4	STA3	STA2	STA1	STA0

STA0:指令读/写状态。1—准备好;0—忙。
STA1:数据读/写状态。1—准备好;0—忙。
STA2:数据自动读状态。1—准备好;0—忙。
STA3:数据自动写状态。1—准备好;0—忙。
STA4:未用。
STA5:控制器运行检测可能性。1—可能;0—不能。
STA6:屏读/屏复制出错状态。1—正确;0—出错。
STA7:闪烁状态检测。1—正常显示;0—关显示。

由于状态位作用不一样,因此执行不同指令必须检测不同状态位。在 MPU 一次读/写指令和数据时,STA0 和 STA1 要同时有效即处于"准备好"状态。当 MPU 读/写数组时,判断 STA2 或 STA3 状态。屏读/屏复制指令使用 STA6。STA5 和 STA7 反映 T6963C 内部运行状态。

4.2.2 T6963C 的参数设置指令

指针设置指令的格式如下所示。

D1,D2	0 0 1 0 0 N2 N1 N0

D1、D2 为第一和第二个参数,后一个字节为指令代码,根据 N0、N1、N2 的取值,该指令有

第4章 T6963C 的汉字字符显示

三种含义(N0、N1、N2 不能有两个同时为 1),如表 4-6 所列。

表 4-6 T6963C 指针设置指令

D1	D2	指令代码	功　能
水平位置 (低 7 位有效)	垂直位置 (低 5 位有效)	21H (N0=1)	光标指针设置
地址 (低 5 位有效)	00H	22H (N1=1)	CGRAM 偏置地址设置
低字节	高字节	24H (N2=1)	地址指针位置

其中:

① 光标指针设置:D1 表示光标在实际液晶 LCD 屏离左上角的横向距离(字符数),D2 表示纵向距离(字符行),N0=1 即指令代码为 21H(0x21)。

② N1=1 时指令代码为 22H,为 CGRAM 偏置地址设置,设置了 CGRAM 在显示 64 KB RAM 内的高 5 位地址,CGRAM 的实际地址如图 4-3 所示。

```
           A15  A14  A13  A12  A11  A10  A9   A8   A7   A6   A5   A4   A3   A2   A1   A0
偏置地址:   C4   C3   C2   C31  C30
字符代码:                       D7   D6   D5   D4   D3   D2   D1   D0
行指针:    +)                                                      R2   R1   R0
─────────────────────────────────────────────────────────────────────────────────────
实际地址:  V15  V14  V13  V12  V11  V10  V9   V8   V7   V6   V5   V4   V3   V2   V1   V0
```

图 4-3 CGRAM 的实际地址

T6963C 内部存储器共 64 KB,就要用 16 位地址线寻址,即逻辑地址为 A15~A0,同时它还带 2 KB 的固定字符,这 2 KB 固定字符位置范围就由偏置地址寄存器决定,2 KB 的固定字符的地址用 5 位地址线寻址,即 C4~C0。

设其初始地址为 0,则它的寻址范围为 00H~7FH,系统规定,把这 5 位放在 16 位地址的最高位,随后放 8 位字符代码 D7~D0;字符代码是系统在图形方式下为方便编程设置的,当把大量图形数据装入 RAM 时,每八个字节用一个代码表示,当显示时不用逐个字节进行处理,而是直接输出代码即可。

上面已说了,2 KB 的固定字符占 00H~7FH 地址,字符代码就从 80H 开始到 FFH,这也意味着 RAM 可以装 0xFF×8 字节的显示数据。

8 位字符代码后是 3 位数字,这 3 位数字代表 R2 R1 R0,显示汉字时,是把一个 16×16 点阵汉字分为 4 块,用 4 个代码表示(因 1 个代码只能表示 8 字节),即分为左上、右上、左下、右下,它们占 2 行,此时 R2 R1 R0 的值只能是 0 或 1。系统的 16 位实际物理地址是:

                C4 C3 C2 C1 C0 D7 D6 D5 D4 D3 D2 D1 D0 R2 R1 R0

例如,初始化程序如下:

```
MOV    R2,#4        ;D1 = 4
MOV    R3,#0        ;D2 = 0
MOV    R4,#22H      ;指令代码 22H
```

```
LCALL    PR1           ;发置 CGRAM 偏置地址指令
```

由于 xxxC4C3C2C1C0 是 8 位偏置寄存器，装入 04H 就是 C2＝1；C4、C3、C1、C0 均为 0，字符代码为 80H，即 D7＝1；D6、D5、D4、D3、D2、D1、D0 均为 0。纵上所述，系统的 16 位起始地址由 3 部分内容组成：

C4 C3 C2 C1 C0   D7 D6 D5 D4 D3 D2 D1 D0   R2 R1 R0
0 0 1 0 0   1 0 0 0 0 0 0 0   0 0 0

其中 C4～C0 对应的 0 0 1 0 0 是 8 位偏置寄存器值；D7～D0 对应的 1 0 0 0 0 0 0 0 是字符代码起始值；R2～R0 对应的 0 0 0 是起始行数，即系统显示内存的起始地址为 2400H。

在初始化时设好偏置地址，把要显示的汉字装入 RAM，显示时输出代码和显示位置即可，系统的 16 位实际物理地址系统会自动计算。

③ N2＝1 时指令代码为 24H，为地址指针设置指令，注意不要和系统地址的高 8 位 24H 混淆，该指令设置进行操作的显示缓冲区（RAM）的一个单元地址，D1、D2 为该单元地址的低位和高位地址。

21H 和 22H 在初始化时使用一次，以后就不再使用；24H 要反复使用。

4.2.3　T6963C 的控制字指令

1. 显示区域设置指令

显示区域设置指令格式如下：

D1，D2	0 0 1 0 0 0 0 0 N1 N0

根据 N1、N0 的不同取值，该指令有 4 种指令功能形式，如表 4-7 所列。

表 4-7　T6963C 显示区域设置

N1 N0	D1	D2	指令代码	功　能
0　0	低字节	高字节	40H	文本区首址
0　1	字节数	00H	41H	文本区宽度（字节数/行）
1　0	低字节	高字节	42H	图形区首址
1　1	字节数	00H	43H	图形宽度（字节数/行）

文本区和图形区首地址为对应显示 LCD 屏左上角字符位或字节位，修改该地址可以产生卷动效果。D1、D2 分别为该地址的低位和高位字节。

文本区宽度（字节数/行）设置和图形区宽度（字节数/行）设置用于调整一行显示所占显示 RAM 的字节数，从而确定显示屏与显示 RAM 单元的对应关系。

T6963C 硬件设置的显示窗口宽度是指 T6963C 扫描驱动的有效列数。需说明的是当硬件设置 6×8 字体时，图形显示区单元的低 6 位有效，对应显示 LCD 屏 6×1 显示位。

2. 显示方式设置指令

显示方式设置指令格式如下：

无参数	1 0 0 0 N3 N2 N1 N0

第4章 T6963C的汉字字符显示

N3：字符发生器选择位。N3＝1时，外部字符发生器有效，此时内部字符发生器被屏蔽，字符代码全部提供给外部字符发生器使用，字符代码为00H～FFH；N3＝0时，CGROM（即内部字符发生器）有效，属于CGROM字符代码为00H～7FH，因此选用80H～FFH字符代码时，将自动选择CGRAM。

N2～N0：合成显示方式控制位，其组合功能如表4-8所列。

表4-8 T6963C显示合成方式

N2	N1	N0	合成方式
0	0	0	逻辑"或"合成
0	0	1	逻辑"异或"合成
0	1	1	逻辑"与"合成
1	0	0	文本特征

当设置文本方式和图形方式功能打开时，上述合成显示方式设置才有效。其中的文本特征方式是指将图形区改为文本特征区。该区大小与文本区相同，每个字节作为对应文本区的每个字符显示的特征，包括字符显示与不显示、字符闪烁及字符的"负向"显示。

通过这种方式，T6963C可以控制每个字符的文本特征。文本特征区内，字符的文本特征码由一个字节的低4位组成，即如表4-9所列。

表4-9 T6963C字符的文本特征

D7	D6	D5	D4	D3	D2	D1	D0
×	×	×	×	D3	D2	D1	D0

D3：字符闪烁控制位。D3＝1为闪烁，D3＝0为不闪烁。

D2～D0的组合如表4-10所列。

启用文本特征方式时，可在原有图形区和文本区外，用图形区域设置指令另开一区作为文本特征区，以保持原图形区的数据。显示缓冲区划分如图4-4所示。

表4-10 T6963C字符的文本显示效果

D2	D1	D0	显示效果
0	0	0	正常显示
1	0	1	负向显示
0	1	1	禁止显示，空白

图形显示区
文本特征区
文本显示区
CGRAM（2KB）

图4-4 显示缓冲区划分

3. 显示开关指令

显示开关指令格式如下：

无参数	1 0 0 1 N3 N2 N1 N0

N0：1/0，光标闪烁启用/禁止。
N1：1/0，光标显示启用/禁止。
N2：1/0，文本显示启用/禁止。
N3：1/0，图形显示启用/禁止。

4. 光标形状选择

无参数	1 0 1 0 0 N2 N1 N0

光标形状为 8 点(列)×N 行,N 的值为 0H～7H,由 N2～N0 确定。

4.2.4　T6963C 的数据读/写指令

1. 数据自动读/写方式设置

无参数	1 0 1 1 0 0 N1 N0

该指令执行后,MPU 可以连续地读/写显示缓冲区 RAM 的数据,每读/写一次,地址指针自动增 1。自动读/写结束时,必须写入自动结束命令以使 T6963C 退出自动读/写状态,开始接受其他指令。

N1、N0 组合功能如表 4-11 所列。

表 4-11　T6963C 读/写状态

N1	N0	指令代码	功　能
0	0	B0H	自动写设置
0	1	B1H	自动读设置
1	×	B2H/B3H	自动读/写结束

2. 数据一次读/写方式指令格式

D1	1 1 0 0 0 N2 N1 N0

D1 为需要写的数据,读时无此数据,N2、N1、N0 组合功能如表 4-12 所列。

表 4-12　T6963C 数据读/写功能

N2	N1	N0	指令代码	功　能
0	0	0	C0H	数据写,地址加 1
0	0	1	C1H	数据读,地址加 1
0	1	0	C2H	数据写,地址减 1
0	1	1	C3H	数据读,地址减 1
1	0	0	C4H	数据写,地址不变
1	0	1	C5H	数据读,地址不变

4.2.5　T6963C 的屏操作指令

1. 屏读指令格式

无参数	1 1 1 0 0 0 0 0

该指令将 LCD 屏地址指针处文本与图形合成后显示的一字节内容数据送到 T6963C 的数据栈内,等待 MPU 读出。地址指针应在图形区内设置。

2. 屏复制指令格式

无参数	1 1 1 0 1 0 0 0

该指令将 LCD 屏当前地址指针(图形区内)处开始的一行合成显示内容复制到相对应的图形显示区的一组单元内,该指令不能用于文本特征方式下或双屏结构液晶显示器的应用上。

4.2.6 T6963C 的位操作指令

位操作指令就是对显示数据字节中的 1 个"位"(bit)进行置 1 或清 0,该指令是 T6963C 指令系统中功能较强的,对编制图形和汉字显示程序有很大帮助。

无参数	1 1 1 1 N3 N2 N1 N0

该指令可将显示缓冲区某单元的某一位清 0 或置 1,该单元地址由当前地址指针提供。N3=1 时置 1,N3=0 时清零。N2~N0:操作位,对应该单元的 D0~D7 位。

位操作功能是 T6963C 显示器的显著特点之一,虽然只有一条指令,但给编程带来很大方便,因为通过画点,就可以画线和各种图形,就可以显示汉字和 ASCII 字符,通过后续各章节的学习对此会有较深体会。

4.3 T6963C 和单片机的连接

4.3.1 T6963C 和单片机的直接连接

T6963C 和单片机的连接有直接连接和间接连接方式,直接连接就是 MPU 利用数据总线与控制信号,直接采用 I/O 设备访问形式控制 T6963C 液晶显示模块。接口电路以精电蓬远公司提供的演示板为例,如图 4-5 所示。

8031 的 P0 数据口直接与液晶显示模块的数据口连接,由于 T6963C 接口适用于 8080 系列和 Z80 系列 MPU,所以可以直接用 8031 的 $\overline{RD}$、$\overline{WR}$ 作为液晶显示模块的读、写控制信号,液晶显示模块 RESET、$\overline{HALT}$ 挂在 +5V 电源上。$\overline{CE}$ 信号可由地址线译码产生。C/D 信号由 8031 地址线 A8 提供,A8=1 为指令口地址;A8=0 为数据口地址。

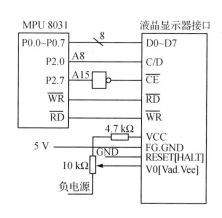

图 4-5 T6963C 和单片机的直接连接

驱动子程序如下:

```
DAT1    EQU    30H    ;第一参数单元
DAT2    EQU    31H    ;第二参数/数据单元
COM     EQU    32H    ;指令代码单元
```

```
C_ADD       EQU     8100H           ;指令通道地址
D_ADD       EQU     8000H           ;数据通道地址
```

1. 读状态字子程序

读状态字子程序代码如下：

```
R_ST:
    MOV     DPTR,#C_ADD             ;设置指令通道地址
    MOVX    A,@DPTR
    RET
```

① 判状态位 STA1、STA0 子程序（读/写指令和读/写数据状态），在写指令和读/写数据之前这两个标志位必须同时为"1"。代码如下。

```
ST01:
    LCALL   R_ST
    JNB     ACC.0,ST01
    JNB     ACC.1,ST01
    RET
```

② 判状态位 STA2 子程序（数据自动读状态），该位在数据自动读操作过程中取代 STA0 和 STA1 有效。在连续读过程中每读一次之前都要确认 STA2=1。

```
ST2:
    LCALL   R_ST
    JNB     ACC.2,ST2
    RET
```

③ 判状态位 STA3 子程序（数据自动写状态），代码如下。

```
ST3:
    LCALL   R_ST
    JNB     ACC.3,ST3
    RET
```

④ 判状态位 STA6 子程序（屏读/屏复制状态），代码如下。

```
ST6:
    LCALL   R_ST
    JNB     ACC.6,ERR
    RET
ERR LJMP    STERR                   ;出错处理程序
```

2. 写指令和写数据子程序

```
PR1:
    LCALL   ST01                    ;双字节参数指令写入入口
    MOV     A,DAT1                  ;取第一参数单元数据
    LCALL   PR13                    ;写入参数
```

第4章 T6963C 的汉字字符显示

```
PR11:
    LCALL   ST01                ;单字节参数指令写入入口
    MOV     A,DAT2              ;取第二参数单元数据
    LCALL   PR13                ;写入参数
PR12:
    LCALL   ST01                ;无参数指令写入入口
    MOV     A,COM               ;取指令代码单元数据
    MOV     DPTR,#C_ADD
    LJMP    PR14                ;写入指令代码
PR13:
    MOV     DPTR,#D_ADD         ;数据通道地址/数据写入
PR14:
    MOVX    @DPTR,A             ;写入操作
    RET
```

此程序是通用程序，当写入单参数指令时，应把参数或数据送入 DAT2 内，其子程序入口为 PR11。无参数指令写入子程序入口为 PR12。

3. 读数据子程序

```
PR2:
    LCALL   ST01                ;判状态位
    MOV     DPTR,#D_ADD         ;设置数据通道地址
    MOVX    A,@DPTR             ;读数据操作
    MOV     DAT2,A              ;数据存入第二参数
    RET
```

4.3.2　T6963C 和单片机的间接连接

T6963C 和单片机的间接连接如图 4-6 所示。

间接控制方式是 MPU 通过并行接口，间接实现对液晶显示模块控制。根据液晶模块的需要，并行接口需要一个 8 位的并行接口和一个 3 位的控制口，如图 4-6 所示。8031 的 P1 口作为数据总线。P3 口中 3 位作为读/写及寄存器选择信号。由于并行接口只用于液晶显示模块，所以 $\overline{CE}$ 信号接地就行了。MPU 通过并行接口操纵液晶显示模块，要对其时序关系有一个清楚的了解，并在程序中应明确地反映出来。间接控制方式的基本程序如下：

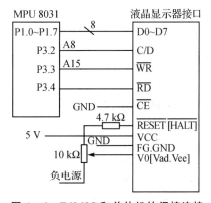

图 4-6　T6963C 和单片机的间接连接

```
    CD      EQU     P3.2        ;通道选择信号
    WR      EQU     P3.3        ;写操作信号
    RD      EQU     P3.4        ;读操作信号
```

1. 读状态字子程序

```
R_ST:
    MOV    P1,#0FFH              ;P1 口置"1",作输入
    SETB   CD                    ;C/D = 1
    CLR    RD                    ;RD = 0,读控制
    MOV    A,P1                  ;读操作
    SETB   RD                    ;RD = 1
    RET
```

此程序可以直接调用直接访问方式中的 ST01、ST2、ST3 和 ST6 等子程序

2. 写指令和写数据子程序

```
PR1:
    LCALL  ST01                  ;双字节参数指令写入口
    MOV    A,DAT1                ;取第一参数单元数据
    LCALL  PR13                  ;写入参数
PR11:
    LCALL  ST01                  ;单字节参数单元数据
    MOV    A,DAT2                ;取第二参数单元数据
    LCALL  PR13                  ;写入参数
PR12:
    LCALL  ST01                  ;无参数指令写入口
    MOV    A,COM                 ;取指令代码单元数据
    SETB   CD
    LJMP   PR14                  ;写入指令代码
PR13:
    CLR    CD                    ;C/D = 0 数据写入口
PR14:
    MOV    P1,A                  ;设置数据
    CLR    WR                    ;WR = 0
    SETB   WR                    ;WR = 1
    RET
```

3. 读数据子程序

```
PR2:
    LCALL  ST01                  ;判状态位
    CLR    CD                    ;C/D = 0
    MOV    P1,#0FFH              ;P1 口置"1"
    CLR    RD                    ;RD = 0
    MOV    A,P1                  ;读取数据
    STEB   RD                    ;RD = 1
    MOV    DAT2,A                ;数据存入第二参数数据单元
    RET
```

4.4 T6963C 的驱动程序

内嵌 T6963C 的 LCD 显示模块种类很多(如:MGLS12864T 等 MGLS 系列;GTG-12864 等 GTG 系列;第 5 章要介绍的 JM12864F 等),它们都可以使用本节介绍的汇编语言或 C 语言驱动程序来构建自己的显示系统。

4.4.1 T6963C 的汇编语言驱动程序

先给出一个汉字显示程序,然后再详细解释,假定 T6963C 与 MPU 接口为直接方式(见图 4-5),8031 的 P0 口直接与液晶显示模块的数据口连接。

由于 T6963C 接口适用于 8080 系列 MPU,所以可以直接用 8031 的 $\overline{RD}$、$\overline{WR}$ 作为液晶显示模块的读/写控制信号,液晶显示模块的 $\overline{RESET}$、$\overline{HALT}$ 挂在 5V 电源上。$\overline{CE}$ 信号地址由 P2.7 经反相器获得,C/D 信号由 8031 的 P2.0 提供,8100H 为指令口地址,8000H 为数据口地址。

该程序是作者为某公司研制"血凝仪"项目时编写和使用的,在伟福仿真器上调试通过,实际使用的是内嵌 T6963C 的 LCD 模块 MSP-G24064DGEB-2N。读者可以在自己的项目中直接引用。该完整程序在随书光盘"4.1"文件夹中。

程序主要包括 4 部分内容:LCD 初始化;汉字字模装入 T6963C 内部寄存器(CGRAM);显示 CGRAM 内的汉字;显示 CGROM 中的 ASCII 字符。

下面对程序做详细介绍。

1. LCD 初始化

PCD0 是初始化子程序,启动文本方式和图形方式,设定文本方式和图形方式的首地址和宽度,设定 CGRAM 偏置地址为 4,显示内存起始物理地址为 2400H,然后清屏。使用的 LCD 模块是内嵌 T6963C 的 MSP-G24064DGEB-2N,内嵌 T6963C 的 LCD 模块很多,初始化时要参考具体使用说明书。

```
PCD0:                    ;初始化
    MOV    R4,#94H       ;文本方式启用,见显示开关指令
    ACALL  PR12
    MOV    R4,#80H       ;方式设定,逻辑"或"合成
    ACALL  PR12
    MOV    R2,#0         ;文本区首址从(0,0)开始
    MOV    R3,#0
    MOV    R4,#40H
    LCALL  PR1
    MOV    R2,#40        ;文本区宽度为 40 字节
    MOV    R3,#0
    MOV    R4,#41H
    LCALL  PR1
    MOV    R2,#0         ;图形区首址
```

```
        MOV     R3,#8
        MOV     R4,#42H
        LCALL   PR1
        MOV     R2,#40              ;图形区宽度
        MOV     R3,#0
        MOV     R4,#43H
        LCALL   PR1
        MOV     R2,#00H             ;地址指针移到(0,0)
        MOV     R3,#00H
        MOV     R4,#24H
        LCALL   PR1
        MOV     R2,#4               ;CGRAM 偏置地址设定为 4
        MOV     R3,#0
        MOV     R4,#22H
        LCALL   PR1
PR3:
        MOV     R2,#0               ;从 00 开始清零,先将地址指针移到(0,0)
        MOV     R3,#0
        MOV     R4,#24H
        LCALL   PR1
        MOV     R4,#0B0H            ;自动写命令
        LCALL   PR12
        MOV     R2,#20H             ;大循环次数
        MOV     R5,#0               ;写 0
PR31:
        MOV     R3,#0FFH            ;小循环次数
        NOP
PR32:
        LCALL   PR03
        MOV     A,R5
        LCALL   PR14
        DJNZ    R3,PR32
        DJNZ    R2,PR31
        MOV     R4,#0B2H            ;自动写结束
        LCALL   PR12
        RET
        MOV     DPTR,#chn1616       ;汉字字模初始地址
        MOV     76H,#7              ;装汉字个数
        MOV     72H,#0              ;初始地址偏差
        LCALL   KF01                ;字模进 CGRAM 子程序
        MOV     76H,#7              ;1 行显示汉字个数
        MOV     75H,#1              ;显示开始行
        MOV     74H,#1              ;显示开始列
        MOV     71H,#0              ;字模初始地址偏差
        LCALL   KF02                ;显示 1 行汉字
```

2. 字模装进 CGRAM 子程序

KF01 是将显示字模装进 CGRAM 子程序。在程序中汉字字模存放在首地址为 CHN1616 的内存中,当将字模装入 CGRAM 时,根据需要不一定从开始位置装,允许有偏移量,在装字模程序 KF01 中,将偏移量放在 72H 中。如从开始位置装,72H=0。KF01 计算要装进 CGRAM 的字模距字模首地址的位置,并将此位置放在 78H(存地址高 8 位)和 77H(存地址低 8 位)保存,然后调 PR4 来完成装入。

CGRAM 的字模用代码来表示,8 字节用一个代码,代码号最小为 80H,最大为 FFH,一个 16×16 点阵汉字平均分成左上(0 号字节,2 号字节,4 号字节,…,14 号字节)、右上(1 号字节,3 号字节,5 号字节,…,15 号字节)、左下(16 号字节,18 号字节,20 号字节,…,30 号字节)和右下(17 号字节,19 号字节,21 号字节,…,31 号字节)4 部分,用 4 个代码表示,CGRAM 最多可以装(FFH-80H)/4=32 个汉字,如果系统需要的汉字少于 32 个,最好一次装入,加快显示速度;如果多于 32 个,只能分批装了。

一个 16×16 点阵汉字显示时,分为二行,上面一行放左上和右上部分的代码,下面一行放左下和右下的代码,如汉字"哈",它的代码第一行为 80H、82H,第二行为 81H、83H,即如下所示:

```
CK00: 80H  82H
CK01: 81H  83H
```

装入程序就是先装上部代码 80H 表示的字节,再装代码 82H 表示的字节,然后装下部代码 81H 表示的字节,再装代码 83H 表示的字节。使用代码一次可以输出 8 字节,加快显示速度。

```
KF01:                           ;字模进 CGRAM 子程序
    MOV     A,72H               ;计算偏移地址
    MOV     B,#32               ;一个汉字占的字节数为 32
    MUL     AB
    ADD     A,DPL
    MOV     77H,A
    MOV     A,B
    ADDC    A,DPH
    MOV     78H,A               ;装入位置放 77H、78H 保存
    LCALL   PR4                 ;装字模进 CGRAM
    RET
```

3. 显示汉字

KF02 显示 CGRAM 中由 KF01 装入的汉字,显示时,也不一定把装进的字模从头开始显示,可以从任何位置开始,在显示程序中,可以把这个偏移量放在 71H。开始显示时,LCD 屏行列位置放在 75H 和 74H,一行显示的汉字个数放 76H 中。

显示时也是分二次显示一个汉字,先显示上部(输出代码 80H、82H),再显示下部(输出代码 81H、83H)。

```
KF02:                           ;显示一行汉字
```

```
        MOV     A,75H                   ;计算上半部LCD屏显示地址
        MOV     B,#40                   ;每行40字符
        MUL     AB
        ADD     A,74H                   ;74H存列数
        MOV     R2,A                    ;列数放R2中
        MOV     A,B
        ADDC    A,#0
        MOV     R3,A                    ;行数放R3中
        MOV     R4,#24H                 ;移光标到显示开始地址
        LCALL   PR1
        MOV     DPTR,#CK00              ;代码上半部初始地址
        MOV     A,DPL
        ADD     A,71H                   ;把显示偏移地址加上
        MOV     77H,A
        MOV     A,DPH
        ADDC    A,#0
        MOV     78H,A
        MOV     A,77H                   ;1个汉字在1行上占2代码
        ADD     A,71H
        MOV     DPL,A
        MOV     A,78h
        ADDC    A,#0
        MOV     DPH,A                   ;显示开始地址指向CK00
        LCALL   LN20                    ;显示上部
        MOV     A,75H                   ;计算下半部LCD屏显示地址
        ADD     A,#1                    ;行数加1
        MOV     B,#40
        MUL     AB
        ADD     A,74H
        MOV     R2,A
        MOV     A,B
        ADDC    A,#0
        MOV     R3,A
        MOV     R4,#24H
        LCALL   PR1
        MOV     DPTR,#CK01              ;代码下半部地址
        MOV     A,DPL
        ADD     A,71H
        MOV     A,77H
        MOV     A,DPH
        ADDC    A,#0
        MOV     A,78H
        MOV     A,77H
        ADD     A,71H
        MOV     DPL,A
```

```
        MOV     A,78H
        ADDC    A,#0
        MOV     DPH,A
        LCALL   LN20                    ;显示下部
        RET
        NOP
        NOP
        NOP
```

4．输出数据和命令

PR1 程序是输入/输出数据和输出命令子程序,每次操做都要对 T6963C 的状态进行检查,如 T6963C"忙"则要等待。不同的操作要检查状态字节的不同位,具体可参考 T6963C 的指令系统。

```
PR1：                                   ;输出数据和命令字程序
        LCALL   PR01                    ;三指令入口
        MOV     A,R2
        ACALL   PR14
PR11：
        ACALL   PR01                    ;二指令入口
        MOV     A,R3
        ACALL   PR14
PR12：
        ACALL   PR01                    ;输出命令
        SETB    P1.7
        MOV     A,R4
        MOV     DPTR,#0C000H
        MOVX    @DPTR,A
        RET
PR14：                                  ;输出数据
        CLR     P1.7
        MOV     DPTR,#0C000H
        MOVX    @DPTR,A
        RET
PR01：                                  ;状态检查
        SETB    P1.7
        MOV     DPTR,#0C000H
        MOVX    A,@DPTR
        JNB     ACC.0,PR01
        JNB     ACC.1,PR01
        RET
PR02：                                  ;状态检查
        SETB    P1.7
        MOV     DPTR,#0C000H
        MOVX    A,@DPTR
```

```
        JNB     ACC.2,PR02
        RET
PR03:                                   ;状态检查
        SETB    P1.7
        MOV     DPTR,#0C000H
        MOVX    A,@DPTR
        JNB     ACC.3,PR03
        RET

PR2:                                    ;读数据
        ACALL   PR01
        CLR     P1.7
        MOV     DPTR,#0C000H
        MOVX    A,@DPTR
        RET
```

5．汉字字模进 CGRAM

PR4 是汉字字模进 CGRAM 子程序。首先指针移到 2400H,然后装前半部 16 字节,再装后半部 16 字节。

```
PR4:                                    ;汉字字模进 CGRAM 子程序
        MOV     R2,#00
        MOV     R3,#24H
        MOV     R4,#24H                 ;指针移到 CGRAM 2400H
        LCALL   PR1
        MOV     R4,#0B0H                ;自动写
        LCALL   PR12
        MOV     R5,76H                  ;装入汉字个数
        MOV     DPH,78H                 ;汉字字模地址
        MOV     DPL,77H
GRAL:
        LCALL   GRA1                    ;前半部→CGRAM
        MOV     A,#1
        LCALL   MADD
        LCALL   GRA1                    ;后半部→CGRAM
        MOV     A,#31                   ;指向下一个汉字
        LCALL   MADD
        DJNZ    R5,GRAL
        MOV     R4,#0B2H                ;自动写结束
        LCALL   PR12
        RET
GRA1:                                   ;字模进 CGRAM
        MOV     R6,#16                  ;一次装 16 字节
        MOV     R7,#0
KPR4:
        LCALL   PR03                    ;检查口状态
```

```
        MOV     DPH,78H              ;汉字字模送 CGRAM
        MOV     DPL,77H
        MOV     A,R7
        MOVC    A,@A+DPTR
        INC     R7
        INC     R7
        LCALL   PR14
        DJNZ    R6,KPR4
        RET
MADD:                                ;地址加一子程序
        ADD     A,77H
        MOV     77H,A
        MOV     A,78H
        ADDC    A,#0
        MOV     78H,A
        RET
LN24:
        LCALL   PR03
        MOV     A,#0
        LCALL   PR14
        DJNZ    R6,LN24
        RET
```

6. 显示子程序

首先输出自动写命令,取代码送显示,代码地址在 77H、78H 中。

```
LN20:                                ;显示汉字
        MOV     77H,DPL              ;字模代码地址
        MOV     78H,DPH
        MOV     R4,#0B0H
        LCALL   PR12
        MOV     A,76h                ;显示汉字的个数
        MOV     B,#2
        MUL     AB
        MOV     R6,A
        MOV     R5,#0
LN23:
        LCALL   PR03
        MOV     DPL,77H
        MOV     DPH,78H
        MOV     A,R5
        MOVC    A,@A+DPTR            ;取字模代码送显示
        LCALL   PR14
        INC     R5
        DJNZ    R6,LN23
```

```
        MOV     R4,#0B3H
        LCALL   PR12
        RET
```

7. 显示 ASCII 字符

P11、myP11、myP110 是显示 T6963C 内部 CGROM 固化的 ASCII 字符。因初始化时 LCD 每行显示 40 个字符,所以显示地址是:行数(R0)×40+列数(R1)。01H 是"!"在 CGROM 中的代码。

```
P11:                                 ;在行数(R0)、列数(R1)画"!"子程序
        MOV     B,R0
        MOV     A,#40
        MUL     AB
        ADD     A,R1
        MOV     R2,A
        MOV     A,B
        ADDC    A,#0
        MOV     R3,A
        MOV     R4,#24H
        LCALL   PR1
        MOV     R3,#01H              ;显示"!"
        MOV     R4,#0C0H
        LCALL   PR11
        RET

myP11:                               ;在行数(R0)、列数(R1)画":"子程序
        MOV     B,R0
        MOV     A,#40
        MUL     AB
        ADD     A,R1
        MOV     R2,A
        MOV     A,B
        ADDC    A,#0
        MOV     R3,A
        MOV     R4,#24H
        LCALL   PR1
        MOV     R3,#1AH              ;显示":"
        MOV     R4,#0C0H
        LCALL   PR11
        RET

myP110:                              ;在行数(R0)、列数(R1)画"0"子程序
        MOV     B,R0
        MOV     A,#40
        MUL     AB
        ADD     A,R1
```

```
        MOV     R2,A
        MOV     A,B
        ADDC    A,#0
        MOV     R3,A
        MOV     R4,#24H
        LCALL   PR1                         ;置显示位置
        MOV     R3,#00H                     ;显示"0"
        MOV     R4,#0C0H
        LCALL   PR11
        RET
CK00:                                       ;汉字代码的上半部
        DW      8082H,8486H,888AH,8C8EH,9092H,9496H,989AH,9C9EH
        DW      0A0A2H,0A4A6H,0A8AAH,0ACAEH,0B0B2H,0B4B6H,0B8BAH,0BCBEH
        DW      0C0C2H,0C4C6H,0C8CAH,0CCCEH,0D0D2H,0D4D6H,0D8DAH,0DCDEH
        DW      0E0E2H,0E4E6H,0E8EAH,0ECEEH,0F0F2H,0F4F6H,0F8FAH,0FCFEH
CK01:                                       ;汉字代码下半部
        DW      8183H,8587H,898BH,8D8FH,9193H,9597H,999BH,9D9FH
        DW      0A1A3H,0A5A7H,0A9ABH,0ADAFH,0B1B3H,0B5B7H,0B9BBH,0BDBFH,
        DW      0C1C3H,0C5C7H,0C9CBH,0CDCFH,0D1D3H,0D5D7H,0D9DBH,0DDDFH,
        DW      0E1E3H,0E5E7H,0E9EBH,0EDEFH,0F1F3H,0F5F7H,0F9FBH,0FDFFH
CHN1616:                                    ;汉字字模
        DW      00040H,00040H,008A0H,07CA0H,04910H,04908H,04A0EH,04DF4H
        DW      04800H,04808H,04BFCH,07A08H,04A08H,00208H,003F8H,00208H
;哈
        DW      00800H,00C00H,00808H,01FFCH,02008H,04110H,08100H,00100H
        DW      00940H,00920H,01110H,01118H,02108H,00100H,00500H,00200H
;尔
        DW      00080H,04040H,02FFEH,02802H,01064H,08380H,05210H,013F8H
        DW      01220H,02220H,0E224H,03FFEH,02000H,02320H,02218H,02408H
;滨
        DW      00000H,00008H,07FFCH,00100H,00100H,00100H,00100H,00100H
        DW      00100H,00100H,00100H,00100H,00104H,0FFFEH,00000H,00000H
;工
        DW      00440H,00440H,00440H,00440H,04444H,02444H,02448H,01448H
        DW      01450H,01450H,01460H,00440H,00440H,00444H,0FFFEH,00000H
;业
        DW      00100H,00100H,00100H,00100H,00104H,0FFFEH,00100H,00280H
        DW      00280H,00240H,00440H,00420H,00810H,0100EH,06004H,00000H
;大
        DW      02208H,01108H,01110H,00020H,07FFEH,04002H,08004H,01FE0H
        DW      00040H,00184H,0FFFEH,00100H,00100H,00100H,00500H,00200H
;学
        END
```

4.4.2　T6963C 的 C 语言驱动程序

由于 C 语言编程简单,涉及大量数学运算时,其优点更加显著;同时 C 语言对硬件依赖程度也比汇编语言小,故程序通用性好。现在越来越多的人使用 C 语言来编写单片机控制程序。

下面给出 T6963C 的 C 语言驱动程序供读者参考,该程序和项目的其他文件在随书光盘"4.2"文件夹中。

硬件连接采用直接方式,P2.7 接 LCD 的 $\overline{CE}$;P0.0 接 C/D 端,数据端口地址为 0x7FFE,指令端口地址为 0x7FFF。

在 4.4.1 小节中,使用汇编语言来编制 T6963C 驱动程序,显示汉字时把要显示的汉字字模装入 CGRAM,显示时输出字模代码即可。在本节中利用位操作指令,即绘点程序来处理汉字和各种曲线显示,请读者注意两种方法的运用。

本程序内容可分为四部分:基本函数,包括绘点函数、写命令、写数据、移地址指针和 LCD 初始化以及清屏等;画各种直线、斜线、正弦曲线、矩形;显示各种点阵汉字,如 16×16、12×12 点阵汉字和汉字串;显示 8×8 和 8×16 点阵 ASCII 字符和字符串。为了更清楚地说明问题,我们又细分为 13 段进行解释。

下面分部分介绍和解释程序。

```c
//------------------------------------------------------------
//       T6963C.C
//------------------------------------------------------------
#include <reg52.h>
#include <stdio.h>
#include <string.h>
#include <ctype.h>
#include <def.h>
#include <chn16.h>
#include <chn12.h>
#include <chn24.h>
#include <syb16.h>
#include <asc816.h>
#include <asc88.h>
#include <math.h>
#include <absacc.h>
#define Lcd_Cmd XBYTE[0x7FFF]       //命令口 Lcd_Cmd = 0x7FFF
#define Lcd_Dat XBYTE[0x7FFE]       //数据口 Lcd_Dat = 0x7FFE
U16 Lcd_Adr;                        //LCD 地址指针
U8 Lcd_Adr_H;                       //LCD 地址指针高 8 位
U8 Lcd_Adr_L;                       //LCD 地址指针低 8 位
void W_DOT(U8 i,U8 j);              //绘点函数
void Wr_Cmd(U8 Cmd);                //写命令
void Wr_Adat(U8 Dat) ;              //写数据
```

第4章 T6963C 的汉字字符显示

```
void Wr_Dat(U8 Dat);                                    //数据自动写
U8 Rd_Dat(void);                                        //数据自动读状态
void Star_Locat(void);                                  //移地址指针
void Init_Lcd(void);                                    //LCD 初始化
void Clr_screenScreen(U8 ScreenNO);                     //清屏
void DrawHorizOntalLine(U8 xstar,U8 xend,U8 ystar);     //画水平线
void DrawVerticalLine(U8 xstar,U8 ystar,U8 yend);       //画垂直线
void Linexy(S16 stax,S16 stay,S16 endx,S16 endy);       //画斜线
void C_DOT(U8 i,U8 j);                                  //清点函数
void ClearHorizOntalLine(U8 xstar,U8 xend,U8 ystar);    //清水平线
void ClearVerticalLine(U8 xstar,U8 ystar,U8 yend);      //清垂直线
void ShowSinWave(void);                                 //显示正弦曲线
void ShowSinWave1(void);                                //显示各种曲线
void disdelay(void);                                    //延时
void DrawOneChn1212( U8 x,U8 y,U16 chnCODE);            //显示 12×12 汉字
void DrawOneChn2424(U8x,U8 y,U8  chnCODE);              //显示 24×24 汉字
void DrawChnString2424(U8 x,U8 y,U8  * str,U8 s);       //24×24 汉字串,s 是串长
void DrawOneSyb1616(U8 x,U8 y,U16 chnCODE);             //显示 16×16 标号
void DrawOneChn1616( U8 x,U8 y,U16 chnCODE);            //显示 16×16 汉字
void DrawChnString1616(U8 x,U8 y,U8 * str,U8 s);        //16×16 汉字串,s 是串长
void DrawOneAsc816(U8 x,U8 y,U8 charCODE);              //显示 8×16 ASCII 字符
void DrawAscString816(U8 x,U8 y,U8 * str,U8 s);         //8×16 ASCII 字串,s 串长
void DrawOneAsc88(U8 x,U8 y,U8 charCODE);               //显示 8×8 ASCII 字符
void DrawAscString88(U8 x,U8 y,U8 * str,U8 s);          //8×8 ASCII 字串,s 是串长
void Cricle(S8  x0,S8  y0,S8  r,S8 q);                  //x0,y0 是圆心,r 半径
void FillColorScnArea(U8 x1,U8 y1,U8 x2,U8 y2);         //画填充矩形
void DrawOneBoxs(U8 x1,U8 y1,U8 x2,U8 y2);              //画矩形
void ObtuseAngleBoxs(U8 x1,U8 y1,U8 x2,U8 y2,U8 arc);   //钝角方形
void ReDrawOneChn1616(U8 x,U8 y,U16 chnCODE);           //显示汉字,反白
```

1. 基本函数

这里包括绘点函数、写命令、写数据、移地址指针和 LCD 初始化以及清屏等,最重要的是绘点函数,绘点函数是基于 4.2.6 小节的 "位操作" 指令编写的,"1 1 1 1 N3 N2 N1 N0",前 4 个 "1" 是位操作命令标志;N3 是操作类型标志,N3=1 时 "位" 置 1,N3=0 时 "位" 清 0;N2~N0 对应要操作字节的 D0~D7 位。

位操作指令非常重要,根据这条指令编写绘点程序和清点程序。以绘点和清点程序为基础,可以编出许多程序。

绘点函数 W_DOT(U8 i,U8 j)中的参数 i,j 是 LCD 屏上的点的坐标,i 的范围为 0~159,j 的范围为 0~127(和具体 LCD 屏宽有关);n=i/8 是计算 i 所在位置的字节数,m=i%8 计算余数,也就是 i 在该字节的 "位" 数。

Lcd_Adr=20*j+n+0x0800,Star_Locat():移地址指针,其中 0x0800 是图形区起点,20 是图形区宽度,20*j(点位置所在行数)+n(i 所在位置的字节数)+ 0x0800(图形区起点),正好是该点的物理地址。m=0x07−m 计算 N2、N1、N0 值,m=m|0xF8 是 N3 置 1,Wr_Cmd(m)

发命令。

清点函数 C_DOT(U8 i,U8 j)原理同上面绘点函数,只是最后 N3 置 0,即 m=(m|0xF0)&0xF7,然后发命令。清点函数同绘点函数同样重要,在很多情况下,例如画图就要把 LCD 屏画图区原有的东西擦掉,这就要用到清点函数。用清点函数也可以编写清屏程序。

其他基本函数比较简单,解释可参见汇编语言代码。

```
//------------------------------------------------------------
//      绘点函数
//------------------------------------------------------------
     void W_DOT(U8 i,U8 j)
     {
            U8 n,m;
            n = i/8;
            m = i%8;
            Lcd_Adr = 20 * j + n + 0x0800;
            Star_Locat();              //移地址指针
            m = 0x08 - m;
            m = m|0xF8;
            Wr_Cmd(m);
     }
//------------------------------------------------------------
//      清点函数
//------------------------------------------------------------
     void C_DOT(U8 i,U8 j)
      {
            U8 n,m;
            n = i/8;
            m = i%8;
            Lcd_Adr = 20 * j + n + 0x0800;
            Star_Locat();              //移地址指针
            m = 0x08 - m;
            m = (m|0xF0)&0xF7;
            Wr_Cmd(m);
      }
//------------------------------------------------------------
//  写命令
//------------------------------------------------------------
     void Wr_Cmd(U8 Cmd)
     {
        U8 Lcd_Stat;
        Lcd_Stat = 0x00;
        while((Lcd_Stat&0x03) == 0)    //如果 STA0 = 0 && STA1 = 0
        Lcd_Stat = Lcd_Cmd;            //反复读命令口,直到准备好
        Lcd_Cmd = Cmd;                 //命令发出
     }
```

```c
//------------------------------------------------------------
// 写数据
//------------------------------------------------------------
    void Wr_Adat(U8 Dat)
    {
        U8 Lcd_Stat;
        Lcd_Stat = 0x00;
        while((Lcd_Stat&0x03) == 0)
        Lcd_Stat = Lcd_Cmd;
        Lcd_Dat = Dat;
    }
//------------------------------------------------------------
// 数据自动写
//------------------------------------------------------------
    void Wr_Dat(U8 Dat)
    {
        U8 Lcd_Stat;
        Lcd_Stat = 0x00;
        while((Lcd_Stat&0x08) == 0)
        Lcd_Stat = Lcd_Cmd;
        Lcd_Dat = Dat;                      //STA3 = 1,数据自动写允许
    }
//------------------------------------------------------------
// 数据自动读状态
//------------------------------------------------------------
    U8 Rd_Dat(void)
    {
        U8 Lcd_Stat;
        Lcd_Stat = 0x00;
        while((Lcd_Stat&0x04) == 0)
        Lcd_Stat = Lcd_Cmd;
        return Lcd_Dat;                     //STA3 = 2,数据自动读允许
    }
//------------------------------------------------------------
// 移地址指针
//------------------------------------------------------------
    void Star_Locat(void)
    {
        Lcd_Adr_H = Lcd_Adr/256;
        Lcd_Adr_L = Lcd_Adr - Lcd_Adr_H * 256;
        Wr_Adat(Lcd_Adr_L);
        Wr_Adat(Lcd_Adr_H);
        Wr_Cmd(0x24);
    }
//------------------------------------------------------------
```

```c
//    LCD 初始化
//-----------------------------------------------------------
    void Init_Lcd(void)
    {
        U16 i;
        Wr_Adat(0x00);
        Wr_Adat(0x00);
        Wr_Cmd(0x40);                       //文本区首址 0x0000
        Wr_Adat(0x10);
        Wr_Adat(0x00);
        Wr_Cmd(0x41);                       //文本区宽度(字节数 16 字节/行)
        Wr_Adat(0x00);
        Wr_Adat(0x08);
        Wr_Cmd(0x42);                       //图形区首址 0x0800
        Wr_Adat(0x14);
        Wr_Adat(0x00);
        Wr_Cmd(0x43);                       //图形区宽度 0x14(20 字节/行)
        Wr_Cmd(0x80);                       //方式设置,CGROM 或合成
        Wr_Cmd(0x9C);                       //文本方式和图形方式允许,光标禁止
        Wr_Cmd(0xa1);                       //光标大小选择
        Wr_Adat(0x00);
        Wr_Adat(0x00);
        Wr_Cmd(0x24);                       //移地址指针
        Wr_Cmd(0xB0);                       //自动写设置
        for(i = 0;i<2560;i++)               //清 0
        Wr_Dat(0x00);
        Wr_Cmd(0xB2);                       //自动写禁止
    }
//-----------------------------------------------------------
//   清屏,单屏时 ScreenN0 = 0
//-----------------------------------------------------------
    void Clr_screenScreen(U8 ScreenN0)
    {
        U16 i,val;
        val = ScreenN0 * 1024 + 0x800;      //清图形区
        Lcd_Adr_H = val/256;
        Lcd_Adr_L = val - Lcd_Adr_H * 256;
        Wr_Adat(Lcd_Adr_L);
        Wr_Adat(Lcd_Adr_H);
        Wr_Cmd(0x24);
        Wr_Cmd(0xB0);
        for(i = 0;i<2560;i++)
        Wr_Dat(0x00);
        Wr_Cmd(0xB2);
    }
```

2. 画各种曲线

下面画的曲线都是基于绘点程序,由此可看出绘点程序是很有用的。下面的清曲线程序都是基于清点程序,由此可看出清点程序同样很有用。

```
//-----------------------------------------------------------
//    画水平线
//-----------------------------------------------------------
   void DrawHorizOntalLine(U8 xstar,U8 xend,U8 ystar)
   {
      U8 i;
      for(i=xstar;i<=xend;i++)
        {
            W_DOT(i,ystar);
        }
   }
//-----------------------------------------------------------
//    画垂直线
//-----------------------------------------------------------
   void DrawVerticalLine(U8 xstar,U8 ystar,U8 yend)
   {
      U8 i;
      for(i=ystar;i<=yend;i++)
        {
         W_DOT(xstar,i);
        }
   }
//-----------------------------------------------------------
//    清水平线
//-----------------------------------------------------------
   void ClearHorizOntalLine(U8 xstar,U8 xend,U8 ystar)
   {
      U8 i;
      for(i=xstar;i<=xend;i++)
        {
         C_DOT(i,ystar);
        }
   }
//-----------------------------------------------------------
//    清垂直线线
//-----------------------------------------------------------
   void ClearVerticalLine(U8 xstar,U8 ystar,U8 yend)
   {
      U8 i;
      for(i=ystar;i<=yend;i++)
        {
```

```
            C_DOT(xstar,i);
        }
    }
//---------------------------------------------------------------
//   画斜线
//---------------------------------------------------------------
```

3. 画斜线

画斜线方法较多，如数控技术中的逐点比较法、DDA 法（数字积分法）、DFB 法等，这里用 DDA 法，现结合程序简介如下：

col＝stax,row＝stay,存起点坐标；W_DOT(col,row)从起点绘点；deltax＝endx-col,deltay＝endy-row 判直线象限和两个方向投影长度，当 deltax、deltay 均大于 0 时，为第一象限直线，取距离较长的投影方向做插补计数值，即循环次数，取相同长度寄存器做误差寄存器。

每循环一次，将 deltax、deltay（积分因子）加到各自的误差寄存器中（数字积分），如果某误差寄存器溢出，则该方向发一脉冲，这里是前进一步，同时该误差寄存器值减插补计数值，直到循环结束。deltax、deltay 的正负组合决定直线段的象限和走向。

```
void Linexy(S16 stax,S16 stay,S16 endx,S16 endy)
{
    U16 t;
    S16 col,row;                          //行、列值
    S16 xerr,yerr,deltax,deltay,distance;
    S16 incx,incy;
    xerr = 0;
    yerr = 0;
    col = stax;
    row = stay;
    W_DOT(col,row);
    deltax = endx - col;
    deltay = endy - row;
    if(deltax>0) incx = 1;
    else if( deltax == 0 ) incx = 0;
    else incx = -1;
    if(deltay>0) incy = 1;
    else if(deltay == 0) incy = 0;
    else incy = -1;
    deltax = abs(deltax);
    deltay = abs(deltay);
    if(deltax > deltay) distance = deltax;
    else distance = deltay;
    for( t = 0;t <= distance + 1; t++ )
    {
        W_DOT(col,row);
        xerr += deltax;
```

```
            yerr += deltay;
        if( xerr > distance )
           {
            xerr -= distance;
            col += incx;
           }
        if( yerr > distance )
           {
            yerr -= distance;
            row += incy;
           }
       }
  }

//------------------------------------------------------------
//    显示一条正弦曲线
//------------------------------------------------------------
```

4. 显示正弦曲线

ShowSinWave()是显示一条正弦曲线,for(x=0;x<160;x++)是从屏的最左到最右逐点计算,a=((float)x/159)*2*3.14,是取 x 弧度值,a=2πf;y=sin(a)计算其正弦值;曲线中心是 y=63 的直线,b=(1-y)*63;W_DOT((U8)x,(U8)b)绘点组成曲线。

这里特别注意,公式 a=((float)x/159)*2*3.14 是浮点运算,所以编译系统一定要支持浮点运算,如果你的 MPU 使用 Intel 196 或 51 系列单片机加 WAVE 编译器,则在仿真器设置/语言项要写:CSTART.OBJ、KC_SFRS.OBJ、C96FP.LIB、FPAL96.LIB、C96.LIB,在程序中引入头文件<float.h>即可。

如果使用 Intel 296 则必须在其开发环境中选中浮点运算,并在程序中引入 C96.LIB、C96FP、FPAI96.LIB。

在 TASKING EDE 中有一项 CPU 模式,CODE、CONST、DATA 都选 FAR;在 Linking 项选中 Link default C library、Link floating Point Library、Link floating point version of print() and scanf();在 Locating 中选 Locate botton up(24—bit modeis:low addresses first)、Convert 16—bit CODE segments to 24—bit HIGHCODE Segments。

按上述设置,系统会自动将 C96.LIB、C96FP、FPAI96.LIB(在文件夹 sa_ef,nt_ef 中)引入程序中。

```
void ShowSinWave(void)
  {
      U8 x,j0,k0;
      double y,a,b;
      j0 = 0;
      k0 = 0;
      DrawHorizOntalLine(1,159,63);     //画坐标 x 范围(0~159)
      DrawVerticalLine(0,0,125);        // y 范围(0~127)
```

```
        for (x = 0;x<160;x ++ )
        {
         a = ((float)x/159) * 2 * 3.14;
         y = sin(a);
         b = (1 - y) * 63;
         W_DOT((U8)x,(U8)b);
         disdelay();
        }
}
//------------------------------------------------------------
//    显示试验
//------------------------------------------------------------
```

5．显示试验

这里放了一些显示例子，DrawCharString816(60,5,"ac12.3",6)是显示 8×16 ASCII 串，sprintf(temp,"％4d-％2d-％2d",d1.year,d1.mon,d1.day)、DrawCharString816(5,100,temp,15)是以格式"2006-05-09"显示年月日；sprintf(temp,"％#2x",k)、DrawCharString816(5,100,temp,4)是以"0xFF"格式显示变量 k；sprintf(temp,"％3d",k)，DrawCharString816(5,100,temp,3)是以"255" 格式显示变量 k；DrawOneChar816(10,100,0x42)显示一个 ASCII 码值等于 0x42 的字母，即"B"。

在 C 语言中,有一个 printf 函数(格式输出函数),它的作用是向输出设备输出若干个任意类型的数据,并有格式控制功能。

例如 d 格式符用来输出十进制整数:％d 是按整型数据的实际长度输出;％md 是指定输出字段的宽度,如果数据的位数小于 m,则左端补 0,要大于 m 则按实际长度输出。

x 格式符用来输出 16 进制整数:％mx 是输出 16 进制整数并指定宽度为 m。

c 格式符用来输出一个字符。

s 格式符用来输出一个字符串:％ms 是输出的字串占 m 列,如果字串本身长度大于 m,就将字串全部输出;％m.n 是输出占 m 列,其中显示 n 列,前面补 0。

f 格式符用来输出代小数点的实数:％f 是不指定字段宽度,由系统自动指定,使整数部分全部输出,并输出 6 位小数,经常使用的是％m.nf 形式,它指定输出的数据共占 m 列,其中有 n 位小数。

值得一提的是,C 语言的库函数中还有一个和 printf 函数相类似的函数 sprintf,它的用法和 printf 几乎一样,唯一差别是它把数据不输出到外设,而是输出到内存指定位置。

在上面例子中,定义了一个内存数组 U8 temp[15],函数 sprintf(temp,"％4d-％2d-％2d",d1.year,d1.mon,d1.day)把日期 d1.year、d1.mon、d1.day 按"％4d-％2d-％2d"格式复制到内存数组 temp 中,然后调函数 DrawCharString816(5,100,temp,10)在(5,100)处显示 temp 中内容,非常方便。

这里要注意,编译系统必须支持浮点运算,sprintf 函数才能正确使用,否则,特别是输出带小数点的实数会有困难。在这里为了演示格式化输出,多举了几个例子。

本程序也有一段绘正弦曲线的程序,是基于绘点程序。程序中的数据是通过其他程序得到的。数据存在头文件 def.h 数组 sinzm1[51][2]中。

第 4 章　T6963C 的汉字字符显示

```c
void ShowSinWave1(void)
{
    U16 s,j,k,k0,j0;
    double b;
    // signed long x;
    U8 temp[15];
    struct date
        {
            U16  year;
            U8   mon;
            U8   day;
        }d1;
        d1.year = 2006;
        d1.mon = 5;
        d1.day = 9;
        b = 99.42;
        k = 255;
    sprintf(temp,"%#2x",k);
    DrawAscString816(5,100,temp,4);
    sprintf(temp,""%3d",k);
    DrawAscString816(5,100,temp,3);
    sprintf(temp,"%5d",k);
    DrawAscString816(5,100,temp,5);
    DrawOneAsc816(10,100,0x42);
    DrawAscString816(20,100,"AB12.3ab",8);
    sprintf(temp,"%5.2f",b);
    DrawAscString816(60,5,temp,5);
    FillColorScnArea(118,22,138,42);
    ObtuseAngleBoxs(65,50,80,65,2);
    Cricle(73,60,15,1);
    Cricle(100,40,10,2);
    Cricle(73,60,15,3);
    Cricle(140,60,20,4);
    Linexy(60,80,80,85);                    //1
    Linexy(120,95,100,65);                  //4
    Linexy(130,55,150,35);                  //3
    Linexy(120,55,110,35);                  //2
    DrawAscString816(110,60,"\3\4\5",3);
    DrawAscString88(120,85,"\0\1\2\3",4);
    DrawChnString1616(10,75,"\0\1",2);
    ReDrawOneChn1616(10,100,1);
    // ReverseDrawOneChn1616(121,24,2);
    DrawOneSyb1616(110,3,0x01);
    DrawOneSyb1616(130,3,0x0);
    DrawChnString2424(100,100,"\0",1);
```

```
   DrawHorizOntalLine(1,50,30);        //y(0~127),x(0~159)
   DrawVerticalLine(0,0,60);
      k0 = 0;
      j0 = 0;
      while(1)
      {
         for(s = 0;s<52;s++)
           {
           if(s<50)
             {
              ClearVerticalLine(s+2,0,60);
              W_DOT(s,30);
             }
             j = sinzm1[s][0];
             k = sinzm1[s][1];
             if(s<51)
             Linexy(j0,k0,j,k);
             j0 = j;
             k0 = k;
              disdelay();
           }
         j0 = 0;
         k0 = 0;
         s = 0;
      }
   }
//---------------------------------------------------------------
//    画圆弧
//---------------------------------------------------------------
```

6. 画圆弧

画圆弧 Cricle() 程序给出四个象限逆向圆弧,每个是 1/4 圆,采用数控技术中的逐点比较法,以第一象限逆向圆弧为例说明逐点比较法原理。

因为是第一象限逆向圆弧,步增量 $\Delta x = -1, \Delta y = 1$,误差 $\Sigma = x^2 + y^2 - r^2$,x 和 y 是光标移动位置瞬时值,当 $\Sigma \geq 0$,说明光标位置超出圆外或在圆上,此时 x 方向加 Δx(x 值减少);如果 $\Sigma < 0$ 说明光标位置在圆里,此时 y 方向加 Δy(y 值增加)。

不论 x 或 y,每走一步,都要重新计算 x 和 y 的瞬时值和 Σ 值,并根据 Σ 值决定下步走向,直到坐标为 $(0,r)$ 止。其他几个象限的插补计算和第一象限逆向圆弧相同。

总之,圆弧插补需要 3 步:

① 位置判断,利用公式 $\Sigma = x^2 + y^2 - r^2$;

② 根据位置判断走一步 Δx(x 值减少)或 Δy(y 值增加);

③ 终点判断,终点判断方法很多,例如可以把起点到终点在两个坐标方向上投影长度的总和作为计数器,不论 x 或 y,每走一步计数器减 1,到 0 为终点,停止插补,否则重回到第

一步。

这里顺便讲一下直线的逐点比较法插补过程,以第一象限直线为例(如图 4-7 所示),设直线的终点坐标为 $N_e(x_e,y_e)$,起点坐标 $O(0,0)$,N_i 是直线上一点,坐标为 $N_i(x_i,y_i)$,根据直线方程有

$$x_e y_i - x_i y_e = 0$$

设一个误差判别函数

$$F = x_e y_i - x_i y_e$$

如果某点在直线上,则 $F=0$;如果某点在直线的下方,则 $F<0$,如果某点在直线的上方,则 $F>0$。

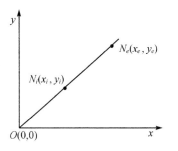

图 4-7 逐点比较法画直线

采用逐点比较法插补时,首先判位置,如果该点在直线的下方,下一步就向直线的上方走,即走 $+y$;如果该点在直线上方,下一步就向直线的下方走,即走 $+x$,$F=0$ 时也按 $F>0$ 处理。

每走一步都要进行终点判定和修改坐标,如没到终点,重新计算判别函数并决定下步走向。根据数学推导,实际编程时误差判别函数的计算可以更简单些:$F \geqslant 0$ 时,沿 x 方向进给一步,偏差 $F_{n+1}=F_n-y_e$;$F<0$ 时,沿 y 方向进给一步,偏差 $F_{n+1}=F_n+x_e$。有了绘点函数,利用上面方法就可以画直线或其他曲线。

```
void Cricle(S8 x0,S8 y0,S8 r,S8 q)
 {
   S8 xsta,ysta,xi,yi,e;
   if(q == 1)                //第一象限圆弧
    {
        xsta = x0 + r;
        ysta = y0;
        xi = r;
        yi = 0;
        e = 0;
     while(e <= 2 * r)
      {
        if((xi * xi + yi * yi) >= r * r)
          { xi -= 1;
            e += 1;
            xsta -= 1;
          }
        if((xi * xi + yi * yi) < r * r)
          { yi += 1;
            e += 1;
            ysta -= 1;
          }
        W_DOT(xsta,ysta);
      }
    }
   if(q == 2)                //第二象限圆弧
```

```
    {
        xsta = x0;
        ysta = y0 - r;
        xi = 0;
        yi = r;
        e = 0;
     while(e<= 2 * r)
        {
         if((xi * xi + yi * yi)>= r * r)
            { yi -= 1;
              e += 1;
              ysta += 1;
            }
         if((xi * xi + yi * yi)< r * r)
            { xi -= 1;
              e += 1;
              xsta -= 1;
            }
              W_DOT(xsta,ysta);
        }
    }
 if(q == 3)                    //第三象限圆弧
    {
        xsta = x0 - r;
        ysta = y0;
        xi = - r;
        yi = 0;
        e = 0;
        while(e<= 2 * r)
        {
         if((xi * xi + yi * yi)>= r * r)
            { xi += 1;
              e += 1;
              xsta += 1;
            }
         if((xi * xi + yi * yi)< r * r)
            { yi -= 1;
              e += 1;
              ysta += 1;
            }
            W_DOT(xsta,ysta);
        }
    }
 if(q == 4)                    //第四象限圆弧
    {
```

```
            xsta = x0;
            ysta = y0 + r;
            xi = 0;
            yi = - r;
            e = 0;
            while(e< = 2 * r)
         {
            if((xi * xi + yi * yi)> = r * r)
               { yi += 1;
                 e += 1;
                 ysta -= 1;
               }
            if((xi * xi + yi * yi)<r * r)
               { xi += 1;
                 e += 1;
                 xsta += 1;
               }
              W_DOT(xsta,ysta);
          }
        }
  }
//-----------------------------------------------------------
//    画填充矩形
//-----------------------------------------------------------
void FillColorScnArea(U8 x1,U8 y1,U8 x2,U8 y2)
{
   U8 i;

   for(i = y1;i< = y2;i++ )
      {
        DrawHorizOntalLine(x1,x2,i);
      }
}
//-----------------------------------------------------------
//    画矩形框
//-----------------------------------------------------------
void DrawOneBoxs(U8 x1,U8 y1,U8 x2,U8 y2)
{
    DrawHorizOntalLine(x1,x2,y1);
    DrawHorizOntalLine(x1,x2,y2);
    DrawVerticalLine(x1,y1,y2);
    DrawVerticalLine(x2,y1,y2);
}
//-----------------------------------------------------------
//    钝角正方形
```

```
//-----------------------------------------------------------
void ObtuseAngleBoxs(U8 x1,U8 y1,U8 x2,U8 y2,U8 arc)
{
    U8 x0,y0,r;
    r = arc;
    x0 = x1 + r;
    y0 = y1 + r;
    Cricle( x0,y0,r,2);
    x0 = x1 + r;
    y0 = y2 - r;
    Cricle( x0,y0,r,3);
    x0 = x2 - r;
    y0 = y2 - r;
    Cricle( x0,y0,r,4);
    x0 = x2 - r;
    y0 = y1 + r;
    Cricle( x0,y0,r,1);
    DrawHorizOntalLine(x1 + r,x2 - r,y1);
    DrawHorizOntalLine(x1 + r,x2 - r,y2);
    DrawVerticalLine(x1,y1 + r,y2 - r);
    DrawVerticalLine(x2,y1 + r,y2 - r);
}
//-----------------------------------------------------------
// 显示一个 24×24 点阵汉字
//-----------------------------------------------------------
```

7. 显示 24×24 点阵汉字

由于 24×24 点阵是用于打印的,故其排列是 24 列,每列 3 字节,如第一列为 0 号字节、1 号字节、2 号字节;显示时先从列开始循环 for(i=0;i<24;i++),然后是每列的 3 字节 for(j=0;j<=2;j++),最后是每字节的 8 个"位",某"位"为 1,则该位绘点 W_DOT(x+i,y+j*8+k)。

```
void DrawOneChn2424(U8 x,U8 y,U8 chnCODE)
{
    U16 i,j,k,tstch;
    U8 *p;
    p = chn2424 + 72 * (chnCODE);
    for (i = 0;i<24;i++)
    {
        for(j = 0;j<=2;j++)
        {
            tstch = 0x80;
            for (k = 0;k<8;k++)
            {
                if(*(p+3*i+j)&tstch)
```

```
                W_DOT(x+i,y+j*8+k);
                tstch = tstch>>1;
            }
        }
    }
}
//--------------------------------------------------------------
//    显示24×24汉字串
//--------------------------------------------------------------
void DrawChnString2424(U8 x,U8 y,U8   *str,U8 s)
{

    U8 i;
    static U8 x0,y0;
    x0 = x;
    y0 = y;
    for (i = 0;i<s;i++)
    {
        DrawOneChn2424(x0,y0,(U8)*(str+i));
        x0  += 24;                                //水平串。如垂直串,y0+24
    }
}
//--------------------------------------------------------------
//    显示16×16标号(报警和音响)
//--------------------------------------------------------------
```

8. 显示图形

因该图形图案是按16×16点阵画的,故可按显示16×16点阵汉字处理。这里要注意,此16×16点阵是按"字"存放的,即两个字节在一起;显示时取字模一次取一个"字",(注意指针是16位的:unsigned int *p; p=Syb1616+16*chnCODE;)绘点时先处理高位字节:*p>>8&tstch;再处理低位字节:(*p&0x00FF)&tstch。

下面显示16×16点阵汉字时也同样处理。

```
void  DrawOneSyb1616(U8 x,U8 y,U16 chnCODE)
{
    int i,k,tstch;
    unsigned int *p;
    p = Syb1616 + 16 * chnCODE;
    for (i = 0;i<16;i++)
        {
            tstch = 0x80;
            for(k = 0;k<8;k++)
                {
                    if(*p>>8&tstch)
                        W_DOT(x+k,y+i);
```

```
                    if((*p&0x00FF)&tstch)
                    W_DOT(x+k+8,y+i);
                    tstch = tstch >> 1;
                    }
                p += 1;
                }
        }
//------------------------------------------------------------
//   延时
//------------------------------------------------------------
void disdelay(void)
{
    unsigned long  i,j;
            i = 0x01;
            while(i != 0)
            {   j = 0xFFFF;
                while(j != 0)
                j -= 1;
                i -= 1;
            }
}
//------------------------------------------------------------
//   显示12×12点阵汉字一个
//------------------------------------------------------------
```

9. 显示12×12点阵汉字

为了显示方便,字模将横向12点扩展为16点,程序按16×12点阵用绘点方法处理。

```
void DrawOneChn1212(U8 x,U8 y,U16 chnCODE)
{
  U16 i,j,k,tstch;
  U8 *p;
  p = chn1212 + 24 * (chnCODE);
  for (i=0;i<12;i++)
   {
     for(j=0;j<2;j++)
       {
         tstch = 0x80;
           for (k=0;k<8;k++)
             {
               if(*(p+2*i+j)&tstch)
               W_DOT(x+8*j+k,y+i);
               tstch = tstch>>1;
             }
       }
```

```
        }
    x += 12;
}
```

//--
//   显示 16×16 点阵汉字一个
//--

10. 显示 16×16 点阵汉字

由于字模是按"字"(2 字节)存放的,所以字模指针*p 是 16 位的,显示时先显示高字节"if(* p>>8 &tstch),W_DOT(x+k,y+i)";再显示低字节"if((* p&0x00FF) &tstch), W_DOT(x+k+8,y+i)"。

```
void DrawOneChn1616(U8 x,U8 y,U16 chnCODE)
{
    U16 i,k,tstch;
    U16 *p;
    p = chn1616 + 16 * chnCODE;
    for (i = 0;i<16;i++)
      {
        tstch = 0x80;
          for(k = 0;k<8;k++)
              {
                if( * p>>8&tstch)
                   W_DOT(x+k,y+i);
                if(( * p&0x00FF)&tstch)
                   W_DOT(x+k+8,y+i);
                tstch = tstch>>1;
              }
           p += 1;
      }
}
```

//--
//   反白显示 16×16 点阵汉字一个
//--

11. 反白显示 16×16 点阵汉字

正常取字模,再取反,然后按正常 16×16 点阵汉字显示。

```
void ReDrawOneChn1616(U8 x,U8 y,U16 chnCODE)
{
    U16 i,k,tstch;
    U16 *p;
    p = chn1616 + 16 * chnCODE;
    for (i = 0;i<16;i++)
```

```
            {
              tstch = 0x80;
                for(k = 0;k<8;k++)
                    {
                        if( (( * p>>8)^0x0FF) &tstch)
                        W_DOT(x + k,y + i);
                        if( (( * p&0x00FF)^0x00FF) &tstch)
                        W_DOT(x + k + 8,y + i);
                        tstch = tstch>>1;
                    }
                p += 1;
            }
        }
//------------------------------------------------------------
//     显示 16×16 汉字串
//------------------------------------------------------------
void DrawChnString1616(U8 x,U8 y,U8 str,U8 s)
{
    U8 i;
    static U8 x0,y0;
    x0 = x;
    y0 = y;
    for (i = 0;i<s;i++)
    {
        DrawOneChn1616(x0,y0,(U8) * (str + i));
        x0 += 16;                                              //水平串。如垂直串,y0 + 16
    }
}
//------------------------------------------------------------
//     显示 8×16 字母一个(ASCII Z 字符)
//------------------------------------------------------------
```

12. 8×16 ASCII 字符显示

asc816.h 头文件包含了所有能显示的 8×16 英文字符,且按 ASCII 字符表顺序排列。这就给 8×16 ASCII 字符显示提供方便,如果要在点(10,10)处显示字符"A",则调用显示 8×16 ASCII 字符程序,将"A"作为参数即可: DrawOneAsc816 (10,10,"A")。注意:显示 8×16 英文字符也是按绘点处理。

```
void DrawOneAsc816(U8 x,U8 y,U8 charCODE)

{
    U8 * p;
    U8 i,k;
    int mask[] = {0x80,0x40,0x20,0x10,0x08,0x04,0x02,0x01 };
    p = asc816 + charCODE * 16;
        for (i = 0;i<16;i++)
            {
```

```
                for(k = 0;k<8;k++)
                    {
                      if (mask[k%8]& * p)
                          W_DOT(x+k,y+i);
                    }
                 p++;
            }
    }
//------------------------------------------------------------
//    显示 8×16 ASCII 字符串
//------------------------------------------------------------
void DrawAscString816(U8 x,U8 y,U8 * str,U8 s)
    {
     U8 i;
     static U8 x0,y0;
     x0 = x;
     y0 = y;
     for (i = 0;i<s;i++)
         {
           DrawOneAsc816(x0,y0,(U8) * (str+i));
           x0 += 8;                                    //水平串。如垂直串,y0+16
         }
    }
//------------------------------------------------------------
//    显示 8×8 字母一个(ASCII 字符)
//------------------------------------------------------------
```

13. 8×8 ASCII 字符串显示

asc88.h 头文件包含了所有能显示的 8×8 点阵英文字符且按 ASCII 字符表顺序排列。这就给 8×8 ASCII 字符显示提供方便,如果要在点(10,10)处显示字符"A",则调用显示 8×8 ASCII 字符程序,将"A"作为参数即可:DrawOneAsc88(10,10,"A")。注意:显示 8×8 点阵英文字符也是按绘点处理。

```
void DrawOneAsc88(U8 x,U8 y,U8 charCODE)
{
 U8 * p;
 U8 i,k;
 int mask[] = {0x80,0x40,0x20,0x10,0x08,0x04,0x02,0x01};
 p = asc88 + charCODE * 8;
    for (i = 0;i<8;i++)
        {
          for(k = 0;k<8;k++)
              {
                if (mask[k%8]& * p)
                    W_DOT(x+k,y+i);
              }
              p++;
```

```
            }
      }
//---------------------------------------------------------------
//      显示 8×8 字符串
//---------------------------------------------------------------
void DrawAscString88(U8 x,U8 y,U8 * str,U8 s)
{
    U8 i;
    static U8 x0,y0;
    x0 = x;
    y0 = y;
            for(i = 0;i<s;i++)
            {
              DrawOneAsc88(x0,y0,(U8) * (str + i));
              x0 += 8;                                        //水平串。如垂直串,y0 + 8
            }
      }
//---------------------------------------------------------------
//      主程序
//---------------------------------------------------------------
void main()
{
  Init_Lcd();
  Clr_screenScreen(0);
  ShowSinWave1();
   }
```

4.4.3 T6963C 的内嵌字符表

T6963C 的内嵌字符表(CGROM)中最常用的如图 4-8 所示。每一个字符的代码由一个字节表示,MSB 表示该代码的高 4 位,LSB 表示字节的低 4 位,如"!"的代码为 01H,数字"0"的代码为 10H 等。具体显示程序可参见 4.4.1 小节内容。

LSB4 MSB4	0	1	2	3	4	5	6	7	8	9	A	B	C	D	E	F
0		!	"	#	$	%	&	、	(	)	*	+	,	-	.	/
1	0	1	2	3	4	5	6	7	8	9	:	;	<	=	>	?
2	@	A	B	C	D	E	F	G	H	I	J	K	L	M	N	O
3	P	Q	R	S	T	U	V	W	X	Y	Z	[	\	]	^	-
4	`	a	b	c	d	e	f	g	h	i	j	k	l	m	n	o
5	p	q	r	s	t	u	v	w	x	y	z	{	|	}	~	
6																
7																

图 4-8 T6963C 的内嵌字符表(CGROM)

第 5 章
JM12864F 的汉字和字符显示

5.1 JM12864F 的概况

1. JM12864F 的外观和结构

许多企业利用内嵌 T6963C 芯的方法生产了各种不同点阵的 LCD 显示模块,这些模块型号不尽相同,但由于是内嵌 T6963 的,因此编程基本相同。如:MGLS12864T、MGLS128128T、MGLS240128T、MGLS160128、MGLS24064,它们的驱动程序只要修改一下绘点阵程序,其他完全一样。本章介绍的 JM12864F 显示模块也是内嵌 T6963C 芯的,因此它的驱动程序也和第 4 章基本相同。

JM12864F 的机械结构如图 5-1 所示。

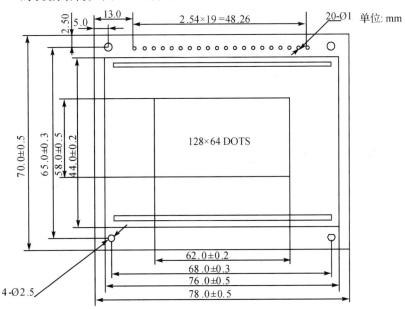

图 5-1 JM12864F 的机械结构

2. 电气参数和引脚连接

JM12864F 的引脚连接和功能如表 5-1 所列。

表 5-1 JM12864F 的引脚功能

引脚号	符 号	电 平	功能描述
1	FG	0 V	外壳地
2	VSS	0 V	电源地
3	VDD	+5 V	电源
4	V0	−10 V	LCD 驱动电压
5	$\overline{WR}$	H/L	写信号
6	$\overline{RD}$	H/L	读信号
7	$\overline{CE}$	H/L	片选信号
8	C/D	H/L	H：指令代码 L：数据代码
9	$\overline{RESET}$	L	复位信号
10～17	D0～D7	H/L	数据线
18	FS	H/L	字体选择
19	LEDA	5 V	背光电源
20	LEDK	0 V	背光地

3. JM12864F 和单片机的连接

JM12864F 和单片机的连接也分直接和间接方式，具体见 4.3.1 和 4.3.2 小节。作者使用的系统 LH-MPU89C51 实验板是这样连接的：控制口 3FFFH，数据口 3FFEH，C/D 接 A0。

4. 指令系统

由于 JM12864F 是内嵌 T6963C 芯的，因此其指令系统和 4.2 节介绍的相同，读者具体可参考该节内容。

5.2 JM12864F 的软件驱动程序

5.2.1 JM12864F 的汇编语言驱动程序

在 4.4.1 小节中我们介绍了用汇编语言驱动 T6963C 的程序，在程序中显示汉字是先将汉字字模放入 CGRAM，然后用该汉字字模代码来进行显示；在 4.4.2 小节中我们又介绍了用 C 语言驱动 T6963C 的程序，程序中是利用"位操作"指令通过绘点来显示汉字，在本小节中我们再介绍另一种方法即直接向数据口写字模数据的方法来显示汉字。JM12864F 和单片机的

第5章　JM12864F的汉字和字符显示

连接见图4-5和图4-6。

为方便读者使用,本程序也在随书光盘的文件夹"5.2"中给出,项目名：jmfa.Uv2。

程序内容分为三部分：基本操作程序,包括JM12864F初始化、数据输入/输出、命令的输出和状态字输入、清屏等；16×16点阵汉字的显示；8×8 ASCII字符显示。

下面分别介绍和解释程序。

```
;89C51A.ASM
CADDR     EQU     3FFFH
DADDR     EQU     3FFEH
COM       DATA    34H
DAT1      EQU     32H
DAT2      EQU     33H
LINE      EQU     35H
ROL       EQU     36H
FANWR     BIT     00H                    ;反白显示标志
          LCALL   INITLCD                ;初始化液晶JM12864F
```

(1) JM12864F初始化

设置文本区首址、文本区宽度；设置图形区首址、图形区宽度；光标显示、闪烁；文本图形方式等。特别是图形区宽度(30字节/行)与具体LCD模块型号有关。

```
INITLCD:  MOV     DAT1,#00H              ;LCD初始化
          MOV     DAT2,#00H
          MOV     COM,#40H               ;设文本区首址0000H
          LCALL   PR1
          MOV     DAT1,#10H
          MOV     DAT2,#00H
          MOV     COM,#41H               ;文本区宽度16字节/行
          LCALL   PR1
          MOV     DAT1,#00H
          MOV     DAT2,#08H
          MOV     COM,#42H               ;图形区首址0800H
          LCALL   PR1
          MOV     DAT1,#16
          MOV     DAT2,#00H
          MOV     COM,#43H               ;图形区宽度16字节/行
          LCALL   PR1
          MOV     COM,#0A7H              ;光标形状8点×7行
          LCALL   PR12
          MOV     COM,#80H               ;合成显示方式：逻辑"或"
          LCALL   PR12
          MOV     COM,#9FH               ;光标显示、闪烁；文本/图形
          LCALL   PR12
          RET
```

```
START:      LCALL       CLEAR                   ;清屏
            JMP         xSHZ                    ;显示汉字
```

(2) 清　屏

清屏实际就是清显示内存，首先将指针移到显存首地址 2400H，然后将从此地址开始的 128×64=8 192 个单元写 00H。整个写的过程采用自动写操作(COM=0B0H)，写结束关闭自动写操作(COM=0B2H)。

```
CLEAR:      PUSH        DPH                     ;清屏
            PUSH        DPL
            CLR         A
            MOV         DAT1,A
            MOV         DAT2,A
            MOV         COM,#24H                ;移光标到 00H
            LCALL       PR1
            MOV         COM,#0B0H               ;自动写
            LCALL       PR12
            MOV         R3,#20H                 ;32×256=8 192,即 128×64 点
CLEAR2:     MOV         R4,#00H
CLEAR1:     LCALL       ST3
            CLR         A
            NOP
            LCALL       PR13
            DJNZ        R4,CLEAR1
            DJNZ        R3,CLEAR2
            MOV         COM,#0B2H
            LCALL       PR12
            POP         DPL
            POP         DPH
            RET
```

(3) 数据输入/输出、命令输出和状态字输入

除输入状态字以外，数据输入/输出、命令输出都必须检查 LCD 状态，LCD"忙"则等待，直到 LCD 空闲才能对其进行操作。操作不同，检查 LCD 状态"位"也不同。ST01 是数据读/写和指令写时判 LCD 状态子程序，ST2 是数据自动读时判 LCD 状态子程序，ST3 是数据自动写时判 LCD 状态子程序。

程序中是将状态字读入累加器 A 中，然后分别判 A 的相应 bit 位，在 MCS-51 单片机中，A 的字节地址是 E0H。A 是可以按位寻址的，A 的 bit 位地址分别为 E0H～E7H。判 A 的相应 bit 位就是判 A 的相应位地址的值。

JM12864F 的控制器是内嵌 T6963C 的，T6963C 的指令有三字节指令、二字节指令和单字节指令。PR1 是三字节指令入口，PR11 是二字节指令入口，PR12 是单字节指令入口。

```
STATE:      MOV         DPTR,#CADDR             ;读状态口
            MOVX        A,@DPTR
            RET
```

第5章　JM12864F的汉字和字符显示

```
ST01:   LCALL   STATE                   ;判状态
        JNB     0E0H,ST01               ;E0H 就是 A 的字节和 A.0 地址
        JNB     0E1H,ST01               ;0E1H 就是 A.1 地址
        RET
ST2:    LCALL   STATE
        JNB     0E2H,ST2                ;0E2H 就是 A.2 地址
        RET
ST3:    LCALL   STATE
        JNB     0E3H,ST3                ;0E3H 就是 A.3 地址
        RET
PR1:    LCALL   ST01                    ;三字节指令入口
        MOV     A,DAT1
        LCALL   PR13
PR11:   LCALL   ST01                    ;二字节指令入口
        MOV     A,DAT2
        LCALL   PR13
PR12:   LCALL   ST01                    ;发命令入口
        MOV     A,COM
        MOV     DPTR,#CADDR
        LJMP    PR14
PR13:   MOV     DPTR,#DADDR
PR14:   MOVX    @DPTR,A
        RET
```

(4) 显示汉字和字符初始化程序

首先将地址指针指向汉字字模首地址 CHINESE 的偏移量地址 PSMEG0,设定显示位置:行＝00H,列＝02H,调显示汉字子程序 DISPALINE 显示"欢迎使用"。

然后,重新设定显示位置:行＝03H,列＝02H,将地址指针指向字模首地址 CHINESE 的偏移量地址 PSMEG1,调显示汉字子程序 DISPALINE 显示"因特尔公司单片机"。

最后,设定显示位置:行＝03H,列＝01H,地址指针指向新字模首地址 PSMEG2,调显示字符子程序 DISPCHAR 显示"LH－MPU89C51"。

在每个地址的最后都放一个显示结束标志 0EEH。

```
XSHZ:
        MOV     DPTR,#PSMEG0            ;4个汉字"欢迎使用"的代码地址
        CLR     FANWR                   ;清反白显示标志
        MOV     LINE,#00H               ;显示位置行
        MOV     ROL,#02H                ;显示位置列
        LCALL   DISPALINE               ;显示"欢迎使用"
        MOV     LINE,#03
        MOV     ROL,#00H
        MOV     DPTR,#PSMEG1            ;显示"因特尔公司单片机"
        LCALL   DISPALINE
        MOV     LINE,#03H
        MOV     ROL,#01H
```

```
            MOV      DPTR,#PSMEG2
            SETB     FANWR
            LCALL    DISPCHAR              ;显示"LH-MPU89C51"
            SJMP     $
```

（5）显示汉字

这是显示汉字的核心程序,首先取偏移量值,判断是否是结束标志(0EEH),若是,结束返回;若不是,偏移量值×32(20H)+汉字字模首地址 CHINESE,得到要显示汉字字模地址,放入 DPTR,调 DISP 显示。显示下一个汉字时,偏移量值+1,判断是否是结束标志(0EEH),若是,结束返回;若不是,重新计算要显示汉字字模地址,显示该汉字。

```
DISPALINE: PUSH    A
DISPAGAIN: CLR     A
           MOVC    A,@A+DPTR           ;取偏移量代码
           INC     DPTR                ;指针移到下一代码
           MOV     B,A
           XRL     A,#0EEH             ;0EEH 是结束标志,判是否结束
           JZ      DISPEND             ;结束返回
           PUSH    DPH                 ;下一代码地址保存
           PUSH    DPL
DISPI:     MOV     A,#20H              ;一个 16×16 汉字占 32 字节
           MUL     AB                  ;求要显示汉字距首地址偏移量
           MOV     DPTR,#CHINESE       ;汉字首地址→DPTR
           ADD     A,DPL
           MOV     DPL,A
           XCH     A,B
           ADDC    A,DPH               ;求要显示汉字地址
           MOV     DPH,A
           LCALL   DISP                ;显示
           POP     DPL                 ;取下一个偏移量代码
           POP     DPH
           MOV     A,ROL
           ADD     A,#01H              ;列同时加 1
           MOV     ROL,A
           SJMP    DISPAGAIN           ;继续显示
DISPEND:   POP     0E0H
           RET
```

（6）移光标

取得汉字字模后,在 LCD 屏什么位置输出汉字可通过计算得到:已经知道要显示汉字的行和列,又知道图形方式(显示汉字必须是图形方式)每行 30 字节(由 LCD 初始化设置),所以显示位置为

0800H(图形区首地址)+LINE(行数)×30(图形区每行字节数)+ROL(列数)

将上面地址低 8 位放 DAT1,高 8 位放 DAT2,用移光标到显示位置指令(COM,#24H)将显示位置给 LCD。然后将字模取出向 LCD 发数据即可。

第5章 JM12864F 的汉字和字符显示

```
DISP:   PUSH    06H
        PUSH    07H
        PUSH    02H
        MOV     A,DPL
        MOV     R6,A
        MOV     A,DPH
        MOV     R7,A            ;保存当前显示的汉字字模地址
        MOV     B,LINE          ;计算显示位置
        MOV     A,#30
        MUL     AB
        ADD     A,ROL
        MOV     DAT1,A
        MOV     A,#08H
        ADDC    A,B
        MOV     DAT2,A
        MOV     COM,#24H
        LCALL   PR1             ;移光标到显示位置
```

(7) 发字模数据

一个 16×16 点阵汉字占 32 字节,分 16 次循环输出,一次 2 字节。取出字模后判是否要反白显示,若要,字节数据取反;若不要,则直接发给 LCD 数据口。采用"COM,#0C0H"是一次发 1 字节命令,同时地址自动加 1,要发的数据在 DAT2 中。

"MOV COM,#0C1H"是读命令,控制读 28 次(MOV R1,#1CH),光标自动移 28 次。因为 1 行 30 字节(由初始化设置),1 次循环输出 2 字节后光标向右移 2 字节,再加上 28 字节,使光标回到上一次循环的起始列并行数加 1。保证 16×16 点阵汉字 1 行 2 字节,共 16 行的结构。

```
        MOV     R2,#10H         ;一次循环输出 16 字节
DISPA:  MOV     A,R6
        MOV     DPL,A
        MOV     A,R7
        MOV     DPH,A
        CLR     A
        MOVC    A,@A+DPTR       ;取一个字节字模数据
        JB      FANWR,DISPC     ;若反白显示字模取反
        CPL     A
DISPC:  MOV     DAT2,A          ;放 DAT2 中准备发 LCD 数据口
        INC     DPTR            ;指向下一个字模数据
        CLR     A
        MOVC    A,@A+DPTR       ;取下一个字节字模数据
        INC     DPTR            ;再移指针
        JB      FANWR,DISPD     ;若反白显示字模取反
        CPL     A
DISPD:  MOV     B,A             ;第二个字节放 B 中保存
        MOV     A,DPL
```

```
              MOV     R6,A
              MOV     A,DPH
              MOV     R7,A              ;第三个字节地址放 R7、R6 中保存
              MOV     COM,#0C0H         ;DAT2 内容发数据口,地址加 1
              LCALL   PR11
              MOV     A,B
              MOV     DAT2,A            ;下一个字节内容发数据口
              LCALL   PR11
              MOV     R1,#1CH
DISPB:        MOV     COM,#0C1H         ;读 28 次,相当于写 28 个空格
              LCALL   PR12
              DJNZ    R1,DISPB          ;读口 1CH 次,相当于写 28 个空格
              DJNZ    R2,DISPA          ;显示下 16 个字节
              POP     02H
              POP     07H
              POP     06H
              RET
```

(8) 显示字符

显示字符比较简单,首先计算显示位置：

$$0000H(文本区首址)+LINE\times 16(文本区宽度)+ROL(列数)$$

移指针到该位置。然后从 PSMEG2 地址中依此取字符代码(参见 CGROM 表)送 LCD 数据口即可,遇见结束标志 0EEH 结束。

```
DISPCHAR:
              MOV     A,DPH
              MOV     R7,A
              MOV     A,DPL
              MOV     R6,A
              MOV     A,LINE
              MOV     B,A
              MOV     A,#10H
              MUL     AB
              ADD     A,ROL
              MOV     DAT1,A
              MOV     DAT2,#00H
              MOV     COM,#24H
              LCALL   PR1
              MOV     COM,#0C0H
              LCALL   PR12
              MOV     A,R6
              MOV     DPL,A
              MOV     A,R7
              MOV     DPH,A
CHARCON1:     CLR     A
              MOVC    A,@A+DPTR
```

```
            CJNE    A,#0EEH,CHARCON
            RET
CHARCON:    PUSH    DPH
            PUSH    DPL
            JB      FANWR,CHARA
            CPL     A
CHARA:      MOV     DAT2,A
            MOV     COM,#0C0H
            LCALL   PR11
            POP     DPL
            POP     DPH
            INC     DPTR
            SJMP    CHARCON1
PSMEG0: DB 00H,01H,02H,03H,0EEH                                         ;欢迎使用
PSMEG1: DB 04H,05H,06H,07H,08H,09H,0AH,0BH,0EEH                         ;
PSMEG2: DB 2CH,28H,0DH,2DH,30H,35H,18H,19H,23H,15H,11H,0EEH             ;LH－MPU89C51
CHINESE: DW 00080H,00080H,0FC80H,004FCH,04504H,04648H,02840H,02840H
         DW 01040H,02840H,024A0H,044A0H,08110H,00108H,0020EH,00C04H     ;欢
         DW 00000H,04184H,0267EH,01444H,00444H,00444H,0F444H,014C4H
         DW 01544H,01654H,01448H,01040H,01040H,02846H,047FCH,00000H     ;迎
         DW 01040H,01044H,01FFEH,02040H,027FCH,06444H,0A444H,02444H
         DW 027FCH,02444H,02240H,02180H,020C0H,02130H,0260EH,02804H     ;使
         DW 00008H,03FFCH,02108H,02108H,02108H,03FF8H,02108H,02108H
         DW 02108H,03FF8H,02108H,02108H,02108H,04108H,04128H,08010H     ;用
         DW 00004H,07FFEH,04104H,04104H,04124H,05FF4H,04104H,04104H
         DW 04284H,04284H,04444H,04834H,05014H,04004H,07FFCH,04004H     ;因
         DW 01040H,01040H,05048H,053FCH,07C40H,09044H,017FEH,01810H
         DW 03014H,0D7FEH,01110H,01090H,01090H,01010H,01050H,01020H     ;特
         DW 00800H,00C00H,00808H,01FFCH,02008H,04110H,08100H,00100H
         DW 00940H,00920H,01110H,01118H,02108H,00100H,00500H,00200H     ;尔
         DW 00000H,00080H,00480H,00440H,00840H,00820H,01110H,0210EH
         DW 0C204H,00200H,00400H,00840H,01020H,01FF0H,00010H,00000H     ;公
         DW 00008H,03FFCH,00008H,00048H,0FFE8H,00008H,00088H,03FC8H
         DW 02088H,02088H,02088H,02088H,03F88H,02088H,00028H,00010H     ;司
         DW 01010H,00820H,00448H,03FFCH,02108H,02108H,03FF8H,02108H
         DW 02108H,03FF8H,02100H,00104H,0FFFEH,00100H,00100H,00100H     ;单
         DW 00080H,02080H,02080H,02080H,02084H,03FFEH,02000H,02000H
         DW 03FC0H,02040H,02040H,02040H,02040H,02040H,04040H,08040H     ;片
         DW 01000H,01010H,011F8H,01110H,0FD10H,01110H,03110H,03910H
         DW 05510H,05110H,09110H,01110H,01112H,01212H,0140EH,01800H     ;机
         END
```

5.2.2 JM12864F 的 C 语言驱动程序

使用 C 语言来编写 JM12864F 的驱动程序时，由于 JM12864F 是内嵌 T6963C 的，因此最

简单方法就是利用 T6963C 的位操作指令即绘点程序来显示汉字和曲线。在嵌入式控制系统中,要显示的内容往往不是很多,速度要求不高,用绘点方法完全可以满足系统要求。

设 JM12864F 模块和 MCS-51 单片机的连接同 5.2.1 小节,其驱动程序在随书光盘的文件夹"5.2"中,项目名为 jmf.Uv2。C 语言驱动程序 jm12864f.c 分节介绍并解释如下。

```c
//jm12864f.c
#include <reg52.h>
#include <stdio.h>
#include <string.h>
#include <ctype.h>
#include <math.h>
#include <def.h>
#include <Chn1616.h>
#include <Chn2424.h>
#include <Syb1616.h>
#include <ASC816.h>
#include <ASC88.h>
#include <absacc.h>
U16 Lcd_Adr;                                           //LCD 地址指针
U8 Lcd_Adr_H;                                          //LCD 地址指针高 8 位
U8 Lcd_Adr_L;                                          //LCD 地址指针低 8 位
 void W_DOT(U8 i,U8 j);                                //绘点函数
 void DrawHorizOntalLine(U8 xstar,U8 xend,U8 ystar);   //画水平线
 void DrawVerticalLine(U8 xstar,U8 ystar,U8 yend);     //画垂直线
 void C_DOT(U8 i,U8 j);                                //清点函数
 void ClearHorizOntalLine(U8 xstar,U8 xend,U8 ystar);  //清水平线
 void ClearVerticalLine(U8 xstar,U8 ystar,U8 yend);    //清垂直线
 void ShowSinWave(void);                               //显示正弦曲线
 void ShowSinWave1(void);                              //显示各种曲线
 void disdelay(void);                                  //延时
 void DrawOneChn2424(U8 x,U8 y,U8   chnCODE);          //显示 24×24 汉字
 void DrawChnString2424(U8 x,U8 y,U8   *str,U8 s);     //显示 24×24 汉字串,s 是串长
 void DrawOneSyb1616(U8 x,U8 y,U16 chnCODE);           //显示 16×16 标号
 void DrawOneChn1616( U8 x,U8 y,U16 chnCODE);          //显示 16×16 汉字
 void DrawChnString1616(U8 x,U8 y,U8 *str,U8 s);       //显示 16×16 汉字串,s 是串长
 void DrawOneAsc816(U8 x,U8 y,U8 charCODE);            //显示 8×16 ASCII 字符
 void DrawAscString816(U8 x,U8 y,U8 *str,U8 s);        //显示 8×16 ASCII 字串,s 是串长
 void DrawOneAsc88(U8 x,U8 y,U8 charCODE);             //显示 8×8 ASCII 字符
 void DrawAscString88(U8 x,U8 y,U8 *str,U8 s);         //显示 8×8 ASCII 字符串,s 是串长
 void FillColorScnArea(U8 x1,U8 y1,U8 x2,U8 y2);       //画填充矩形
 void DrawOneBoxs(U8 x1,U8 y1,U8 x2,U8 y2);            //画矩形
 void Wr_Cmd(U8 Cmd);                                  //写命令
 void Wr_Adat(U8 Dat) ;                                //写数据
 void Wr_Dat(U8 Dat);                                  //数据自动写
 U8 Rd_Dat(void);                                      //数据自动读状态
```

第5章 JM12864F 的汉字和字符显示

```c
void Star_Locat(void);                                  //移地址指针
void Init_Lcd(void);                                    //LCD 初始化
void Clr_screenScreen(void);                            //清屏
void SjmDispChn(U8 line,U8 rol);
void SjmDispChn(U8 line,U8 rol);
U16 chinese[] = {0x01000,0x011FC,0x01004,0x01008,0x0FC10,0x02420,0x02424,0x027FE,0x02420,
                 0x04420,0x02820,0x01020,0x02820,0x04420,0x084A0,0x00040 };   //好
U8 psmeg2[] = {0x02C,0x028,0x00D,0x02D,0x030,0x035,0x018,0x019,0x023,
               0x015,0x011,0x0EE};//LH - MPU89C51
//程序实体
```

(1) 基本函数

基本函数包括 LCD 初始化、写命令、读/写数据、绘点函数、清点函数、移地址指针和清屏操作等。LCD 初始化主要注意：文本区首址是 0x0000，文本区宽度是 16 字节/行；图形区首址是 0x0800，图形区宽度是 0x1E(30 字节/行)。

显示汉字必须采用图形方式，显示字符一般可采用文本方式，但本程序显示字符也使用在 LCD 屏绘点的技术，所以显示字符也采用图形方式。

```c
//---------------------------------------------------------
//    LCD 初始化
//---------------------------------------------------------
void Init_Lcd(void)
{
    U16 i;
    Wr_Adat(0x00);
    Wr_Adat(0x00);
    Wr_Cmd(0x40);                           //文本区首址 0x0000
    Wr_Adat(0x10);
    Wr_Adat(0x00);
    Wr_Cmd(0x41);                           //文本区宽度(16 字节/行)
    Wr_Adat(0x00);
    Wr_Adat(0x08);
    Wr_Cmd(0x42);                           //图形区首址 0x0800
    Wr_Adat(0x10);
    Wr_Adat(0x00);
    Wr_Cmd(0x43);                           //图形区宽度 0x10(16 字节)
    Wr_Cmd(0x80);                           //方式设置,CGROM 或合成
    Wr_Cmd(0x9F);                           //文本方式和图形方式,光标禁用
    Wr_Cmd(0xA7);                           //光标大小选择
    Wr_Adat(0x00);
    Wr_Adat(0x00);
    Wr_Cmd(0x24);                           //移地址指针
    Wr_Cmd(0xB0);                           //自动写设置
    for(i = 0;i<8192;i++)                   //清 0,128×64 个单元
        Wr_Dat(0x00);
```

```
    Wr_Cmd(0xB2);                              //自动写禁止
}
//------------------------------------------------------------
//     绘点函数
//------------------------------------------------------------
```

(2) 绘点函数

绘点函数 W_DOT(U8 i,U8 j)中 i 和 j 是 LCD 屏欲显示点距离左上角(原点)的横向和纵向坐标,单位是点。对 JM12864F 来说 i 的范围是 0～127,j 的范围是 0～63。

n=i/8 求出该点在 LCD 屏行号;m=i%8 求出该点在整数字节外余数。Lcd_Adr=30*n+j+0x0800 是利用 n 和 j 计算该点在显示缓存中地址,Star_Locat 是移地址指针到该位置。

m=0x08-m 是利用 m 求出该点在字节中位数(bit),m=m|0xF8 是置位指令,Wr_Cmd(m) 发指令。绘点函数非常重要,下面许多函数都是基于绘点函数设计的。

```
void W_DOT(U8 i,U8 j)
{
    U8 n,m,k;
    n = i/8;
    m = i%8;
    Lcd_Adr = 16 * n + j + 0x0800;             //图形方式,每行 16 字节
    Star_Locat();                              //移地址指针
    m = 0x08 - m;
    m = m|0xF8;
    Wr_Cmd(m);
}
//------------------------------------------------------------
//     清点函数
//------------------------------------------------------------
```

(3) 清点函数

清点函数的原理同绘点函数,只是 m=(m|0xF0)&0xF7 是清点指令。

清点函数也非常重要,可利用清点函数清显示屏一块区域或动态刷新 LCD 屏。

```
void C_DOT(U8 i,U8 j)
{
    U8 n,m;
    n = i/8;
    m = i%8;
    Lcd_Adr = 16 * j + n + 0x0800;
    Star_Locat();                              //移地址指针
    m = 0x08 - m;
    m = (m|0xF0)&0xF7;
    Wr_Cmd(m);
}
//------------------------------------------------------------
//     移地址指针
//------------------------------------------------------------
```

(4) 移地址指针

移地址指针是三字节指令,地址低 8 位放 Lcd_Adr_L,高 8 位放 Lcd_Adr_H;然后发地址低 8 位 Lcd_Adr_L 到数据口;再发高 8 位 Lcd_Adr_H 到数据口;最后发移地址指针指令到命令口 Wr_Cmd(0x24)。

在显示数据前必须移地址指针到显示位置。

```c
void Star_Locat(void)
{
    Lcd_Adr_H = Lcd_Adr/256;
    Lcd_Adr_L = Lcd_Adr - Lcd_Adr_H * 256;
    Wr_Adat(Lcd_Adr_L);
    Wr_Adat(Lcd_Adr_H);
    Wr_Cmd(0x24);
}
//--------------------------------------------------------
//  写命令
//--------------------------------------------------------
void Wr_Cmd(U8 Cmd)
{
    U8 Lcd_Stat;
    Lcd_Stat = 0x00;
    while((Lcd_Stat&0x03) == 0)         //如果 STA0 = 0 && STA1 = 0
    Lcd_Stat = Lcd_Cmd;                 //则反复读命令口,直到准备好
    Lcd_Cmd = Cmd;                      //命令发出
}
//--------------------------------------------------------
//  写数据
//--------------------------------------------------------
void Wr_Adat(U8 Dat)
{
    U8 Lcd_Stat;
    Lcd_Stat = 0x00;
    while((Lcd_Stat&0x03) == 0)
    Lcd_Stat = Lcd_Cmd;
    Lcd_Dat = Dat;                      //如果 STA0 = 1 && STA1 = 1,发数据
}
//--------------------------------------------------------
//  数据自动写
//--------------------------------------------------------
void Wr_Dat(U8 Dat)
{
    U8 Lcd_Stat;
    Lcd_Stat = 0x00;
    while((Lcd_Stat&0x08) == 0)
    Lcd_Stat = Lcd_Cmd;
```

```
        Lcd_Dat = Dat;
}
//----------------------------------------------------------------
//   数据自动读状态
//----------------------------------------------------------------
U8 Rd_Dat(void)
{
    U8 Lcd_Stat;
    Lcd_Stat = 0x00;
    while((Lcd_Stat&0x04) == 0)
    Lcd_Stat = Lcd_Cmd;
    return Lcd_Dat;                             //如果 STA3 = 2,数据自动读
}
//----------------------------------------------------------------
//   清屏,单屏时 ScreenN0 = 0
//----------------------------------------------------------------
```

上方注释 `//如果 STA3 = 1,数据自动写` 对应 `Lcd_Dat = Dat;` 行。

(5) 清　屏

清屏就是向 128×64＝8 192 个显示缓冲单元送 0x00。

```
void Clr_screenScreen(void)
{   U16 i;
    Lcd_Adr_L = 0x00;
    Lcd_Adr_H = 0x00;
    Wr_Adat(Lcd_Adr_L);
    Wr_Adat(Lcd_Adr_H);
    Wr_Cmd(0x24);
    Wr_Cmd(0xB0);
    for(i = 0;i<8192;i++)
    Wr_Dat(0x00);
    Wr_Cmd(0xB2);
}
//----------------------------------------------------------------
//   画水平线
//----------------------------------------------------------------
```

(6) 画水平线

画水平线和下面其他画图程序都是基于绘点程序,程序比较简单,不再赘述。

```
void DrawHorizOntalLine(U8 xstar,U8 xend,U8 ystar)
{
    U8 i;
    for(i = xstar;i<= xend;i++)
    {
        W_DOT(i,ystar);
    }
}
```

//---
//   画垂直线
//---
```
void DrawVerticalLine(U8 xstar,U8 ystar,U8 yend)
{
   U8 i;
   for(i = ystar;i< = yend;i ++ )
    {
      W_DOT(xstar,i);
     }
}
```
//---
//   清水平线
//---
```
void ClearHorizOntalLine(U8 xstar,U8 xend,U8 ystar)
{
   U8 i;
   for(i = xstar;i< = xend;i ++ )
    {
      C_DOT(i,ystar);
     }
}
```
//---
//   清垂直线
//---
```
void ClearVerticalLine(U8 xstar,U8 ystar,U8 yend)
{
   U8 i;
   for(i = ystar;i< = yend;i ++ )
    {
      C_DOT(xstar,i);
     }
}
```
//---
//   画填充矩形
//---
```
void FillColorScnArea(U8 x1,U8 y1,U8 x2,U8 y2)
{
   U8 i;
   for(i = y1;i< = y2;i ++ )
    {
       DrawHorizOntalLine(x1,x2,i);
     }
}
```

```
//------------------------------------------------------------
//     画矩形框
//------------------------------------------------------------
void DrawOneBoxs(U8 x1,U8 y1,U8 x2,U8 y2)
{
    DrawHorizOntalLine(x1,x2,y1);
    DrawHorizOntalLine(x1,x2,y2);
    DrawVerticalLine(x1,y1,y2);
    DrawVerticalLine(x2,y1,y2);
}
//------------------------------------------------------------
//     显示一条正弦曲线
//------------------------------------------------------------
```

(7) 显示一条正弦曲线

显示正弦曲线也是基于绘点程序，但每点位置的确定是浮点运算，除了要引入"数学运算"头文件（#include <math.h>）外，系统还必须支持浮点运算。

程序从最左点到最右点扫描，逐点计算该点弧度值 for（x=0;x<128;x++）;a=（(float)x/127）*2*3.14,然后由弧度值计算各点的正弦值 y=sin(a)。

b=（1-y）*32 是对正弦值变换，使整条曲线以 LCD 屏中心为横坐标显示 2π 弧度的正弦曲线。

如果想显示 4π 弧度或其他弧度的正弦曲线，可修改程序：a=((float)x/127)*4*3.14。

```
    void  ShowSinWave(void)
{
        unsigned   int x,j0,k0;
        double y,a,b;
        j0 = 0;
        k0 = 0;
        DrawHorizOntalLine(1,127,32);           //画横坐标
        DrawVerticalLine(0,0,32);               //画纵坐标
         for (x = 0;x<128;x ++)
          {
                a = ((float)x/127) * 2 * 3.14;
                y = sin(a);
                b = (1 - y) * 32;
                W_DOT((U8)x,(U8)b);
                disdelay();
          }
}
//------------------------------------------------------------
//     显示一个 24×24 汉字
//------------------------------------------------------------
```

(8) 显示一个 24×24 汉字

显示一个 24×24 汉字和显示其他点阵汉字是采用绘点的方法，原理参见 4.4.2 小节。

```c
void DrawOneChn2424(U8 x,U8 y,U8    chnCODE)
{
   U16 i,j,k,tstch;
   U8  * p;
   p = chn2424 + 72 * (chnCODE);
   for (i = 0;i<24;i++)
      {
        for(j = 0;j< = 2;j++)
           {
              tstch = 0x80;
                for (k = 0;k<8;k++)
                  {
                     if( * (p + 3 * i + j)&tstch)
                     W_DOT(x + i,y + j * 8 + k);
                     tstch = tstch>>1;
                  }
           }
      }
}
//------------------------------------------------------------
//   显示 24×24 汉字串
//------------------------------------------------------------
void DrawChnString2424(U8 x,U8 y,U8    * str,U8 s)
{
   U8 i;
   static U8 x0,y0;
   x0 = x;
   y0 = y;
   for (i = 0;i<s;i++)
      {
         DrawOneChn2424(x0,y0,(U8) * (str + i));
         x0  + = 24;                               //水平串。如垂直串,y0 + 24
      }
}
//------------------------------------------------------------
//   显示 16×16 标号(报警和音响)
//------------------------------------------------------------
void   DrawOneSyb1616(U8 x,U8 y,U16 chnCODE)
{
   int i,k,tstch;
   unsigned int * p;
   p = Syb1616 + 16 * chnCODE;
   for (i = 0;i<16;i++)
      {
         tstch = 0x80;
```

```
                for(k = 0;k<8;k ++ )
                    {
                        if( * p>>8&tstch)
                        W_DOT(x + k,y + i);
                        if(( * p&0x00FF)&tstch)
                        W_DOT(x + k + 8,y + i);
                        tstch = tstch >> 1;
                    }
        p += 1;
    }
}
//-----------------------------------------------------------
//  延时
//-----------------------------------------------------------
void disdelay(void)
{
    unsigned long   i,j;
    i = 0x01;
    while(i!= 0)
      {  j = 0xFFFF;
         while(j!= 0)
         j -= 1;
         i -= 1;
        }
  }
//-----------------------------------------------------------
//  显示 16×16 汉字一个
//-----------------------------------------------------------
void DrawOneChn1616(U8 x,U8 y,U16 chnCODE)
{
   U16 i,k,tstch;
   U16  * p;
   p = chn1616 + 32 * chnCODE;
   for (i = 0;i<16;i ++ )
    {
       tstch = 0x80;
        for(k = 0;k<8;k ++ )
            {
                if( * p>>8&tstch)
                W_DOT(x + k,y + i);
                if(( * p&0x00FF)&tstch)
                W_DOT(x + k + 8,y + i);
                tstch = tstch>>1;
            }
            p += 1;
```

// --
//   显示 16×16 汉字串
// --
```c
void DrawChnString1616(U8 x,U8 y,U8 * str,U8 s)
{
  U8 i;
  static U8 x0,y0;
  x0 = x;
  y0 = y;
  for (i = 0;i<s;i ++ )
  {
    DrawOneChn1616(x0,y0,(U8) * (str + i));
    x0 += 16;                                             //水平串。如垂直串,y0 + 16
  }
}
```
// --
//   显示一个 8×16 ASCII Z 字符
// --

(9) 显示一个 8×16 ASCII 字符

显示一个 8×16 ASCII 字符和显示其他点阵 ASCII 字符采用绘点的方法,原理参见 4.4.2 小节。

```c
void DrawOneAsc816(U8 x,U8 y,U8 charCODE)
{
  U8 * p;
  U8 i,k;
  int mask[] = {0x80,0x40,0x20,0x10,0x08,0x04,0x02,0x01 };
  p = asc816 + charCODE * 16;
    for (i = 0;i<16;i ++ )
      {
        for(k = 0;k<8;k ++ )
          {
            if (mask[k % 8]& * p)
              W_DOT(x + k,y + i);
          }
        p ++ ;
      }
}
```
// --
//   显示 8×16 ASCII 字符串
// --
```c
void DrawAscString816(U8 x,U8 y,U8 str,U8 s)
{
```

```c
    U8 i;
    static U8 x0,y0;
    x0 = x;
    y0 = y;
    for (i = 0;i<s;i++)
      {
       DrawOneAsc816(x0,y0,(U8)*(str + i));
       x0 += 8;                                    //水平串。如垂直串,y0 + 16
      }
  }
//-------------------------------------------------------------
//    显示 8×8 字母一个(ASCII Z 字符)
//-------------------------------------------------------------
void DrawOneAsc88(U8 x,U8 y,U8 charCODE)
{
    U8 *p;
    U8 i,k;
    int mask[] = {0x80,0x40,0x20,0x10,0x08,0x04,0x02,0x01};
    p = asc88 + charCODE * 8;
    for (i = 0;i<8;i++)
      {
        for(k = 0;k<8;k++)
          {
             if (mask[k%8]& *p)
             W_DOT(x + k,y + i);
          }
        p++;
      }
}
//-------------------------------------------------------------
//    显示 8×8 字符串
//-------------------------------------------------------------
void DrawAscString88(U8 x,U8 y,U8 str,U8 s)
{
    U8 i;
    static U8 x0,y0;
    x0 = x;
    y0 = y;
    for (i = 0;i<s;i++)
      {
       DrawOneAsc88(x0,y0,(U8)*(str + i));
       x0 += 10;                                   //水平串。如垂直串,y0 + 8
      }
  }
//-------------------------------------------------------------
```

```
//         显示试验
//--------------------------------------------------------------
```

(10) 显示试验

显示试验原理参见 4.4.2 小节。

```c
void   ShowSinWave1(void)
 {
    U16 k,k0,j0;
    double b;
    //signed long x;
    U8 temp[15];
    struct date
       {
         U16 year;
         U8  mon;
         U8   day;
       }d1;
      d1.year = 2006;
      d1.mon = 5;
      d1.day = 9;
      b = 99.42;
      k = 255;
        DrawAscString816(60,5,"ac12.3",6);
        sprintf(temp,"%4d.%2d.%2d",d1.year,d1.mon,d1.day);
        DrawAscString816(5,100,temp,10);
        sprintf(temp,"%2d:%2d:%2d",d1.year,d1.mon,d1.day);
        DrawAscString816(5,100,temp,15);
        sprintf(temp,"%#2x",k);
        DrawAscString816(5,100,temp,4);
        sprintf(temp,"%3d",k);
        DrawAscString816(5,100,temp,3);
        sprintf(temp,"%5d",k);
        DrawAscString816(5,100,temp,5);
        DrawAscString816(20,100,"AB12.3ab",8);
        sprintf(temp,"%5.2f",b);
        DrawAscString816(60,5,temp,5);
        FillColorScnArea(118,22,138,42);
        DrawAscString816(110,60,"\3\4\5",3);
        DrawAscString88(120,85,"\0\1\2\3",4);
        DrawChnString1616(10,75,"\0\1",2);
        DrawOneSyb1616(110,3,0x01);
        DrawOneSyb1616(130,3,0x0);
        DrawChnString2424(100,100,"\0",1);
        DrawHorizOntalLine(1,50,30);        //y(0～127),x(0～159)
        DrawVerticalLine(0,0,60);
```

```
            k0 = 0;
            j0 = 0;
        while(1)
        {
            for(s = 0;s<52;s ++ )
              {
              if(s<50)
                  {
                    ClearVerticalLine(s + 2,0,60);
                    W_DOT(s,30);
                  }
                j = sinzm1[s][0];
                k = sinzm1[s][1];
                if(s<51)
                Linexy(j0,k0,j,k)
                j0 = j;
                k0 = k;
                disdelay();
              }
            j0 = 0;
            k0 = 0;
            s = 0;
        }
    }
//------------------------------------------------------------
//    显示 CGROM 字符
//------------------------------------------------------------
```

(11) 显示 CGROM 字符

显示 CGROM 字符,是在文本区。计算显示地址时文本方式每行 16 字节。本程序没用绘点方式,一次向 LCD 数据口发 1 字节,数据是 CGROM 中字符代码。

```
void SjmDispChar88(U8 line,U8 rol)
{
    U8  * p;
                                           //计算显示地址
    Lcd_Adr = line * 16 + rol;             //文本方式每行 16 字节
    Lcd_Adr_H = Lcd_Adr/256;
    Lcd_Adr_L = Lcd_Adr - Lcd_Adr_H * 256;
    Wr_Adat(Lcd_Adr_L);
    Wr_Adat(Lcd_Adr_H);
    Wr_Cmd(0x24);                          //移光标到显示地址
    p = psmeg2;
    while( * p!= 0xEE)
      {
        Wr_Adat( * p);
        Wr_Cmd(0xC0);
```

```
            p++;
        }
}
//----------------------------------------------------------------
//   通过向数据口输出字模数据显示汉字
//----------------------------------------------------------------
```

(12) 显示 16×16 点阵汉字

显示 16×16 点阵汉字,本程序没用绘点方式,一次向 LCD 数据口发 1 字节,数据是 16×16 点阵汉字字模,显示地址计算按图形方式。

这种方法显示速度快,缺点是显示数据在 LCD 屏排版不方便,在具体使用时会有体会。

```c
void SjmDispChn(U8 line,U8 rol)
{
    U16 i, * p;
    p = chinese;                         //int 型指针指向字模首地址
                                         //计算显示地址
    Lcd_Adr = line * 16 + rol + 0x0800;  //行数×每行点数 + 列数 + 起始地址
    Lcd_Adr_H = Lcd_Adr/256;
    Lcd_Adr_L = Lcd_Adr - Lcd_Adr_H * 256;
    Wr_Adat(Lcd_Adr_L);
    Wr_Adat(Lcd_Adr_H);
    Wr_Cmd(0x24);
 for(i = 0;i<16;i++)
    {
        Wr_Adat( (U8)( * p>>8) );         //显示前一个字节
        Wr_Cmd(0xC0);
        Wr_Adat((U8)( * p&0x00FF));       //显示后一个字节
        Wr_Cmd(0xC0);
        p += 1;
    }
}

//----------------------------------------------------------------
//   主程序
//----------------------------------------------------------------
void main()
{
  Init_Lcd();
  Clr_screenScreen();
  ShowSinWave1();
 }
//----------------------------------------------------------------
//   结束
//----------------------------------------------------------------
```

第 6 章

KS0108 液晶显示器驱动控制

6.1 KS0108 液晶显示器概述

6.1.1 KS0108 的硬件特点

KS0108 液晶显示控制驱动器是一种带有驱动输出的图形液晶显示控制器,可直接与 8 位微处理器相连,内置 KS0108 的液晶显示模块有多种型号和规格,本章只对 GTG – 19264 的使用进行介绍。KS0108 可与 KS0107 配合对液晶屏进行行、列驱动,由于 KS0107 的驱动与 MPU 没有关系,故本章只是有选择地介绍 KS0108 的应用方法。由于 KS0108 价格低廉,外型尺寸较小,故有一定的应用场合。

KS0108 的特点如下:

① 内藏 64×64=4 096 位显示 RAM,RAM 中每"位"数据对应 LCD 屏一个点的亮、暗状态。

② KS0108 是列驱动器,具有 64 路列驱动输出。

③ KS0108 读/写操作时序与 51 系列微处理器相符,因此它可直接与 51 系列微处理器接口相连。

④ KS0108 的占空比为 1:48~1:64。

⑤ KS0108 与微处理器的接口信号如表 6 – 1 所列。

表 6 – 1 KS0108 与微处理器的接口信号

引脚符号	状 态	引脚名称	功 能
CS1、CS2、CS3	输入	片选	CS1、CS2 低电平有效,CS3 高电平有效
E	输入	读/写使能	在 E 的下降沿,数据被锁存(写)入 KS0108;在 E 高电平期间,数据被读出
R/W	输入	读/写选择	R/W=1,读数据;R/W=0,写数据
RS(D/I)	输入	数据,指令选择	RS=1,数据操作;RS=0,写指令或读状态

第6章 KS0108 液晶显示器驱动控制

续表 6-1

引脚符号	状 态	引脚名称	功 能
DB0~DB7	三态	数据线	
RST	输入	复位信号	低电平有效

⑥ KS0108 显示 RAM 的地址结构见图 6-1,显示 RAM 分为 8 页(Page0~Page7),每页 64 列(SEG1~SEG64),因此设置了页地址和列地址,就唯一确定了显示 RAM 中的一个字节单元。

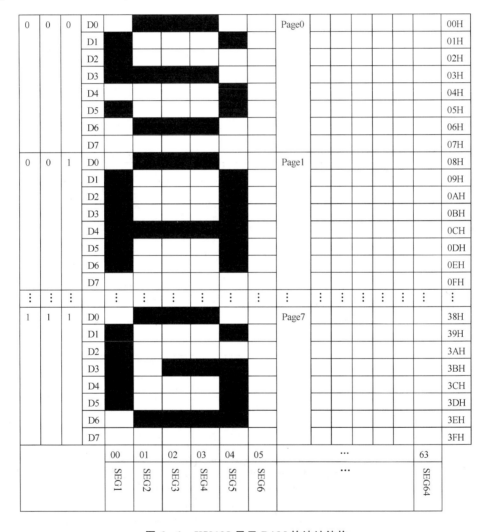

图 6-1 KS0108 显示 RAM 的地址结构

注意,KS0108 显示 RAM 的地址结构和正常的显示 RAM 的地址结构(如 T6963C)不同,是正常字模逆时针旋转 90°的,因此,用正常提取字模程序取得的字模在 KS0108 上不能直接显示,需要将正常字模逆时针旋转 90°。

本章给出的例子有二种,一种是字模已逆时针旋转 90°的;一种是正常字模,在程序中进行了旋转。

6.1.2 KS0108 的时序

KS0108 有与 MCS-51 单片机直接相连的接口时序,各种接口信号的参数如表 6-2 所列。

表 6-2 KS0108 接口信号的参数

信号名称	符号	最小值	典型值	最大值	单位
E 脉冲周期	T_{cyc}	1 000			ns
E 高电平宽度	T_{whe}	450			ns
E 低电平宽度	T_{wie}	450			ns
E 上升时间	T_r			25	ns
E 下降时间	T_f			25	ns
地址建立时间	T_{as}	140			ns
地址保持时间	T_{ah}	10			ns
数据建立时间	T_{dsw}	200			ns
数据延迟时间	T_{ddr}			320	ns
数据保持时间(写)	T_{dhw}	10			ns
数据保持时间(读)	T_{dhr}	20			ns

MPU 与 KS0108 的读/写时序如图 6-2 所示。图 6-2(a)是写时序,图 6-2(b)是读时序。熟悉时序关系,对了解 KS0108 的工作过程和控制程序编写有好处。特别是调试程序时可较快分析出错误原因,排除错误。

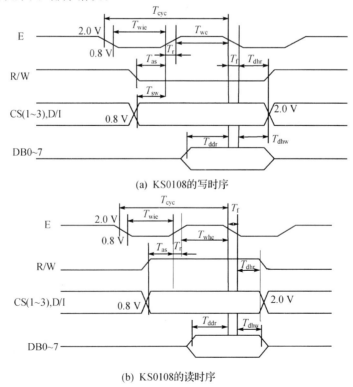

(a) KS0108 的写时序

(b) KS0108 的读时序

图 6-2 KS0108 的读/写时序

6.1.3 KS0108 与微处理器的接口

KS0108 和单片机的接口有直接方式和间接方式,直接方式如图 6-3 所示,间接方式如图 6-4 所示。两种接口形式的显示驱动在 6.3 节介绍。

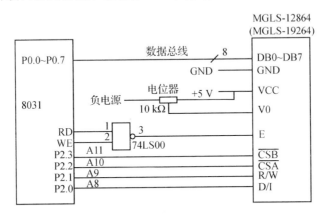

图 6-3 KS0108 与单片机的直接方式接口

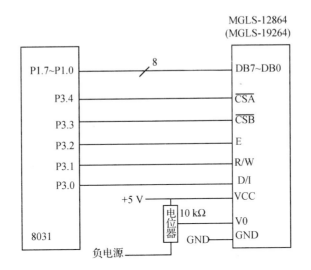

图 6-4 KS0108 与单片机的间接方式接口

6.1.4 KS0108 的电源和对比度调整

1. 双电源供电

双电源是指用户需要给液晶模块提供两路电压,一路是逻辑电压 V_{DD},即给液晶模块的逻辑电路供电,一般是+5 V(或+3 V)。另一路是给液晶屏驱动用的,1/64 占空比的液晶屏一般需要 8~15 V 电压驱动。所以用户需要提供一路负电压 V_{EE},V_{EE} 为 -5~-10 V,这样 V_{DD} 和 V_{EE} 之间有 10~15 V 的压降,用做液晶屏驱动电压。具体电源接法如图 6-5 所示,V_- 是用户接的负电压,电位器起调节显示深浅的作用。

也有些产品的接口将 VEE 端省略了,只有 V0 端,其电源接法如图 6-6 所示。

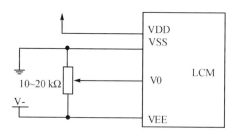 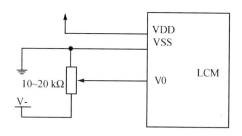

图 6-5 用户提供负电压 V_{EE} 的双电源供电电路　　图 6-6 VEE 端省略的双电源供电电路

2. 单电源供电

单电源产品是指客户需要给液晶模块提供一路逻辑电压 V_{DD},一般为 +5 V(或 +3 V),液晶模块内部集成了 DC-DC 转换电路,而液晶屏的驱动电压由 DC-DC 转换电路提供。

一般这类产品的接口中,没有 VEE 端子,取而代之的是 VOUT 端子,即液晶模块内部 DC-DC 转换电路生成的负电压的输出端子,一般为 -5 V 或 -10 V 左右。这种产品一般需要用户外接电位器来调节显示深浅。其电路如图 6-7 所示。

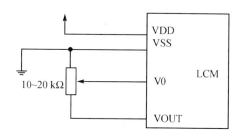

图 6-7 单电源供电电路

6.2 KS0108 的指令系统

KS0108 的指令系统比较简单,总共只有七种。

1. 显示开/关指令

（1）显示开/关指令

R/W	RS	DB7	DB6	DB5	DB4	DB3	DB2	DB1	DB0
0	0	0	0	1	1	1	1	1	1/0

DB0=1 时,LCD 显示 RAM 中的内容;DB0=0 时,关闭显示,即指令=0x3F 时显示开,指令=0x3E 时显示关。

（2）显示起始行(ROW)设置指令

R/W	RS	DB7	DB6	DB5	DB4	DB3	DB2	DB1	DB0
0	0	1	1	显示起始行(0～63)					

该指令设置了对应液晶屏最上一行的显示 RAM 的行号,有规律地改变显示起始行,可以使 LCD 实现显示滚屏的效果。指令=0xC0～0xFF 对应 LCD 屏上 0～63 行。

2. 行列设置命令

(1) 页(PAGE)设置指令

R/W	RS	DB7	DB6	DB5	DB4	DB3	DB2	DB1	DB0
0	0	1	0	1	1	1	页号(0~7)		

显示 RAM 共 64 行，分 8 页，每页 8 行。指令＝0xB8~0xBF 对应 0~7 页。

(2) 列地址(Y Address)设置指令

R/W	RS	DB7	DB6	DB5	DB4	DB3	DB2	DB1	DB0
0	0	0	1	显现列地址(0~63)					

设置了页地址和列地址，就唯一确定了显示 RAM 中的一个单元，这样 MPU 就可以用读/写指令读出该单元中的内容或向该单元写进 1 字节数据。指令＝0x40~0x7F 对应 0~63 列。

3. 数据和状态读/写命令

(1) 读状态指令

R/W	RS	DB7	DB6	DB5	DB4	DB3	DB2	DB1	DB0
1	0	BUSY	0	ON/OFF	REST	0	0	0	

该指令用来查询 KS0108 的状态，各参量含义如下：
BUSY：1—内部在工作；0—正常状态。
ON/OFF：1—显示关闭；0—显示打开。
REST：1—复位状态；0—正常状态。
在 BUSY 和 REST 状态时，除读状态指令外，其他指令均不对 KS0108 产生作用。
在对 KS0108 操作之前要查询 BUSY 状态，以确定是否可以对 KS0108 进行操作。BUSY＝1，忙；BUSY＝0，可以对其操作。

(2) 写数据指令

R/W	RS	DB7	DB6	DB5	DB4	DB3	DB2	DB1	DB0
0	1	写		数			据		

R/W＝0，写；RS＝1，写数据。

(3) 读数据指令

R/W	RS	DB7	DB6	DB5	DB4	DB3	DB2	DB1	DB0
1	1	读		显		示		数	据

读/写数据指令每执行完一次读/写操作，列地址就自动增 1，必须注意的是进行读操作之前，必须有一次空读操作，紧接着再读才会读出所要读的单元中的数据。

6.3 KS0108 的软件驱动程序

6.3.1 KS0108 的汇编语言驱动程序

内嵌 KS0108 的显示模块有 GTG-12832、GTG-12864、GTG19248、GTG19264 等,它们的显示程序和本节介绍的基本相同,读者可以参照编制。

我们以 192×64 图形点阵为例介绍 KS0108 的软件编程,192×64 图形点阵模块内嵌 3 片 KS0108,引出 2 个片选信号 CS1 和 CS2,CS1CS2＝00 选中左侧 KS0108,CS1CS2＝01 选中中间 KS0108,CS1CS2＝10 选中右边 KS0108,采用直接访问方式,该模块逻辑图如图 6-8 所示。

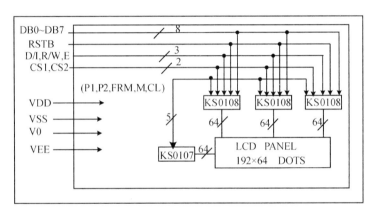

图 6-8 192×64 图形点阵模块逻辑图(三个片选)

本章汇编语言和 C 语言驱动程序、C 语言用的头文件、KS0108 的 pdf 文件均在随书光盘"6.0"文件夹中。

1. 直接控制方式

单片机的数据线(P0.0～P0.7)与 KS0108 的数据线(DB7～DB0)直接相连,A11(P2.3)＝$\overline{CS2}$,A10(P2.2)＝$\overline{CS1}$,A9(P2.1)＝R/W,A8(P2.0)＝D/I,$\overline{CS1}\,\overline{CS2}$＝00 选通左;$\overline{CS1}\,\overline{CS2}$＝01 选通中;$\overline{CS1}\,\overline{CS2}$＝10 选通右。

```
COM       EQU    20H              ;指令寄存器
DAT       EQU    21H              ;数据寄存器
CWADD1    EQU    0000H            ;写指令代码地址(左)
CRADD1    EQU    0200H            ;读状态字地址(左)
DWADD1    EQU    0100H            ;写显示数据地址(左)
DRADD1    EQU    0300H            ;读显示数据地址(左)
CWADD2    EQU    0800H            ;写指令代码地址(中)
CRADD2    EQU    0A00H            ;读状态字地址(中)
DWADD2    EQU    0900H            ;写显示数据地址(中)
DRADD2    EQU    0B00H            ;读显示数据地址(中)
```

CWADD3	EQU	0400H	;写指令代码地址(右)
CRADD3	EQU	0600H	;读状态字地址(右)
DWADD3	EQU	0500H	;写显示数据地址(右)
DRADD3	EQU	0700H	;读显示数据地址(右)

(1) 写指令代码子程序(左)

因为模块是 192×64 的,由 3 块 KS0108 组成,每块是 64×64,它们必须分别控制。写指令代码子程序除地址不同外,三部分的程序完全相同。

程序先读 KS0108 的状态,KS0108 的"忙"标志在状态字的 bit7,该位为 1 表示 KS0108 忙,不能对其进行除读状态字以外的操作;该位为 0 表示 KS0108 空闲,此时将指令代码发给其指令寄存器。

```
PRL0:
        PUSH    DPL                     ;片选设置为"00"
        PUSH    DPH
        MOV     DPTR,#CRADD1            ;设置读状态字地址
PRL01:
        MOVX    A,@DPTR                 ;读状态字
        JB      ACC.7,PRL01             ;"忙",等待
        MOV     DPTR,#CWADD1            ;设置写指令代码地址
        MOV     A,COM                   ;取指令代码
        MOVX    @DPTR,A                 ;写指令代码
        POP     DPH
        POP     DPL
        RET
```

(2) 写显示数据代码子程序(左)

写显示数据代码子程序同(1),三部分的程序完全相同。程序先读 KS0108 的状态,如 KS0108 空闲,将数据发给数据寄存器。

```
PRL1:
        PUSH    DPL                     ;片选设置为"00"
        PUSH    DPH
        MOV     DPTR,#CRADD1            ;设置读状态字地址
PRL11:
        MOVX    A,@DPTR                 ;读状态字
        JB      ACC.7,PRL11             ;"忙",等待
        MOV     DPTR,#DWADD1            ;设置写显示数据地址
        MOV     A,DAT                   ;取数据
        MOVX    @DPTR,A                 ;写数据
        POP     DPH
        POP     DPL
        RET
```

(3) 读显示数据代码子程序(左)

读显示数据代码子程序同(2),三部分的程序完全相同。程序先读 KS0108 的状态,如

KS0108空闲,从数据寄存器读数据放DAT。

```
PRL2:
        PUSH    DPL                     ;片选设置为"00"
        PUSH    DPH
        MOV     DPTR, #CRADD1           ;设置读状态字地址
PRL21:
        MOVX    A, @DPTR                ;读状态字
        JB      ACC.7,PRL21             ;"忙",等待
        MOV     DPTR, #DRADD1           ;设置读显示数据地址
        MOVX    A, @DPTR                ;读数据
        MOV     DAT,A                   ;存数据
        POP     DPH
        POP     DPL
        RET
```

(4) 写指令代码子程序(中)

```
PRM0:
        PUSH    DPL                     ;片选设置为"01"
        PUSH    DPH
        MOV     DPTR, #CRADD2
PRM01:
        MOVX    A, @DPTR
        JB      ACC.7,PRM01
        MOV     DPTR, #CWADD2
        MOV     A, COM
        MOVX    @DPTR, A
        POP     DPH
        POP     DPL
        RET
```

(5) 写显示数据子程序(中)

```
PRM1:
        PUSH    DPL
        PUSH    DPH
        MOV     DPTR, #CRADD2
PRM11:
        MOVX    A, @DPTR
        JB      ACC.7,PRM11
        MOV     DPTR, #DWADD2
        MOV     A, DAT
        MOVX    @DPTR, A
        POP     DPH
        POP     DPL
        RET
```

(6) 读显示数据子程序(中)

```
PRM2：
        PUSH    DPL
        PUSH    DPH
        MOV     DPTR, #CRADD2
PRM21：
        MOVX    A, @DPTR
        JB      ACC.7, PRM21
        MOV     DPTR, #DRADD2
        MOVX    A, @DPTR
        MOV     DAT, A
        POP     DPH
        POP     DPL
        RET
```

(7) 写指令代码子程序(右)

```
PRR0：
        PUSH    DPL                     ;片选设置为"10"
        PUSH    DPH
        MOV     DPTR, #CRADD3
PRR01：
        MOVX    A, @DPTR
        JB      ACC.7, PRR01
        MOV     DPTR, #CWADD3
        MOV     A, COM
        MOVX    @DPTR, A
        POP     DPH
        POP     DPL
        RET
```

(8) 写显示数据子程序(右)

```
PRR1：
        PUSH    DPL
        PUSH    DPH
        MOV     DPTR, #CRADD3
PRR11：
        MOVX    A, @DPTR
        JB      ACC.7, PRR11
        MOV     DPTR, #DWADD3
        MOV     A, DAT
        MOVX    @DPTR, A
        POP     DPH
        POP     DPL
        RET
```

（9）读显示数据子程序（右）

```
PRR2：
        PUSH    DPL
        PUSH    DPH
        MOV     DPTR，♯CRAI
PRR21：
        MOVX    A，@DPTR
        JB      ACC.7，PRR21
        MOV     DPTR，♯DRAD3
        MOVX    A，@DPTR
        MOV     DAT,A
        POP     DPH
        POP     DPL
        RET
```

2. 间接控制方式驱动子程序

单片机的 P1 口接 KS0108 的数据线（DB0～DB7），其他控制信号如下：

```
CS1     EQU     P3.0            ;片选CS1
CS2     EQU     P3.1            ;片选CS2
RS      EQU     P3.2            ;寄存器选择信号
R/W     EQU     P3.3            ;读/写选择信号
E       EQU     P3.4            ;使能信号
```

（1）写指令代码子程序（左）

间接控制方式写指令代码子程序左、中、右三部分除片选设置外其他完全相同。

CS1=0、CS2=0 选左 KS0108；RS=0 是对命令寄存器操作；R/W=1 是读，以上的设置就是读左 KS0108 的状态寄存器，因系统数据线接 P1 口，读状态寄存器就是读 P1 口。

MCS-51 单片机 P1 口做输入时要先向 P1 口输出 0xFF。E 的下降沿触发读操作。读状态字后如判 KS0108 空闲，令 R/W=0，写指令代码（写 P1 口）。

```
PRL0：
        CLR     CS1             ;片选设置为"00"
        CLR     CS2
        CLR     RS              ;RS = 0
        SETB    R/W             ;R/W = 1
PRL01：
        MOV     P1,♯0FFH；      ;P1 口置"1"
        SETB    E               ;E = 1
        MOV     A,P1            ;读状态字
        CLR     E               ;E = 0
        JB      ACC.7,PRL01     ;"忙",等待
        CLR     R/W             ;R/W = 0
        MOV     P1,COM          ;写指令代码
        SETB    E               ;E = 1
```

第6章 KS0108 液晶显示器驱动控制

```
            CLR     E
            RET
```

(2) 写显示数据子程序(左)

```
PRL1:
            CLR     CS1              ;片选设置为"00"
            CLR     CS2
            CLR     RS               ;RS=0,是命令
            SETB    R/W              ;R/W=1,是读
PRL11:
            MOV     P1,#0FFH         ;P1口置"1"
            SETB    E
            MOV     A,P1             ;读状态字
            CLR     E                ;E=0
            JB      ACC.7,PRL11      ;"忙",等待
            SETB    RS               ;RS=1,是数据请求
            CLR     R/W              ;R/W=0,是数据写
            MOV     P1,DAT           ;写数据
            SETB    E                ;E=1
            CLR     E                ;E=0
            RET
```

(3) 读显示数据子程序(左)

```
PRL2:
            CLR     CS1              ;片选设置为"00"
            CLR     CS2
            CLR     RS               ;RS=0,是命令
            SETB    R/W              ;R/W=1,是读

PRL21:
            MOV     P1,#0FFH         ;P1口置"1"
            SETB    E                ;E=1
            MOV     A,P1             ;读状态字
            CLR     E                ;E=0
            JB      ACC.7,PRL21      ;"忙",等待
            SETB    RS               ;RS=1,是数据请求
            MOV     P1,#0FFH         ;P1口置"1"
            SETB    E                ;E=1
            MOV     DAT,P1           ;读数据
            CLR     E                ;E=0
            RET
```

(4) 写指令代码子程序(中)

```
PRM0:
            CLR     CS1              ;片选设置为"01"
```

```
                SETB    CS2
                CLR     RS
                SETB    R/W
    PRM01:
                MOV     P1,#0FFH
                SETB    E
                MOV     A,P1
                CLR     E
                JB      ACC.7,PRM01
                CLR     R/W
                MOV     P1,COM
                SETB    E
                CLR     E
                RET
```

(5) 写显示数据子程序(中)

```
    PRM1:
                CLR     CS1
                SETB    CS2
                CLR     RS
                SETB    R/W
    PRM11:
                MOV     P1,#0FFH
                SETB    E
                MOV     A,P1
                CLR     E
                JB      ACC.7,PRM11
                SETB    RS
                CLR     R/W
                MOV     P1,DAT;
                SETB    E
                CLR     E
                RET
```

(6) 读显示数据子程序(中)

```
    PRM2:
                CLR     CS1
                SETB    CS2
                CLR     RS
                SETB    R/W
    PRM21:
                MOV     P1,#0FFH
                SETB    E
                MOV     A,P1
                CLR     E
```

```
        JB      ACC.7,PRM21
        SETB    RS
        MOV     P1,#0FFH
        SETB    E
        MOV     DAT,P1
        CLR     E
        RET
```

(7) 写指令代码子程序(右)

```
PRR0:
        SETB    CS1                 ;片选设置为"10"
        CLR     CS2
        CLR     RS
        SETB    R/W
PRR01:
        MOV     P1,#0FFH
        SETB    E
        MOV     A,P1
        CLR     E
        JB      ACC.7,PRR01
        CLR     R/W
        MOV     P1,COM
        SETB    E
        CLR     E
        RET
```

(8) 写显示数据子程序(右)

```
PRR1:
        SETB    CS1
        CLR     CS2
        CLR     RS
        SETB    R/W
PRR11:
        MOV     P1,#0FFH
        SETB    E
        MOV     A,P1
        CLR     E
        JB      ACC.7,PRR11
        SETB    RS
        CLR     R/W
        MOV     P1,DAT;
        SETB    E
        CLR     E
        RET
```

(9) 读显示数据子程序(右)

PRR2:
```
        SETB    CS1
        CLR     CS2
        CLR     RS
        SETB    R/W
PRR21:
        MOV     P1,#0FFH
        SETB    E
        MOV     A,P1
        CLR     E
        JB      ACC.7,PRR21
        SETB    RS
        MOV     P1,#0FFH
        SETB    E
        MOV     DAT,P1
        CLR     E
        RET
```

3. 应用子程序

在使用该程序之前应根据使用的系统调用相应的驱动子程序,修改口地址,若使用 128×64, 则将(左)PRL1 驱动子程序屏蔽。

(1) 初始化子程序

对 3 块 KS0108 设置显示起始行,开显示。

```
INT:
        MOV     COM,#0C0H       ;设置显示起始行为第一行
        LCALL   PRL0
        LCALL   PRM0
        LCALL   PRR0
        MOV     COM,#3FH        ;开显示
        LCALL   PRL0
        LCALL   PRM0
        LCALL   PRR0
        RET
```

(2) 清显示 RAM 区(清屏)子程序

对 3 块 KS0108 显示 RAM 清 0,每块 8 页(Page0～Page7),每页 64 字节送 0。

```
CLEAR:
        MOV     R4,#00H         ;页地址暂存器设置
CLEAR 1:
        MOV     A,R4
        ORL     A,#0B8H         ;"或"页地址设置代码
        MOV     COM,A           ;页地址设置
        LCALL   PRL0
        LCALL   PRM0            ;写命令
```

```
        LCALL   PRR0
        MOV     COM,#40H            ;列地址设置为"0"
        LCALL   PRL0
        LCALL   PRM0
        LCALL   PRR0
        MOV     R3,#40H             ;一页清 64 个
CLEAR2:
        MOV     DAT,#00H            ;显示数据为"0"
        LCALL   PRL1
        LCALL   PRM1                ;写数据
        LCALL   PRR1
        DJNZ    R3,CLEAR2           ;页内字节清 0 循环
        INC     R4                  ;页地址暂存器加 1
        CJNE    R4,#08H,CLEAR1      ;RAM 区清 0 循环
        RET
```

(3) 西文字符写入子程序

"ANL P3,#0E0H"指令使 CS1=CS2=0、RS=0、R/W=0,E=0,选左侧 KS0108,写命令。

对 3 块 KS0108 初始化、清屏。COLUMN 存列地址(0~191),PAGE 存页地址(0~7),PAGE 的 bit7 还存字体标志。

首先将字模首地址 CTAB 送 DPTR,根据要显示字符代码(在 CODE 中)计算该字符距字模首地址位置,然后将地址送 DPTR,取出字模显示。

有两点要注意:

① CTAB 为首地址存储的 ASCII 字符字模是已转换好的(正常字模逆时针转 90°)8×8 点阵字模。

② 每写一列数据(写 1 字节),都要判地址是否超出本屏的地址范围,如超出,则要写下一屏。

```
MAIN:
        MOV     SP,#60H
        ANL     P3,#0E0H
        LCALL   INT
        LCALL   CLEAR
        COLUMN  EQU     30H         ;列地址寄存器(0~191)
        PAGE    EQU     31H         ;页地址寄存器 D2、D1、D0
                                    ;D7:字符体。D7=0 为 6×8 点阵
                                    ;D7=1 为 8×8 点阵
        CODE    EQU     32H         ;字符代码寄存器
        COUNT   EQU     33H         ;计数器
CW_PR:
        MOV     DPTR,#CTAB          ;确定字符模块首地址
        MOV     A,CODE              ;取代码
        MOV     B,#08H              ;字模块宽度 8 字节
```

```
            MUL     AB                      ;代码×8
            ADD     A,  DPL                 ;字符字模首地址
            MOV     DPL,A                   ;=字库首地址+代码×8
            MOV     A,B
            ADDC    A,DPH
            MOV     DPH,A
            MOV     CODE,#00H               ;借用为间址寄存器
            MOV     A,PAGE                  ;读页地址寄存器
            JB      ACC.7,CW_1              ;判字符体
            MOV     COUNT,#06H              ;6×8点阵
            LJMP    CW_2
    CW_1:
            MOV     COUNT,#08H              ;8×8点阵
    CW_2:
            ANL     A,#07H                  ;取页地址
            ORL     A,#0B8H                 ;"或"页地址指令代码
            MOV     COM,A                   ;写页地址指针
            LCALL   PRL0
            LCALL   PRM0
            LCALL   PRR0
            MOV     A,COLUMN                ;读列地址寄存器
            CLR     C
            SUBB    A,#40H                  ;列地址-64
            JC      CW_3                    ;小于0为左屏显示区
            MOV     COLUMN,A
            SUBB    A,#40H                  ;列地址-64
            JC      CW_21                   ;大于0为中屏显示区
            MOV     COLUMN,A                ;大于或等于0为右屏显示区
            MOV     A,PAGE
            SETB    ACC.5                   ;设置区域标志位
            MOV     PAGE,A                  ;00为左,01为中,10为右
            LJMP    CW_3
    CW_21:
            MOV     A,PAGE
            SETB    ACC.4                   ;设置区域标志位
            MOV     PAGE,A
    CW_3:
            MOV     COM,COLUMN              ;设置列地址值
            ORL     COM,#40H                ;"或"列地址指令标志位
            MOV     A,PAGE                  ;判区域标志确定设置控制器
            ANL     A,#30H
            CJNE    A,#10H,CW_31            ;"01"为中区
            LCALL   PRM0
            JMP     CW_4;
    CW_31:
```

第6章 KS0108 液晶显示器驱动控制

```
            CJNE    A,#20H,CW_32        ;"10"为右区
            LCALL   PRR0
            LJMP    CW_4
CW_32:
            LCALL   PRL0                ;"00"为左区
CW_4:
            MOV     A,CODE              ;取间址寄存器值
            MOVC    A,@A+DPTR           ;取字符字模数据
            MOV     DAT,A               ;写数据
            MOV     A,PAGE              ;判区域标志
            ANL     A,#30H
            CJNE    A,#10H,CW_41        ;"01"为中区
            LCALL   PRM1
            LJMP    CW_5
CW_41:
            CJNE    A,#20H,CW_42        ;"10"为右区
            LCALL   PRR1
            LJMP    CW_5
CW_42:
            LCALL   PRL1                ;"00"为左区
CW_5:
            INC     CODE                ;间址加1
            INC     COLUMN              ;列地址加1
            MOV     A,COLUMN            ;判列地址是否超出区域范围
            CJNE    A,#40H,CW_6
CW_6:
            JC      CW_9                ;未超出则继续
            MOV     COLUMN,#00H
            MOV     A,PAGE              ;超出则判在何区域
            JB      ACC.5,CW_9          ;在右区域则退出
            JB      ACC.4,CW_61         ;判在左或中
            SETB    ACC.4               ;在左区则转中区
            MOV     PAGE,A
            MOV     COM,#40H            ;设置中区列地址为"0"
            LCALL   PRM0
            LJMP    CW_9
CW_61:
            SETB    ACC._5              ;在中区则转右区
            CLR     ACC.4
            MOV     PAGE,A
            MOV     COM,#40H            ;设置右区列地址为"0"
            LCALL   PRR0
CW_9:
            DJNZ    COUNT,CW_4          ;循环
            RET
```

(4) 西文显示程序段

设定显示开始页(PAGE 的 D2 D1 D0 位)、字体(PAGE 的 D7 位,bit7=0,6×8 点阵字体;bit7=1,8×8 点阵字体)、起始行(COLUMN)、字符代码(CODE)后调上面的 CW_PR 显示一个字符。

```
        MOV     PAGE, #05H          ;6×8点阵字体,第5页
        MOV     COLUMN, #30H        ;起始列为第48列
        MOV     CODE, #34H          ;字符代码
        LCALL   CW_PR
        MOV     PAGE, #05H
        MOV     COLUMN, #3CH
        MOV     CODE, #45H
        LCALL   CW_PR
        MOV     PAGE, #05H
        MOV     COLUMN, #48H
        MOV     CODE, #4CH
        LCALL   CW_PR
        MOV     PAGE, #05H
        MOV     COLUMN, #54H
        MOV     CODE, #1AH
        LCALL   CW_PR
        MOV     R7 #00H
        MOV     R6,60H
LOOP:
        MOV     A,R7
        MOV     DPTR, #TAB1
        MOVC    A @A+DPTR
        MOV     CODE,A
        MOV     PAGE, #85H          ;8×8点阵字体
        MOV     COLUMN R6
        LCALL   CW_PR
        INC     R7
        MOV     A, #08H
        ADD     A,R6
        MOV     R6,A
        CJNE    R7, #08H,LOOP
        SJMP    $
TAB1:
        DB 16H,12H,17H,18H,10H,18H,16H,16H
```

ASCII 8×8 字符库(字模旋转 90°)

```
CTAB:
        DB 000H,000H,000H,000H,000H,000H,000H,000H;    " "  = 00H
        DB 000H,000H,000H,04FH,000H,000H,000H,000H;    "!"  = 01H
        DB 000H,000H,007H,000H,007H,000H,000H,000H;    """  = 02H
```

第6章　KS0108液晶显示器驱动控制

```
DB 000H,014H,07FH,014H,07FH,014H,000H,000H;    "#" = 03H
DB 000H,024H,02AH,07FH,02AH,012H,000H,000H;    "$" = 04H
DB 000H,023H,013H,008H,064H,062H,000H,000H;    "%" = 05H
DB 000H,036H,049H,055H,022H,050H,000H,000H;    "&" = 06H
DB 000H,000H,005H,003H,000H,000H,000H,000H;    "'" = 07H
DB 000H,000H,01CH,022H,041H,000H,000H,000H;    "(" = 08H
DB 000H,000H,041H,022H,01CH,000H,000H,000H;    ")" = 09H
DB 000H,014H,008H,03EH,008H,014H,000H,000H;    "*" = 0AH
DB 000H,008H,008H,03EH,0H08,008H,000H,000H;    "+" = 0BH
DB 000H,000H,050H,030H,000H,000H,000H,000H;    "," = 0CH
DB 000H,008H,008H,008H,008H,000H,000H,000H;    "-" = 0DH
DB 000H,000H,060H,060H,000H,000H,000H,000H;    "." = 0EH
DB 000H,020H,010H,008H,004H,002H,000H,000H;    "/" = 0FH
DB 000H,03EH,051H,049H,045H,03EH,000H,000Hx;   "0" = 10H
DB 000H,000H,042H,07FH,040H,000H,000H,000H;    "1" = 11H
DB 000H,042H,061H,0S1H,049H,046H,000H,000H;    "2" = 12H
DB 000H,021H,041H,045H,04BH,031H,000H,000H;    "3" = 13H
DB 000H,018H,014H,012H,07FH,010H,000H,000H;    "4" = 14H
DB 000H,027H,045H,045H,045H,039H,000H,000H;    "5" = 15H
DB 000H,03CH,04AH,049H,049H,030H,000H,000H;    "6" = 16H
DB 000H,00IH,001H,079H,005H,003H,000H,000H;    "7" = 17H
DB 000H,036H,049H,049H,049H,036H,000H,000H;    "8" = 18H
DB 000H,006H,049H,049H,029H,01EH,000H,000H;    "9" = 19H
DB 000H,000H,036H,036H,000H,000H,000H,000H;    ":" = 1AH
DB 000H,000H,056H,036H,000H,000H,000H,000H;    ";" = 1BH
DB 000H,008H,014H,022H,041H,000H,000H,000H;    "<" = 1CH
DB 000H,014H,014H,014H,014H,014H,000H,000H;    "=" = 1DH
DB 000H,000H,041H,022H,014H,008H,000H,000H;    ">" = 1EH
DB 000H,002H,001H,051H,009H,006H,000H,000H;    "?" = 1FH
DB 000H,032H,049H,079H,041H,03EH,000H,000H;    "@" = 20H
DB 000H,07EH,011H,011H,011H,07EH,000H,000H;    "A" = 21H
DB 000H,041H,07FH,049H,049H,036H,000H,000H;    "B" = 22H
DB 000H,03EH,041H,041H,041H,022H,000H,000H;    "C" = 23H
DB 000H,041H,07EH,041H,041H,003H,000H,000H;    "D" = 24H
DB 000H,07EH,049H,049H,049H,049H,000H,000H;    "E" = 25H
DB 000H,07FH,009H,009H,009H,001H,000H,000Hx;   "F" = 26H
DB 000H,03EH,041H,041H,049H,07AH,000H,000H;    "G" = 27H
DB 000H,07FH,008H,008H,008H,07FH,000H,000H;    "H" = 28H
DB 000H,000H,041H,07FH,041H,000H,000H,000H;    "I" = 29H
DB 000H,020H,040H,041H,03FH,001H,000H,000H;    "J" = 2AH
DB 000H,07FH,008H,014H,022H,041H,000H,000H;    "K" = 2BH
DB 000H,07FH,040H,040H,040H,040H,000H,000H;    "L" = 2CH
DB 000H,07FH,002H,00CH,002H,07FH,000H,000H;    "M" = 2DH
DB 000H,07FH,006H,008H,030H,07FH,000H,000H;    "N" = 2EH
DB 000H,03EH,041H,041H,041H,03EH,000H,000H;    "O" = 2FH
```

DB 000H,07FH,009H,009H,009H,006H,000H,000H;	"P" = 30H
DB 000H,03EH,041H,051H,021H,05EH,000H,000H;	"Q" = 31H
DB 000H,07FH,009H,019H,029H,046H,000H,000H;	"R" = 32H
DB 000H,026H,049H,049H,049H,032H,000H,000H;	"S" = 33H
DB 000H,001H,001H,07FH,001H,001H,000H,000H;	"T" = 34H
DB 000H,03FH,040H,040H,040H,03FH,000H,000H;	"U" = 35H
DB 000H,01FH,020H,040H,020H,01FH,000H,000H;	"V" = 36H
DB 000H,07FH,020H,018H,020H,07FH,000H,000H;	"W" = 37H
DB 000H,063H,014H,008H,014H,063H,000H,000H;	"X" = 38H
DB 000H,007H,008H,070H,008H,007H,000H,000H;	"Y" = 39H
DB 000H,061H,051H,049H,045H,043H,000H,000H;	"Z" = 3AH
DB 000H,000H,07FH,041H,041H,000H,000H,000H;	"[" = 3BH
DB 000H,002H,004H,008H,010H,020H,000H,000H;	"\" = 3CH
DB 000H,000H,041H,041H,07FH,000H,000H,000H;	"]" = 3DH
DB 000H,004H,002H,001H,002H,004H,000H,000H;	"^" = 3 EH
DB 000H,040H,040H,000H,040H,040H,000H,000H;	" - " = 3 FH
DB 000H,001H,002H,004H,000H,000H,000H,000H;	"'" = 40H
DB 000H,020H,054H,054H,054H,078H,000H,000H;	"a" = 41 H
DB 000H,07FH,048H,044H,044H,038H,000H,000H;	"b" = 42H
DB 000H,038H,044H,044H,044H,028H,000H,000H;	"c" = 43H
DB 000H,038H,044H,044H,048H,07FH,000H,000H;	"d" = 44H
DB 000H,038H,054H,054H,054H,018H,000H,000H;	"e" = 45H
DB 000H,000H,008H,07EH,009H,002H,000H,000H;	"f" = 46H
DB 000H,00CH,052H,052H,04CH,03EH,000H,000H;	"g" = 47H
DB 000H,07FH,008H,004H,004H,078H,000H,000H;	"h" = 48H
DB 000H,000H,044H,07DH,040H,000H,000H,000H;	"i" = 49H
DB 000H,020H,040H,044H,03DH,000H,000H,000H;	"j" = 4AH
DB 000H,000H,07FH,010H,028H,044H,000H,000H;	"k" = 4BH
DB 000H,000H,041H,07FH,040H,000H,000H,000H;	"1" = 4CH
DB 000H,07CH,004H,078H,004H,078H,000H,000H;	"m" = 4DH
DB 000H,07CH,008H,004H,004H,078H,000H,000H;	"n" = 4EH
DB 000H,038H,044H,044H,044H,038H,000H,000H;	"o" = 4FH
DB 000H,07EH,00CH,012H,012H,00CH,000H,000H;	"p" = 50H
DB 000H,00CH,012H,012H,00CH,07EH,000H,000H;	"q" = 51H
DB 000H,07CH,008H,004H,004H,008H,000H,000H;	"r" = 52H
DB 000H,058H,054H,054H,054H,064H,000H,000H;	"s" = 53H
DB 000H,004H,03FH,044H,040H,020H,000H,000H;	"t" = 54H
DB 000H,03CH,040H,040H,03CH,040H,000H,000H;	"u" = 55H
DB 000H,01CH,020H,040H,020H,01CH,000H,000H;	"v" = 56H
DB 000H,03CH,040H,030H,040H,03CH,000H,000H;	"w" = 57H
DB 000H,044H,028H,010H,028H,044H,000H,000H;	"x" = 58H
DB 000H,01CH,0A0H,0A0H,090H,07CH,000H,000H;	"y" = 59H
DB 000H,044H,064H,054H,04CH,044H,000H,000H;	"z" = 5 AH
DB 000H,000H,008H,036H,041H,000H,000H,000H;	"{" = 5BH
DB 000H,000H,000H,077H,000H,000H,000H,000H;	"|" = 5CH

```
        DB   000H,000H,041H,036H,008H,000H,000H,000H;     "}" = 5DH
        DB   000H,002H,001H,002H,004H,002H,000H,000H;     "~" = 5FH
```

(5) 中文显示子程序

汉字字模首地址 CCTAB 放 DPTR 中,根据要显示汉字的代码 CODE 修改 DPTR,使之指向该汉字字模地址 DPTR＝CCTAB＋CODE×32。

保存开始显示时"列"地址：PUSH COLUMN;代码寄存器 CODE 已不用,现借用作计数器,记录输出的汉字字节数。先向 3 个模块输出页地址。

```
        COLUMN    EQU     30H              ;列地址寄存器(0～191)
        PAGE      EQU     31H              ;页地址寄存器 D1,D0
        CODE      EQU     32H              ;字符代码寄存器
        COUNE     EQU     33H              ;计数器
CCW_PR:
        MOV       DPTR, #CCTAB             ;确定字符字模块首地址
        MOV       A, CODE                  ;取代码
        MOV       B, #20H                  ;字模块宽度为 32 字节
        MUL       AB                       ;代码×32
        ADD       A, DPL                   ;字符字模块首地址
        MOV       DPL, A                   ;字模库首地址 + 代码×32
        MOV       A, B
        ADDC      A, DPH
        MOV       DPH, A
```

保存开始显示时"列"地址：PUSH COLUMN;代码寄存器 CODE 已不用,现借用作间址寄存器(计数器),记录输出的汉字字节数。

```
        PUSH      COLUMN                   ;列地址入栈
        PUSH      COLUMN                   ;列地址入栈
        MOV       CODE,00H                 ;代码寄存器借用为间址寄存器
CCW_1:
```

先输出上部 16 字节、计数器 COUNT 设置为 16,再向 3 个模块输出页地址。

```
        MOV       COUNT, #10H              ;计数器设置为 16
        MOV       A, PAGE                  ;读页地址寄存器
        ANL       A, #07H
        ORL       A, 0B8H                  ;"或"页地址设置代码
        MOV       COM, A                   ;写页地址设置指令
        LCALL     PRL0
        LCALL     PRM0
        LCALL     PRR0
```

取列地址 COLUMN,判列地址在哪区,并做标志。

```
        POP       COLUMN                   ;取列地址值
        MOV       A, COLUMN                ;读列地址寄存器
        CLR       C
```

```
            SUBB      A,#40H              ;列地址-64
            JC        CCW_2               ;小于0为左屏显示区域
            MOV       COLUMN,A
            SUBB      A,#40H              ;列地址-64
            JC        CCW_11              ;小于0为中屏显示区域
            MOV       COLUMN,A            ;大于0为右屏显示区域
            MOV       A,PAGE
            SETB      ACC.5               ;设置区域标志位
            MOV       PAGE,A              ;"00"为左,"01"为中,"10"为右
            LJMP      CCW_2
CCW_11:
            MOV       A,PAGE
            SETB      ACC.4               ;设置区域标志位
            MOV       PAGE,A
CCW_2:
            MOV       COM,COLUMN          ;设置列地址值
            ORL       COM,#40H            ;"或"列地址指令标志位
            MOV       A,PAGE              ;判区域标志
            ANL       A,#30H
            CJNE      A,#10H,CCW_31       ;"01"为中区
            LCALL     PRM0
            LJMP      CCW_4
CCW_31:
            CJNE      A,#20H,CCW_32       ;"10"为右区
            LCALL     PRR0
            LJMP      CCW_4
CCW_32:
            LCALL     PRL0                ;"00"为左区
CCW_4:
```

取字模放DAT(由CODE控制取第几个字节),判区域标志,根据标志往不同模块发显示数据。

```
            MOV       A,CODE              ;取间址寄存器值
            MOVC      A,@A+DPTR           ;取汉字字模数据
            MOV       DAT,A               ;写数据
            MOV       A,PAGE              ;判区域标志
            ANL       A,#30H
            CJNE      A,#10H,CCW_41       ;"01"为中区
            LCALL     PRM1
            LJMP      CCW_5
CCW_41:
            CJNE      A,#20H,CCW_42       ;"10"为右区
            LCALL     PRR1
            LJMP      CCW_5
CCW_42:
```

```
            LCALL      PRL1                      ;"00"为左区
CCW_5:
```

发完一个显示数据后,间址寄存器(CODE)加 1,准备取下一个显示数据;列地址(COLUMN)加 1,再判列地址是否超出区域范围,若没超出,在当页循环(页地址加 1);若超出,在左区则转中区,设置中区列地址为"0";在中区则转右区,设置右区列地址为"0",并在 PAGE 中设区域标记,发下一字节数据。

```
            INC        CODE                      ;间址寄存器加 1
            INC        COLUMN                    ;列地址寄存器加 1
            MOV        A, COLUMN                 ;判列地址是否超出区域范围
            CJNE       A, ♯40H, CCW_6
CCW_6:
            JC         CCW_7                     ;未超出则继续
            MOV        COLUMN, ♯00H
            MOV        A, PAGE                   ;超出则判在何区域
            JB         ACC.5, CCW_9              ;在右区域则退出
            JB         ACC.4, CCW_61             ;判在左区还是中区
            SETB       ACC.4                     ;在左区则转中区
            MOV        PAGE, A
            MOV        COM, ♯40H                 ;设置中区列地址为"0"
            LCALL      PRM0
            LJMP       CCW_7
CCW_61:
            SETB       ACC.5                     ;在中区则转右区
            CLR        ACC.4
            MOV        PAGE, A
            MOV        COM, ♯40H                 ;设置右区列地址为"0"
            LCALL      PRR0
CCW_7:
            DJNZ       COUNT, CCW_4              ;当页循环
            MOV        A, PAGE                   ;读页地址寄存器
            JB         ACC.7, CCW_9              ;判完成标志 D7 位,"1"完成退出
            INC        A                         ;否则页地址加 1
```

ACC.7 在这里做一个汉字显示结束标志,两次循环后 ACC.7=1。

```
            SETB       ACC.7
            ANL        A, ♯0CFH
            MOV        PAGE, A
            MOV        CODE, ♯10H
            LJMP       CCW_1
CCW_9:
            RET
```

(6) 中文演示程序段

确定显示页数和列数,确定代码,调 CCW_PR 显示一个汉字。注意:CCTAB 存放的字模

是转换好的(字模旋转90°)。

```
        MOV     PAGE,#02H
        MOV     COLUMN,#35H
        MOV     CODE,#00H
        LCALL   CCW_PR
        MOV     PAGE,#02H
        MOV     COLUMN,#4BH
        MOV     CODE,#01H
        LCALL   CCW_PR
        MOV     PAGE,#02H
        MOV     COLUMN,#63H
        MOV     CODE,#02H
        LCALL   CCW_PR
        MOV     PAGE,#02H
        MOV     COLUMN,#7BH
        MOV     CODE,#03H
        LCALL   CCW_PR
        STMP    $
CCTAB:
  HZ0:
        DB      008H,00AH,0EAH,0AAH,0AAH,0AAH,0AFH,0E0H
        DB      0AFH,0AAH,0AAH,0AAH,0FAH,028H,00CH,000H
        DB      020H,0A0H,0ABH,06AH,02AH,03EH,02AH,02BH
        DB      02AH,03EH,02AH,06AH,0ABH,0A0H,020H,000H    ;冀
  HZ1:
        DB      040H,042H,0CCH,000H,000H,0FBH,088H,088H
        DB      088H,008H,0FFH,008H,00AH,0CCH,008H,000H
        DB      000H,000H,03FH,090H,048H,03FH,008H,000H
        DB      04FH,020H,013H,01CH,063H,080H,0E0H,000H    ;诚
  HZ2:
        DB      000H,0FBH,048H,048H,048H,048H,0FFH,048H
        DB      048H,048H,048H,0FCH,008H,000H,000H,000H
        DB      000H,007H,002H,002H,002H,002H,03FH,042H
        DB      042H,042H,042H,047H,040H,070H,000H,000H    ;电
  HZ3:
        DB      080H,080H,082H,082H,082H,082H,082H,0E2H
        DB      0A2H,092H,08AH,086H,080H,0C0H,080H,000H
        DB      000H,000H,000H,000H,000H,040H,080H,07FH
        DB      000H,000H,000H,000H,000H,000H,000H,000H    ;子
```

汉字的显示是国内应用图形液晶显示模块的目的之一。由于 KS0108 显示 RAM 的特性,所以不能将计算机内的汉字库的汉字提出直接使用,需要将其旋转 90°后再写入。上面例子中汉字字模是已转换完成的,如果你使用没有旋转的正常字模,必须要先进行旋转 90°后再写入,具体的转换原理见 6.3.2 小节图 6-9、图 6-10 的说明。

6.3.2 KS0108 的 C 语言驱动程序

由于用汇编语言编写程序难度较大,现在许多读者采用 C 语言来编写驱动程序。下面介绍的 KS0108 的 C 语言驱动程序为 MGLS-12864,采用直接方式(见图 6-3),在 Keil C 上调试通过。

All=$\overline{\text{CSB}}$,A10=$\overline{\text{CSA}}$,A9=R/W,A8=D/I,两片 KS0108B 的 RST 接高电平,$\overline{\text{CSA}}$ 与 KS0108 的 CS1 相连,$\overline{\text{CSB}}$ 与 KS0108 的 CS2 相连。这样,$\overline{\text{CSA}}\,\overline{\text{CSB}}$=01 选通片 1,$\overline{\text{CSA}}\,\overline{\text{CSB}}$=10 选通片 2。

```
//KS0108.C
#include <stdio.h>
#include <math.h>
#include <absacc.h>
/*def.h中是常用变量宏定义:
#define U16 unsigned int
#define U8 unsigned char */
#include <def.h>
#include <asc816.h>
#include <asc88.h>
#include <chn12.h>
#include <chn24.h>
#include <syb16.h>
```

108lcd.h 头文件包括:Asc816[]数组,存储的是转换后的、ASCII 值从 0x20 开始的全部 ASCII 字符的 8×16 点阵字模;TALB88[]存的是转换后的全部 ASCII 字符的 8×8 点阵字模;chn1616[]、chn16160[]两个数组存储的分别是转换后的 16×16 点阵汉字和没转换的 16×16 点阵汉字。

Sinzm[]、Sinzm1[]、Sinzm2[]存储的是三条相位差 120°的正弦曲线、横轴从 0~127 各点的正弦值。

```
#include <108lcd.h>              //用户数据头文件
#define   CWADD1    XBYTE[0x0800]   //写指令代码地址(1)
#define   CRADD1    XBYTE[0x0A00]   //读状态字地址(1)
#define   DWADD1    XBYTE[0x0900]   //写显示数据地址(1)
#define   DRADD1    XBYTE[0x0B00]   //读显示数据地址(1)
#define   CWADD2    XBYTE[0x0400]   //写指令代码地址(2)
#define   CRADD2    XBYTE[0x0600]   //读状态字地址(2)
#define   DWADD2    XBYTE[0x0500]   //写显示数据地址(2)
#define   DRADD2    XBYTE[0x0700]   //读显示数据地址(2)
U8 n[32];
U16 Lcd_Adr;                        // LCD 地址指针
U8 Lcd_Adr_H;                       // LCD 地址指针高 8 位
U8 Lcd_Adr_L;                       // LCD 地址指针低 8 位
```

//程序声明：
```
void WriteCommand0(U16 cmd);                              //写命令
void WriteCommand1(U16 cmd);                              //
void WriteData0(U16 dat);                                 //写数据
void WriteData1(U16 dat);
void SetLocat(U16 x,U16 y);                               //光标定位
void SetLocat0(U16 x,U16 y);
void SetLocat1(U16 x,U16 y);
void clr_screen(U16 x);                                   //清屏
void Lcd_Init(void);                                      //LCD 初始化
void W_DOT(U8 i,U8 j);                                    //绘点函数
void DrawHorizontalLine(U8 xstar,U8 xend,U8 ystar);       //画水平线
void DrawVerticalLine(U8 xstar,U8 ystar,U8 yend);         //画垂直线
void Linexy(S16 stax,S16 stay,S16 endx,S16 endy);         //画斜线
void C_DOT(U8 i,U8 j);                                    //清点函数
void ClearHorizontalLine(U8 xstar,U8 xend,U8 ystar);      //清水平线
void ClearVerticalLine(U8 xstar,U8 ystar,U8 yend);        //清垂直线
void disdelay(void);                                      //延时
void ShowSinWave(void);                                   //画1条正弦曲线
void ShowSinWave1(void);                                  //显示1条正弦曲线
void ShowSinWave3(void);                                  //显示3条正弦曲线
void OneAsc816Char(U16 x,U16 y,U16 Order);                //显示8×16字符,字模旋转
void Putstr(U16 x,U16 y,U8 *str,U8 s);                    //显示8×16字符串,字模已旋转
void OneAsc816Char0(U16 x,U16 y,U16 Order);               //显示8×16字符,字模没旋转
void Putstr0(U16 x,U16 y,U8 *str,U8 s);                   //显示8×16字符串,字模没旋转
void DrawOneChn1616( U8 x,U8 y,U16 chnCODE);              //显示16×16汉字,字模已旋转
void DrawChnString1616(U8 x,U8 y,U8 *str,U8 s);           //16×16汉字串,字模已旋转
void DrawOneChn16160(U16 x,U16 y,U8 chncode);             //显示16×16汉字,字模没旋转
void DrawChnString16160(U16 x,U16 y,U8 *str,U16 s);       //显示16×16汉字串,字模没旋转
void DrawOneAsc88(U8 x,U8 y,U8 CODE);                     //8×8 ASCII 字符,字模已旋转
void DrawAscString88(U8 x,U8 y,U8 *str,U8 s);             //8×8 ASCII 字符串,字模已旋转
void DrawOneAsc880(U16 x,U16 y,U16 Order);                //8×8 ASCII 字符,字模没旋转
void DrawAscString880(U16 x,U16 y,U8 *str,U8 s);          //8×8 ASCII 字符串,字模没旋转
//以下程序借助绘点程序,字模不用旋转
void DrawOneChn2424(U8 x,U8 y,U8    chnCODE);             //显示24×24汉字
void DrawChnString2424(U8 x,U8 y,U8   *str,U8 s);         //显示24×24汉字串,s是串长
void DrawOneSyb1616(U8 x,U8 y,U16 chnCODE);               //显示16×16标号
void DrawOneChn1212( U8 x,U8 y,U16 chnCODE);              //显示12×12汉字
void DrawOneChn16161( U8 x,U8 y,U16 chnCODE);             //显示16×16汉字
void DrawChnString16161(U8 x,U8 y,U8 *str,U8 s);          //显示16×16汉字串,s是串长
void DrawOneAsc816(U8 x,U8 y,U8 charCODE);                //显示8×16 ASCII 字符
void DrawAscString816(U8 x,U8 y,U8 *str,U8 s);            //8×16 ASCII 字符串,s是串长
void DrawOneAsc881(U8 x,U8 y,U8 charCODE);                //显示8×8 ASCII 字符
void DrawAscString881(U8 x,U8 y,U8 *str,U8 s);            //显示8×8 ASCII 字符串,s是串长
void ReDrawOneChn1616(U8 x,U8 y,U16 chnCODE);             //反白显示16×16汉字一个
```

//程序实体

下面是本程序使用的几个基本函数,包括:两个口写命令、写数据、光标定位、清屏、LCD 初始化、绘点函数、清点函数和清屏等。

写命令或写数据都要判 LCD 状态,LCD 空闲才可写入,如 LCD 忙则等待(如口 1 写命令 while(CRADD1&0x80);CWADD1=cmd;)。

```
//------------------------------------------------------------
//     口 1 写命令
//------------------------------------------------------------
void WriteCommand0(U16 cmd)
{
    while(CRADD1&0x80);
    CWADD1 = cmd;
}
//------------------------------------------------------------
//     口 2 写命令
//------------------------------------------------------------
void WriteCommand1(U16 cmd)
{
    while(CRADD2&0x80);
    CWADD2 = cmd;
}
//------------------------------------------------------------
//     口 1 写数据
//------------------------------------------------------------
void WriteData0(U16 dat)
{
    while(CRADD1&0x80)
    DWADD1 = dat;
}
//------------------------------------------------------------
//     口 2 写数据
//------------------------------------------------------------
void WriteData1(U16 dat)
{
    while(CRADD2&0x80)
    DWADD2 = dat;
}
//------------------------------------------------------------
//     光标定位
//------------------------------------------------------------
```

光标定位就是将光标移到显示地址:先发指令设"页"地址,再发指令设"列"地址。0xB8+ y 中的 0xB8 是设页地址命令字,y 是页数;0x40+x 中的 0x40 是设列地址命令字,x 是列数。

光标定位还要根据 x 值是否大于 0x40，确定光标定位地址。

```
void SetLocat(U16 x,U16 y)
{
    if(x<0x40)
    {
        WriteCommand0(0xB8 + y);
        WriteCommand0(0x40 + x);
    }
    else
    {
        WriteCommand1(0xB8 + y);
        WriteCommand1(x);
    }
}
//------------------------------------------------------------
//   光标 0 定位
//------------------------------------------------------------
void SetLocat0(U16 x,U16 y)
{
    if(x<0x40)
    {
        WriteCommand0(0xB8 + y);
        WriteCommand0(0x40 + x);
    }
}
//------------------------------------------------------------
//   光标 1 定位
//------------------------------------------------------------
void SetLocat1(U16 x,U16 y)
{
    if(x> = 0x40)
    {
        WriteCommand1(0xB8 + y);
        WriteCommand1(x);
    }
}
//------------------------------------------------------------
//   清屏
//------------------------------------------------------------
```

清屏就是对两片 KS0108 打开显示，然后从 0 页到 7 页、从 0 列到 63 列循环送数据 0。

```
void clr_screen(U16 x)
{
    U16 i,j;
```

```c
    WriteCommand0(0x3F);
    WriteCommand1(0x3F);
    for(i = 0;i<8;i++)
    {
        WriteCommand0(0xB8 + i);
        WriteCommand1(0xB8 + i);
        WriteCommand0(0x40);
        WriteCommand1(0x40);
        for(j = 0;j<0x40;j++)
        {
            WriteData0(x);
            WriteData1(x);
        }
    }
}
```

//--
// LCD 初始化
//--

LCD 初始化比较简单,设置显示起始行为"0",开显示。

```c
void Lcd_Init(void)
{
    WriteCommand0(0xC0);                    //设置显示起始行为"0"
    WriteCommand1(0xC0);
    WriteCommand0(0x3F);                    //开显示
    WriteCommand1(0x3F);
    clr_screen(0);
}
```

//--
// 绘点函数
//--

绘点函数和第 4 章 T6963C 的原理不一样,因为 KS0108 没有置位指令。具体做法是:找到要绘点的字节地址,移光标到该地址;将该地址原来的显示字节(显示数据)取出,用一个绘点 bit 值为 1,其他 bit 位值为 0 的字节"或"显示字节后,再将显示字节写回。

$m=y/8$ 求该点所在页数;$n=y\%8$ 求该点在字节中"位"数;"$k=0x01;k=k<<n$"是要产生一个和显示数据相"或"的字节。

根据 x(列)值,从相应地址中取出显示数据。这里取两次,第一次是空读,把第二次读的数据与 k"或",因为在读的过程中,地址指针自动移到下一位置,所以将显示数据写回前将地址指针重新调回原地址,再写显示数据即可。这样做,可保证绘点函数对其他附近点显示数据没有干扰。

```c
void W_DOT(U8 x,U8 y)
{                                           //x(0~127),y(0~63)
    U8   m,n,k,Data;
```

```
        m = y/8;
        n = y%8;
        k = 0x01;
        k = k<<n;
        if(x<0x40)
         {
            SetLocat0(x,m);
            while(CRADD1&0x80);
            Data = DRADD1;
            SetLocat0(x,m);
            while(CRADD1&0x80);
            Data = DRADD1;
            Data = Data|k;
            SetLocat0(x,m);
            WriteData0( Data);
         }
        else
         {
            SetLocat1(x,m);
            while(CRADD2&0x80);
            Data = DRADD2;
            SetLocat1(x,m);
            while(CRADD2&0x80);
            Data = DRADD2;
            Data = Data|k;
            SetLocat1(x,m);
            WriteData1(Data);
         }
      }
//------------------------------------------------------------
//      清点函数
//------------------------------------------------------------
```

清点函数原理和绘点函数一样，只是将该地址原来的显示字节（显示数据）取出，用一个绘点 bit 值为 0，其他 bit 位值为 1 的字节"与"显示字节后，再将显示字节写回。

清点函数和绘点函数一样重要。

```
    void C_DOT( U8 x,U8 y)
       {
           U8    m,n,k,Data;
           m = y/8;
           n = y%8;
           k = 1;
           k = k<<n;
           k = ~k;
        if(x<0x40)
```

```
    {
        SetLocat0(x,m);
        while(CRADD1&0x80)
        Data = DRADD1;
        SetLocat0(x,m);
        while(CRADD1&0x80);
        Data = DRADD1;
        Data = Data & k;
        SetLocat0(x,m);
        WriteData0( Data);
    }
    else
    {
        SetLocat1(x,m);
        while(CRADD2&0x80);
        Data = DRADD2;
        SetLocat1(x,m);
        while(ACRDD2&0x80);
        Data = DRADD2;
        Data = Data & k;
        SetLocat1(x,m);
        WriteData1(Data);
    }
}
//------------------------------------------------------
//    画水平线
//------------------------------------------------------
```

画图函数都是基于绘点函数,比较简单,不再赘述。

```
void DrawHorizontalLine(U8 x0,U8 x1,U8 y0)
{
   U8 i;
   for(i = x0;i< = x1;i++ )
     {
      W_DOT(i,y0);
     }
}
//------------------------------------------------------
//    画垂直线
//------------------------------------------------------
void DrawVerticalLine(U8 xstar,U8 ystar,U8 yend)
{
   U8 i;
   for(i = ystar;i< = yend;i++ )
     {
```

```
        W_DOT(xstar,i);
      }
}
//-----------------------------------------------------------
//  清水平线
//-----------------------------------------------------------
void ClearHorizontalLine(U8 xstar,U8 xend,U8 ystar)
{
   U8 i;
   for(i = xstar;i< = xend;i ++ )
   {
      C_DOT(i,ystar);
   }
}
//-----------------------------------------------------------
//  清垂直线
//-----------------------------------------------------------
void ClearVerticalLine(U8 xstar,U8 ystar,U8 yend)
{
   U8 i;
   for(i = ystar;i< = yend;i ++ )
   {
      C_DOT(xstar,i);
   }
}
//-----------------------------------------------------------
//   画斜线
//-----------------------------------------------------------
```

画斜线也采用绘点方法,原理是数控技术中的 DDA 法(数字积分法),详细介绍见 4.4.2 小节。

```
void Linexy(U8 stax,U8 stay,U8 endx,U8 endy)
{
   U8 xerr,yerr,delta_x,delta_y,distance,t;
   U8 incx,incy;
   U8 col,row;
   xerr = 0;
   yerr = 0;
   col = stax;
   row = stay;
   W_DOT(col,row);
   delta_x = endx - col;
   delta_y = endy - row;
   if(delta_x>0) incx = 1;
```

```
      else if( delta_x == 0 ) incx = 0;
      else incx = -1;
      if(delta_y>0) incy = 1;
      else if( delta_y == 0 ) incy = 0;
      else incy = -1;
      delta_x = abs( delta_x );
      delta_y = abs( delta_y );
      if( delta_x > delta_y ) distance = delta_x;
      else distance = delta_y;
      for( t = 0;t <= distance + 1; t++ )
      {
         W_DOT(col,row);
          xerr += delta_x;
          yerr += delta_y;
    if( xerr > distance )
          {
            xerr -= distance;
            col += incx;
          }
    if( yerr > distance )
          {
            yerr -= distance;
            row += incy;
          }
      }
 }
//-------------------------------------------------------------
//       显示1条正弦曲线
//-------------------------------------------------------------
```

显示1条正弦曲线,数据是由其他程序事先计算得到的,存 sinzm[128][2]中,DrawHorizontalLine(1,127,30)和 DrawVerticalLine(0,0,63)是画 x 和 y 坐标;ClearVerticalLine(s+2,0,63)是清除垂直线函数,s 动态变化,这条线也不断移动,后面的图案被清除,起刷新 LCD 屏作用。

在两点之间采用画斜线方法连接(Linexy(j0,k0,j,k)),如采用绘点方法也可以。

```
void  ShowSinWave1(void)
{
    unsigned   char j,k,j0,k0;
    unsigned char s;
    DrawHorizontalLine(1,127,30);                //y(0~7),x(0~159)
    DrawVerticalLine(0,0,63);
    j0 = 0;
    k0 = 30;
  while(1)
      {
```

```
            for(s = 0;s<127;s++)
             {
               if(s<125)
               ClearVerticalLine(s+2,0,63);
               W_DOT(s,30);
               j = sinzm[s][0];
               k = sinzm[s][1];
               Linexy(j0,k0,j,k);
              // W_DOT(j,k);
               j0 = j;
               k0 = k;
               disdelay();
               disdelay();
               disdelay();
             }
         j0 = 0;
         k0 = 30;
         s = 0;
        }
  }
//--------------------------------------------------------------
//   显示3条模拟曲线
//--------------------------------------------------------------
```

显示3条正弦曲线,数据是由其他程序事先计算得到的,存 sinzm[128][2]、sinzm1[128][2]和 sinzm2[128][2]中。在每条曲线上方显示通道("ch")号,采用绘点方法。

显示曲线时,横向是从30到127,左侧留空白显示通道号等。

ClearVerticalLine(s+2,0,63)是清除垂直线函数,随 s 从30到127变化,清除线也向右移动,其后面 LCD 屏显示内容将被清除。在清除过程中,把 x 坐标也清掉了,W_DOT(s,30)是把被清除的 x 坐标线补上。

disdelay()调节曲线移动速度。使显示效果更生动。

```
void  ShowSinWave3(void)
  {
        unsigned  char j11,k11,j22,k22,j33,k33,s;
        Putstr(0,1,"1ch",3);
        Putstr(0,3,"2ch",3);
        Putstr(0,5,"3ch",3);
        DrawHorizontalLine(30,127,30);
        DrawVerticalLine(29,0,63);
        while(1)
        {
            for(s = 30;s<128;s++)
                {
                    if(s<126)
```

```
            {
            ClearVerticalLine(s + 2,0,63);
            W_DOT(s,30);
            }
        j11 = sinzm[s][0];
        k11 = sinzm[s - 30][1];
        j22 = sinzm1[s][0];
        k22 = sinzm1[s - 30][1];
        j33 = sinzm2[s][0];
        k33 = sinzm2[s - 30][1];
        W_DOT(j11,k11);
        W_DOT(j22,k22);
        W_DOT(j33,k33);
        disdelay();
        disdelay();
        disdelay();
        }
    }
}
//---------------------------------------------------------
//    画 1 条正弦曲线
//---------------------------------------------------------
```

显示 1 条正弦曲线和上面显示 3 条正弦曲线程序不同,正弦曲线值是在"现场"计算得出的,程序把 x 从 0 到 127 逐点的弧度值计算出来,再求其正弦值:for(x=0;x<127;x++); a=((float)x/127)*2*3.14;y=sin(a)。为了使正弦值能以 LCD 屏中心(x 轴)对称显示,对数据进行变换:b=(1-y)*30,然后绘点。

```
void  ShowSinWave(void)                    //本程序要求系统支持浮点运算
{
    unsigned   int x,j0,k0;
    double y,a,b;
    j0 = 0;
    k0 = 0;
    DrawHorizontalLine(1,127,63);          //画坐标 x 范围(0~127)
    DrawVerticalLine(0,0,63);              //y 范围(0~63)
    for (x = 0;x<127;x ++ )
     {
        a = ((float)x/127) * 2 * 3.14;     //求 2π 周期 0~127 各点弧度
        y = sin(a);                        //求各点正弦值
        b = (1 - y) * 30;                  //为使显示对称 x 轴,数据变换
        W_DOT((U8)x,(U8)b);                //绘点
        disdelay();                        //调节曲线移动速度。使显示效果更生动
     }
}
```

//--
//   显示 16×16 汉字一个(字模是旋转 90 度的)
//--

显示一个 16×16 点阵汉字,字模在 108lcd.h 头文件 chn1616[ ]中,字模是转换好的。显示时先移地址指针到显示起始地址并保留该地址,然后将上半部 16 字节依次输出,每输出一个字节,都要判"列"是否超出第一片 KS0108 的显示范围,若没超出,在第一片移光标;若超出,光标移到下一片 KS0108。

上半部输出结束,恢复地址指针到显示起始地址,同时页地址加 1;依次输出下半部 16 字节。每输出 1 字节,也要判"列"是否超出显示范围,调整光标。

```
void DrawOneChn1616(U8 x,U8 y,U8 chncode)
{
  U16 i, * p;
  U16 bakerx,bakery;
  bakerx = x;                                    //暂存 x、y 坐标,下半个字符使用
  bakery = y;
  p = chn1616 + chncode * 32;                    //1 个 16×16 汉字占 32 字节
//上半个字符输出,8 列
for(i = 0;i<16;i++)
{
  if(x<0x40)
    {
    SetLocat0(x,y);
    WriteData0( * p);
    }
  else
    {
    SetLocat1(x,y);
    WriteData1( * p);
    }
  x++;
  p++;
}                                                //上半个字符输出结束
  x = bakerx;                                    //列对齐
  y = bakery + 1;                                //指向下半个字符行
//下半个字符输出,8 列
for(i = 0;i<16;i++)
  {
if(x<0x40)
  {
  SetLocat0(x,y);
  WriteData0( * p);
  }
else
```

```
    {
     SetLocat1(x,y);
     WriteData1(*p);
    }
    x++;
    p++;
  }
}
//------------------------------------------------------------
//   显示16×16汉字串(字模是旋转90度的)
//------------------------------------------------------------
void DrawChnString1616(U16 x,U16 y,U8 * str,U16 s)
{
  U8 i,*p;
  static U16 x0,y0;
  x0 = x;
  y0 = y;
  p = str;
  for (i = 0;i<s;i++)
  {
    DrawOneChn1616(x0,y0,*(p+i));
    x0 += 16;                                      //水平串。如垂直串,y0+16
  }
}
//------------------------------------------------------------
//   显示8×8字母一个(ASCII Z字符)
//------------------------------------------------------------
```

显示一个8×8点阵ASCII Z字符,字模在108lcd.h头文件TALB88[]中,字模是转换好的。显示时先移地址指针到显示起始地址,然后将8字节依次输出,每输出一个字节,都要判"列"是否超出第一片KS0108的显示范围,若没超出,在第一片移光标;若超出,光标移到下一片KS0108。

```
void DrawOneAsc88(U16 x,U16 y,U16 charcode)
{
 U8 i,*p;
 p = TALB88 + charcode * 8;                        //1字符8字节
//字符输出,8列
 for(i = 0;i<8;i++)
 {
  if(x<0x40)
   {
    SetLocat0(x,y);
    WriteData0(*p);
   }
  else
```

```
    {
      SetLocat1(x,y);
      WriteData1(*p);
    }
     x ++ ;
     p ++ ;
  }                                                       //字符输出结束
}
//----------------------------------------------------------------
//      显示 8×8 字符串
//----------------------------------------------------------------
void DrawAscString88(U16 x,U16 y,U8 * str,U8 s)
{ U8 i;
  static U16 x0,y0;
  x0 = x;
  y0 = y;
  for (i = 0;i<s;i ++ )
    {
      DrawOneAsc88(x0,y0,(U16)(*(str + i)));
      x0  += 8;                                           //水平串。如垂直串,y0 + 16
    }
}
//----------------------------------------------------------------
//      8×16 ASCII 字符
//----------------------------------------------------------------
```

显示一个 8×16 点阵 ASCII 字符,字模在 108lcd.h 头文件 asc8160[ ]中,字模是转换好的。显示时先移地址指针到显示起始地址并保留该地址,然后将上半部 8 字节依次输出,每输出一个字节,都要判"列"是否超出第一片 KS0108 的显示范围,若没超出,在第一片移光标;若超出,光标移到下一片 KS0108。

上半部输出结束,恢复地址指针到显示起始地址,同时页地址加 1;依次输出下半部 8 字节。每输出一个字节,也要判"列"是否超出显示范围,调整光标。

```
void OneAsc816Char(U16 x,U16 y,U16 Order)
{
U8 i, * p;
U16 bakerx,bakery;
bakerx = x;                                               //暂存 x、y 坐标,下半个字符使用
bakery = y;
p = asc8160 + Order * 16;                                 //1 字符 16 字节
//上半个字符输出,8 列
for(i = 0;i<8;i ++ )
{
  if(x<0x40)
  {
```

```c
    SetLocat0(x,y);
    WriteData0(*p);
   }
  else
   {
    SetLocat1(x,y);
    WriteData1(*p);
   }
  x++;
  p++;
 }                                                          //字符输出结束
  x = bakerx;                                               //对齐
  y = bakery + 1;                                           //半个字符行
//下半个字符输出,8 列
for(i = 0;i<8;i++)
 {
if(x<0x40)
  {
   SetLocat0(x,y);
   WriteData0(*p);
  }
  else
   {
    SetLocat1(x,y);
    WriteData1(*p);
   }
   x++;
   p++;
 }                                                          //一个字符输出结束
}                                                           //整个字符输出结束
//-----------------------------------------------------------
// 一个 8×16 ASCII 字串的输出
//-----------------------------------------------------------
void Putstr(U16 x,U16 y,U8 *str,U8 s)
{
  U8 i;
  static U8 x0,y0;
  x0 = x;
  y0 = y;
  for (i = 0;i<s;i++)
   {
     OneAsc816Char(x0,y0,(U16)(*(str + i) - 0x20));
     x0 += 8;                                               //水平串。如垂直串,y0 + 16
   }
}
```

```
//------------------------------------------------------------
//   延时
//------------------------------------------------------------
void disdelay(void)
{
    unsigned long  i,j;
                i = 0x01;
                while(i!= 0)
                { j = 0x5FFF;
                    while(j!= 0)
                    j -= 1;
                    i -= 1;
                }
}
//------------------------------------------------------------
//   显示 16×16 汉字一个(字模是没转换的)
//------------------------------------------------------------
```

显示一个 16×16 点阵汉字,字模在 108lcd.h 头文件 chn16160[ ]中,字模是没转换的。

由于 KS0108 RAM 的特点,不能把汉字取出直接显示,需要逆时针旋转 90°,而常用字模多是不转换的,因此就要有一个转换程序。

以 8×8 字符为例,原字模在 RAM 中的排列如图 6-9 所示,转换后如图 6-10 所示。从图 6-10 看出,转换后的 0 号字节是由没转换字模的 0 到 7 号字节的 bit 7 组成,其中 D7 是原 7 号字节的 D7,D6 是原 6 号字节的 D7,……,D0 是原 0 号字节的 D7;转换后的 1 号字节是由没转换字模的 0 到 7 号字节的 bit 6 组成,其中 D7 是原 7 号字节的 D6,D6 是原 6 号字节的 D6,……,D0 是原 0 号字节的 D6;转换后的 2 号字节是由没转换字模的 0 到 7 号字节的 bit5 组成,其中 D7 是原 7 号字节的 D5,D6 是原 6 号字节的 D5,……,D0 是原 0 号字节的 D5;……,同样,转换后的 7 号字节是由没转换字模的 0 到 7 号字节的 bit 0 组成。

下面的字符转换程序就是根据这个原理编写的,读者可参照程序分析。

16×16 点阵汉字占 32 字节,8×8 字符正是它的 1/4,因此可分 4 次按上述方法将其转换为显示字模。

转换结束后,就可按上面显示已转换字模的方法进行显示。

0 字节	D7	D6	D5	D4	D3	D2	D1	D0
1 字节	D7	D6	D5	D4	D3	D2	D1	D0
2 字节	D7	D6	D5	D4	D3	D2	D1	D0
3 字节	D7	D6	D5	D4	D3	D2	D1	D0
4 字节	D7	D6	D5	D4	D3	D2	D1	D0
5 字节	D7	D6	D5	D4	D3	D2	D1	D0
6 字节	D7	D6	D5	D4	D3	D2	D1	D0
7 字节	D7	D6	D5	D4	D3	D2	D1	D0

图 6-9 转换前 8×8 字符在内存中的排列

第 6 章 KS0108 液晶显示器驱动控制

0 字节	1 字节	2 字节	3 字节	4 字节	5 字节	6 字节	7 字节
D0	D0	D0	D0	D0	D0	D0	D0
D1	D1	D1	D1	D1	D1	D1	D1
D2	D2	D2	D2	D2	D2	D2	D2
D3	D3	D3	D3	D3	D3	D3	D3
D4	D4	D4	D4	D4	D4	D4	D4
D5	D5	D5	D5	D5	D5	D5	D5
D6	D6	D6	D6	D6	D6	D6	D6
D7	D7	D7	D7	D7	D7	D7	D7

图 6－10 转换后 8×8 字模在内存中的排列

```c
void DrawOneChn16160(U16 x,U16 y,U8 chncode)
{
U8 * p;
int g,s,i,j,m;
U8 a,hzk1616[32];
U16 bakerx,bakery;
bakerx = x;                                    //暂存 x、y 坐标
bakery = y;
p = chn16160 + chncode * 32;                   //1 个 16×16 汉字占 32 字节
    for(m = 0;m<32;m + + )
    {
      if(m<8) { g = 14; s = 7;}
      else if( m> = 8 && m<16 ) { g = 15; s = 15;}
      else if( m> = 16 && m<24 ) { g = 30; s = 23;}
      else { g = 31; s = 31;}
      for(j = 0;j<8;j + + )
         {
           hzk1616[m] = hzk1616[m]<<1;
           a = ( p[g - 2 * j] >>(s - m) )&0x01;
           hzk1616[m] = hzk1616[m] + a;
         }
    }
p = &hzk1616[0];
//上半个字符输出,8 列
for(i = 0;i<16;i + + )
{
 if(x<0x40)
  {
  SetLocat0(x,y);
  WriteData0( * p);
  }
  else
  {
```

```
        SetLocat1(x,y);
        WriteData1(*p);
      }
      x++;
      p++;
    }                                                    //上半个字符输出结束
    x = bakerx;                                          //列对齐
    y = bakery + 1;                                      //指向下半个字符行
//下半个字符输出,8列
    for(i = 0;i<16;i++)
    {
      if(x<0x40)
        {
          SetLocat0(x,y);
          WriteData0(*p);
        }
      else
        {
          SetLocat1(x,y);
          WriteData1(*p);
        }
      x++;
      p++;
    }                                                    //下半个字符输出结束
}
//------------------------------------------------------------
//      显示 16×16 汉字串(字模是没转换的)
//------------------------------------------------------------
void DrawChnString16160(U16 x,U16 y,U8 *str,U16 s)
{
    U8 i,*p;
    static U16 x0,y0;
    x0 = x;
    y0 = y;
    p = str;
    for (i = 0;i<s;i++)
    {
      DrawOneChn16160(x0,y0,*(p+i));
      x0 += 16;                                          //水平串。如垂直串,y0 + 16
    }
}
//------------------------------------------------------------
//       8×16 ASCII 字符 (字模是没转换的)
//------------------------------------------------------------
```

显示一个 8×16 点阵 ASCII 字符,如果字模是没转换的,先要将字模进行转换,原理同显示一个字模没转换的 16×16 点阵汉字一样。转换后就可以正常显示了。

```c
void OneAsc816Char0(U16 x,U16 y,U16 Order)
{
U8 j,m,i,*p;
U16 g,s,bakerx,bakery;
U8 a,ascii816[16];
bakerx = x;
bakery = y;
p = asc816 + Order * 16;                                    //1 字符 16 字节
 for(m = 0;m<16;m++)
        {
           if(m<8) { g = 7; s = 7;}
           else { g = 15; s = 15;}
           for(j = 0;j<8;j++)
            {
               ascii816[m] = ascii816[m]<<1;
               a = ( p[g-j] >>(s-m) )&0x01;
               ascii816[m] = ascii816[m] + a;
            }
         }
  p = &ascii816[0];
//上半个字符输出,8 列
for(i = 0;i<8;i++)
{
 if(x<0x40)
  {
  SetLocat0 (x,y);
  WriteData0 (*p);
  }
 else
  {
   SetLocat1(x,y);
   WriteData1(*p);
  }
  x++;
  p++;
}                                                           //上半个字符输出结束
  x = bakerx;                                               //列对齐
  y = bakery + 1;                                           //指向下半个字符行
//下半个字符输出,8 列
for(i = 0;i<8;i++)
 {
if(x<0x40)
  {
    SetLocat0(x,y);
```

```
      WriteData0(*p);
    }
    else
    {
      SetLocat1(x,y);
      WriteData1(*p);
    }
    x++;
    p++;
  }                                                    //下半个字符输出结束
}                                                      //整个字符输出结束
//------------------------------------------------------------
//      一个 8×16 ASCII 字串的输出（字模是没转换的）
//------------------------------------------------------------
void Putstr0(U16 x,U16 y,U8 *str,U8 s)
{
  U8 i;
  static U8 x0,y0;
  x0 = x;
  y0 = y;
  for(i = 0;i<s;i++)
  {
    OneAsc816Char0(x0,y0,*(str+i));
    x0 += 8;                                           //水平串。如垂直串,y0+16
  }
}
//------------------------------------------------------------
//      8×8 ASCII 字符（字模是没转换的）
//------------------------------------------------------------
```

显示一个 8×8 点阵 ASCII 字符,如果字模是没转换的,先要将字模进行转换,原理同显示一个字模没转换的 16×16 点阵汉字一样。转换后就可以正常显示了。

```
void DrawOneAsc880(U16 x,U16 y,U16 Order)
{
U8 j,m,i,*p;
U16 g,s,bakerx,bakery;
U8 a,ascii88[8];
bakerx = x;
bakery = y;
p = asc88 + Order * 8;                                 //1字符8字节
for(m = 0;m<8;m++)
        {
            g = 7;
            s = 7;
            for(j = 0;j<8;j++)
```

```
            { ascii88[m] = ascii88[m]<<1;
              a = ( p[g-j] >>(s-m) )&0x01;
              ascii88[m] = ascii88[m] + a;
            }
        }
     p = &ascii88[0];
//字符输出
for(i = 0;i<8;i++)
{
  if(x<0x40)
    {
      SetLocat0(x,y);
      WriteData0(*p);
    }
  else
   {
     SetLocat1(x,y);
     WriteData1(*p);
   }
    x++;
    p++;
}                                                        //字符输出结束
}
//------------------------------------------------------------
//     显示 8×8 字符串(字模是没转换的)
//------------------------------------------------------------
void DrawAscString880(U16 x,U16 y,U8 *str,U8 s)
{ U8 i;
   static U16 x0,y0;
   x0 = x;
   y0 = y;
   for (i = 0;i<s;i++)
    {
      DrawOneAsc880(x0,y0,(U16)(*(str+i)));
      x0 += 8;                                          //水平串。如垂直串,y0+16
    }
 }
```

以下程序借助绘点函数,字模不用旋转,它们的显示原理可参见4.4.2小节内容。

```
//------------------------------------------------------------
//     显示一个 24×24 汉字
//------------------------------------------------------------
void DrawOneChn2424(U8 x,U8 y,U8   chnCODE)
{
  U16 i,j,k,tstch;
```

```c
    U8 * p;
    p = chn2424 + 72 * (chnCODE);
    for (i = 0;i<24;i++)
     {
         for(j = 0;j< = 2;j++)
            {
                tstch = 0x01;
                //tstch = 0x80;
                for (k = 0;k<8;k++)
                  {
                      if( * (p + 3 * i + j)&tstch)
                      W_DOT(x + i,y + j * 8 + k);
                      tstch = tstch<<1;
                      //tstch = tstch>>1;
                  }
            }
     }
 }
//-----------------------------------------------------------
//    显示 24×24 汉字串
//-----------------------------------------------------------
void DrawChnString2424(U8 x,U8 y,U8   * str,U8 s)
{
  U8 i;
  static U8 x0,y0;
  x0 = x;
  y0 = y;
  for (i = 0;i<s;i++)
   {
       DrawOneChn2424(x0,y0,(U8) * (str + i));
       x0 + = 24;                                         //水平串。如垂直串,y0 + 24
   }
 }
//-----------------------------------------------------------
//    显示 16×16 标号(报警和音响)
//-----------------------------------------------------------
void   DrawOneSyb1616(U8 x,U8 y,U16 chnCODE)
{
  int i,k,tstch;
  unsigned int * p;
  p = syb1616 + 16 * chnCODE;
  for (i = 0;i<16;i++)
     {
         tstch = 0x80;
         for(k = 0;k<8;k++)
            {
```

```
                    if( * p>>8&tstch)
                    W_DOT(x + k,y + i);
                    if(( * p&0x00ff)&tstch)
                    W_DOT(x + k + 8,y + i);
                    tstch = tstch >> 1;
                }
            p += 1;
        }
}
//------------------------------------------------------------
//  显示 12×12 汉字一个
//------------------------------------------------------------
void DrawOneChn1212(U8 x,U8 y,U16 chnCODE)
{
    U16 i,j,k,tstch;
    U8  * p;
    p = chn1212 + 24 * (chnCODE);
    for (i = 0;i<12;i ++ )
     {
        for(j = 0;j<2;j ++ )
        {
            tstch = 0x80;
            for (k = 0;k<8;k ++ )
                {
                    if( * (p + 2 * i + j)&tstch)
                    W_DOT(x + 8 * j + k,y + i);
                    tstch = tstch>>1;
                }
        }
    }
    x += 12;
}
//------------------------------------------------------------
//  显示 16×16 汉字一个
//------------------------------------------------------------
void DrawOneChn16161(U8 x,U8 y,U16 chnCODE)
{
    U16 i,k,tstch;
    U16 * p;
    p = chn16160 + 16 * chnCODE;
    for (i = 0;i<16;i ++ )
     {
        tstch = 0x80;
        for(k = 0;k<8;k ++ )
            {
                if( * p>>8&tstch)
```

```
                    W_DOT(x + k,y + i);                    //高 8 位
                    if(( * p&0x00ff)&tstch)
                    W_DOT(x + k + 8,y + i);                //低 8 位
                    tstch = tstch>>1;
                }
            p += 1;
        }
}
//-------------------------------------------------------------
//   反白显示 16×16 汉字一个
//-------------------------------------------------------------
void ReDrawOneChn1616(U8 x,U8 y,U16 chnCODE)
{
    U16 i,k,tstch;
    U16  * p;
    p = chn1616 + 16 * chnCODE;
    for (i = 0;i<16;i ++ )
     {
        tstch = 0x80;
        for(k = 0;k<8;k ++ )
            {
                if( (( * p>>8)^0x0ff) &tstch)
                W_DOT(x + k,y + i);
                if( (( * p&0x00ff)^0x00ff) &tstch)
                W_DOT(x + k + 8,y + i);
                tstch = tstch>>1;
            }
         p += 1;
     }
}
//-------------------------------------------------------------
//   显示 16×16 汉字串
//-------------------------------------------------------------
void DrawChnString16161(U8 x,U8 y,U8 * str,U8 s)
{
    U8 i;
    static U8 x0,y0;
    x0 = x;
    y0 = y;
    for (i = 0;i<s;i ++ )
    {
       DrawOneChn16161(x0,y0,(U8) * (str + i));
       x0  += 16;                                           //水平串。如垂直串,y0 + 16
    }
}
//-------------------------------------------------------------
```

第6章　KS0108 液晶显示器驱动控制

```
//    显示 8×16 字母一个(ASCII Z 字符)
//------------------------------------------------------------
void DrawOneAsc816(U8 x,U8 y,U8 charCODE)
{
  U8 *p;
  U8 i,k;
  int mask[] = {0x80,0x40,0x20,0x10,0x08,0x04,0x02,0x01};
  p = asc816 + charCODE * 16;
    for (i = 0;i<16;i++)
      {
        for(k = 0;k<8;k++)
          { if (mask[k%8]&*p)
            W_DOT(x+k,y+i);
          }
          p++;
      }
}
//------------------------------------------------------------
//    显示 8×16 ASCII 字符串
//------------------------------------------------------------
void DrawAscString816(U8 x,U8 y,U8 *str,U8 s)
 {
  U8 i;
  static U8 x0,y0;
  x0 = x;
  y0 = y;
  for (i = 0;i<s;i++)
  {
    DrawOneAsc816(x0,y0,(U8)*(str+i));
    x0 += 8;                                         //水平串。如垂直串,y0+16
  }
 }
//------------------------------------------------------------
//    显示 8×8 字母一个(ASCII Z 字符)
//------------------------------------------------------------
void DrawOneAsc881(U8 x,U8 y,U8 charCODE)
{
 U8 *p;
 U8 i,k;
 int mask[] = {0x80,0x40,0x20,0x10,0x08,0x04,0x02,0x01};
 p = asc88 + charCODE * 8;
    for (i = 0;i<8;i++)
      {
        for(k = 0;k<8;k++)
          { if (mask[k%8]&*p)
            W_DOT(x+k,y+i);
```

```
            }
            p ++ ;
        }
    }
//------------------------------------------------------------
//    显示 8×8 字符串
//------------------------------------------------------------
void DrawAscString881(U8 x,U8 y,U8 * str,U8 s)
{
    U8 i;
    static U8 x0,y0;
    x0 = x;
    y0 = y;
    for (i = 0;i<s;i ++ )
    {
        DrawOneAsc881(x0,y0,(U8) * (str + i));
        y0  += 10;
    }
}
//------------------------------------------------------------
// 主程序
//------------------------------------------------------------
void main(void)
{
//ShowSinWave3();
ShowSinWave1();
// OneAsc816Char(4,6,0x30);
// Putstr0(40,4,"ABCabc",6);
//OneAsc816Char0(40,3,0x1);
Putstr0(20,5,"\0\1\2",3);
//DrawOneChn16160(60,3,0);
//OneAsc816Char(60,3,0);
}
```

第 7 章

HD61830 液晶显示器驱动控制

　　HD61830 是一种图形液晶显示控制器,它可与 8 位微处理器接口,管理 64 KB 显示 RAM,内部时序发生器产生点阵液晶显示驱动信号。本章将对 HD61830 作一般介绍,然后详细叙述 HD61830 液晶显示模块的使用。

7.1　HD61830 液晶显示器概述

7.1.1　HD61830 液晶显示器的特点

(1) 液晶显示控制器

HD61830 液晶显示器可直接与 M6800 系列时序的 MPU 接口。

(2) 指令集

HD61830 具有专门的指令集,可完成文本显示或图形显示的功能设置,以及实现画面卷动、光标闪烁、位操作等功能。

(3) HD61830 内存管理

HD61830 可管理 64 KB 显示 RAM,其中图形方式为 60 KB,字符方式为 4 KB;

(4) 内部字符发生器 CGROM

HD61830 内部字符发生器 CGROM 共有 192 种字符,其中 5×7 字体 160 种,5×11 字体有 32 种。HD61830 还可外接字符发生器,使字符种类达到 256 种。

(5) 占空比

HD61830 具有较高占空比,可以静态方式显示至 1/128 占空比的动态方式显示。

(6) HD61830 封装和引脚

HD61830 封装为 60 个引脚,引脚排列如图 7-1 所示,引脚功能如表 7-1 所列。

(7) 多种组合功能

当 $\overline{CS}$ 为低电平时,RS、R/W、E 的各种组合所实现的功能如表 7-2 所列。

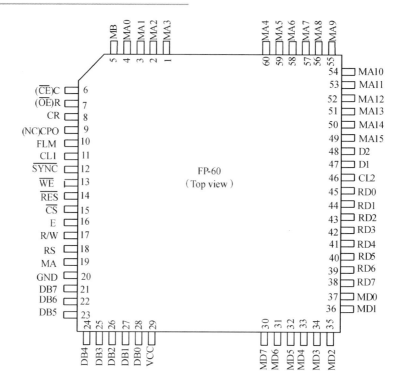

图 7-1　HD61830 引脚图

表 7-1　HD61830 引脚功能

符　号	状　态	名　称	功　能
DB0～DB7	三态	数据总线	
$\overline{CS}$	输入	片选信号	低电平有效
R/W	输入	读写选择信号	高电平读,低电平写
RS	输入	寄存器选择	RS=1,选指令寄存器;RS=0,选数据寄存器
E	输入	使能信号	在 E 下降时写数据;E 为高电平读数据
CR、R、C		RC 振荡器引出端	
$\overline{RES}$	输入	复位信号	低电平有效
MA0～MA15	输出	外接 RAM 地址输出端	文本方式下,MA12～MA15 为外接 CGROM 的地址线,所以 HD61830 只能管理 4 KB 的文本显示 RAM
MD0～MD7	三态	显示 RAM 数据线	
RD0～RD7	输入	外接 CGROM 数据输入端	
$\overline{WE}$	输出	显示 RAM 的写信号	
CL1、CL2	输出	锁存信号和移位时钟	
FLM	输出	同步帧信号	
MA、MB	输出	液晶交流驱动信号	
D1、D2	输出	串行输出数据	单屏使用 D1;双屏时,上屏使用 D1,下屏使用 D2
CP0	输出	时钟输出信号	
$\overline{SYNC}$	三态	多片 HD61830 并联时同步信号	

第 7 章　HD61830 液晶显示器驱动控制

表 7-2　读写操作组合

RS	R/W	E	功　能
0	0	下降沿	写数据或指令参数
0	1	高电平	读数据
1	0	下降沿	写指令代码
1	1	高电平	读忙标志

(8) HD61830 的电气参数

HD61830 的电气参数如表 7-3 所列。

内嵌 HD61830 控制器的显示模块有很多，如：MGLS-8032B、MGLS240128、MGLS-8464、MGLS12864 等，它们的电气参数基本相同，指令系统是一样的。因此它们的显示控制程序编制均可参考本章介绍的方法进行。

表 7-3　HD61830 的电气参数

名　称	符　号	最小值	典型值	最大值	单　位	测试条件
电源	V_{CC}	4.5	5.0	5.5	V	
输入高电压 TTH	V_{IH}	2.2		V_{CC}	V	
输入低电压 TTL	V_{IL}	0		0.8	V	
输出高电压 TTH	V_{OH}	2.4		V_{CC}	V	$I_{OH}=0.6$ mA
输出低电压 TTL	V_{OL}	0		0.4	V	$I_{OL}=1.6$ mA
功率	P_{wl}		10	15	mW	$f_{osc}=500$ MHz
时钟	f_{osc}	400	500	600	kHz	$C_f=15$ pF$(1\pm15\%)$,$R_f=39$ kΩ

7.1.2　HD61830 与微处理器的连接

在内藏控制器型的液晶显示模块上已经完成了控制器与液晶显示驱动器和显示缓冲区的接口工作，留给用户的仅仅是与 MPU 的接口。因此只需了解 HD61830 的指令系统及与 MPU 接口，而无需对液晶显示驱动器作太多了解就可使用内藏 HD61830 的液晶显示模块，本节以精电蓬远公司提供的演示板为实用电路，说明内藏 HD61830 液晶显示模块的显示驱动。

1. 直接方式接口电路及驱动程序

精电蓬远公司提供的演示板接口电路如图 7-2 所示。由硬件接线可定义符号地址如下：

```
DW_ADD    EQU    8000H        ;写数据口地址
DR_ADD    EQU    8200H        ;读数据口地址
CW_ADD    EQU    8100H        ;写指令口地址
CR_ADD    EQU    8300H        ;读状态口地址
COM       EQU    30H          ;指令代码寄存器
DAT       EQU    31H          ;数据寄存器
```

嵌入式控制系统人机界面设计

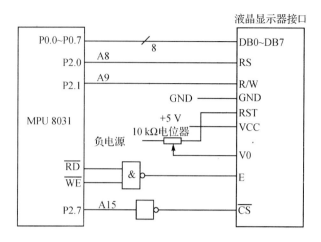

图 7-2 直接方式接口电路

驱动子程序如下：

(1) 读状态位子程序

```
PR0:
    MOV     DPTR,#CR_ADD        ;设置读状态口地址
PR01:
    MOVX    A,@DPTR             ;读状态(ACC.7=1,"忙";ACC.7=0,空闲)
    JB      ACC.7,PR01          ;"忙",等待
    RET
```

(2) 写指令代码子程序

```
PR1:
    LCALL   PR0                 ;写指令入口
    MOV     DPTR,#CW_ADD        ;设置写指令口地址
    MOV     A,COM               ;取指令代码
    MOVX    @DPTR,A             ;写入指令代码
    RET
```

(3) 写指令参数和数据子程序

```
PR2:
    LCALL   PR0                 ;写数据入口
    MOV     DPTR,#DW_ADD        ;设置写数据口地址
    MOV     A,DAT               ;取指令参数或显示数据
    MOVX    @DPTR,A             ;写入参数或数据
    RET
```

(4) 读显示数据子程序

```
PR3:
    LCALL   PR0                 ;读数据入口
    MOV     DPTR,#DR_ADD        ;设置读数据口地址
    MOVX    A,@DPTR             ;读显示数据
```

```
    MOV      DAT,A              ;存数据
    RET
```

2. 间接控制方式接口电路及驱动程序

间接控制方式就是使用并行接口与内藏 HD61830 液晶显示模块连接,接口电路如图 7-3 所示,即

```
    RS       EQU      P3.2      ;通道选择信号
    R/W      EQU      P3.3      ;读/写选择信号
    E        EQU      P3.4      ;使能信号
```

MPU 通过控制并行接口的输出状态实现对 HD61830 的控制,由于并行接口是唯一对液晶显示模块接口,所以液晶显示模块的片选直接接地即可。

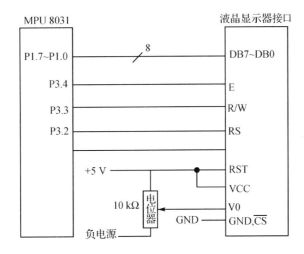

图 7-3 间接控制方式接口电路

驱动子程序如下:

(1) 读状态位子程序

读状态位子程序中,如 P1 口作输入,必须先向 P1 口送 FFH,这是 MCS-51 单片机并口特性决定的。当 RS=1、R/W=1、E 为高点平时读状态。

```
PR0:
    SETB     RS                 ;RS = 1
    SETB     R/W                ;R/W = 1
PR01:
    MOV      P1,#0FFH           ;置 P1 口为"1"
    SETB     E                  ;E 为下降沿,写数据;E 为高电平时,读数据
    MOV      A,P1               ;读状态
    CLR      E                  ;E = 0
    JB       ACC.7,PR01         ;判状态位为"0"否
    RET
```

(2) 写指令代码子程序

RS=1、R/W=0、E 为下降沿写指令。

```
PR1:
    LCALL   PR0                 ;写指令入口
    SETB    RS                  ;写指令带码
    CLR     R/W                 ;R/W=0,写数据
    MOV     A,COM               ;取指令代码
    MOV     P1,A                ;写入 P1 口
    SETB    E                   ;E=1
    CLR     E                   ;E=0,E 为下降沿,写指令
    RET
```

（3）写指令参数和数据子程序

RS＝0、R/W＝0、E 为下降沿写数据。

```
PR2:
    LCALL   PR0                 ;写数据入口
    CLR     RS                  ;RS=0
    CLR     R/W                 ;R/W=0
    MOV     A,DAT               ;取指令参数或显示数据
    MOV     P1,A                ;写入数据
    SETB    E                   ;E=1
    CLR     E                   ;E=0
    RET
```

（4）读数据子程序

RS＝0、R/W＝1、E 为高电平读数据。

```
PR3:
    LCALL   PR0                 ;写数据入口
    CLR     RS                  ;RS=0
    SETB    R/W                 ;R/W=1
    MOV     P1,#0FFH            ;置 P1 口为"1"
    SETB    E                   ;E=1
    MOV     A,P1                ;读数据
    CLR     E                   ;E=0
    MOV     DAT,A               ;存数据
    RET
```

7.2　HD61830 的指令系统

　　HD61830 有 13 条指令,指令是由一个指令代码和一个功能参数组成。指令代码类似参数寄存器的地址代码,而参数才是实质的功能值。MPU 向 HD61830 指令寄存器写入指令代码来选择参数寄存器,再通过向参数寄存器写入参数值,以实现功能的设置。

　　HD61830 向 MPU 提供一个忙标志位（BF）：BF＝1 表示当前 HD61830 处于内部运行状态,不接受 MPU 的访问（读忙标志位除外），BF＝0 表示 HD61830 允许 MPU 的访问。MPU 在访问 HD61830 时都要判断 BF 是否为忙。

　　MPU 可在 RS＝1 下从数据总线 D7 位上读出 BF 标志值。

7.2.1 方式控制指令

(1) 方式控制,指令代码为 00H

该指令参数定义了显示方式。

其参数格式为：

D7	D6	D5	D4	D3	D2	D1	D0
0	0	0/1	0/1	0/1	0/1	0/1	0/1

D0：字符发生器选择,D0=0 为 CGROM,D0=1 为 ExCGROM。

D1：显示方式选择,D1=0 为文本方式,D1=1 为图形方式。

D3、D2：光标功能组合,实现功能如表 7-4 所列。

D4：工作方式选择,D4=0 为从方式,D4=1 为主方式。

D5：显示状态选择,D5=0 为禁止显示,D5=1 为启用显示。

需要注意的是,使用图形方式(D1=1)时,只能使 D0=D2=D3=0。一般情况下,HD61830 采用主方式 D4=1。当有两片 HD61830 并联时,则其中一片为主方式,一片为从方式。

表 7-4 光标功能组合

D3	D2	功能	D3	D2	功能
0	0	光标禁用	1	0	光标禁止,字符闪烁
0	1	启用光标	1	1	光标闪烁

(2) 字体设置,指令代码 01H

该指令设置文本方式下字符的点阵大小,指令参数格式：

VP−1	0	HP−1

VP：字符点阵行数,取值范围 1~16；

HP：字符点阵列数,图形方式表示一字节显示数据的有效位数,HP 的取值范围为 6、7、8。

(3) 帧设置,指令代码 03H

该指令的指令参数格式如下：

0	Nx−1

Nx 为显示时的帧扫描行数,其倒数即为占空比。对单屏结构的显示模块,Nx 即为其有效显示行数；对双屏显示结构的模块,则 2Nx 为其有效显示行数。

7.2.2 显示域设置指令

(1) 显示域设置,指令代码 02H

指令的指令参数格式如下：

0	HN−1

HN 为一行显示所占的字节数,其取值范围为 2~128 内的偶数值,由 EN 和 HP 可得显示屏有效显示点列数 N=HN×HP。

(2) 显示缓冲区起始地址低 8 位 SADL 设置,指令代码 08H

该指令的指令参数格式如下:

起始地址低 8 位 SADL

(3) 显示缓冲区起始地址高 8 位 SADH 设置,指令代码 09H

该指令的指令参数格式如下:

起始地址高 8 位 SADH

以上两条指令设置了显示缓冲区起始地址,它们的指令参数分别是该地址的低位和高位字节。该地址对应显示 LCD 屏左上角显示位,显示缓冲区单元(即 RAM 单元)与显示 LCD 屏的显示位的对应关系如图 7-4 所示。

SAD	SAD+1	…	SAD+HN−1
SAD+HN	SAD+HN+1	…	SAD+2HN−1
…	…	…	…
SAD+MHN	SAD+MHN+1	…	SAD+(M+1)×HN−1

图 7-4 显示缓冲区与显示屏的对应关系

显示 LCD 屏一个显示单位为 HP(字符的点阵大小)。

7.2.3 光标设置指令

(1) 光标位置设置,指令代码 04H

文本方式下的光标为一行(8×1)点阵显示,该指令用来指明光标在字符位中第几行,指令参数格式如下:

0	0	0	0	CP−1

其中 CP 表示光标在字符体中的行位置,CP 取值范围在 1~VP 之间。CP>VP 时光标将被禁止。

(2) 设置光标地址指针低 8 位 CACL 指令,指令代码 0AH

该指令的指令参数格式如下:

光标地址低 8 位　CACL

(3) 设置光标地址指针高 8 位 CACH 指令,指令代码 0BH

该指令的指令参数格式如下:

光标地址高 8 位　CACH

第 7 章　HD61830 液晶显示器驱动控制

设置光标地址指针的两条指令,其指令参数即是该光标地址指针的低位和高位字节。其作用一是用来指示当前要读、写显示缓冲区单元的地址;二是用在文本方式下,指出光标或闪烁字符在显示 LCD 屏的位置。

由于光标地址计数器是 16 位加 1 计数器,当第 N 位从 1 变到 0 时,会引起第 N+1 位自动加 1。因而在设置低 8 位地址时,若最高位 MSB 从 1 变为 0,则会引起高 8 位地址的最低位 LSB 加 1。因此设置时应先设置低 8 位,再设置高 8 位,而且即使只需修改地址低 8 位,其高位也要跟着重新设置一次,以确保地址指针设置的万无一失。

7.2.4　数据读/写指令

(1) 数据写,指令代码 0CH

该指令将随后写入数据寄存器的数据送入光标地址指针指向的显示 RAM 单元。光标地址指针将随着每次数据的写入而自动加 1 修改。该指令功能的终止将由下一条指令的输入来完成。

(2) 数据读,指令代码 0DH

该指令代码写入后,紧跟着一次"空读"操作后,则可以连续读出光标地址指针所指向单元的内容。光标地址指针将随着每次数据的读出而自动加 1 修改,该指令功能的终止将由下一条指令的输入来完成。

7.2.5　"位"操作指令

"位"清 0,指令代码 0EH;"位"置 1,指令代码 0FH。

两条指令的功能是将光标地址指针所指向的显示 RAM 单元中的某一位清 0 或置 1。指令执行一次,光标地址指针自动加 1。指令参数格式为:

0	0	0	0	0	NB−1

其中 NB 为要清 0 或置 1 的位址,取值 1~8。

7.3　HD61830 液晶显示器驱动控制程序

为读者使用方便,HD61830 液晶显示器驱动控制程序分别用汇编语言和 C 语言给出。完整程序、头文件、HD61830 pdf 文档均在随书光盘"7.0"文件夹中,其中 HD61830.C 经 Keil C 调试通过。

7.3.1　HD61830 的汇编语言显示驱动

1. 初始化

由于 HD61830 不能图形和文本同时显示,所以初始化要根据使用需要而设置,HD61830

和 MPU 采用直接连接方式,参见图 7-2。

(1) 初始化子程序(文本方式)

文本方式初始化程序比较简单,每条指令都是先发一命令,再发命令参数,解释见语句后面的注释。

```
        INT:
            MOV     COM,#00H            ;方式设置
            LCALL   PR1
            MOV     DAT,#3CH            ;开显示,主方式,文本方式,光标闪烁
            LCALL   PR2                 ;写参数
            MOV     COM,#01H            ;字符体设置
            LCALL   PR1
            MOV     DAT,#77H            ;字符体为 8×8 点阵
            LCALL   PR2
            MOV     COM,#02H            ;显示域宽度设置
            LCALL   PR1
            MOV     DAT,#27H            ;1 行占显示 RAM 的 40 字节
            LCALL   PR2
            MOV     COM,#03H            ;帧信号设置
            LCALL   PR1
            MOV     DAT,#3FH            ;64 行扫描行
            LCALL   PR2
            MOV     COM,#04H            ;光标形状设置
            LCALL   PR1
            MOV     DAT,#07H            ;光标为底线形式
            LCALL   PR2
            MOV     COM,#08H            ;显示起始地址设置
            LCALL   PR1
            MOV     DAT,#00H            ;低字节为 00H
            LCALL   PR2
            MOV     COM,#09H            ;显示起始地址设置
            LCALL   PR1
            MOV     DAT,#00H            ;高字节为 00H
            LCALL   PR2
            RET
```

(2) 初始化子程序(图形方式)

字体为 8×8 点阵,1 行显示占 RAM 的 40 字节,显示起始地址为 0000H。

```
        INT:
            MOV     COM,#00H            ;方式设置
            LCALL   PR1
            MOV     DAT,#32H            ;开显示,主方式,图形方式
            LCALL   PR2
            MOV     COM,#01H            ;字符体设置
            LCALL   PR1
```

```
        MOV     DAT,#77H        ;字符体为 8×8 点阵
        LCALL   PR2
        MOV     COM,#02H        ;显示域宽度设置
        LCALL   PR1
        MOV     DAT,#27H        ;1 行显示占 RAM 的 40 字节
        LCALL   PR2
        MOV     COM,#03H        ;帧信号设置
        LCALL   PR1
        MOV     DAT,#3FH        ;64 行扫描行
        LCALL   PR2
        MOV     COM,#08H        ;显示起始地址设置
        LCALL   PR1
        MOV     DAT,#00H        ;低字节为 00H
        LCALL   PR2
        MOV     COM,#09H        ;显示起始地址设置
        LCALL   PR1
        MOV     DAT,#00H        ;高字节为 00H
        LCALL   PR2
        RET
```

2. 清显示缓冲区子程序

一次清 256 字节,循环 10 次,清一屏显示 RAM 共 40(40 字节/每行)×64＝2 560 字节。指令 0AH 是设光标低 8 位地址,指令 0BH 是设光标高 8 位地址,指令 0CH 是写数据。

```
CLEAR:
        MOV     R2,#00H
        MOV     R3,#0AH
        MOV     COM,#0AH
        LCALL   PR1
        MOV     DAT,#00H
        LCALL   PR2
        MOV     COM,#0BH
        LCALL   PR1
        MOV     DAT,#00H
        LCALL   PR2
        MOV     COM,#0CH
        LCALL   PR1
        MOV     DAT,#00H
CLR1:
        LCALL   PR2
        DJNZ    R2,CLR1         ;一屏显示 RAM 占 40×64 = 2 560 字节
        DJNZ    R3,CLR1         ;清屏区域 = 256×10 = 2 560 字节
        RET
```

3. 西文字符写入

该示例提供了文本方式下的西文显示的操作,包括显示 RAM 地址的设置,西文字符显示

光标操作以及读数据操作等。

(1) 计算文本显示 RAM 地址子程序

要想在行(y 坐标地址,以字符行为单位)、列(x 坐标地址,以字节为单位)显示西文字符,必须把行、列地址换算成显示内存的地址。然后将光标移到该地址,本子程序就是计算文本显示 RAM 地址并移光标。

显示 RAM 地址＝行(y)×40＋列(x)＋文本显示起始地址(这里是 0000H)

```
        CUL     EQU   32H              ;列(x)坐标地址(以字节为单位)
        ROW     EQU   34H              ;行(y)坐标地址(以字符行为单位)
WR_ADD:
        MOV     A,ROW                  ;取行坐标地址
        MOV     B,#28H                 ;设置显示域宽度(1 行 40 字节)
        MUL     AB                     ;计算光标指针地址
        ADD     A,CUL                  ;加列坐标地址
        MOV     CUL,A                  ;光标低 8 位暂存 CUL
        MOV     A,B
        ADDC    A,#00H                 ;加进位
        MOV     ROW,A                  ;光标高 8 位暂存 ROW
        MOV     COM,#0AH               ;设置光标指针
        LCALL   PR1
        MOV     DAT,CUL
        LCALL   PR2
        MOV     COM,#0BH
        LCALL   PR1
        MOV     DAT,ROW
        LCALL   PR2
        RET
```

(2) 西文字符串写入子程序

DPTR 为字符串首地址,写入字符个数存 COUNT。从 DPTR 地址取字符代码,写数据口;每写一个数据,DPTR 加 1,直到结束。

```
        COUNT   EQU     35H            ;写入字符个数
WR_C:
        PUSH    DPL                    ;暂存 DPTR
        PUSH    DPH
        MOV     COM,#0CH               ;设置写数据指令代码
        LCALL   PR1
        POP     DPH                    ;取出 DPTR
        POP     DPL
WR_C1:
        CLR     A
        MOVC    A,@A+DPTR              ;取字符代码
        INC     DPTR                   ;修正 DPTR
        PUSH    DPL                    ;暂存 DPTR
        PUSH    DPH
```

第7章　HD61830 液晶显示器驱动控制

```
        MOV     DAT,A               ;写入显示数据
        LCALL   PR2
        POP     DPH                 ;取出 DPTR
        POP     DPL
        DJNZ    COUNT,WR_C1         ;循环
        RET
```

(3) 西文字符写入演示程序段

设置列坐标、行坐标；调设置文本显示 RAM 地址子程序，计算地址和移指针；设置显示字符个数，调写入西文字符组子程序。

```
        MOV     CUL,#00H            ;设置列坐标为 00
        MOV     ROW,#00H            ;设置行坐标为 00
        LCALL   WR_ADD              ;调设置文本显示 RAM 地址子程序
        MOV     DPTR,#CTAB          ;设置字符组首地址
        MOV     COUNT,#1AH          ;写入字符个数为 26
        LCALL   WR_C                ;调写入西文字符组子程序
        SJMP    $
```

西文字符表 CTAB 中的代码是显示精电蓬远公司技术支持电话代码"Support TEL：010 – 62780379"。

```
CTAB:   DB      53H,75H,70H,70H,6FH,72H,74H,20H,54H,45H,4CH,20H
        DB      3AH,20H,30H,31H,30H,2DH,36H,32H,37H,38H,30H,33H,37H,39H
```

关光标，开闪烁程序。

```
        MOV     COM,#00H
        LCALL   PR1
        MOV     DAT,#38H
        LCALL   PR2
        SJMP    $
```

读数据示例程序段。

```
        MOV     CUL,#00H            ;设置列坐标地址为 00
        MOV     ROW,#00H            ;设置行坐标地址为 00
        LCALL   WR_ADD              ;确定 RAM 地址
        MOV     COM,#0DH            ;设置读数据指令代码
        LCALL   PR1
        LCALL   PR3                 ;"空读"
LOOPB:
        LCALL   PR3                 ;读显示数据
        MOV     A,#3AH              ;判所读数据是"："否？
        CJNE    A,DAT,LOOPB         ;不是则再读下一个单元
        MOV     CUL,#0CH            ;是则地址改为 00H 行、0CH 列
        MOV     ROW,#00H
        LCALL   WR_ADD
        MOV     COM,#0CH            ;设置写数据指令代码
```

```
        LCALL   PR1
        MOV     DAT,#2DH              ;写字符"-"代码
        LCALL   PR2
        SJMP    $
```

4. 汉字字符写入

由于 HD61830 显示数据输出是从 D0 位开始的,而汉字字模顺序是由 D7 位开始的,所以程序要有汉字字模结构的转换子程序。

写汉字跟显示西文字符一样,要根据显示的"行、列"位置计算显示 RAM 的地址,然后移光标到此位置。要注意的是,显示汉字是图形方式,设置显示域宽度也是每行 40 字节,因此显示 RAM 地址计算和显示西文地址计算一样。计算后地址低 8 位存 CUL,高 8 位存 ROW。

还要计算要显示的汉字距离汉字字模首地址(CCTAB)偏移量,然后将该地址存 DPTR 中。

16×16 点阵汉字字模一行两个字节,共 16 行。显示时先取左半部一个字节,进行首尾倒置转换,然后送数据口显示;再取右半部一个字节,进行首尾倒置转换,送数据口显示。详细的解释在 HD61830 C 语言驱动程序中给出。

```
    CUL     EQU 32H                 ;列坐标地址(以字节为单位)
    ROW     EQU 33H                 ;行坐标地址(以点行为单位)
    CODE    EQU 36H                 ;汉字代码(单字节形式)
    COUNT   EQU 35H                 ;计数器
```

① 计算要显示的汉字距离汉字字模首地址 CCTAB 偏移量,放 DPTR 中。

```
WR_CC:
        MOV     A,CODE
        MOV     DPTR,#CCTAB          ;汉字代码首址送 DPTR
        MOV     B,#20H               ;每个汉字 32 字节
        MUL     AB                   ;计算要显示的汉字距离 CCTAB 偏移量
        ADD     A,DPL
        PUSH    ACC                  ;将 DPL 放栈中保存
        MOV     A,B
        ADDC    A,DPH                ;高位加进位
        PUSH    ACC                  ;将 DPH 放栈中保存
```

② 根据显示的"行、列"位置计算显示 RAM 的地址,移地址指针。

```
        MOV     A,ROW                ;取行坐标地址(y)
        MOV     B,#28H                ;设置显示域宽度(40 字节)
        MUL     AB                   ;计算光标指针地址(y×40)
        ADD     A,CUL                ;加列坐标地址(y×40+x)
        MOV     CUL,A                ;地址低 8 位暂存 CUL
        MOV     A,B
        ADDC    A,#00H               ;加进位
        MOV     ROW,A                ;地址高 8 位暂存 ROW
        MOV     COUNT,#00H           ;计数器清 0
WR_CC1:
```

第7章 HD61830 液晶显示器驱动控制

MOV	COM,♯0AH	;设置光标地址
LCALL	PR1	
MOV	DAT,CUL	
LCALL	PR2	
MOV	COM,♯0BH	
LCALL	PR1	
MOV	DAT,ROW	
LCALL	PR2	

③ 写数据。

MOV	COM,♯0CH	;写数据指令代码
LCALL	PR1	
POP	DPH	
POP	DPL	;取出前面保存的要显示汉字的地址
MOV	A,COUNT	;计数值取出

④ 取汉字左半部字模数据,数据首尾倒置转换,转换后送显示。

MOVC	A,@A+DPTR	;取汉字左半部字模数据
MOV	DAT,A	;写入字模数据
PUSH	DPL	
PUSH	DPH	
LCALL	CONVERT	;调字模结构转换子程序
LCALL	PR2	;写转换后字模数据
POP	DPH	
POP	DPL	

⑤ 取汉字右半部字模数据,数据首尾倒置转换,转换后送显示。

MOV	A,COUNT	
ADD	A,♯10H	;修改间址参数
MOVC	A,@A+DPTR	;取汉字右半部字模数据
MOV	DAT,A	;写入字模数据
PUSH	DPL	
PUSH	DPH	
LCALL	CONVERT	;调字模结构转换子程序
LCALL	PR2	

⑥ 修正指针地址,移到下一行。

一行的两个字节显示结束,光标移到下一行,就是当前地址加显示域宽度(28H)。

MOV	A,CUL	;修正光标指针地址,移到下一行
ADD	A,♯28H	;加显示域宽度
MOV	CUL,A	
MOV	A,ROW	
ADDC	A,♯00H	
MOV	ROW,A	
INC	COUNT	;计数器加1

```
        MOV      A,COUNT
        CJNE     A,#10H,WR_CC1
        POP      ACC
        POP      ACC
        RET
```

⑦ 汉字字模结构转换子程序。

字模结构转换程序比较简单,主要是利用"经过进位位的累加器循环右移",利用进位位"C"把数据各位分离出来,放 DAT 中,再利用"经过进位位的累加器循环左移"以及与 DAT 数据交换,实现首尾倒置。

```
CONVERT:
        MOV      A,COUNT              ;暂存 COUNT 计数器
        PUSH     ACC
        MOV      COUNT,#08H           ;借用 COUNT 作为计数器
        MOV      A,DAT                ;取数据
        MOV      DAT,#00H             ;DAT 清 0 作为新数据
CONVER1:
        RRC      A                    ;ACC.0→C
        XCH      A,DAT                ;新旧数据交换
        RLC      A                    ;C→ACC.0
        XCH      A,DAT                ;新旧数据交换
        DJNZ     COUNT,CONVER1        ;循环
        POP      ACC                  ;恢复 COUNT
        MOV      COUNT,A
        RET

CCTAB:
        DB       000H,004H,07FH,0FEH,040H,004H,04FH,0E4H
        DB       004H,04FH,0E4H,048H,024H,04FH,0E4H,040H
        DB       04FH,0E4H,040H,004H,05FH,0F4H,050H,014H
        DB       0F4H,050H,014H,051H,014H,051H,014H,052H    ;圆
        DB       041H,020H,031H,024H,01FH,0FEH,001H,020H
        DB       0FEH,001H,020H,080H,008H,06FH,0FCH,021H
        DB       06FH,0FCH,021H,020H,001H,024H,01FH,0FEH
        DB       024H,01FH,0FEH,029H,024H,0E9H,024H,02AH    ;满
        DB       000H,080H,000H,0A0H,000H,090H,03FH,0FCH
        DB       090H,03FH,0FCH,020H,080H,020H,080H,020H
        DB       020H,080H,020H,084H,03EH,044H,022H,048H
        DB       044H,022H,048H,022H,048H,022H,030H,02AH    ;成
        DB       000H,080H,000H,080H,008H,080H,0FCH,080H
        DB       080H,0FCH,080H,010H,084H,017H,0FEH,010H
        DB       017H,0FEH,010H,084H,010H,084H,010H,084H
        DB       084H,010H,084H,010H,084H,01DH,004H,0F1H    ;功
```

5. 汉字显示演示程序

设定不同显示行、列和字符代码,反复调用汉字字符写入程序。

```
        MOV     CUL,#00H
        MOV     ROW,#00H
        MOV     CODE,#00H
        LCALL   WR_CC
        MOV     CUL,#10H
        MOV     ROW,#00H
        MOV     CODE,#01H
        LCALL   WR_CC
        MOV     CUL,#20H
        MOV     ROW,#00H
        MOV     CODE,#02H
        LCALL   WR_CC
        MOV     CUL,#30H
        MOV     ROW,#00H
        MOV     CODE,#03H
        LCALL   WR_CC
        SJMP    $
```

7.3.2　HD61830 的 C 语言显示驱动

由于 C 语言和汇编语言相比具有编程容易、可读性强等优点，现在嵌入式控制系统设计多采用 C 语言来编写，下面给出 HD61830 的 C 语言显示驱动程序，供读者参考。

```
//------------------------------------------------------------
//      HD61830.C
//------------------------------------------------------------
#include <reg51.h>
#include <stdio.h>
#include <string.h>
#include <ctype.h>
#include <absacc.h>
#include <intrins.h>
#include <math.h>
#include <def.h>
#include <chn12.h>
#include <syb16.h>
#include <asc816.h>
#include <asc88.h>
#include <chn16.h>
#include <chn24.h>
#define DW_ADD   XBYTE[0x8000]      //写数据口地址
#define DR_ADD   XBYTE [0x8200]     //读数据口地址
#define CW_ADD   XBYTE [0x8100 ]    //写指令口地址
#define CR_ADD   XBYTE [0x8300]     //读状态口地址
#define COM      XBYTE[0x30]        //指令代码寄存器
```

```c
#define DAT        XBYTE[0x31]                              //数据寄存器
U8 ROW;                                                     //LCD 地址指针高 8 位
U8 CUL;                                                     //LCD 地址指针低 8 位
//程序声明
void W_DOT(U8 i,U8 j);                                      //绘点函数
void C_DOT(U8 i,U8 j);                                      //清点函数
void DrawHorizOntalLine(U8 xstar,U8 xend,U8 ystar);         //画水平线
void DrawVerticalLine(U8 xstar,U8 ystar,U8 yend);           //画垂直线
void Linexy(U8 stax,U8 stay,U8 endx,U8 endy);               //画斜线
void ClearHorizOntalLine(U8 xstar,U8 xend,U8 ystar);        //清水平线
void ClearVerticalLine(U8 xstar,U8 ystar,U8 yend);          //清垂直线
void ShowSinWave(void);                                     //显示正弦曲线
void disdelay(void);                                        //延时
void DrawOneChn2424(U8 x,U8 y,U8    chnCODE);               //显示 24×24 汉字
void DrawChnString2424(U8 x,U8 y,U8   * str,U8 s);          //显示 24×24 汉字串
void DrawOneSyb1616(U8 x,U8 y,U16 chnCODE);                 //显示 16×16 标号
void DrawOneChn1212( U8 x,U8 y,U16 chnCODE);                //显示 12×12 汉字
void DrawOneChn1616( U8 x,U8 y,U16 chnCODE);                //显示 16×16 汉字
void DrawOneChn16160(U16 x,U16 y,U8 chncode);
void DrawChnString1616(U8 x,U8 y,U8 * str,U8 s);            //显示 16×16 汉字串
void DrawOneAsc816(U8 x,U8 y,U8 charCODE);                  //显示 8×16 ASCII 字符
void DrawAscString816(U8 x,U8 y,U8 * str,U8 s);             //显示 8×16 ASCII 字符串
void DrawOneAsc88(U8 x,U8 y,U8 charCODE);                   //显示 8×8 ASCII 字符
void DrawAscString88(U8 x,U8 y,U8 * str,U8 s);              //显示 8×8 ASCII 字符串
void FillColorScnArea(U8 x1,U8 y1,U8 x2,U8 y2);             //画填充矩形
void DrawOneBoxs(U8 x1,U8 y1,U8 x2,U8 y2);                  //画矩形
void ObtuseAngleBoxs(U8 x1,U8 y1,U8 x2,U8 y2,U8 arc);       //钝角方形
void ReDrawOneChn1616(U8 x,U8 y,U16 chnCODE);               //显示汉字,反白
void Pr0(void);                                             //读 LCD 状态
void Pr1(void);                                             //写指令代码
void Pr2(void);                                             //写指令参数和数据
void Pr3(void);                                             //读显示数据
void INT(void);                                             //初始化子程序
void SetLocat(U8   x,U8 Y);                                 //定位子程序
void CLEAR(void);                                           //清屏子程序
void DrawCGRAMChar(U16 x,U16 y,U8 charcode);                //显示一个 CGRAM 字符
void DrawCharString(U16 x,U16 y,U8 * str,U8 s);             //显示 CGRAM 字符串
void TDrawCharString(void);                                 //显示一个字符串实例
void ReadByte(x,y);                                         //读某显示单元内容
void TDrawOneChn1616(void);                                 //显示 16×16 点阵汉字
void convert ( void);                                       //字模转换
```

stringp[]中存放的是显示汉字串时串中每个汉字距离字模首地址位置,具体参见显示汉字串程序。

```c
U8 stringp[] = {0,1,2,3,4,5,6,7,};
```

ascstring816[]中存放的是显示 8×16 ASCII 字符串时串中字符,字符可以是 ASCII 表中有的任何可以显示的字符,串长度不限。

```
U8 ascstring816[] = "123asdABC";
```

ascstring88[]中存放的是显示 8×8 ASCII 字符串时串中字符,字符可以是 ASCII 表中有的任何可以显示的字符,串长度不限。

```
U8 ascstring88[] = "123456asdasdABC";
```

cctab[]中存放的是 16×16 点阵汉字"圆满成功"字模。

```
U8 cctab[] = {
            0x000,0x004,0x07F,0x0FE,0x040,0x004,0x04F,0x0E4,
            0x048,0x024,0x04F,0x0E4,0x040,0x004,0x05F,0x0F4,
            0x050,0x014,0x051,0x014,0x051,0x014,0x052,0x094,
            0x044,0x044,0x048,0x024,0x07F,0x0FC,0x040,0x004,    //圆
            0x041,0x020,0x031,0x024,0x01F,0x0FE,0x001,0x020,
            0x080,0x008,0x06F,0x0FC,0x021,0x020,0x001,0x024,
            0x01F,0x0FE,0x029,0x024,0x0E9,0x024,0x02A,0x0D4,
            0x02C,0x00C,0x028,0x004,0x028,0x014,0x028,0x008,    //满
            0x000,0x080,0x000,0x0A0,0x000,0x090,0x03F,0x0FC,
            0x020,0x080,0x020,0x080,0x020,0x084,0x03E,0x044,
            0x022,0x048,0x022,0x048,0x022,0x030,0x02A,0x020,
            0x024,0x062,0x040,0x092,0x081,0x00A,0x000,0x006,    //成
            0x000,0x080,0x000,0x080,0x008,0x080,0x0FC,0x080,
            0x010,0x084,0x017,0x0FE,0x010,0x084,0x010,0x084,
            0x010,0x084,0x010,0x084,0x01D,0x004,0x0F1,0x004,
            0x041,0x004,0x002,0x044,0x004,0x028,0x008,0x010,    //功
            };
```

ctab[]数组存放的是要显示的 CGROM 中的 8×8 字符代码"Support TEL:010-62780379"。

```
U8 ctab[] = {
            0x53,0x75,0x70,0x70,0x6F,0x72,0x74,0x20,0x54,0x45,0x4C,0x20,0x3A,
            0x20,0x30,0x31,0x30,0x2D,0x36,0x32,0x37,0x38,0x30,0x33,0x37,0x39};
```

(1) 基本函数

下面基本函数包括读写数据和指令、读 LCD 状态、绘点、清点、初始化和清屏等。对 LCD 进行读写操作,除读 LCD 状态外,其他操作必须判 LCD 状态。LCD "忙"则等待;LCD "空闲"才可进行读写操作。

```
//------------------------------------------------------------
//  读 LCD 状态
//------------------------------------------------------------
void Pr0(void)
{
    U8 lcd_stat;
```

```c
    lcd_stat = 0x80;
    while(lcd_stat&0x80)                        //判 LCD 状态
    lcd_stat = CR_ADD;                          //读 LCD 状态
}
//--------------------------------------------------------------
// 写指令代码
//--------------------------------------------------------------
void Pr1(void)
{
    Pr0();                                      //读 LCD 状态
    CW_ADD = COM;                               //LCD"空闲",写指令代码
}
//--------------------------------------------------------------
// 写指令参数和数据
//--------------------------------------------------------------
void Pr2(void)
{
    Pr0();                                      //读 LCD 状态
    DW_ADD = DAT;                               //LCD"空闲",写数据
}
//--------------------------------------------------------------
// 读当前显示数据
//--------------------------------------------------------------
void Pr3(void)
{
    Pr0();                                      //读 LCD 状态
    DAT = DR_ADD;                               //LCD"空闲",读数据
}
//--------------------------------------------------------------
// 读某显示单元内容
//--------------------------------------------------------------
void ReadByte(x,y)
{
    SetLocat( x,y);
    COM = 0x0D;
    Pr1();                                      //发读数据指令
    Pr3();                                      //"空读"
    Pr3();                                      //读得数据 DAT
}
//--------------------------------------------------------------
// 绘点函数
//--------------------------------------------------------------
```

绘点函数中参数(U8 i,U8 j)是绘点位置距 LCD 屏原点(左上角)以点为单位的横纵距离,以 MGLS-16080 为例,i 取值范围 0~159;j 取值范围 0~79。

第7章 HD61830 液晶显示器驱动控制

n=i/8 求该点横向字节数、m=i%8 求该点在字节中的"位"数，SetLocat(n,j)移光标，COM＝0x0F 是"置位"指令，DAT＝m&0x07 是置位数据。

```
void W_DOT(U8 i,U8 j)
{
    U8 n;
    U8 m;
    n = i/8;
    m = i%8;
    SetLocat(n,j);                      //移地址指针
    COM = 0x0F;                         //位置位指令
    Pr1();
    //m = 0x07 - m;
    DAT = m&0x07;
    Pr2();
}
//----------------------------------------------------------
// 清点函数
//----------------------------------------------------------
```

清点函数原理同绘点函数，只是"置位"指令(0x0F)换成位"清 0"指令(0x0E)。

```
void C_DOT(U8 i,U8 j)
{
    U8 n,m;
    n = i/8;
    m = i%8;
    SetLocat(n,j);                      //移地址指针
    COM = 0x0E;
    Pr1();
    // m = 0x07 - m;
    DAT = m&0x07;
    Pr2();
}
//----------------------------------------------------------
// 初始化子程序
//----------------------------------------------------------
void INT(void)
{
    COM = 0x00;
    Pr1();
    //DAT = 0x3C;                       //开显示,主方式,文本方式
    DAT = 0x32;                         //开显示,主方式,图形方式
    Pr2();                              //写参数
    COM = 0x01;                         //字符体设置
    Pr1();
    DAT = 0x77;                         //字符体为 8×8 点阵
```

```c
        Pr2();
        COM = 0x02;                         //显示域宽度设置
        Pr1();
        DAT = 0x27 ;                        //一行占显示RAM的40字节
        Pr2();
        COM = 0x03;                         //帧设置
        Pr1();
        DAT = 0x3F;                         //64行扫描行
        Pr2();
        COM = 0x04;                         //光标形状设置
        Pr1();
        DAT = 0x07;                         //光标为底线形式
        Pr2();
        COM = 0x08;                         //显示起始地址设置
        Pr1();
        DAT = 0x00;                         //低字节为00H
        Pr2();
        COM = 0x09;                         //显示起始地址设置
        Pr1();
        DAT = 0x00;                         //高字节为00H
        Pr2();
}
//------------------------------------------------------------
//  清屏子程序
//------------------------------------------------------------
void CLEAR(void)
{
    U16 i,j;
    COM = 0x0A;                             //设置起始地址为0000H
    Pr1();
    DAT = 0x00;
    Pr2();
    COM = 0x0B;
    Pr1();
    DAT = 0x00;
    Pr2();
    COM = 0x0C;                             //写数据指令
    Pr1();
    DAT = 0x00;                             //数据为"0"
    for(j = 0;j<10;j++)
        for(i = 0;i<= 256;i++)              //清40(40字节/每行)×64 = 2 560
        {                                   //单元
            Pr2();
        }
}
```

```
//----------------------------------------------------------
//  定位子程序
//----------------------------------------------------------
```

定位子程序中，函数参数 x 是以字节为单位、Y 是以行为单位的 LCD 屏显示位置，定位就是把指针移到与此对应的显示 RAM。r＝Y*40＋x 中，40 是一行 40 字节，Y 行共占的字节数；加上 x 列正好是显示位置对应的 RAM 单元，ROW＝r/256、CUL＝r％256 是分别求出此 16 位地址高 8 位和低 8 位，然后通过下面程序送入 HD61830。

```
void SetLocat(U8 x,U8 Y)
{
    U16 r;
    r = Y * 40 + x;
    ROW = r/256;
    CUL = r % 256;
    COM = 0x0A;
    Pr1();
    DAT = CUL;
    Pr2();
    COM = 0x0B;
    Pr1();
    DAT = ROW;
    Pr2();
}
//----------------------------------------------------------
//  显示一个 CGROM 字符
//----------------------------------------------------------
```

（2）显示一个 CGROM 字符

CGROM 字符是 HD61830 系统内藏字符集，CGROM 共有 192 种字符，每个字符都有一个字符代码，字符代码值等于该字符 ASCII 码值，显示时先移光标 SetLocat()，然后发"写数据"指令，再发数据。

```
void DrawCGRAMChar(U16 x,U16 Y,U8 charcode)
{
    SetLocat( x,Y);
    COM = 0x0C ;                          //写数据指令代码
    Pr1();
    DAT = charcode;                       //写数据
    Pr2();
}
//----------------------------------------------------------
//  显示一个 CGROM 字符串
//----------------------------------------------------------
void DrawCharString(U16 x,U16 y,U8 * str,U8 s)      //s是字符串长度
{
```

```
    U8 i;
    static U16 x0,y0;
    x0 = x;
    y0 = y;
    for(i = 0;i<s;i ++)
    {
        DrawCGRAMChar(x0,y0,(U8)*(str + i));
        x0 += 8;                                          //水平串。如垂直串,y0 + 8
    }
}
//------------------------------------------------------------
// 显示一个 CGROM 字符串实例
//------------------------------------------------------------
void TDrawCharString(void)
{
    DrawCharString(0,0,ctab,26);                          //显示 ctab 中字符串
}
//------------------------------------------------------------
// 显示 16×16 点阵汉字一个
//------------------------------------------------------------
```

(3) 显示一个 16×16 点阵汉字

正常 16×16 汉字的显示如图 7-5(a)所示,而 HD61830 汉字显示是按图 7-5(b)排列;同时正常 16×16 汉字的字模字节排列是高位在前,低位在后,如图 7-6(a)所示,而 HD61830 显示时字节排列是高位在后,低位在前,如图 7-6(b)所示。

0字节	1字节
2字节	3字节
⋮	⋮
30字节	31字节

(a) 正常显示字模排列

0字节	16字节
1字节	17字节
⋮	⋮
15字节	31字节

(b) HD61830汉字显示字模排列

图 7-5 16×16 汉字显示字模排列

D7	D6	D5	D4	D3	D2	D1	D0

(a) 正常显示字节排列

D0	D1	D2	D3	D4	D5	D6	D7

(b) HD61830字节排列

图 7-6 两种字节排列

所以编写显示程序时要按此规律进行,按图 7-5(b)首先显示 0 号字节,显示完 0 号字节后,字模偏移量要加 16,在同一行上显示 16 号字节;然后显示 1 号字节,17 号字节,…,以此类推。显示时每个字节都先要调 convert()进行转换,然后送 HD61830。

cctab[ ]中存放的字模是正常字模,在 HD61830 LCD 屏显示每一个字节都要进行转换。

```
void DrawOneChn16160(U16 x,U16 y,U8 chncode)
{
    U8 i;
```

第7章 HD61830 液晶显示器驱动控制

```c
    U8 * p;
    p = cctab + chncode * 32;              //指针 p 移向要显示的字模地址
    for(i = 0;i<16;i++)
    {
        SetLocat( x,y);                    //设光标位置
        COM = 0x0c;                        //发写数据指令
        Pr1();
        DAT = * p;                         //取 1 字节
        convert();                         //转换
        Pr2();                             //发转换后数据
        DAT = * (p + 16);                  //指针移 16 字节取数据
        convert();                         //转换
        Pr2();                             //发转换后数据
        p += 1;                            //指针移到下一字节
        y += 1;                            //行加 1
    }
}
//------------------------------------------------------------
//  字模转换
//------------------------------------------------------------
```

把正常显示字节排列转换成 HD61830 字节排列,即每一个字节都首尾倒置。

8×8 和 8×16 ASCII 字符字模、16×16 点阵、24×24 点阵汉字字模在内存中都是高位在前,低位在后存放的,如图 7-6(a)所示。而 HD61830 由于内存结构关系要求写入字节低位在前高位在后,如图 7-6(b)所示。

所以 8×8 和 8×16 ASCII 字符、16×16 点阵汉字、24×24 点阵汉字在写入 HD61830 时都要用这个程序转换。

转换只要两步,首先把 DAT 中各位从低到高依次移到 D7 位位置,把其他位清 0;然后把 v1 中 D7 位右移到原字节的倒置位并"或"上次移位结果,放 v2 中保存,循环结束把结果存 DAT。

```c
void convert ( void)
{
    U8 v1,v2,i;
    v1 = 0;
    v2 = 0;
    for(i = 7;i>= 0;i = i - 1)
    {
        v1 = ( DAT <<i)&0x80;
        v2 = v2|(v1>>(7 - i));
    }
    DAT = v2;
}
//------------------------------------------------------------
//  显示 16×16 点阵汉字实例
//------------------------------------------------------------
```

多次调用显示 16×16 点阵汉字程序。

```c
void TDrawOneChn1616(void)
{
    DrawOneChn16160(0,0,0);
    DrawOneChn16160(16,0,1);
    DrawOneChn16160(32,0,2);
    DrawOneChn16160(64,0,3);
}
//------------------------------------------------------------
// 画水平线
//------------------------------------------------------------
```

(4) 曲线显示程序

以下程序是在绘点函数基础上的一些曲线显示程序。基本方法可参考 4.4.2 小节内容。

```c
void DrawHorizOntalLine(U8 xstar,U8 xend,U8 ystar)
{
  U8  i;
  for(i = xstar;i< = xend;i ++ )
    {
        W_DOT(i,ystar);
    }
}
//------------------------------------------------------------
// 画垂直线
//------------------------------------------------------------
void DrawVerticalLine(U8 xstar,U8 ystar,U8 yend)
{
  U8 i;
  for(i = ystar;i< = yend;i ++ )
   {
    W_DOT(xstar,i);
   }
}
//------------------------------------------------------------
// 清水平线
//------------------------------------------------------------
void ClearHorizOntalLine(U8 xstar,U8 xend,U8 ystar)
{
  U8 i;
  for(i = xstar;i< = xend;i ++ )
   {
     C_DOT(i,ystar);
   }
}
//------------------------------------------------------------
```

```c
//   清垂直线
//-------------------------------------------------------------
void ClearVerticalLine(U8 xstar,U8 ystar,U8 yend)
{
    U8 i;
    for(i = ystar;i< = yend;i++)
    {
        C_DOT(xstar,i);
    }
}
//-------------------------------------------------------------
//   画斜线
//-------------------------------------------------------------
```

方法参见 4.4.2 小节内容。

```c
void Linexy(U8 stax,U8 stay,U8 endx,U8   endy)
{
    U8 t;
    U8 col,row;                          //行、列值
    U8 xerr,yerr,deltax,deltay,distance;
    U8 incx,incy;
    xerr = 0;
    yerr = 0;
    col = stax;
    row = stay;
    W_DOT(col,row);
    deltax = endx - col;
    deltay = endy - row;
    if(deltax>0) incx = 1;
    else if( deltax == 0 ) incx = 0;
    else incx = -1;
    if(deltay>0) incy = 1;
    else if( deltay == 0 ) incy = 0;
    else incy = -1;
    deltax = abs( deltax );
    deltay = abs( deltay );
    if( deltax > deltay )
    distance = deltax;
    else distance = deltay;
    for( t = 0;t < = distance + 1; t++ )
    {
        W_DOT(col,row);
        xerr += deltax;
        yerr += deltay;
        if( xerr > distance )
```

```
          {
              xerr -= distance;
              col += incx;
          }
       if( yerr > distance )
          {
              yerr -= distance;
              row += incy;
          }
     }
}
//----------------------------------------------------------------
//    画填充矩形
//----------------------------------------------------------------
void FillColorScnArea(U8 x1,U8 y1,U8 x2,U8 y2)
{
   U8 i;
   for(i = y1;i<= y2;i++)
     {
        DrawHorizOntalLine(x1,x2,i);
     }
}
//----------------------------------------------------------------
//    画矩形框
//----------------------------------------------------------------
void DrawOneBoxs(U8 x1,U8 y1,U8 x2,U8 y2)
{
    DrawHorizOntalLine(x1,x2,y1);
    DrawHorizOntalLine(x1,x2,y2);
    DrawVerticalLine(x1,y1,y2);
    DrawVerticalLine(x2,y1,y2);
}
//----------------------------------------------------------------
//    显示一个正弦曲线
//----------------------------------------------------------------
```

x 从 0 到 159 循环,逐点计算弧度值,由弧度值计算各点正弦值,然后绘点。更详细的说明可参见 4.4.2 小节内容。

```
void ShowSinWave(void)
{
    unsigned  int x,j0,k0;
    double y,a,b;
    j0 = 0;
    k0 = 0;
    DrawHorizOntalLine(1,159,32);                //画 x 坐标,范围(0~160)
```

```
            DrawVerticalLine(0,0,63);                              //画 y 坐标,范围(0~63)
            for (x = 0;x<= 160;x++)
            {
                a = ((float)x/160)*2*3.14;
                y = sin(a);
                b = (1-y)*32;
                W_DOT((U16)x,(U16)b);
                disdelay();
            }
        }
//-----------------------------------------------------------
//    显示一个 24×24 汉字
//-----------------------------------------------------------
```

(5) 借助绘点函数显示汉字

24×24 点阵汉字共 24 列,每列 3 字节。这是为配合 24 针打印机而做的字模。在 LCD 屏上显示时,如果 i 代表列数,j 代表每列的字节数,k 代表每字节的"位"数,则"点"位置应为 W_DOT(x+i,y+j*8+k),其中 x 和 y 是显示起始坐标。

```
       void DrawOneChn2424(U8 x,U8 y,U8 chnCODE)
       {
           U8 i,j,k,tstch;
           U8 *p;
           p = chn2424 + 72 * (chnCODE);
           for (i = 0;i<24;i++)                                    //24 列
           {
               for(j = 0;j<= 2;j++)                                //每列 3 字节
               {
                   tstch = 0x80;
                   for (k = 0;k<8;k++)                             //每个字节 8 位
                   {
                       if(*(p+3*i+j)&tstch)
                       W_DOT(x+i,y+j*8+k);
                       tstch = tstch>>1;
                   }
               }
           }
       }
//-----------------------------------------------------------
//    显示 24×24 汉字串
//-----------------------------------------------------------
       void DrawChnString2424(U8 x,U8 y,U8  *str,U8 s)
       {
           U8 i;
           static U16 x0,y0;
           x0 = x;
```

```
      y0 = y;
      for (i = 0;i<s;i++)
        {
          DrawOneChn2424(x0,y0,(U8)*(str+i));
          x0 += 24;                                    //水平串。如垂直串,y0+24
        }
    }
    //------------------------------------------------------------
    //    显示16×16点阵图案(报警和音响)
    //------------------------------------------------------------
```

显示16×16点阵图案(报警和音响图形)和显示16×16点阵汉字程序一样。

```
    void DrawOneSyb1616(U8 x,U8 y,U16 chnCODE)
    {
      int i,k,tstch;
      unsigned int *p;
      p = syb1616 + 16*chnCODE;
      for (i = 0;i<16;i++)
        {
            tstch = 0x80;
            for(k = 0;k<8;k++)
              {
                    if(*p>>8&tstch)
                    W_DOT(x+k,y+i);
                    if((*p&0x00FF)&tstch)
                    W_DOT(x+k+8,y+i);
                    tstch = tstch>>1;
              }
            p += 1;
        }
    }
    //------------------------------------------------------------
    //    延时
    //------------------------------------------------------------
    void disdelay(void)
    {
      unsigned long i,j;
      i = 0x01;
      while(i!= 0)
          {
              j = 0xFFFF;
              while(j!= 0)
              j -= 1;
              i -= 1;
          }
```

}
//--
// 显示12×12汉字一个
//--

显示一个12×12汉字,为了编程方便,字模是按12×16点阵排列的,即一行两字节,共12行。

```
void DrawOneChn1212(U8 x,U8 y,U16 chnCODE)
{
    U16 i,j,k,tstch;
    U8 *p;
    p = chn1212 + 24 * (chnCODE);
    for (i = 0;i<12;i++)                            //12行
        {
            for(j = 0;j<2;j++)                      //每行2字节
                {
                    tstch = 0x80;
                    for (k = 0;k<8;k++)
                        {
                            if(*(p+2*i+j)&tstch)
                            W_DOT(x+8*j+k,y+i);
                            tstch = tstch>>1;
                        }
                }
        }
    x += 12;
}
```

//--
// 显示16×16汉字一个
//--

```
void DrawOneChn1616(U8 x,U8 y,U16 chnCODE)
{
  U8 i,k,tstch;
  U16 *p;
  p = chn1616 + 16 * chnCODE;
  for (i = 0;i<16;i++)
    {
        tstch = 0x80;
        for(k = 0;k<8;k++)
            {
                if(*p>>8&tstch)
                W_DOT(x+k,y+i);
                if((*p&0x00FF)&tstch)
                W_DOT(x+k+8,y+i);
                tstch = tstch>>1;
```

```
            }
        p += 1;
    }
}
//------------------------------------------------------------
//   反白显示 16×16 汉字一个
//------------------------------------------------------------
void ReDrawOneChn1616(U8 x,U8 y,U16 chnCODE)
{
    U16 i,k,tstch;
    U16 *p;
    p = chn1616 + 16 * chnCODE;
    for (i = 0;i<16;i++)
    {
        tstch = 0x80;
        for(k = 0;k<8;k++)
        {
            if( (((*p>>8)^0x0FF) &tstch)
                W_DOT(x+k,y+i);
            if( (((*p&0x00FF)^0x00FF) &tstch)
                W_DOT(x+k+8,y+i);
            tstch = tstch>>1;
        }
        p += 1;
    }
}
//------------------------------------------------------------
//   显示 16×16 汉字串
//------------------------------------------------------------
void DrawChnString1616(U8 x,U8 y,U8 *str,U8 s)
{
    U8 i;
    static U8 x0,y0;
    x0 = x;
    y0 = y;
    for (i = 0;i<s;i++)
    {
        DrawOneChn1616(x0,y0,(U8) *(str+i));
        x0 += 16;                                       //水平串。如垂直串,y0+16
    }
}
//------------------------------------------------------------
//   显示 8×16 字母一个(ASCII 字符)
//------------------------------------------------------------
```

第7章 HD61830 液晶显示器驱动控制

(6) 显示 ASCII 字符

以下借助绘点函数显示 ASCII 字符，字模不用转换。解释可参见 4.4.2 小节。

```
void DrawOneAsc816(U8 x,U8 y,U8 charCODE)
{
    U8 *p;
    U8 i,k;
    int mask[] = {0x80,0x40,0x20,0x10,0x08,0x04,0x02,0x01};
    p = asc816 + charCODE * 16;
        for(i = 0;i<16;i++)
        {
            for(k = 0;k<8;k++)
            {
                if(mask[k%8]& *p)
                W_DOT(x+k,y+i);
            }
            p++;
        }
}

//----------------------------------------------------------------
//    显示 8×16   ASCII 字符串
//----------------------------------------------------------------
void DrawAscString816(U8 x,U8 y,U8 *str,U8 s)
{
    U8 i;
    static U8 x0,y0;
    x0 = x;
    y0 = y;
    for(i = 0;i<s;i++)
        {
            DrawOneAsc816(x0,y0,(U8)*(str+i));
            x0 += 8;                                //水平串。如垂直串,y0+16
        }
}
//----------------------------------------------------------------
//    显示 8×8 字母一个(ASCII Z 字符)
//----------------------------------------------------------------
void DrawOneAsc88(U8 x,U8 y,U8 charCODE)
{
    U8 *p;
    U8 i,k;
    int mask[] = {0x80,0x40,0x20,0x10,0x08,0x04,0x02,0x01};
    p = asc88 + charCODE * 8;
    for(i = 0;i<8;i++)
```

```c
        {
            for(k = 0;k<8;k ++ )
              {
                  if (mask[k % 8]& * p)
                  W_DOT(x + k,y + i);
              }
            p ++ ;
          }
      }
//------------------------------------------------------------
//    显示8×8字符串
//------------------------------------------------------------
void DrawAscString88(U8 x,U8 y,U8 * str,U8 s)
{
    U8 i;
    static U8 x0,y0;
    x0 = x;
    y0 = y;
    for (i = 0;i<s;i ++ )
      {
        DrawOneAsc88(x0,y0,(U8) * (str + i));
        x0  += 10;                                          //水平串。如垂直串,y0 + 8
      }
  }
//------------------------------------------------------------
//  主程序
//------------------------------------------------------------
void main(void)
{
    DrawAscString816(110,60,ascstring816,6);
    DrawAscString88(120,100,ascstring88,10);
    DrawOneSyb1616(210,3,0x01);
    DrawOneSyb1616(230,3,0x0);
    DrawChnString1616(10,75,stringp,3);
    DrawChnString2424(150,200,stringp,6);
    ShowSinWave();
  }
```

HD61830 内藏字符集

  HD61830 内部字符发生器 CGROM 共有 192 种字符,其中 5×7 字体 160 种,5×11 字体有 32 种,HD61830 还可外接字符发生器,使字符量达到 256 种。HD61830 内部字符发生器 CGROM 编码见表 7-5 所列,是完全按字符的 ASCII 码来编码的(除日文外),使用方便。如我们想显示某个字符,只要把该字符的 ASCII 码发给数据口即可(见 7.3.1 小节程序)。

第 7 章　HD61830 液晶显示器驱动控制

表 7-5　HD61830 内部字符发生器 CGROM 编码

H-4BIT / L-4BIT	0010	0011	0100	0101	0110	0111	1010	1011	1100	1101	1110	1111
xxxx0000		0	@	P	`	p	⋮	⋮	⋮	⋮	⋮	⋮
xxxx0001	!	1	A	Q	a	q	⋮	⋮	⋮	⋮	⋮	⋮
xxxx0010	"	2	B	R	b	r	⋮	⋮	⋮	⋮	⋮	⋮
xxxx0011	#	3	C	S	c	s	⋮	⋮	⋮	⋮	⋮	⋮
xxxx0100	$	4	D	T	d	t	⋮	⋮	⋮	⋮	⋮	⋮
xxxx0101	%	5	E	U	e	u	⋮	⋮	⋮	⋮	⋮	⋮
xxxx0110	&	6	F	V	f	v	⋮	⋮	⋮	⋮	⋮	⋮
xxxx0111	~	7	G	W	g	w	⋮	⋮	⋮	⋮	⋮	⋮
xxxx1000	(	8	H	X	h	x	⋮	⋮	⋮	⋮	⋮	⋮
xxxx1001	)	9	I	Y	i	y	⋮	⋮	⋮	⋮	⋮	⋮
xxxx1010	*	:	J	Z	j	z	⋮	⋮	⋮	⋮	⋮	⋮
xxxx1011	+	;	K	[	k	{	⋮	⋮	⋮	⋮	⋮	⋮
xxxx1100	,	<	L	¥	l	|	⋮	⋮	⋮	⋮	⋮	⋮
xxxx1101	-	=	M	]	m	}	⋮	⋮	⋮	⋮	⋮	⋮
xxxx1110	.	>	N	^	n	→	⋮	⋮	⋮	⋮	⋮	⋮
xxxx1111	/	?	O	-	o	←	⋮	⋮	⋮	⋮	⋮	⋮

第8章
LSD12864CT 显示驱动

8.1 LSD12864CT 硬件概述

8.1.1 主要技术参数和性能

LSD12864 的外形结构和尺寸参数如图 8-1 所示和表 8-1 所列。

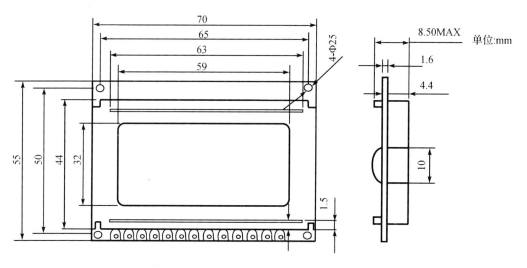

图 8-1 LSD12864CT 外形结构

表 8-1 LSD12864 的外形尺寸参数

部 件	尺寸参数	单 位	部 件	尺寸参数	单 位
模块体积	70×55×8.5	mm	点距离	0.508×0.508	mm
视域	59.0×32.0	mm	点大小	0.458×0.458	mm
行列点阵数	128×64	DOTS			

第 8 章　LSD12864CT 显示驱动

LSD12864CT 是一种图形点阵液晶显示器,它主要由行驱动器/列驱动器及 128×64 点阵液晶显示器组成,可完成图形显示,可以显示 4 行(每行 8 个)16×16 点阵汉字。

主要技术参数和性能如下。

- 电源:V_{DD}+5 V;模块内自带-10 V 负压,用于 LCD 的驱动电压。
- 显示内容:128(列)×64(行)点。
- 全 LCD 屏点阵。
- 与 CPU 接口采用 8 位数据总线并行输入/输出和 8 条控制线。
- 占空比 1/64。
- 控制系统结构如图 8-2 所示。

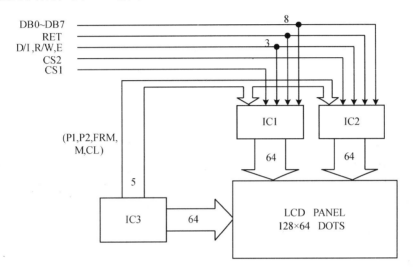

图 8-2　LSD12864CT 控制系统框图

其中 IC1 控制模块的左半屏,IC2 控制模块的右半屏,IC3 为行驱动,IC1、IC2 为列驱动。

8.1.2　LSD12864CT 的引脚及功能

LSD12864CT 对外引脚只有 20 个,它们的功能如表 8-2 所列。

表 8-2　LSD12864CT 引脚及功能

引脚号	名　称	取　值	功能描述
1	VSS	0 V	电源地
2	VDD	5.0 V	电源
3	V0	—	液晶显示器驱动电压
4	D/I	H/L	D/I=1,数据操作;D/I=0,指令操作
5	R/W	H/L	R/W=1,读操作;R/W=0,写操作
6	E	H/L	使能信号:R/W=L,E 下降沿,写数据;R/W=H,E=H,读数据
7	DB0	H/L	数据线
8	DB1	H/L	数据线

续表 8-2

引脚号	名 称	取 值	功能描述
9	DB2	H/L	数据线
10	DB3	H/L	数据线
11	DB4	H/L	数据线
12	DB5	H/L	数据线
13	DB6	H/L	数据线
14	DB7	H/L	数据线
15	CS1	H/L	CS1=H,选芯片右半屏
16	CS2	H/L	CS2=H,选芯片左半屏
17	RET	H/L	复位信号,低电平有效
18	VEE	−10 V	LCD驱动负电压
19	LED	DC +5 V	LED背光板电源+
20	LED	DC 0 V	LED背光板电源−

8.1.3 LSD12864CT 的时序

LSD12864CT 可以很方便地和 MCS-51 单片机相连,LSD12864CT 的读时序如图 8-3 所示,LSD12864CT 的写时序如图 8-4 所示,读/写时序参数如表 8-3 所列。

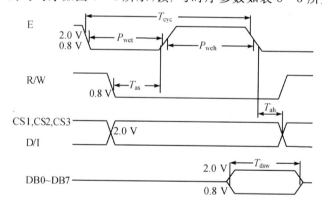

图 8-3 LSD12864 的读时序

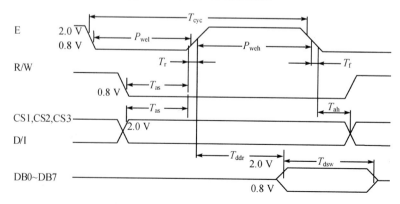

图 8-4 LSD12864 的写时序

表 8-3 读写时序参数

名 称	符 号	最小值	典型值	最大值	单 位
E 周期时间	T_{cyc}	1 000			ns
E 高电平宽度	P_{weh}	450			ns
E 低电平宽度	P_{wel}	450			ns
E 上升时间	T_r			25	ns
E 下降时间	T_f			25	ns
地址建立时间	T_{as}	140			ns
地址保持时间	T_{ah}	200			ns
数据建立时间	T_{dsw}				ns
数据延迟时间	T_{ddr}				ns
写数据保持时间	T_{dhw}	10		320	ns
读数据保持时间	T_{dsw}	20			ns

8.1.4 LSD12864CT 与微处理器的连接

LSD12864CT 和 MCS-51 微处理器相连有直接方式和间接方式,直接方式就是 MPU 的数据线,也就是 MCS-51 的 P0 口与 LSD12864CT 的 DB0～DB7 直接相连,如图 8-5 所示。间接方式是微处理器通过 I/O 口线(如 P1 口)和 LSD12864CT 的 DB0～DB7 直接相连,间接方式连接可参考图 6-4。

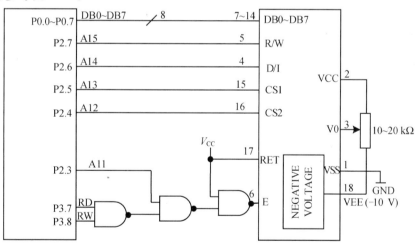

图 8-5 LSD12864CT 和 MCS-51 微处理器直接方式相连

8.2 LSD12864CT 的指令系统

8.2.1 LSD12864CT 内部寄存器

(1) 指令寄存器 IR

IR 是用来寄存指令码,与数据寄存器寄存数据相对应,当 D/I＝0 时,在 E 信号下降沿的作用下,指令码写入 IR。

(2) 数据寄存器 DR

DR 是用来寄存数据的,与指令寄存器寄存指令相对应,当 D/I=1 时,在 E 信号的下降沿作用下,图形显示数据写入 DR,或在 E 信号高电平作用下由 DR 读到 DB7～DB0 数据总线,DR 和 DDRAM 之间的数据传输是模块内部自动执行的。

(3) 忙标志 BF

BF 标志提供内部工作情况,BF=1 表示模块在进行内部操作,此时模块不接受外部指令和数据;BF=0 时,模块为空闲状态,随时可接受外部指令和数据。

利用 READ 指令,可以将 BF 读到 DB7 总线,从而检验模块工作状态。

(4) 显示控制寄存器 DFF

此触发器是用于模块 LCD 屏显示开和关的控制。DFF=1 为开显示,DDRAM 的内容就显示在 LCD 屏上,DDF=0 为关显示。

DDF 的状态是指令"DSPLAY ON/OFF"和 RST 信号控制的。

(5) XY 地址计数器

XY 地址计数器是一个 9 位计数器。高 3 位是 X 地址计数器,低 6 位为 Y 地址计数器,XY 地址计数器实际上是作为 DDRAM 的地址指针,X 地址计数器为 DDRAM 的页指针,Y 地址计数器为 DDRAM 的 Y 地址指针。X 地址计数器是没有计数功能的,只能用指令设置。

Y 地址计数器具有循环计数功能,显示数据写入后,Y 地址自动加 1,Y 地址指针从 0 到 63。

(6) 显示数据 RAM (DDRAM)

DDRAM 是存储图形显示数据的。数据为 1 表示显示选择,数据为 0 表示显示非选择。DDRAM 地址和显示位置的关系如表 8-4 所列。

表 8-4 页地址与 DDRAM 的对应关系

Y=	CS2=1					CS1=1					行号
	0	1	...	62	63	0	1	...	62	63	
x=0	DB0	DB0	DB0	DB0	DB0	DB0	DB0	DB0	DB0	DB0	0
	⋮	⋮	⋮	⋮	⋮	⋮	⋮	⋮	⋮	⋮	1
	DB7	DB7	DB7	DB7	DB7	DB7	DB7	DB7	DB7	DB7	⋮
x=1	DB0	DB0	DB0	DB0	DB0	DB0	DB0	DB0	DB0	DB0	7
	⋮	⋮	⋮	⋮	⋮	⋮	⋮	⋮	⋮	⋮	8
	DB7	DB7	DB7	DB7	DB7	DB7	DB7	DB7	DB7	DB7	⋮
⋮											55
x=7	DB0	DB0	DB0	DB0	DB0	DB0	DB0	DB0	DB0	DB0	56
	⋮	⋮	⋮	⋮	⋮	⋮	⋮	⋮	⋮	⋮	⋮
	DB7	DB7	DB7	DB7	DB7	DB7	DB7	DB7	DB7	DB7	63

(7) Z 地址计数器

Z 地址计数器是一个 6 位计数器,此计数器具备循环记数功能,它是用于显示行扫描同步。当一行扫描完成,此地址计数器自动加 1,指向下一行扫描数据,RST 复位后 Z 地址计数器为 0。

Z 地址计数器可以用指令"DISPLAY START LINE"预置。因此,显示 LCD 屏的起始行就由此指令控制,即 DDRAM 的数据从哪一行开始显示在 LCD 屏的第一行。此模块的 DDRAM 共 64 行,LCD 屏可以循环滚动显示 64 行。

8.2.2 LSD12864CT 指令说明

(1) 显示开关控制(DISPLAY ON/OFF)

R/W	D/I	DB7	DB6	DB5	DB4	DB3	DB2	DB1	DB0
0	0	0	0	1	1	1	1	1	D

D=1:开显示(DISPLAY ON),即显示器可以进行各种显示操作(指令代码 0x3F)。
D=0:关显示(DISPLAY OFF),即不能对显示器进行各种显示操作(指令代码 0x3E)。

(2) 设置显示起始行(DISPLAY START LINE)

R/W	D/I	DB7	DB6	DB5	DB4	DB3	DB2	DB1	DB0
0	0	1	1	A5	A4	A3	A2	A1	A0

前面在 Z 地址计数器说明中已经描述了显示起始行是由 Z 地址计数器控制的。A5～A6 位地址自动送入 Z 地址计数器,起始行的地址可以是 0～63 的任意一行。
例如,选择 A5～A0 是 62,则起始行与 DDRAM 行的对应关系如下:
DDRAM 行　　62　63　0　1　2　3　4…
LCD 屏显示行　0　1　2　3　4　5　6…

(3) 设置 Y 地址(SET Y ADDRESS)

此指令的作用是将 A5～A0 送入 Y 地址计数器,作为 DDRAM 的 Y 地址指针。在对 DDRAM 进行读/写操作后,Y 地址指针自动加 1,指向下一个 DDRAM 单元。

R/W	D/I	DB7	DB6	DB5	DB4	DB3	DB2	DB1	DB0
0	0	0	1	A5	A4	A3	A2	A1	A0

(4) 设置页地址(SET PAGE"x ADDRESS")

R/W	D/I	DB7	DB6	DB5	DB4	DB3	DB2	DB1	DB0
0	0	1	0	1	1	1	A2	A1	A0

所谓页地址就是 DDRAM 的行地址,8 行为 1 页,模块共 64 行即 8 页,用 A2、A1、A0 表示页。读/写数据对地址没有影响,页地址由本指令或 RST 信号改变,复位后页地址为 0,页地址与 DDRAM 的对应关系如表 8-4 所示。

注意:本系统中,行数(纵向)是用 x 表示,x=0～63;列(横向)是用 Y 表示,Y=0～127,与我们的习惯不同。

(5) 读状态(STATUS READ)

R/W	D/I	DB7	DB6	DB5	DB4	DB3	DB2	DB1	DB0
1	1	BUSY	0	ON/OFF	RET	0	0	0	0

当 R/W=1,D/I=1 时,在 E 信号为"H"的作用下,状态分别输出到数据总线(DB7~DB0)的相应位。

BF:ON/OFF=1,表示内部正在初始化,此时器件不接受任何指令和数据,ON/OFF=0 表示模块为空闲状态,随时可接受外部指令和数据。

RST:RST=1 表示内部正在初始化,此时器件不接受任何指令和数据,RST=1&& ON/OFF=0,表示模块为空闲状态,随时可接受外部指令和数据,实际在程序中我们只判 BF 即可。

(6) 写显示数据(WRITE DISPLAY DATE)

R/W	D/I	DB7	DB6	DB5	DB4	DB3	DB2	DB1	DB0
0	1	D7	D6	D5	D4	D3	D2	D1	D0

D7~D0 为显示数据,此指令把 D7~D0 写入相应的 DDRAM 单元,Y 地址指针自动加 1。

(7) 读显示数据(READ DISPLAY DATE)

R/W	D/I	DB7	DB6	DB5	DB4	DB3	DB2	DB1	DB0
1	1	D7	D6	D5	D4	D3	D2	D1	D0

此指令把 DDRAM 的内容读到数据总线 DB7~DB0,Y 地址指针自动加 1。

8.3 LSD12864CT 的软件驱动程序

8.3.1 LSD12864CT 汇编语言驱动程序

LSD12864CT 与单片机 8031 的直接接口如图 8-5 所示,利用图 8-5 举例介绍 LSD12864CT 汇编语言显示驱动,口地址定义如下。

```
DW_ADD    EQU    7800H           ;写数据口地址
DR_ADD    EQU    F800H           ;读数据口地址
CW_ADD    EQU    3800H           ;写指令口地址
CR_ADD    EQU    B800H           ;读状态口地址
COM       EQU    30H             ;指令代码寄存器
DAT       EQU    31H             ;数据寄存器
          ORG    0000H
          LJMP   INITM
          ORG    0100H
```

(1) 初始化

初始化首先设栈指针,开显示。

```
INITM:
          MOV    SP,#67H          ;设栈地址
          MOV    DPTR,#CW_ADD     ;选芯片1和芯片2
          MOV    A,#3EH           ;禁止显示
```

	LCALL	OUTI		;写命令
	LCALL	MS40		;延时
	LCALL	MS40		
	LCALL	MS40		
	MOV	A,♯3FH		;开显示
	LCALL	OUTI		
	LCALL	MS40		
	LCALL	MS40		

(2) 显示"*"号

就是在 LCD 屏上的 0 页 0 列和 1 页 0 列分别写 32 个 55H 和 AAH,组成"*"图案。

	MOV	R3,♯04H	;页号（2×4=8 页）
	MOV	A,♯0B8H	;PAGE0
DISP1:			
	PUSH	ACC	
	LCALL	CHIN1	
	POP	ACC	
	INC	A	
	INC	A	
	DJNZ	R3,DISP1	
	LCALL	MS40	
	LCALL	MS40	
	LCALL	MS40	
	LCALL	MS40	
	LCALL	MS40	

(3) 显示竖条

就是在 LCD 屏上的 0 页 0 列和 1 页 0 列分别写 32 个 00H 和 FFH,组成"竖条"图案。

	MOV	R3,♯04H
	MOV	A,♯0B8H
DISP2:		
	PUSH	ACC
	LCALL	CHIN2
	POP	ACC
	INC	A
	INC	A
	DJNZ	R3,DISP2
	LCALL	MS40
	LCALL	MS40
	LCALL	MS40
	LCALL	MS40
	LCALL	MS40

(4) 显示横条

就是在 LCD 屏上的 0 页 0 列和 1 页 0 列分别写 64 个 55H,组成"横条"图案。

```
                MOV         R3,#04H
                MOV         A,#0B8H
DISP3:
                PUSH        ACC
                LCALL       CHIN3
                POP         ACC
                INC         A
                INC         A
                DJNZ        R3,DISP3
                LCALL       MS40
                LCALL       MS40
                LCALL       MS40
                LCALL       MS40
                LCALL       MS40
```

(5) 显示汉字

显示 16×16 点阵"光大电子"4 个汉字。

由于 LSD12864CT 显示 RAM 的结构,如表 8-4 所列,字节数据是竖立排列的,并且低位在上,高位在下(D0 在最上,D7 在最下),因此显示时正常字模不能直接来使用,都要进行逆时针旋转 90°。这里 4 个汉字的字模是已经转换好的,直接将字模数据发给 LSD12864CT 即可。

```
                MOV         R3,#04H              ;计数,4 个汉字
                MOV         A,#0B8H
DISP4:
                PUSH        ACC
                LCALL       CHIN4                ;调显示汉字子程序
                POP         ACC
                INC         A
                INC         A
                DJNZ        R3,DISP4
                LCALL       MS40
                LCALL       MS40
                LCALL       MS40
                LCALL       MS40
                LCALL       MS40
                LJMP        $
CHIN1:
                PUSH        ACC
                LCALL       OUTI                 ;输出指令,设置页地址(0 页)
                MOV         A,#40H               ;设置列地址(y=0)
                LCALL       OUTI
                MOV         R2,#32               ;发 32 个 55H 和 AAH
LOAD1:
                MOV         A,#55H               ;发显示数据 55H
                LCALL       OUTD                 ;写数据
                MOV         A,#0AAH              ;发显示数据 AAH
```

```
            LCALL   OUTD
            DJNZ    R2,LOAD1
            POP     ACC
            INC     A                       ;页加 1
            LCALL   OUTI
            MOV     A,#40H                  ;恢复列地址为 0 列
            LCALL   OUTI
            MOV     R2,#32
LOAD12:
            MOV     A,#55H                  ;在同列的下一页再发 32 个 55H 和 AAH
            LCALL   OUTD
            MOV     A,#0AAH
            LCALL   OUTD
            DJNZ    R2,LOAD12
            RET                             ;组成"*"后返回
CHIN2:
            PUSH    ACC                     ;保存页号进栈
            LCALL   OUTI                    ;设页号
            MOV     A,#40H                  ;设 Y 地址
            LCALL   OUTI
            MOV     R2,#32
LOAD2:
            MOV     A,#00H
            LCALL   OUTD
            MOV     A,#0FFH
            LCALL   OUTD
            DJNZ    R2,LOAD2
            POP     ACC
            INC     A
            LCALL   OUTI
            MOV     A,#40H
            LCALL   OUTI
            MOV     R2,#32
LOAD21:
            MOV     A,#00H
            LCALL   OUTD
            MOV     A,#0FFH
            LCALL   OUTD
            DJNZ    R2,LOAD21
            RET
CHIN3:
            PUSH    ACC                     ;保存页号进栈
            LCALL   OUTI
            MOV     A,#40H                  ;设 Y 地址
            LCALL   OUTI
```

```
            MOV       R2,#64
LOAD3:
            MOV       A,#55H
            LCALL     OUTD
            DJNZ      R2,LOAD3
            POP       ACC
            INC       A
            LCALL     OUTI
            MOV       A,#40H
            LCALL     OUTI
            MOV       R2,#64
LOAD31:
            MOV       A,#55H
            LCALL     OUTD
            DJNZ      R2,LOAD31
            RET
CHTN4:                                      ;显示汉字子程序
            PUSH      ACC                   ;保存页号进栈
            LCALL     OUTI                  ;从0页开始显示
            MOV       A,#40H                ;设Y地址
            LCALL     OUTI
            MOV       R2,#64                ;先发4个汉字的上部,再发4个汉字的下部
            MOV       R1,#00
            MOV       DPTR,#CHINESE         ;取汉字字模首地址
LOAD4:
            MOV       A,R1
            MOVC      A,@A+DPTR
            LCALL     OUTD
            INC       DPTR
            DJNZ      R2,LOAD4              ;先发4个汉字的上部64字节
            POP       ACC                   ;在同列的下一页发4个汉字的下部64字节
            INC       A
            LCALL     OUTI
            MOV       A,#40H
            LCALL     OUTI
            MOV       R2,#64
LOAD41:
            MOV       A,R1
            MOVC      A,@A+DPTR
            LCALL     OUTD
            INC       DPTR
            DJNZ      R2,LOAD41
            RET
MS40:                                       ;延时子程序
            MOV       R7,#0E8H
```

```
MS2:
        MOV         R6,#0FFH
MS1:
        DJNZ        R6,MS1
        DJNZ        R7,MS2
        RET
;输出指令 D/I=0
        OUTI:
        PUSH        DPH
        PUSH        DPL
        MOV         DPTR,#CW_ADD
        MOVX        @DPTR,A
        POP         DPL
        POP         DPH
        RET
;输出数据 D/I=1
        OUTD:
        PUSH        DPH
        PUSH        DPL
        MOV         DPTR,#DW_ADD
        MOVX        @DPTR,A
        POP         DPL
        POP         DPH
        RET
CHINESE:
;正常字模逆时针转90°
;(页0)
DB 40H,40H,42H,44H,58H,0C0H,40H,7FH,40H,0C0H,50H,48H,46H,64H,40H,00H
;"光"字上部
DB 20H,20H,20H,20H,20H,20H,0A0H,7FH,0A0H,20H,20H,20H,20H,30H,20H,00H
;"大"字上部
DB 00H,0F0H,90H,90H,90H,90H,0FFH,90H,90H,90H,90H,0FBH,10H,00H,00H,00H
;"电"字上部
DB 80H,80H,82H,82H,82H,82H,82H,0E2H,0A2H,92H,8AH,87H,82H,0C0H,80H,00H
;"子"字上部
;(页1)
DB 00H,80H,40H,20H,18H,07H,00H,00H,00H,3FH,40H,40H,40H,40H,70H,00H
;"光"字下部
DB 00H,40H,40H,20H,10H,0CH,03H,00H,01H,06H,08H,10H,20H,60H,20H,00H
;"大"字下部
DB 00H,0FH,04H,04H,04H,04H,7FH,84H,84H,84H,84H,8FH,80H,0FH,00H,00H
;"电"字下部
DB 00H,00H,00H,00H,00H,40H,80H,7FH,00H,00H,00H,00H,00H,00H,00H,00H
;"子"字下部
```

8.3.2 LSD12864CT C 语言驱动程序

LSD12864CT C 语言驱动程序在随书光盘"8.0"文件夹中,并经 Keil C 编译通过。电路原理如图 8-5 所示,程序和程序的解释如下。

```c
/* LSD12864CT.C */
#include <stdio.h>
#include <math.h>
#include <absacc.h>
#include <lsd12864ct.h>
```

lsd12864ct.h 是用户使用的头文件,在随书光盘"8.0"文件夹中。里面包括:没转换的 16×16、12×12 点阵汉字字模,16×16 点阵图案和一条正弦曲线的函数值。这些都是在程序中使用的,详细解释可参见相关程序。

```c
#include <def.h>
#include <asc88.h>
#include <asc816.h>
#define LCDRD0 XBYTE[0xe800]        //读数据口 0
#define LCDWD0 XBYTE[0x6800]        //写数据口 0
#define LCDRC0 XBYTE[0xa800]        //读状态口 0
#define LCDWC0 XBYTE[0x2800]        //写命令口 0
#define LCDRD1 XBYTE[0xd800]        //读数据口 1
#define LCDWD1 XBYTE[0x5800]        //写数据口 1
#define LCDRC1 XBYTE[0x9800]        //读状态口 1
#define LCDWC1 XBYTE[0x1800]        //写命令口 1
//程序声明:
void WriteCommand0(U8 cmd);         //写命令
void WriteCommand1(U8 cmd);
void WriteData0(U8 dat);            //写数据
void WriteData1(U8 dat);
    U8 ReadData0(void);             //读当前指针数据
    U8 ReadData1(void);
void SetLocat(U8 x,U8 y);           //光标定位
void ClrScreen(U8 x);               //清屏
void LcdInit(void);                 //LCD 初始化
void W_DOT(U8 i,U8 j);              //绘点函数
void C_DOT(U8 i,U8 j);              //清点函数
void DrawHorizOntalLine(U8 xstar,U8 xend,U8 ystar);     //画水平线
void DrawVerticalLine(U8 xstar,U8 ystar,U8 yend);       //画垂直线
void ClearHorizOntalLine(U8 xstar,U8 xend,U8 ystar);    //清水平线
void ClearVerticalLine(U8 xstar,U8 ystar,U8 yend);      //清垂直线
void disdelay(void);                //延时
void ShowSinWave(void);             //画一条正弦曲线
void ShowSinWave1(void);            //显示一条正弦曲线
```

第8章　LSD12864CT 显示驱动

```
//以下程序一次输出一个字节,正常字模,输出时字模逆时针旋转90°
void DrawOneAsc880(U8 x,U8 y,U8 Order);              //显示 8×8 ASCII 字符
void DrawAscString880(U8 x,U8 y,U8 * str,U8 s);      //显示 8×8 ASCII 字符串
void OneAsc816Char0(U8 x,U8 y,U8 Order);             //显示 8×16 ASCII 字符
void Asc816String0(U8 x,U8 y,U8 * str,U8 s);         //显示 8×16 ASCII 字符串
void DrawOneChn16160(U8 x,U8 y,U8 chncode);          //显示 16×16 汉字
void DrawChnString16160(U8 x,U8 y,U8 * str,U8 s);    //显示 16×16 汉字串
void DrawOneSyb1616(U8 x,U8 y,U8 chnCODE);           //显示 16×16 标号
//以下程序借助绘点函数,正常字模,输出时字模不用旋转
void DrawOneAsc881(U8 x,U8 y,U8 charCODE);           //显示 8×8 ASCII 字符
void DrawAscString881(U8 x,U8 y,U8 * str,U8 s);      //显示 8×8 ASCII 字符串,s 是串长
void DrawOneAsc816(U8 x,U8 y,U8 charCODE);           //显示 8×16 ASCII 字符
void DrawAscString816(U8 x,U8 y,U8 * str,U8 s);      //显示 8×16ASCII 字符串,s 是串长
void DrawOneChn1212( U8 x,U8 y,U8 chnCODE);          //显示 12×12 汉字,绘点
void DrawOneChn16161( U8 x,U8 y,U8 chnCODE);         //显示 16×16 汉字,绘点
void DrawChnString16161(U8 x,U8 y,U8 * str,U8 s);    //显示 16×16 汉字符串,s 是串长
void ReDrawOneChn1616(U8 x,U8 y,U8 chnCODE);         //反白显示 16×16 汉字一个
    U8 stringp[] = {0,1,2,3,4,5,6,7,8,9,10};
    U8 ascstring816[] = "123asdABC";
    U8 ascstring88[] = "123456asdasdABC";
```

程序可分为 4 部分,基本函数部分、显示曲线部分、显示 ASCII 字符和各种点阵汉字部分。

(1) 基本函数

基本函数包括写命令和数据、光标定位、读状态、清屏、LCD 初始化以及绘点和清点函数。除读状态外,其他操作必须判 LCD 状态,LCD 忙则等待;LCD 空闲才可对其进行读写操作。

```
//------------------------------------------------------------
//    口 0 写命令
//------------------------------------------------------------
void WriteCommand0(U8 cmd)
{
    U8 lcd_stat;
    lcd_stat = 0x80;
    while(lcd_stat&0x80)                    //判 LCD 状态,忙则不断读状态等待
    {lcd_stat = * (unsigned char * )LCDRC0;} //读状态口
    * (unsigned char * )LCDWC0 = cmd;       //口空闲,发命令
}
//------------------------------------------------------------
//    口 1 写命令
//------------------------------------------------------------
void WriteCommand1(U8 cmd)
{
    U8 lcd_stat;
    lcd_stat = 0x80;
    while(lcd_stat&0x80)
```

```c
    {lcd_stat = *(unsigned char *)LCDRC1;}
    *(unsigned char *)LCDWC1 = cmd;
}
//---------------------------------------------------------------
//   口0写数据
//---------------------------------------------------------------
void WriteData0(U8 dat)
{
    U8 lcd_stat;
    lcd_stat = 0x80;
    while(lcd_stat&0x80)                        //判LCD状态,忙则不断读状态等待
    {lcd_stat = *(unsigned char *)LCDRC0;}      //读状态口
    *(unsigned char *)LCDWD0 = dat;             //口空闲,写数据
}
//---------------------------------------------------------------
//   口1写数据
//---------------------------------------------------------------
void WriteData1(U8 dat)
{
    U8 lcd_stat;
    lcd_stat = 0x80;
    while(lcd_stat&0x80)
    {lcd_stat = *(unsigned char *)LCDRC1;}
    *(unsigned char *)LCDWD1 = dat;
}
//---------------------------------------------------------------
//   口0读数据
//---------------------------------------------------------------
U8 ReadData0(void)
{
    U8 lcd_stat,Result;
    lcd_stat = 0x80;
    while(lcd_stat&0x80)
    {lcd_stat = *(unsigned char *)LCDRC0;}
    Result = *(unsigned char *)LCDRD0;
    return(Result);
}
//---------------------------------------------------------------
//   口1读数据
//---------------------------------------------------------------
U8 ReadData1(void)
{
    U8 lcd_stat,Result;
    lcd_stat = 0x80;
    while(lcd_stat&0x80)                        //判LCD状态,忙则不断读状态等待
```

```
    {lcd_stat = *(unsigned char *)LCDRC1;}         //读状态口
    Result = *(unsigned char *)LCDRD1;             //口空闲,读数据
    return(Result);
}
```
//--
//   光标定位
//--

光标定位,参数 x 是页号,范围为 0~7;y 是列号,范围是 0~127;知道了这两个参数就可以确定要显示字节在 RAM 中的确切位置。

0x40 是 LCD 屏读写范围,超出则要对第二块 LCD 屏进行读写操作。0xB8 是设置页地址指令,0x40 是设置列地址指令。

```
void SetLocat(U8 x,U8 y)
{
    if(y<0x40)
    {
        WriteCommand0(0xB8|x);
        WriteCommand0(0x40|y);
    }
    else
    {
        WriteCommand1(0xB8|x);
        WriteCommand1(0x40|(y-0x40));
    }
}
```
//--
//   清屏
//--

对两块屏的显示缓冲区 DDRAM 从 0 页到 7 页、从 0 列到 63 列全送"0"。

```
void ClrScreen(void)
{
    U8 i,j;
    WriteCommand0(0x3F);                           //开显示
    WriteCommand1(0x3F);
    for(i=0;i<8;i++)
    {
        WriteCommand0(0xB8+i);                     //0~7 页
        WriteCommand1(0xB8+i);
        WriteCommand0(0x40);                       //0~63 列
        WriteCommand1(0x40);
        for(j=0;j<0x40;j++)
        {
            WriteData0(0);                         //送"0"
            WriteData1(0);
```

```
            }
        }
}
//------------------------------------------------------------
//    LCD 初始化
//------------------------------------------------------------
```
0xC0 是设显示起始行指令,这里显示起始行为"0",0x3F 是开显示指令。
```
void Lcd_Init(void)
{
    WriteCommand0(0xC0);                    //设置显示起始行为"0"
    WriteCommand1(0xC0);
    WriteCommand0(0x3F);                    //开显示
    WriteCommand1(0x3F);
    ClrScreen();
}
//------------------------------------------------------------
//    绘点函数
//------------------------------------------------------------
```

绘点函数,参数 x 是要显示点距离原点(屏左上角)以点为单位的纵向距离(范围 0~63);y 是要显示点距离原点以点为单位的横向距离(范围 0~127)。有了这个函数我们就可以方便地显示各种曲线和汉字了。

$m=x/8$ 是计算 x 所属字节所在页号;$n=x\%8$ 是计算 x 在所属字节中的 bit 位,然后光标定位,取出 x 所属的字节,保护字节其他 bit 位信息,将 x 对应的 bit 位置 1 即可。

为了可靠,读数据 2 次,第一次空读,第二次读数据。由于读或写时光标会自动移到下一字节,所以第二次读或写时要将光标重新移回(重新定位)。

```
void W_DOT(U8 x,U8 y)
{
        U8    m,n,k,Data,lcd_stat;
        m = x/8;
        n = x % 8;
        k = 0x01;
        k = k<<n;
        lcd_stat = 0x80;
        SetLocat(m,y);
        if(y<0x40)
          {
            Data = ReadData0();
            SetLocat(m,y);
            Data = ReadData0();
          }
        else
          {
              Data = ReadData1();
```

```
            SetLocat(m,y);
            Data = ReadData1();
         }
    Data = Data|k;
    SetLocat(m,y);
    if(y<0x40)
    WriteData0(Data);
  else
    WriteData1(Data);
}
```
//--
//   清点函数
//--

清点函数,原理同绘点函数,有了这个函数,我们不仅可以清1个点,还可以清直线和一片区域,还可以动态刷新LCD屏。

```
void C_DOT( U8 x,U8 y)
{
    U8 m,n,k,Data,lcd_stat;
    m = x/8;
    n = x%8;
    k = 1;
    k = k<<n;
    k = ~k;
    lcd_stat = 0x80;
    SetLocat(m,y);
    if(y<0x40)
      {
         Data = ReadData0();
         SetLocat(m,y);
         Data = ReadData0();
      }
    else
      {
         Data = ReadData1();
         SetLocat(m,y);
         Data = ReadData1();
      }
    Data = Data & k;
    SetLocat(m,y);
    if(y<0x40)
    WriteData0(Data);
  else
      WriteData1(Data);
}
```

//--
//   画水平线
//--

(2) 显示曲线

显示曲线使用了绘点函数,清除曲线使用了清点函数。

```
void DrawHorizontalLine(U8 xstar,U8 ystar,U8 yend)
{
    U8 i;
    for(i = ystar;i< = yend;i ++ )
      {
          W_DOT(xstar,i);
      }
}
//----------------------------------------------------------
//   画垂直线
//----------------------------------------------------------
void DrawVerticalLine(U8 xstar,U8 xend,U8 ystar)
{
    U8 i;
    for(i = xstar;i< = xend;i ++ )
      {
          W_DOT(i,ystar);
      }
}
//----------------------------------------------------------
// 清水平线
//----------------------------------------------------------
void ClearHorizontalLine(U8 xstar,U8 ystar,U8 yend)
{
    U8 i;
    for(i = ystar;i< = yend;i ++ )
      {
          C_DOT(xstar,i);
      }
}
//----------------------------------------------------------
//   清垂直线
//----------------------------------------------------------
void ClearVerticalLine(U8 xstar,U8 xend,U8 ystar)
{
    U8 i;
    for(i = xstar;i< = xend;i ++ )
      {
          C_DOT(i,ystar);
```

```c
    }
}
//------------------------------------------------------------
//  延时
//------------------------------------------------------------
void disdelay(void)
{
    unsigned long  i,j;
        i = 0x01;
        while(i!=0)
        {
            j = 0x5FFF;
            while(j!=0)
            j -= 1;
            i -= 1;
        }
}
//------------------------------------------------------------
//  显示一条模拟曲线
//------------------------------------------------------------
```

画一条正弦曲线,数据是事先通过其他程序计算得到的,DrawHorizontalLine(30,1,127)和 DrawVerticalLine(0,63,0)是画坐标,ClearVerticalLine(0,63,s+2)是一条随 s 变化的刷新线,然后利用绘点函数将正弦曲线打出。为了看清楚动态过程,要调整延时时间。

```c
void ShowSinWave1(void)
{
    unsigned   char j,k ;
    unsigned char s;
    DrawHorizontalLine(30,1,127);
    DrawVerticalLine(0,63,0);
    while(1)
        {
          for(s = 0;s<127;s++)
            {
                if(s<125)
                ClearVerticalLine(0,63,s+2);
                W_DOT(30,s);
                j = sinzm[s][0];
                k = sinzm[s][1];
                W_DOT(k,j);
                disdelay();
                disdelay();
                disdelay();
            }
        }
}
```

```
//------------------------------------------------------------
//    画一条正弦曲线
//------------------------------------------------------------
```

画一条正弦曲线,数据是"现场"计算得到的,DrawHorizOntalLine(30,1,127)和DrawVerticalLine(0,63,0)是画坐标。然后y从0到127循环并逐点计算2π周期各点弧度值(a=((float)y/127)*2*3.14),由弧度计算正弦值(x=sin(a))并绘点。

b=(1-x)*30是对数据进行变换,使曲线以x轴为中心对称显示。

```
    void ShowSinWave(void)
    {
        U8 y;
        double x,a,b;
        DrawHorizOntalLine(30,1,127);
        DrawVerticalLine(0,63,0);
        for (y = 0;y<127;y++)
        {
            a = ((float)y/127) * 2 * 3.14;
            x = sin(a);
            b = (1 - x) * 30;
            W_DOT((U8)b,(U8)y);
            disdelay();
        }
    }
//------------------------------------------------------------
//    显示 8×8 ASCII 字符
//------------------------------------------------------------
```

(3) 显示 ASCII 字符

正常8×8 ASCII字符的显示排列如图8-6所示,但由于LSD12864CT内部RAM的结构,输出的数据要纵向排列,且D0在上,D7在下,如图8-7所示,因此显示时不能直接来使用,都要进行逆时针旋转90°。

D7	D6	D5	D4	D3	D2	D1	D0
D7	D6	D5	D4	D3	D2	D1	D0
D7	D6	D5	D4	D3	D2	D1	D0
D7	D6	D5	D4	D3	D2	D1	D0
D7	D6	D5	D4	D3	D2	D1	D0
D7	D6	D5	D4	D3	D2	D1	D0
D7	D6	D5	D4	D3	D2	D1	D0
D7	D6	D5	D4	D3	D2	D1	D0

D0	D0	D0	D0	D0	D0	D0	D0
D1	D1	D1	D1	D1	D1	D1	D1
D2	D2	D2	D2	D2	D2	D2	D2
D3	D3	D3	D3	D3	D3	D3	D3
D4	D4	D4	D4	D4	D4	D4	D4
D5	D5	D5	D5	D5	D5	D5	D5
D6	D6	D6	D6	D6	D6	D6	D6
D7	D7	D7	D7	D7	D7	D7	D7

图8-6 正常8×8 ASCII字符的显示排列　　图8-7 LSD12864CT 8×8 ASCII字符的显示排列

转换时正常字模的第7列,即各字节的D7位转换为新字模第0列的D0~D7,正常字模的第6列,即各字节的D6位转换为新字模第一列的D0~D7,……以此类推,正常字模的第0

列,即各字节的 D0 位转换为新字模第 7 列的 D0~D7。程序通过简单移位运算完成了上面的转换。

正常的 12×12、16×16 汉字字模,8×16 ASCII 字符字模也都是横向排列,且高位在前,低位在后。后文给出的 8×8 ASCII 字符旋转程序稍加改变即可用于其他字模变换。具体可参见后面程序。

```c
void DrawOneAsc880(U8 x,U8 y,U8 Order)
{
  U8 j,m,i,* p;
  U8 a,ascii88[8];
  p = asc88 + Order * 8;                    //指针移到字符字模地址
  for(m = 0;m<8;m++)                        //转换成显示字模
    {
       for(j = 0;j<8;j++)
         {
            ascii88[m] = ascii88[m]<<1;
            a = ( p[7-j] >>(7-m) )&0x01;
            ascii88[m] = ascii88[m] + a;
         }
    }
  p = &ascii88[0];
  SetLocat(x,y);                            //光标定位
                                            //字符输出
  for(i = 0;i<8;i++)
  {
    if(y<0x40)
    WriteData0(* p);
    else
    WriteData1(* p);
    p++;
    y += 1;
  }
}
//------------------------------------------------------------
//    显示 8×8 字符串
//------------------------------------------------------------
void DrawAscString880(U8 x,U8 y,U8 * str,U8 s)
{ U8 i;
  static U8 x0,y0;
  x0 = x;
  y0 = y;
  for (i = 0;i<s;i++)
    {
      DrawOneAsc880(x0,y0,(U8)(* (str+i)));
      y0 += 8;
```

}
}
//---
//   显示 8×16 ASCII 码字符
//---

显示同 8×8 ASCII 字符,但要转换的是 16 字节。

```
void OneAsc816Char0(U8 x,U8 y,U8 Order)
{
    U8 j,m,i,*p;
    U8 g,s,bakerx,bakery;
    U8 a,ascii816[16];
    bakerx = x;
    bakery = y;
    p = asc816 + Order * 16;                    //1 字符 16 字节
    for(m = 0;m<16;m++)                         //16 字节转换
        {
        if(m<8) { g = 7; s = 7;}
        else { g = 15; s = 15;}
        for(j = 0;j<8;j++)
            {
            ascii816[m] = ascii816[m]<<1;
            a = ( p[g-j] >>(s-m) )&0x01;
            ascii816[m] = ascii816[m] + a;
            }
        }
    p = &ascii816[0];
    SetLocat(x,y);
    for(i = 0;i<8;i++)
        {
        if(y<0x40)
        WriteData0(*p);
        else
        WriteData1(*p);
        y++;
        p++;
        }
    x = bakerx + 1;
    y = bakery;
    SetLocat(x,y);
    for(i = 0;i<8;i++)
      {
      if(y<0x40)
      WriteData0(*p);
      else
```

```
            WriteData1(*p);
            y++;
            p++;
        }
}
//-----------------------------------------------------------------
// 一个 8×16 ASCII 字串的输出
//-----------------------------------------------------------------
void Asc816String0 (U8 x,U8 y,U8 *str,U8 s)
{
    U8 i;
    static U8 x0,y0;
    x0 = x;
    y0 = y;
    for (i = 0;i<s;i++)
    {
        OneAsc816Char0(x0,y0,*(str+i));
        y0 += 8;
    }
}
//-----------------------------------------------------------------
// 显示 16×16 汉字一个
//-----------------------------------------------------------------
```

(4) 显示汉字

要显示 16×16 汉字,正常字模时,32 字节都必须转换,做法同 8×8 ASCII 字符转换。但必须分 4 次做,每次 4 字节,读者可参考下面程序分析。

```
void DrawOneChn16160(U8 x,U8 y,U8 chncode)
{
    U8 *p;
    int g,s,i,j,m;
    U8 a,hzk1616[32];
    U8 bakerx,bakery;
    bakerx = x;                                  //暂存 x、y 坐标
    bakery = y;
    p = chn16160 + chncode * 32;                 //指针移到显示字模
        for(m = 0;m<32;m++)                      //转换 32 字节
        {
            if(m<8) { g = 14; s = 7;}            //分 4 次,每次 8 字节
            else if( m>= 8 && m<16 ) { g = 15; s = 15;}
            else if( m>= 16 && m<24 ) { g = 30; s = 23;}
            else { g = 31; s = 31;}
            for(j = 0;j<8;j++)
            {
                hzk1616[m] = hzk1616[m]<<1;
```

```
                    a = ( p[g - 2 * j] >> (s - m) )&0x01;
                    hzk1616[m] = hzk1616[m] + a;              //转换后结果存 hzk1616[m]
                }
        }
        p = &hzk1616[0];                                      //指针移到数组首地址
                                                              //上半个字符输出
        SetLocat(x,y);
        for(i = 0;i<16;i ++)
                {
                        if(y<0x40)
                            {
                                    WriteData0( * p);
                            }
                else
                    {
                        WriteData1( * p);
                    }
            y ++ ;
            p ++ ;
        }
                                                              //下半个字符输出
        x = bakerx + 1;                                       //页加 1
        y = bakery;                                           //列不变
        SetLocat(x,y);                                        //移 DDRAM 指针
        for(i = 0;i<16;i ++)                                  //下一个字符输出
        {
           if(y<0x40)
             {
              WriteData0( * p);
             }
           else
             {
                    WriteData1( * p);
             }
          p ++ ;
          y ++ ;
        }
}
//---------------------------------------------------------------
//     显示 16×16 汉字串
//---------------------------------------------------------------
void DrawChnString16160(U8 x,U8 y,U8 * str,U8 s)
{
   U8 i, * p;
   static U8 x0,y0;
```

```
    x0 = x;
    y0 = y;
    p = str;
    for(i = 0;i<s;i++)
    {
       DrawOneChn16160(x0,y0,*(p+i));
       y0 += 16;
    }
}
//--------------------------------------------------------------
//     显示 16×16 标号(报警和音响)
//--------------------------------------------------------------
```

(5) 利用绘点函数显示汉字

如果采用绘点方法,字模不用旋转,只要调整好坐标方向,就可以直接使用原字模,这是采用绘点方法的一个优点;另外按字节输出时,图形的纵向距离只能以页为单位,有时排版会困难,而用绘点程序,图形的纵横向距离以点为单位,方便灵活,这在程序调试时会有体会。

图形数据是按"字(Word)"存放的,所以字模指针是 16 位的(unsigned int *p),取出字模后,先处理高 8 位,再处理低 8 位。

```
void DrawOneSyb1616(U8 x,U8 y,U8 chnCODE)
{
    int i,k,tstch;
    unsigned int *p;
    p = syb1616 + 16*chnCODE;
    for(i = 0;i<16;i++)
     {
        tstch = 0x80;
        for(k = 0;k<8;k++)
          {
             if(*p>>8&tstch)
             // W_DOT(x+k,y+i);
             W_DOT(x+i,y+k);
             if((*p&0x00FF)&tstch)
             //W_DOT(x+k+8,y+i);
             W_DOT(x+i,y+k+8);
             tstch = tstch >> 1;
          }
        p += 1;
     }
}
//--------------------------------------------------------------
//     显示一个 12×12 点阵汉字
//--------------------------------------------------------------
```

显示一个 12×12 点阵汉字要注意,为了编程方便,字模点阵是按 16×12 排列的,即 16 列×

12 行(12 行,每行 2 字节)。

```
void DrawOneChn1212(U8 x,U8 y,U8 chnCODE)
{
    U8 i,j,k,tstch;
    U8 *p;
    p = chn1212 + 24 * (chnCODE);
    for (i = 0;i<12;i++)
     {
        for(j = 0;j<2;j++)
         {
            tstch = 0x80;
            for (k = 0;k<8;k++)
             {
                if(*(p + 2 * i + j)&tstch)
                W_DOT(x + i,y + 8 * j + k);
                tstch = tstch>>1;
             }
         }
     }
    y += 12;
}
// --------------------------------------------------------------
//  显示一个 16×16 汉字
// --------------------------------------------------------------
```

显示一个 16×16 汉字,在 chn16160 数组中,字模数据是按"字(Word)"存放的,所以字模指针是 16 位的(U16 *p),取出字模后,先处理高 8 位,再处理低 8 位。

```
void DrawOneChn16161(U8 x,U8 y,U8 chnCODE)
{
    U8 i,k,tstch;
    U16 *p;
    p = chn16160 + 16 * chnCODE;
    for (i = 0;i<16;i++)
     {
        tstch = 0x80;
        for(k = 0;k<8;k++)
         {
            if(*p>>8&tstch)              //高 8 位
            W_DOT(x + i,y + k);
            if((*p&0x00FF)&tstch)        //低 8 位
            W_DOT(x + i,y + k + 8);
            tstch = tstch>>1;
         }
        p += 1;
     }
```

}
//--
//   反白显示 16×16 汉字一个
//--

同显示一个 16×16 汉字一样,只是字模显示时取反。

```c
void ReDrawOneChn1616(U8 x,U8 y,U8 chnCODE)
{
    U8 i,k,tstch;
    U8 *p;
    p = chn16160 + 32 * chnCODE;
    for (i = 0;i<16;i++)
    {
        tstch = 0x80;
        for(k = 0;k<8;k++)
        {
            if( (((*p>>8)^0x0FF) &tstch)          //取出字模高 8 位并取反
            W_DOT(x + i,y + k);
            if( (((*p&0x00FF)^0x00FF) &tstch)     //取出字模低 8 位并取反
            W_DOT(x + i,y + k + 8);
            tstch = tstch>>1;
        }
        p += 1;
    }
}
//----------------------------------------------------------
//     显示 16×16 汉字串
//----------------------------------------------------------
void DrawChnString16161(U8 x,U8 y,U8 *str,U8 s)
{
    U8 i;
    static U8 x0,y0;
    x0 = x;
    y0 = y;
    for (i = 0;i<s;i++)
    {
        DrawOneChn16161(x0,y0,(U8)*(str + i));
        y0 += 16;
    }
}
//----------------------------------------------------------
//     显示一个 8×16 ASCII 字符
//----------------------------------------------------------
```

(6) 利用绘点函数显示 ASCII 字符

利用绘点函数显示 ASCII 字符,字模不用旋转。

```c
void DrawOneAsc8161(U8 x,U8 y,U8 charCODE)
{
    U8 * p;
    U8 i,k;
    int mask[] = {0x80,0x40,0x20,0x10,0x08,0x04,0x02,0x01 };
    p = asc816 + charCODE * 16;
        for (i = 0;i<16;i++)
          {
              for(k = 0;k<8;k++)
                {
                    if (mask[k%8]& * p)
                    W_DOT(x + i,y + k);
                }
                p++;
          }
}
//-----------------------------------------------------------
//   显示 8×16 ASCII 字符串
//-----------------------------------------------------------
void DrawAscString8161(U8 x,U8 y,U8 * str,U8 s)
 {
    U8 i;
    static U8 x0,y0;
    x0 = x;
    y0 = y;
    for (i = 0;i<s;i++)
      {
        DrawOneAsc8161(x0,y0,(U8) * (str + i));
        x0  += 8;                              //水平串。如垂直串,y0 + 16
      }
 }
//-----------------------------------------------------------
//   显示一个 8×8 ASCII 字符
//-----------------------------------------------------------
void DrawOneAsc881(U8 x,U8 y,U8 charCODE)
{
    U8 * p;
    U8 i,k;
    int mask[] = {0x80,0x40,0x20,0x10,0x08,0x04,0x02,0x01 };
    p = asc88 + charCODE * 8;
     for (i = 0;i<8;i++)
       {
           for(k = 0;k<8;k++)
             {
                 if (mask[k%8]& * p)
```

```
                W_DOT(x + i,y + k);
            }
        p ++ ;
        }
    }
//------------------------------------------------------------
//   显示 8×8 字符串
//------------------------------------------------------------
void DrawAscString881(U8 x,U8 y,U8 * str,U8 s)
{
    U8 i;
    static U8 x0,y0;
    x0 = x;
    y0 = y;
    for (i = 0;i<s;i ++ )
        {
            DrawOneAsc881(x0,y0,(U8) * (str + i));
            y0 += 10;
        }
}
//------------------------------------------------------------
//   主程序
//------------------------------------------------------------
void main(void)
{
    ShowSinWave1();
    DrawChnString16161(1,2,stringp,4)
    DrawAscString8161(40,4,ascstring816,6);
    DrawAscString881(60,4,ascstring88,6);
}
```

第 9 章
HD44780(KS0066U)的显示驱动

9.1 硬件特点和电特性

9.1.1 基本特点和电特性

HD44780 是字符型液晶显示模块,字符型液晶显示模块由字符型液晶显示屏(LCD)、控制驱动主电路 HD44780 及其扩展驱动电路、少量阻容元件、结构件等装配在 PCB 板上而成。

字符型液晶显示模块目前在国际上已经规范化,无论显示屏规格如何变化,其电特性和接口形式都是比较统一的。因此只要设计出一种型号的接口电路,在指令设置上稍加改动即可适用各种规格的字符型液晶显示模块。

字符型液晶显示模块一般专用来显示某种点阵字符,因此体积小,价格低廉。如果想用它来显示较复杂图形或汉字有一定困难。9.3.1 小节中给出了一个用 HD44780 显示简单汉字的例子,供读者参考。

此外 HD44780 还具有以下特点:

① 液晶显示屏。液晶显示屏每个点阵块为一个字符,字符间距和行距都为一个点的宽度。

② 主控制驱动电路。主控制驱动电路为 HD44780(HITACHI)及其他公司全兼容电路,如 KS0066(SAMSUNG)、SPLC780(SUNPLUS)。

③ 具有字符发生器 ROM。最多可显示 192 种 5×7 点阵字符和 32 个 5×10 点阵字符。

④ 具有 64 字节自定义字符 RAM。可自定义 8 个 5×8 点阵字符或 4 个 5×11 点阵字符。

⑤ 具有 80 字节的 RAM。

⑥ 标准的接口特性。适配 M6800 系列 MPU 的操作时序。

⑦ 标准的引脚。

> 第 1 引脚:VSS,电源地。
> 第 2 引脚:VDD,+5 V 电源。

- 第 3 引脚:VL,液晶偏压信号。
- 第 4 引脚:R/S,数据/命令选择端,高电平时选择数据寄存器,低电平时选择指令寄存器。
- 第 5 引脚:R/W,读/写选择端,高电平时进行读操作,低电平时进行写操作。
- 第 6 引脚:E,使能端,当 E 由高电平跳变为低电平时,液晶模块执行命令。
- 第 7~14 引脚:D0~D7,为 8 位双向数据线。
- 第 15 引脚:BLA,背光源正极。
- 第 16 引脚:BLK,背光源负极。

注意:接口不同的模块引脚顺序可能不相同;15、16 两引脚用于带背光模块,不带背光的模块这两个引脚悬空不接。

9.1.2 HD44780 的时序和参数

HD44780 的写时序如图 9-1 所示,写时序参数如表 9-1 所列。

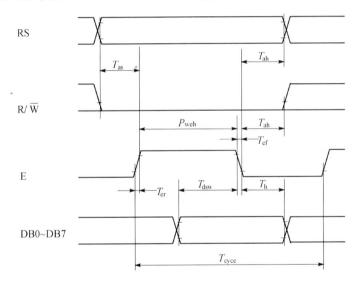

图 9-1 HD44780 的写时序

表 9-1 HD44780 的写时序参数

项 目	符 号	最小值	最大值	单 位
使能周期	T_{cyce}	1 000		ns
使能脉冲宽度	P_{weh}	450		ns
使能升、降时间	T_{er}、T_{ef}	—	25	ns
地址建立时间	T_{as}	140		ns
地址保持时间	T_{ah}	10		ns
数据建立时间	T_{dsw}	195		ns
数据保持时间	T_h	10		ns

HD44780 的读时序如图 9-2 所示,读时序参数见表 9-2 所列。

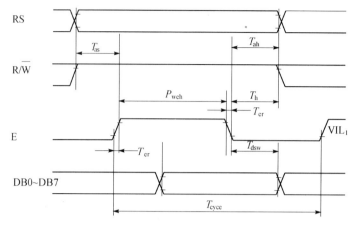

图 9-2 HD44780 的读时序

表 9-2 读时序参数

项 目	符 号	最小值	最大值	单位
使能周期	T_{cyce}	1 000		ns
使能脉冲宽度	P_{weh}	450		ns
使能升、降时间	T_{er}、T_{ef}		25	ns
地址建立时间	T_{as}	140		ns
地址保持时间	T_{ah}	10		ns
数据延迟时间	T_{dsw}		320	ns
数据保持时间	T_h	10		ns

9.1.3 HD44780 与微处理器的连接

HD44780 与微处理器的连接有直接方式和间接方式,直接方式就是微处理器的数据口(对 MCS-51 系统来说就是 P0 口)与 HD44780 的数据总线直接相连。间接连接方式就是微处理器通过 I/O 口与 HD44780 的数据总线和控制总线相连。

字符型液晶显示模块和主机有 4 位数据总线和 8 位数据总线两种接口,我们先考虑和 4 位数据总线直接相连的情况。直接方式和间接方式的接法分别如图 9-3、图 9-4 所示。

9.2 HD44780 的指令系统

9.2.1 内部寄存器设置

字符型液晶显示模块和主机有两种接口:4 位数据总线和 8 位数据总线。两种总线的选择取决于指令功能设置中的"DL"位。使用 4 位数据总线时使用接口中的 DB4~DB7,8 位的数据或指令码分两次写入或读出,先处理高 4 位,然后处理低 4 位。

第9章 HD44780(KS0066U)的显示驱动

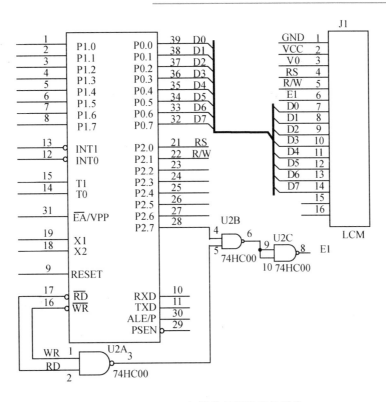

图 9-3　HD44780 与微处理器的直接相连

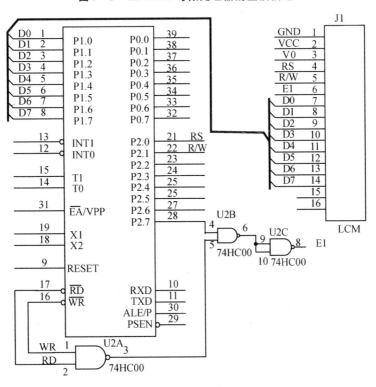

图 9-4　HD44780 与微处理器的间接相连

(1) 数据寄存器 CDR 和指令寄存器 CIR

在主机对液晶显示模块进行读/写操作时,有两个寄存器被用作数据的暂存。一个是数据寄存器 CDR,一个是指令寄存器 CIR。数据寄存器用来临时存储要写入到 DDRAM/CGRAM 中或要从 DDRAM/CGRAM 中读出的数据。要写或读哪个 RAM 取决于之前的地址设置指令。

每次读/写数据操作时,RAM 和寄存器间的数据的传输是自动完成的。指令寄存器用来存储从主机传送过来的指令代码。但主机不能读出指令代码。数据寄存器、指令寄存器的选择如表 9-3 所列。

表 9-3 寄存器选择

RS	R/W	E	功 能
0	0	下降沿	写指令代码
0	1	高电平	读标志
1	0	下降沿	写数据
1	1	高电平	读数据

(2) 忙标志 BF

BF=1 时,说明 HD44780 正在进行内部操作,此时对它传送的任何指令都将被忽略。所以当执行指令请确认 BF,BF 可以通过 RS=0、R/W=1 时读出 DB7 得到。

(3) 地址计数器 AC

地址计数器用来存储 DDRAM/CGRAM 的地址。当进行一次写或读操作后,地址计数器自动加 1 或减 1。地址计数器可以用读操作读出。

(4) 显示数据存储器(DDRAM)

DDRAM 可以最多存储 80 个字符码。DDRAM 的地址指针存储在 AC 中。DDRAM 中的内容和 LCD 上显示的内容的对应关系如图 9-5 所示(没有进行移位、滚屏操作时)。

图中 N=1,2 行显示;N=0,1 行显示。F=1,5×10 点阵字符;F=0,5×7 点阵字符。

字符位	1	2	3	4	5	6	7	8
DDRAM地址	00H	01H	02H	03H	04H	05H	06H	07H

(a) 8列1行(N=0,F=0)

	字符位	1	2	3	4	5	6	7	8
1行	DDRAM地址	00H	01H	02H	03H	04H	05H	06H	07H
2行	字符位	1	2	3	4	5	6	7	8
	DDRAM地址	40H	41H	42H	43H	44H	45H	46H	47H

(b) 8列2行(N=1,F=0)

字符位	1	2	…	7	8	9	10	…	15	16
DDRA地址	00H	01H	…	06H	07H	40H	41H	…	46H	47H

(c) 16列1行(N=1,F=0)

图 9-5 DDRAM 中的内容和 LCD 上显示的内容的对应关系

(5) 字符发生器(CGROM)

HD44780 CGROM 标准字库中存有 158 个 5×7 点阵字符和 32 个 5×10 点阵字符,如图 9-6 所示。如使用的液晶模块字库不是标准字库,请参考具体产品使用说明书。

每字符用 2 位 16 进制数表示,数值同该字符的 ASCII 码值相同,最上一行表示该数值的高 4 位,最左一列表示该数值的低 4 位。左面第二列的 16 个代码是给用户自定义字符使用。

第9章 HD44780(KS0066U)的显示驱动

H-4bit / L-4bit	0x0	0x2	0x3	0x4	0x5	0x6	0x7	…	0xE	0xF
0x0	CGRAM(1)		0	@	P	\	p			
0x1	(2)	!	1	A	Q	a	q			
0x2	(3)	"	2	B	R	b	r			
0x3	(4)	#	3	C	S	c	s			
0x4	(5)	$	4	D	T	d	t			
0x5	(6)	%	5	E	U	e	u			
0x6	(7)	&	6	F	V	f	v			
0x7	(8)	'	7	G	W	g	w			
0x8	CGRAM(1)	(	8	H	X	h	x			
0x9	(2)	)	9	I	Y	i	y			
0xA	(3)	*	:	J	Z	j	z			
0xB	(4)	+	;	K	[	k	{			
0xC	(5)	,	<	L	¥	l	|			
0xD	(6)	-	=	M	]	m	}			
0xE	(7)	.	>	N	^	n	→			
0xF	(8)	/	?	O	_	o	←			

图 9-6 CGROM 字符集

(6) 用户字符发生器 CGRAM

用户可以利用 CGRAM 制作最多 8 个 5×8 点阵字符。将字模数据写进 CGRAM,就可以像使用 CGROM 一样使用它们,图 9-6 左面第二列的 CGRAM 16 个代码是给用户自定义字符使用的。

字符码、CGRAM 地址和字模数据之间的关系如图 9-7 所示(黑体字部分为"A","H"):

9.2.2 指令说明

(1) 清屏指令

RS	R/W	DB7	DB6	DB5	DB4	DB3	DB2	DB1	DB0
0	0	0	0	0	0	0	0	0	1

功能:清 DDRAM 和 AC 值。DB0=1 是清屏指令标志。

(2) 复位指令

RS	R/W	DB7	DB6	DB5	DB4	DB3	DB2	DB1	DB0
0	0	0	0	0	0	0	0	1	x

功能:AC=0,光标、画面回 HOME 位。DB1=1 是复位指令标志。

字模码								CGRAM 地址						CGRAM 中的字模数据								字模号
D7	D6	D5	D4	D3	D2	D1	D0	A5	A4	A3	A2	A1	A0	P7	P6	P5	P4	P3	P2	P1	P0	
0	0	0	0	0	0	0	0	0	0	0	0	0	0	x	x	x	0	1	1	1	0	
											0	0	1				1	0	0	0	1	
											0	1	0				1	0	0	0	1	
											0	1	1				1	1	1	1	1	
											1	0	0				1	0	0	0	1	
											1	0	1				1	0	0	0	1	
											1	1	0				1	0	0	0	1	
											1	1	1				0	0	0	0	0	
			⋮								⋮						⋮					
0	0	0	0	0	1	1	1	1	1	1	0	0	0	x	x	x	1	0	0	0	1	
											0	0	1				1	0	0	0	1	
											0	1	0				1	0	0	0	1	
											0	1	1				1	1	1	1	1	
											1	0	0				1	0	0	0	1	
											1	0	1				1	0	0	0	1	
											1	1	0				1	0	0	0	1	
											1	1	1				0	0	0	0	0	

图 9-7 字模码、CGRAM 地址和字模数据之间的关系

(3) 输入方式设置

RS	R/W	DB7	DB6	DB5	DB4	DB3	DB2	DB1	DB0
0	0	0	0	0	0	0	1	I/D	S

功能：设置光标、画面移动方式。

其中：I/D＝1，数据读/写操作后，AC 自动增 1；

I/D＝0，数据读/写操作后，AC 自动减 1；

S＝1，数据读/写操作，画面平移；

S＝0，数据读/写操作，画面不动。

(4) 显示开关控制

RS	R/W	DB7	DB6	DB5	DB4	DB3	DB2	DB1	DB0
0	0	0	0	0	0	1	D	C	B

功能：设置显示、光标及闪烁开、关。

其中：D 表示显示开关，D＝1 为开，D＝0 为关；

C 表示光标开关，C＝1 为开，C＝0 为关；

B 表示闪烁开关，B＝1 为开，B＝0 为关。

(5) 光标、画面位移

RS	R/W	DB7	DB6	DB5	DB4	DB3	DB2	DB1	DB0
0	0	0	0	0	1	S/C	R/L	x	x

功能:光标、画面移动,不影响 DDRAM。
其中:S/C=1,画面平移一个字符位;
　　　S/C=0,光标平移一个字符位;
　　　R/L=1,右移;R/L=0,左移。

(6) 功能设置

RS	R/W	DB7	DB6	DB5	DB4	DB3	DB2	DB1	DB0
0	0	0	0	1	DL	N	F	x	x

功能:操作方式设置(初始化指令)。
其中:DL=1,8 位数据接口,DL=0,4 位数据接口;
　　　N=1,2 行显示;N=0,1 行显示;
　　　F=1,5×10 点阵字符;F=0,5×7 点阵字符。

(7) CGRAM 地址设置

RS	R/W	DB7	DB6	DB5	DB4	DB3	DB2	DB1	DB0
0	0	0	1	A5	A4	A3	A2	A1	A0

功能:设置 CGRAM 地址。A5~A0=0~3FH。

(8) DDRAM 地址设置

RS	R/W	DB7	DB6	DB5	DB4	DB3	DB2	DB1	DB0
0	0	1	A6	A5	A4	A3	A2	A1	A0

功能:设置 DDRAM 地址。
其中:N=0,1 行显示,A6~A0=0~4FH;
　　　N=1,2 行显示,首行 A6~A0=00H~27H,次行 A6~A0=40H~67H。

(9) 读 BF 及 AC 值

RS	R/W	DB7	DB6	DB5	DB4	DB3	DB2	DB1	DB0
0	1	BF	AC6	AC5	AC4	AC3	AC2	AC1	AC0

功能:读忙 BF 值和地址计数器 AC 值。
其中:BF=1,忙;BF=0,空闲待命。
此时,AC 值意义为最近一次地址设置(见 CGRAM 或 DDRAM 定义)。

(10) 写数据

RS	R/W	DB7	DB6	DB5	DB4	DB3	DB2	DB1	DB0
1	0	数　据							

功能:根据最近设置的地址,数据写入 DDRAM 或 CGRAM 内。

(11) 读数据

RS	R/W	DB7	DB6	DB5	DB4	DB3	DB2	DB1	DB0
1	1	数　据							

功能:根据最近设置的地址,从 DDRAM 或 CGRAM 中将数据读出。

9.3　HD44780 的显示驱动程序

9.3.1　HD44780 的汇编语言显示驱动

此显示驱动分为两种接口方式：直接访问方式和间接控制方式。

1. 直接访问方式

直接访问方式接口电路如图 9-3 所示，A15（P2.7）＝E、A9（P2.1）＝R/W、A8（P2.0）＝RS。

```
COM        EQU        20H              ;指令寄存器
DAT        EQU        21H              ;数据寄存器
CW_ADD     EQU        8000H            ;写指令口地址
CR_ADD     EQU        8200H            ;读状态口地址
DW_ADD     EQU        8100H            ;写数据口地址
DR_ADD     EQU        8300H            ;读数据口地址
```

(1) 读 BF 和 AC 值

```
PR0:
    PUSH       DPH
    PUSH       DPL
    PUSH       ACC
    MOV        DPTR,#CR_ADD     ;设置读状态口地址
    MOVX       A,@DPTR          ;读 BF 和 AC 值
    MOV        COM,A            ;存入 COM
    POP        ACC
    POP        DPL
    POP        DPH
RET
```

(2) 写指令代码子程序

```
PR1:
    PUSH       DPH
    PUSH       DPL
    PUSH       ACC
    MOV        DPTR,#CR_ADD     ;设置读状态口地址
PR11:
    MOVX       A,@DPTR          ;读 BF 和 AC 值
    JB         ACC.7,PR11       ;判 BF＝0,忙则等待
    MOV        A,COM
    MOV        DPTR,#CWADD      ;设置写指令口地址
    MOVX       @DPTR,A          ;写指令代码
    POP        ACC
```

第9章 HD44780(KS0066U)的显示驱动

```
        POP         DPL
        POP         DPH
        RET
```

(3) 写显示数据子程序

```
PR2:
        PUSH        DPH
        PUSH        DPL
        PUSH        ACC
        MOV         DPTR,#CR_ADD        ;设置读状态口地址
PR21:
        MOVX        A,@DPTR             ;读BF和AC值
        JB          ACC.7, PR21         ;判BF=0,忙则等待
        MOV         A,DAT
        MOV         DPTR,#DW_ADD        ;设置数据口写地址
        MOVX        @DPTR,A             ;写数据
        POP         ACC
        POP         DPL
        POP         DPH
        RET
```

(4) 读显示数据子程序

```
PR3:
        PUSH        DPH
        PUSH        DPL
        PUSH        ACC
        MOV         DPTR,#CR_ADD        ;设置读状态口地址
PR31:
        MOVX        A,@DPTR             ;读BF和AC值
        JB          ACC.7,PR31          ;判BF=0,忙则等待
        MOV         DPTR,#DR_ADD        ;设置数据口读地址
        MOVX        A,@DPTR             ;读数据
        MOV         DAT,A               ;存入DAT单元
        POP         ACC
        POP         DPL
        POP         DPH
        RET
```

2. 间接接口控制方式

间接控制方式接口电路如图9-4所示。

间接控制方式(4位数据接口)是利用HD44780所具有的4位数据总线功能,简化电路接口或在接口不够的情况下使用的一种接口方式。

间接控制方式的驱动程序如下。

```
        RS          EQU         P3.3        ;寄存器选择
```

R/W	EQU	P3.4	;读写选择
E	EQU	P3.5	;使能信号
COM	EQU	20H	;指令寄存器
DAT	EQU	21H	;数据寄存器

(1) 读 BF 和 ACC 值

PR0：

PUSH	ACC	
MOV	P1,#0FFH	;P1 置 1,准备读
CLR	RS	;RS = 0,读状态
SETB	R/W	;读操作
SETB	E	;E = 1
MOV	COM,P1	;读 BF 和 ACC 6~4 位值
CLR	E	;E = 0
MOV	P1,#0FFH	;P1 置 1,准备读
SETB	E	
MOV	A,P1	;读 AC 3~0 位值
CLR	E	
SWAP	A	;累加器高低 4 位互换
ANL	A,#0FH	
ANL	COM,#0F0H	
ORL	A,COM	
MOV	COM,A	;送 COM 单元
POP	ACC	
RET		

(2) 写指令代码子程序

PR1：

PUSH	ACC	
CLR	RS	
SETB	R/W	

PR11：

MOV	P1,#0FFH	;P1 置位,准备读
SETB	E	
MOV	A,P1	;读 BF 和 AC6~4 值
CLR	E	
MOV	C,ACC.7	
SETB	E	
CLR	E	
JC	PR11	;判 BF = 1
CLR	R/W	
MOV	P1,COM	;写入指令代码高 4 位
SETB	E	
CLR	E	
MOV	A,COM	

第9章　HD44780(KS0066U)的显示驱动

SWAP	A		
MOV	P1,A	;写入指令代码低4位	
SETB	E		
CLR	E		
POP	ACC		
RET			

(3) 写显示数据子程序

PR2：

PUSH	ACC	
CLR	RS	;RS = 0
SETB	R/W	;R/W = 1

PR21：

MOV	P1,#0FFH	;P1 置位,准备读
SETB	E	;E = 1
MOV	A,P1	;读 BF 和 AC6～4 位
CLR	E	
MOV	C,ACC.7	
SETB	E	
CLR	E	
JC	PR21	;若 BF = 1 转 PR21
SETB	RS	;R/S = 1
CLR	R/W	;R/W = 0
MOV	P1, DAT	;写入数据高4位
SETB	E	
CLR	E	
MOV	A,DAT	;写入数据低4位
SWAP	A	
MOV	P1,A	
SETB	E	
CLR	E	
POP	ACC	
RET		

(4) 读显示数据子程序

PR3：

PUSH	ACC	
CLR	RS	
SETB	R/W	

PR31：

MOV	P1,#0FFH	;P1 置位,准备读
SETB	E	
MOV	A,P1	;读 BF 和 AC6～4 值
CLR	E	
MOV	C,ACC.7	

```
        SETB        E
        CLR         E
        JC          PR31                ;若 BF = 1 转 PR31
        SETB        RS
        SETB        R/W
        MOV         P1,#0FFH            ;P1 置 1,准备读
        SETB        E
        MOV         DAT,P1              ;读 BF、ACC 6～4 位值
        CLR         E
        MOV         P1,#0FFH            ;P1 置 1,准备读
        SETB        E
        MOV         A,P1                ;读 AC 3～0 位值
        CLR         E
        SWAP        A                   ;转换为 8 位数据
        ANL         A,#0FH
        ANL         DAT,#0F0H
        ORL         A,DAT
        MOV         DAT,A               ;送 DAT 单元
        POP         ACC
        RET
```

3. 应用程序例

(1) 初始化子程序

① 直接访问方式下的初始化子程序

```
INT:
        MOV         A,#30H              ;8 位数据,一行显示,5×7 点阵字符
        MOV         DPTR,#CW_ADD        ;设置写指令代码口地址
        MOV         R2,#03H             ;循环量 = 3
INT1:
        MOVX        @DPTR,A             ;写指令代码
        LCALL       DELAY               ;延时
        DJNZ        R2,INT1             ;保证可靠,写 3 遍
        MOV         COM,#38H            ;8 位数据二行显示,5×7 点阵字符
        LCALL       PR1
        MOV         COM,#01H            ;清屏
        LCALL       PR1
        MOV         COM,#06H            ;输入方式:数据读写后 AC 自动加 1 且画面不动
        LCALL       PR1
        MOV         COM,#1FH            ;画面平移一个字符位,右移
        LCALL       PR1
        RET
```

② 间接访问方式下的初始化子程序

```
INT:
```

第9章　HD44780(KS0066U)的显示驱动

```
        MOV     P1,#30H              ;设置工作方式
        CLR     RS
        CLR     R/W
        MOV     R2,#03H              ;循环量=3
INT1:
        SETB    E
        CLR     E
        LCALL   DELAY
        DJNZ    R2,INT1
        MOV     P1,#28H              ;4位数据接口,二行显示
                                     ;5×7点阵字符
        SETB    E
        CLR     E
        MOV     COM,#01H             ;清屏
        LCALL   PR1
        MOV     COM,#06H             ;设置工作方式
        LCALL   PR1
        MOV     COM,#0FH             ;设置显示方式
        CALL    PR1
        RET
DELAY:
        MOV     R6,#00H
        MOV     R7,#00H
DELAY1:
        DJNZ    R7,DELAY1
        DJNZ    R6,DELAY1
        RET
```

(2) 初始化演示程序例

字符的写入程序,HD44780有五种字符写入方式。

```
MAIN:
        MOV     SP,#60H
        ANL     P3,#0C7H             ;RS=0、R/W=0、E=0
        LCALL   INT
        RET
```

① 逐字依次输入

```
        MOV     COM,#06H             ;数据读/写后AC自动加1,画面不动
        LCALL   PR1
        MOV     COM,#80H             ;DDRAM地址设置,A6～A0=00H
        LCALL   PR1
        MOV     DPTR,#TAB
        MOV     R2,#12
        MOV     R3,#00H
WRIN:
```

```
        MOV         A,R3
        MOVC        A,@A+DPTR
        MOV         DAT,A
        LCALL       PR2
        LCALL       DELAY
        INC         R3
        DJNZ        R2,WRIN
        SJMP        $
TAB：DB 43H,75H,72H,73H,6FH,72H,20H         ;标准字库字符代码"Cursor"
    DB 57H,72H,69H,74H,65H                  ;"Write"
```

② 光标左移

```
CL_ENTER：
        MOV         COM,#04H            ;读/写后 AC 自动减 1,且画面不动
        LCALL       PR1
        MOV         COM,#90H            ;DDRAM 地址：A6~A0 = 0010000
        LCALL       PR1
        MOV         DPTR,#TABCL         ;设置字符表地址
        MOV         R2,#12H             ;循环变量
CL_1：
        MOV         A,R2
        DEC         A
        MOVC        @A+DPTR             ;取字符代码
        MOV         DAT,A
        LCALL       PR2                 ;写数据
        LCALL       DELAY               ;延时
        DJNZ        R2,CL_1
        SJMP        $
TABCL：DB 43H,75H,72H,73H,6FH,72H,20H       ;"Cursor"
     DB 4CH,65H,66H,74H,20H                ;"Left"
     DB 53H,63H,72H,6FH,6CH,6CH            ;"Scroll"
```

③ 光标右移

```
CR_ENTER：
        MOV         COM,#06H            ;数据读/写后 AC 自动加 1,且画面不动
        LCALL       PR1
        MOV         COM,#80H            ;设置 DDRAM 地址：A6~A0 = 0000000
        LCALL       PR1
        MOV         DPTR,#TABCR         ;设置字符表地址
        MOV         R2,#13H             ;循环量
        MOV         R3,#00H
CR_1：
        MOV         A,R3
        MOVC        @A+DPTR             ;取字符代码
        MOV         DAT,A
```

第 9 章 HD44780(KS0066U)的显示驱动

```
        LCALL       PR2                 ;写数据
        INC         R3
        LCALL       DELAY               ;延时
        DJNZ        R2,CR_1
        SJMP        $
TABCR:  DB 43H,75H,72H,73H,6FH,72H,20H  ;"Cursor"
        DB 52H,69H,67H,68H,74H,20H      ;"Right"
        DB 53H,63H,72H,6FH,6CH,6CH      ;"Scroll"
```

④ 画面左滚动

```
L_ENTER:
        MOV         COM,#07H            ;数据读/写后 AC 自动加 1,且画面平移
        LCALL       PR1
        MOV         COM,#90H            ;设置 DDRAM 地址
        LCALL       PR1
        MOV         DPTR,#TABL          ;设置字符表地址
        MOV         R2,#0BH             ;循环量
        MOV         R3,#00H
L_1:
        MOV         A,R3
        MOVC        A,@A+DPTR           ;取字符代码
        MOV         DAT,A
        LCALL       PR2                 ;写数据
        INC         R3
        LCALL       DELAY               ;延时
        DJNZ        R2,L_1
        SJMP        $
TABL:   DB 4CH,65H,66H,74H,20H          ;"Left Scroll"
        DB 53H,63H,72H,6FH,6CH,6CH
```

⑤ 画面右移动

```
R_ENTER:
        MOV         COM,#05H            ;数据读/写后 AC 自动加 1,且画面平移
        LCALL       PR1
        MOV         COM,#90H            ;设置 DDRAM 地址
        LCALL       PR1
        MOV         DPTR,#TABR          ;设置字符表地址
        MOV         R2,#0CH             ;循环量
R_1:
        MOV         A,R2
        DEC         A,
        MOV         A,@A+DPTR           ;取字符代码
        MOV         DAT,A               ;写数据
        LCAA        PR2
        LCALL       DELAY               ;延时
```

```
        DJNZ            R2,R_1
        SJMP            $
TABR:   DB 52H,69H,67H,68H,74H,20H          ;"Right"
        DB 53H,63H,72H,6FH,6CH,6CH          ;"Scroll"
```

(3) 建立自定义字符库

HD44780 允许用户在片内 CGRAM 内(地址 00H~3FH,共 64 字节)自建 8 个 5×8 点阵的字符,建立自定义字符库子程序如下。

```
CG_WRITE:
        MOV             COM,#40H            ;设置 CGRAM 地址,首址 00H
        LCALL           PR1
        MOV             R2,#64              ;循环量(写 64 字节)
        MOV             R3,00H
        MOV             DPTR,#CGTAB         ;设置字符表地址
CG1:
        MOV             A,R3
        MOVC            A,@A+DPTR
        MOV             DAT,A
        LCALL           PR2
        INC             R3
        DJNZ            R2,CG1
        RET
CGTAB:  DB 08H,0FH,12H,0FH,0AH,1FH,02H,02H  ;"年"代码 = 00H
        DB 0FH,09H,0FH,09H,0FH,09H,11H,00H  ;"月"代码 = 01H
        DB 1FH,11H,11H,1FH,11H,11H,1FH,00H  ;"日"代码 = 02H
        DB 11H,0AH,04H,1FH,04H,1FH,04H,00H  ;"¥"代码 = 03H
        DB 0EH,00H,1FH,0AH,0AH,0AH,13H,00H  ;"元"代码 = 04H
        DB 18H,18H,07H,08H,08H,08H,07H,00H  ;"℃"代码 = 05H
        DB 04H,0AH,15H,04H,04H,04H,04H,00H  ;"↑"代码 = 06H
        DB 17H,15H,15H,15H,15H,15H,17H,00H  ;"10"代码 = 07H
```

虽然 CGTAB 中字模是 5×7 点阵,但每个字符的字模在内存中还是占 8 字节,即 8 行,每行 1 字节。其中每个字节的高 3 位和最后一个字节没有使用,具体如图 9-7 所示。

自定义字符显示程序如下。

```
        LCALL           CG_WRITE            ;调建立自定义子程序
        MOV             COM,#80H            ;设置 DDRAM 地址,从 00H 开始显示
        LCALL           PR1
        MOV             DPTR,#TABDY         ;设置字符表地址
        MOV             R2,#18              ;循环量
        MOV             R3,#00H
LOOP1:
        MOV             A,R3
        MOVC            A,@A+DPTR           ;取字符
        MOV             DAT,A               ;写数据
        LCALL           PR2
```

```
        INC         R3
        DJNZ        R2,LOOP1
        MOV         COM,0C0H            ;设置 DDRAM 地址,从 40H 开始显示
        LCALL       PR1
        MOV         R2,#18              ;循环量
LOOP2:
        MOV         A,R3
        MOVC        A,@A+DPTR           ;取字符
        MOV         DAT,A
        LCALL       PR2                 ;写字符代码
        INC         R3
        DJNZ        R2,LOOP2
        SJMP        $
TABDY:  DB 4DH,44H,4CH,53H,34H,30H,32H,36H,36H
        DB 20H,03H,32H,35H,35H,2EH,30H,30H,04H
        DB 31H,39H,39H,37H,00H,37H,01H,31H,02H
        DB 20H,54H,3DH,33H,35H,05H,06H,20H,07H
```

TABDY 中,00H～07H 是用户自定义字符代码,其他是标准字库字符代码。内容第一行显示"MDLS40266￥255.00 元",第二行显示"1997 年 7 月 1 日　T＝35℃ ↑10"。

9.3.2　HD44780 的 C 语言显示驱动

以直接访问方式为例来讨论 HD44780 的 C 语言显示驱动,直接访问方式接口电路如图 9-3 所示,A15（P2.7）＝E、A9（P2.1）＝R/W、A8（P2.0）＝RS。

```c
// HD44780.c
#include <stdio.h>
#include <math.h>
#include <absacc.h>
#include <reg51.h>
#include <def.h>
#define U16 unsigned int
#define U8  unsigned char
#define   CW_ADD    XBYTE[0x8000]               //写指令口地址
#define   CR_ADD    XBYTE[0x8200]               //读状态口地址
#define   DW_ADD    XBYTE[0x8100]               //写数据口地址
#define   DR_ADD    XBYTE[0x8300]               //读数据口地址
sbit    E = P2^7;
sbit    RW = P2^1;
sbit    RS = P2^0;
U8 COM;                                         //指令寄存器
U8 DAT;                                         //数据寄存器
U8 TAB[] = {
    0x43,0x75,0x72,0x73,0x6F,0x72,0x20,         //标准字库字符代码"Cursor"
```

```
    0x57,0x72,0x69,0x74,0x65};                    // "Write"
U8 TABCL[] = {
    0x43,0x75,0x72,0x73,0x6F,0x72,0x20,           //"Cursor"
    0x4C,0x65,0x66,0x74,0x20,                      //" Left"
    0x53,0x63,0x72,0x6F,0x6C,0x6C};               //" Scroll"
U8 TABCR[] = {
    0x43,0x75,0x72,0x73,0x6F,0x72,0x20,           //"Cursor"
    0x52,0x69,0x67,0x68,0x74,0x20,                 //"Right"
    0x53,0x63,0x72,0x6F,0x6C,0x6C};               //"Scroll"
U8 TABL[] = {
    0x4C,0x65,0x66,0x74,0x20,
    0x53,0x63,0x72,0x6F,0x6C,0x6C};               //"Left Scroll"
U8 TABR[] = {
    0x52,0x69,0x67,0x68,0x74,0x20,                 //"Right"
    0x53,0x63,0x72,0x6F,0x6C,0x6C};               //"Scroll"
U8 CGTAB[] = {
    0x08,0x0F,0x12,0x0F,0x0A,0x1F,0x02,0x02,      //"年"代码 = 0x0
    0x0F,0x09,0x0F,0x09,0x0F,0x09,0x11,0x00,      //"月"代码 = 0x1
    0x1F,0x11,0x11,0x1F,0x11,0x11,0x1F,0x00,      //"日"代码 = 0x2
    0x11,0x0A,0x04,0x1F,0x04,0x1F,0x04,0x00,      //"¥"代码 = 0x3
    0x0E,0x00,0x1F,0x0A,0x0A,0x0A,0x13,0x00,      //"元"代码 = 0x4
    0x18,0x18,0x07,0x08,0x08,0x08,0x07,0x00,      //"℃"代码 = 0x5
    0x04,0x0A,0x15,0x04,0x04,0x04,0x04,0x00,      //"↑"代码 = 0x6
    0x17,0x15,0x15,0x15,0x15,0x15,0x17,0x00 };    //"10"代码 = 0x7
U8 TABDY[] = {
    0x4D,0x44,0x4C,0x53,0x34,0x30,0x32,0x36,0x36,
    0x20,0x03,0x32,0x35,0x35,0x2E,0x30,0x30,0x04,
    0x31,0x39,0x39,0x37,0x00,0x37,0x01,0x31,0x02,
    0x20,0x54,0x3D,0x33,0x35,0x05,0x06,0x20,0x07};
```

TABDY 中，00H～07H 是用户自定义字符代码，其他是标准字库字符代码。内容是第一行显示"MDLS40266￥255.00 元"，第二行显示"1997 年 7 月 1 日　T=35℃↑10"。

```
//函数定义
void PR0(void);                                    //读状态和AC值
void PR1(void);                                    //写指令程序
void PR2(void);                                    //写显示数据
void PR3(void);                                    //读显示数据
void INT(void);                                    //LCD初始化
void delay(void);                                  //延时
void WRIN(void)                                    //逐字依次输入
void CL_ENTER(void);                               //光标左移
void CR_ENTER(void);                               //光标右移
void L_ENTER(void);                                //画面左移
```

第9章 HD44780(KS0066U)的显示驱动

```
void R_ENTER(void);                          //画面右移
void CG_WRITE(void);                         //建自定义字库程序
void DrawCGRAM(void);                        //显示自定义字库程序
//函数体
//------------------------------------------------------------
// 读状态和 AC 值
//------------------------------------------------------------
void PR0(void)
{
    COM = *(unsigned char *)CR_ADD;
}
//------------------------------------------------------------
// 写指令程序
//------------------------------------------------------------
void PR1(void)
{
    U8 lcd_stat;
    lcd_stat = 0x80;
    while(lcd_stat&0x80)
    lcd_stat = *(unsigned char *) CR_ADD;
    *(unsigned char *) CW_ADD = COM;
}
//------------------------------------------------------------
// 写显示数据
//------------------------------------------------------------
void PR2(void)
{
    U8 lcd_stat;
    lcd_stat = 0x80;
    while(lcd_stat&0x80)
    lcd_stat = *(unsigned char *) CR_ADD;
    *(unsigned char *) DW_ADD = DAT;
}
//------------------------------------------------------------
// 读显示数据
//------------------------------------------------------------
void PR3(void);
{
    U8 lcd_stat;
    lcd_stat = 0x80;
    while(lcd_stat&0x80)
    lcd_stat = *(unsigned char *) CR_ADD;
    DAT = *(unsigned char *) DR_ADD;
}
//------------------------------------------------------------
```

```c
//   LCD 初始化
//--------------------------------------------------------------
void INT(void)
{
    COM = 0x38;                        //8 位数据接口,二行显示,5×7 点阵
    PR1();
    COM = 0x01;                        //清屏
    PR1();
    COM = 0x06;                        //数据读/写后 AC 自动加 1,画面不动
    PR1();
    COM = 0x0F;                        //画面平移一个字符位,右移
    PR1();
}
//--------------------------------------------------------------
//   延时
//--------------------------------------------------------------
void delay(void)
{
    unsigned long   i,j;
    i = 0x01;
    while(i!= 0)
      {
          j = 0xFFFF;
          while(j!= 0)
          j -= 1;
          i -= 1;
      }
}
//--------------------------------------------------------------
//   逐字依次输入
//--------------------------------------------------------------
void WRIN(void)
{
  U8 i, * p;
  COM = 0x06;                          //数据读/写后 AC 自动加 1,画面不动
  PR1();
  COM = 0x80;                          //DDRAM 地址设置,A6～A0 = 00H
  PR1();
  p = TAB;
  for (i = 0;i<12;i ++ )
    {
        DAT = * p;
        PR2();
        p ++ ;
    }
```

第9章 HD44780(KS0066U)的显示驱动

```
    }
//-----------------------------------------------------------
//  光标左移
//-----------------------------------------------------------
void CL_ENTER(void)
{
    U8 i,*p;
    COM = 0x04;                         //数据读/写后AC自动减1,画面不动
    PR1();
    COM = 0x90;                         //设DDRAM地址,A6~A0 = 0010000
    PR1();
    p = TABCL;
    for(i = 11;i<= 0;i--)
      {
          DAT = *(p + i);
          PR2();
      }
}
//-----------------------------------------------------------
//  光标右移
//-----------------------------------------------------------
void CR_ENTER(void)
{
    U8 i,*p;

    COM = 0x06;                         //数据读/写后AC自动加1,画面不动
    PR1();
    COM = 0x80;                         //设置DDRAM地址,A6~A0 = 0000000
    PR1();
    p = TABCR;
    for(i = 0;i<13;i++)
      {
          DAT = *(p + i);
          PR2();
      }
}
//-----------------------------------------------------------
//  画面左移
//-----------------------------------------------------------
void L_ENTER(void)
{
    U8 i,*p;
    COM = 0x07;                         //数据读/写后AC自动加1,画面左移
    PR1();
    COM = 0x90;                         //设置DDRAM地址
```

```
    PR1();
    p = TABL;
    for (i = 0;i<11;i++)
      {
        DAT = *p;
        PR2();
        p += 1
      }
}
//------------------------------------------------
//      画面右移
//------------------------------------------------
void R_ENTER(void)
{
  U8 i, *p;
  COM = 0x05;                              //数据读/写后 AC 自动加 1,画面右移
  PR1();
  COM = 0x90;                              //设置 DDRAM 地址
  PR1();
  p = TABR;
  for (i = 11;i< = 0;i--)
    {
      DAT = *(p+i);
      PR2();
    }
}
//------------------------------------------------
// 建自定义字库程序
//------------------------------------------------
```

HD44780 允许用户在片内 CGRAM 内(地址 00H~3FH,共 64 字节)自建 8 个 5×8 点阵的字符,建立自定义字符库子程序如下:

```
    void CG_WRITE(void)
    {
        U8 i, *p;
        COM = 0x40;                          //设置 CGRAM 地址,首址 00H
        PR1();
        p = CGTAB;
          for(i = 0;i<64,i++)
            {
               DAT = *(p+i);
               PR2();
            }
    }
    //------------------------------------------------
```

第9章 HD44780(KS0066U)的显示驱动

```
//   显示自定义字库程序
//---------------------------------------------------------------
void DrawCGRAM(void)
{
    U8 i, * p;
    CG_WRITE();                          //建立自定义字符库
    COM = 0x80;                          //设置 DDRAM 地址,第一行 00H
    PR1();
    p = TABDY;
    for(i = 0; i<18; i++)
      {
         DAT = * p;
         PR2();
         p += 1;
      }
    COM = 0x0c;                          //设置 DDRAM 地址
                                         //第二行从 40H 开始显示
    PR1();
    for(i = 0; i<18; i++)
      {
         DAT = * p;
         PR2();
         p += 1;
      }
}
//---------------------------------------------------------------
//   主函数
//---------------------------------------------------------------
void main(void)
{
INT();
DrawCGRAM();
}
```

由于 HD44780 外形尺寸小、价位低,故在嵌入式控制系统中有许多应用。但其功能有限,想要用它显示复杂的图形和曲线会有很大困难。

HD44780 有 80 字节的 DDRAM,可以存储 80 个字符代码,这些字符只能是标准字符库里的字符再加上我们在 CGRAM 中自定义的 8 个。这 8 个自定义字符可以是 ASCII 字母、汉字和任何图形的 5×8 点阵。由于点阵太小,显示复杂汉字和图形效果不会太好。

5×8 点阵汉字库不好找,作者从网上下载几个任意点阵汉字生成器,多不支持生成 5×8 点阵汉字或效果不理想。如果要显示的汉字或图形不多,则可以用手工制作。

手工制做方法非常简单:首先用 Word 生成一个 8×8 表格,然后在每行的后 5 个空格中放上黑点,形成汉字或图形点阵,将汉字或图形点阵的数据以十六进制形式写入 CGRAM 即可(参见 CG_WRITE 程序)。具体如图 9-8 和图 9-9 所示。

"年"字5×8点阵数据:0x08,0x0F,0x12,0x0F,0x0A,0x1F,0x02,0x02。

如果显示效果不理想,可反复多次修改字模,达到较满意为止。自定义字符多于8个时只能分多次装入。

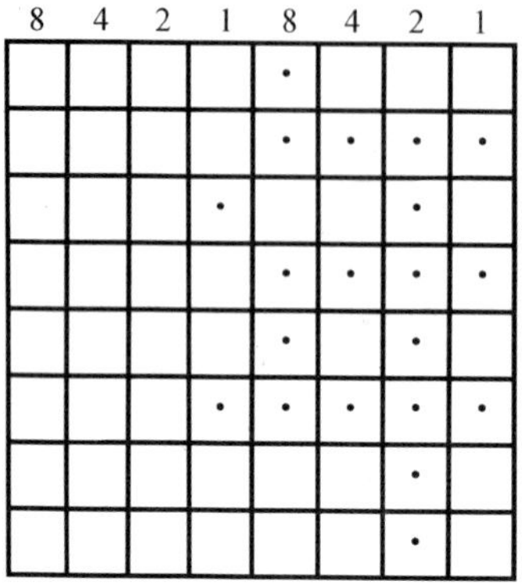

图9-8 "年"字5×8点阵 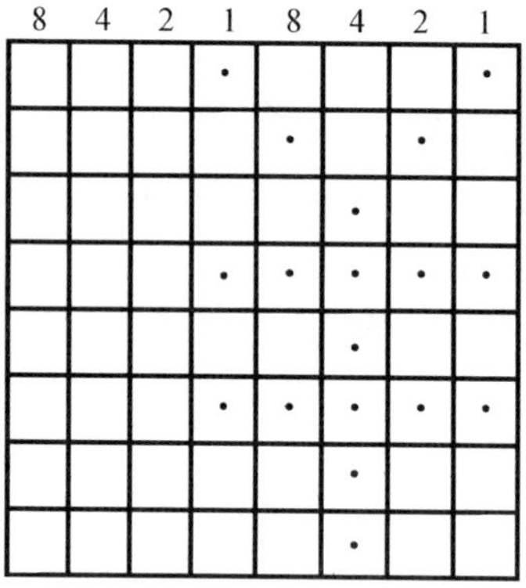　　　　　　图9-9 "￥"字5×8点阵

"￥"字5×8点阵数据:0x11,0x0A,0x04,0x1F,0x04,0x1F,0x04,0x04。

第 10 章

内嵌中文字库的 LCD 显示驱动

10.1 STN7920 概述

10.1.1 STN7920 的主要特点和功能

1. 主要特点

STN7920 的主要特点如下：
- 工作电压：2.7~5.5 V。
- 和微处理器接口有 8 位并行、4 位并行和串行模式。
- 有 64×16 位显示 RAM。DDRAM 最大为 16 字（word）×4 行，LCD 显示最大为 16 字（word）×2 行。
- 64×16 位图形 RAM（GDRAM）。
- 2 Mbit 中文字库（CGROM），提供 16×16 点阵汉字 8 192 个。
- 16 Kbit ROM（HCGROM），提供 8×16 点阵 ASCII 字符 126 个。
- 64×16 位字符生成 RAM（CGRAM）。
- 15×16 位（总共 240 点）的 ICONRAM（IRAM）。
- 33 行×64 列（2 行，每行 4 个汉字显示）LCD 驱动器。
- 有上电复位功能（RESET）。
- 提供外部复位输入功能（XESETYI 引脚）。
- 增加外部列驱动器，可以扩大显示区域。最多可显示 16×16 点阵汉字 2 行×16 个。
- 内建振荡器并可由外部电阻调整。
- 低功耗设计。

  正常模式：$V_{DD}=5$ V。

  待命模式：最大 30 μA，$V_{DD}=5$ V。

  休眠模式：最大 3 μA，$V_{DD}=5$ V。
- $V_{LCD}(V_0 \sim V_{SS})$ 最大为 7 V。

> 字符和图形混合显示功能。
> 功能强大的指令系统。
> 内建 Booster 升压电路功能(二倍压)。
> 1/11 占空比。

2. 功能描述

STN7920 点阵 LCD 控制/驱动 IC,可以显示 ASCII 字符、数字符号、汉字及用户自定义的图形点阵。它提供三种接口与微处理器相连,分别是 8 位并行、4 位并行和串行模式,所有的功能,包括显示 RAM,字符生成器以及液晶驱动电路和控制器,都包含在一块集成芯片中,只要一个最小的微处理器系统,就可以操作本 LCD 控制/驱动 IC。

STN7920 的字库提供 8 192 个 16×16 点阵汉字和 126 个 8×16 ASCII 字符以及拉丁文数字、一般符号、序号、日文假名、希腊字母、英文、俄文、汉语拼音符号、汉语注音字母等字模。这些汉字和字符排列的区位码在 pdf 文件中已给出,基本同我国 1981 年公布的《信息交换用汉字编码字符集(基本集)》GB2312—80 相符合。

STN7920 提供一个 64×256 的绘图区域(GDRAM)和 240 点的 ICONRAM,可以图形和文字混合显示。

STN7920 内含 64×16 位字符生成 RAM(CGRAM),用户可以自做 16×16 点阵汉字 16 个加入 CGRAM 中。

STN7920 具有低功耗设计(工作电压 2.7~5.5 V),可以满足需要提供电池供电的便携式产品要求。

STN7920 LCD 驱动器由 33 个行及 64 个列组成,增加外部列驱动器,可以扩大显示区域,最多可显示 16×16 点阵汉字 2 行×16 个。

10.1.2 STN7920 的引脚功能描述

STN7920 LCD 有 136 个引脚,它们的排列和功能如表 10-1 所列。

表 10-1 STN7920 引脚和功能

名 称	编 号	I/O	连接方向	功能描述
xRESET	11	输入	—	系统复位,低电平有效
PSB	23	输入	—	控制选择:0—串行,1—并行
RS(CS*)	17	输入	微处理器	并行:0—指令操作,1—数据操作; 串行:1—芯片使能,0—芯片禁止
R/W(SID*)	18	输入	微处理器	并行:0—写入,1—读出; 串行:输入串行数据
E(SCLK*)	19	输入	微处理器	并行:读写数据启动; 串行:输入串行数据移位脉冲
D4~D7	28~31	输入/输出	微处理器	并行:读写数据高 4 位; 串行:不用
D0~D3	24~27	输入/输出	微处理器	并行:读写数据低 4 位; 串行:不用

续表 10-1

名 称	编 号	I/O	连接方向	功能描述
CL1	12	输出	扩展列驱动	移位脉冲输出,锁存串行输出数据(DOUT)
CL2	13	输出	扩展列驱动	同步信号,控制 DOUT 输出
M	15	输出	扩展列驱动	AC 交流信号,控制 LCD 显示
DOUT	16	输出	扩展列驱动	串行输出数据口
COM1～COM33	40～72	输出	LCD	行信号输出
SEG1～SEG64	136～73	输出	LCD	列信号输出
V0～V4	1～3、7、8	—	—	LCD 电源偏压
VDD	10、14	输入	电源	2.7～5.5 V
VSS	9、20	输入	电源	0 V
OSC1,OSC2	21、22	输出	外电阻	使用内部振荡器时,必须加外部振荡电阻,使用外部振荡器时,OSC1 做输入引脚(540 kΩ) 5.0 V $R=33\ \text{k}\Omega$;2.7 V $R=18\ \text{k}\Omega$
VOUT	33	输出	分压电阻	LCD 倍压输出
CAP3M	34	输出	升压电容	倍压电路引脚
CAP1P	35			
CAP1M	36			
CAP2M	38			
xOFF	32	输出	—	省电模式引脚:NORMAL=0;ALEEP MODE=1
CAP2P	37			不用
VD2	39	输入	参考电压	倍压参考电压,需小于 3.5 V
NC	4、5、6	输入	—	空引脚

STN7920 提供了第 32 引脚作为 LCD 偏压电路的省电控制引脚,它的接法如图 10-1 和图 10-2 所示。

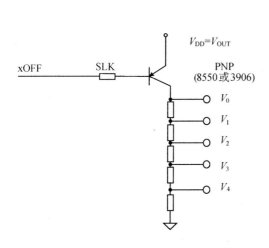

图 10-1 LCD 偏压电路的省电控制接法 1

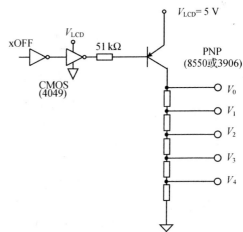

图 10-2 LCD 偏压电路的省电控制接法 2

10.1.3 STN7920 的读/写时序

STN7920 与微处理器有三种连接方式,并行 4 位、并行 8 位和串行方式。图 10-3~图 10-5 显示了 STN7920 与微处理器之间的读/写时序。

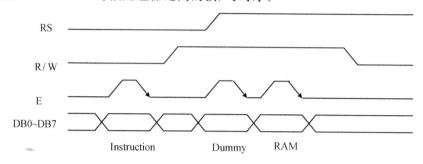

图 10-3 STN7920 与微处理器并行 8 位连接时的读/写时序

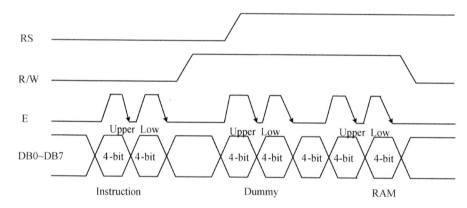

图 10-4 STN7920 与微处理器并行 4 位连接时的读/写时序

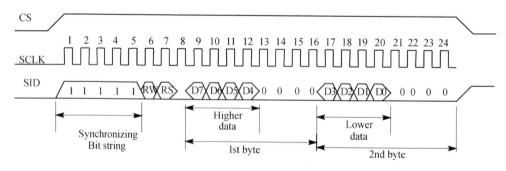

图 10-5 STN7920 与微处理器串行连接时的读/写时序

当 PSB 脚接高电平时,STN7920 与微处理器采用并行接口,再通过"功能设定"指令中的 DL(DB4)位决定是采用并行 4 位还是并行 8 位。DL=1,采用并行 8 位,DL=0,采用并行 4 位。主控制器通过 RS、R/W、E 和 DB0~DB7 这些信号的配合来完成数据或命令的传输。

从一个完整的流程来看,当执行完定位指令(CGRAM 或 DDRAM……的地址确定后),想读取显示数据,第一次要空读一次,然后再读才能得到正确数据,以后只要没重新执行定位指令,就不用再空读了。

第 10 章 内嵌中文字库的 LCD 显示驱动

在 4 位并行模式中,每个 8 位数据或指令都分成两组进行传输,高 4 位(DB4～DB7)在先,低 4 位(DB0～DB3)在后,分成两次进行传输,并且只使用 DB4～DB7 数据线,低 4 位(DB0～DB3)数据线不用。

当 PSB 脚接低电平时,STN7920 与微处理器采用串行接口,在串行模式下使用 2 条数据线作数据传输。主控制系统使用 SCLK(并行时的 E)做同步信号线,使用 SID(并行时的 R/W)做数据线来完成数据传输。

从一个完整的流程来看,一开始先传启动位,它是 5 个连续的"1"(同步串),再跟随的是传输方向位(R/W)和数据/指令选择位(RS),最后是一个"0",在接收到同步信号和 R/W、RS 后,每个 8 位的数据或指令被分成 2 组,高 4 位(DB7～DB4)被放在第一组的 LSB 部分,低 4 位(DB3～DB0)被放在第二组的 LSB 部分,数据线其他 4 位没有使用。

10.1.4 STN7920 与微处理器的接口

内嵌 STN7920 的显示模块有很多,这些显示模块把 STN7920 的控制器、驱动器和显示屏做到一块 PCB 板上,用户只要对 STN7920 控制器的少量信号(引脚)进行控制就可以完成 STN7920 的显示控制。

如北京青云公司的 LCM12864ZK 显示模块,内嵌 STN7920,它的控制引脚有 20 个,引脚定义如表 10-2 所列。

表 10-2 LCM12864ZK 引脚定义

引脚	名称	方向	说明
1	K	x	背光源负极
2	A	x	背光源正极
3	GND	x	电源地
4	VCC	x	电源(3 V/5 V)
5	NC	x	空引脚
6	RS(CS)	I	选择寄存器。并行:RS=0,选指令寄存器;RS=1,选数据寄存器。串行:RS=0,片选禁止;RS=1,片选允许
7	R/W(SID)	I	读/写控制。并行:R/W=0,写;R/W=1,读。串行:串行数据输入
8	E(SCLK)	I	并行:读/写数据起始控制。串行:串行数据输入移位脉冲
9	D0	I/O	数据线
10	D1	I/O	
11	D2	I/O	
12	D3	I/O	
13	D4	I/O	
14	D5	I/O	
15	D6	I/O	
16	D7	I/O	
17	PSB	I/O	微处理器控制方式控制:PSB=1,并行;PSB=0,串行
18	$\overline{RST}$	I/O	复位信号,低电平有效
19	VR	x	LCD 亮度调整,外接电阻
20	V0	x	LCD 亮度调整,外接电阻

表 10-2 中,引脚 $\overline{RST}$ 可以不接,引脚 PSB 接高电平时为并行接口方式,然后由"功能设定"指令 DL 位决定是 4 位并行还是 8 位并行,DL=1 为 8 位并行,DL=0 为 4 位并行。引脚 PSB 接低时为串行接口方式。

引脚 VR 和 V0 之间必须接电位器(10 kΩ),电位器一端接 VR,调整端接 V0,另一端悬空即可。利用电位器调节对比度,使显示区域的底色刚刚显示出来即可。

以 LCM12864ZK 显示模块为例,与微处理器连接的 8 位并行接口方式如图 10-6 所示,与微处理器连接的串行接口方式如图 10-7 所示。

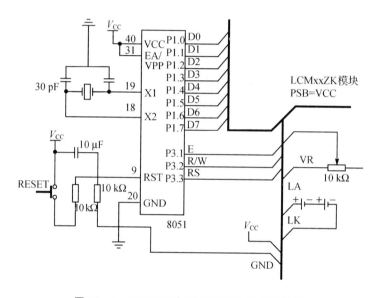

图 10-6 STN7920 与微处理器 8 位并行接口

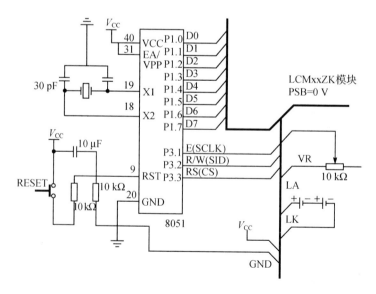

图 10-7 STN7920 与微处理器串行接口

10.2 STN7920 的指令系统

10.2.1 STN7920 的内部寄存器

(1) DR 和 IR

在了解 STN7920 的指令系统之前,应对 STN7920 的内部寄存器有所了解。在对 STN7920 读/写过程中,要经常用到两个寄存器,一个是数据寄存器 DR,一个是指令寄存器 IR。通过数据寄存器 DR 可以存取 DDRAM、CGRAM、GDRAM 和 IRAM 的值,而存取目标 RAM 的地址则由 IR 给出。

(2) RS 和 WR

STN7920 还有两个寄存器 RS 和 WR。RS=1,当前的读/写操作对象是显示数据;RS=0,当前的读/写操作对象是指令寄存器或状态寄存器。WR=1,当前是读操作;WR=0,当前是写操作。这些操作关系如表 10-3 所列。

表 10-3 RS 和 WR 寄存器功能

RS	WR	功能说明
0	0	写指令
0	1	读"忙"标志和地址计数器(AC)值
1	0	写数据
1	1	读数据

(3) 忙标志寄存器 BF

BF 实际是地址计数器 AC 的 bit7。BF=1,表示 STN7920 正在处理内部事务,不能接受外部命令和数据;BF=0,表示 STN7920 正处于空闲状态,能接受外部命令和数据。所以在对 STN7920 进行读/写操作时,必须要先读 BF 状态,只有 STN7920 处于空闲状态,才能对其进行读/写操作。

(4) 地址计数器 AC

地址计数器 AC 用来存储 DDRAM、CGRAM、GDRAM 和 IRAM 的地址,它可由 IR 改变,当我们执行读取或写入 DDRAM、CGRAM、GDRAM 和 IRAM 的指令后,AC 的值会自动加 1。AC 的值也是可读的,当 RS=0,R/W=1 时,读 STN7920,就会在数据线上得到 AC 的值。

(5) 字型生成器 CGROM 和 HCGROM

字型生成器 CGROM 固化了 8 192 个 16×16 点阵汉字,HCGROM 固化了 162 个 8×16 ASCII 字符。CGROM 和 HCGROM 的内容是"只读"的。

(6) 字型生成器 CGRAM

STN7920 还给用户提供了 4 组 16×16 点阵造字 RAM,用户可以把 CGROM 中没有的汉字或图形定义到 CGRAM 中,然后可以像使用 CGROM 中汉字或图形一样来使用它们。

(7) 图标 IRAM

STN7920 还给用户提供了 240 点的 ICON 显示 RAM,这些点分成 15 组,每组 16 个点。组的代码为 00H~0FH,放在 AC 中。

向 IRAM 写入 ICON 数据时,先要确定 IRAM 的地址,每组一个地址,地址是 16 位的,先输出高 8 位地址,后输出低 8 位地址,然后按高字节(D15~D8)在前,低字节(D7~D0)在后,连续输出 2 字节的显示数据。

(8) 显示数据 RAM(DDRAM)

显示数据 RAM(DDRAM)提供的空间为 1 024×2 字节,最大可以控制 4 行,每行 16 个 16×16 点阵汉字的显示。当我们向 DDRAM 写入显示数据时,根据写入的数据代码的形式,STN7920 可以显示三种字型,分别是 HCGROM 中的 8×16 ASCII 字符、CGROM 中的 16×16 汉字、CGRAM 中用户自定义汉字或图形。

如果编码范围在 02H~07H,则显示 HCGROM 中的 8×16 ASCII 字符。

如果编码范围在 0000H~0006H,则显示 CGRAM 中用户自定义的汉字或图形。

如果编码范围 A1H 以上,则 STN7920 自动结合下一个编码,形成一个汉字的内码,再由内码转换为区位码,进而找到该汉字的字模来显示。向 DDRAM 写入 16 位编码时是通过连续写 2 字节的显示数据来完成的,写入时先写高位(D15~D8),再写低位(D7~D0)。

(9) 绘图 RAM(GDRAM)

绘图 RAM 提供 64×32 位空间,最多可以控制 256×64 点的绘图缓冲空间,它的地址由扩展指令中的相关指令确定。绘图时先确定绘图地址:先写 y 坐标,再写 x 坐标;然后写显示数据,先写高位字节(D15~D8),后写低位字节(D7~D0)。

10.2.2 STN7920 的基本指令系统

(1) 清除显示指令

RS	R/W	DB7	DB6	DB5	DB4	DB3	DB2	DB1	DB0
0	0	0	0	0	0	0	0	0	1

将 DDRAM 清 0(填满"20H"),DDRAM 地址计数器 ACC 清 0,DB0=1 是该命令的标志。

(2) 复位指令

RS	R/W	DB7	DB6	DB5	DB4	DB3	DB2	DB1	DB0
0	0	0	0	0	0	0	0	1	x

设定 DDRAM 地址计数器 ACC=0,光标回到原点,DB1=1 是该命令的标志。

(3) 功能设定指令

RS	R/W	DB7	DB6	DB5	DB4	DB3	DB2	DB1	DB0
0	0	0	0	0	0	0	1	I/D	S

设定在读/写数据时光标移动方向和显示内容的移位。I/D=1,光标右移,DDRAM 地址计数器 ACC 加 1;I/D=0,光标左移,DDRAM 地址计数器 ACC 减 1。S=1,LCD 屏显示内容移位,移位方向与光标移动方向相反;S=0,LCD 屏显示内容不移。

(4) 显示状态设定

RS	R/W	DB7	DB6	DB5	DB4	DB3	DB2	DB1	DB0
0	0	0	0	0	0	1	D	C	B

D=1,整体显示 ON,D=0,整体显示 OFF。C=1,光标显示,C=0,光标不显示。B=1,

光标反白显示,B=0,光标反白显示关。

(5) 光标和显示移位控制

RS	R/W	DB7	DB6	DB5	DB4	DB3	DB2	DB1	DB0
0	0	0	0	0	1	S/C	R/L	x	x

S/C=0、R/L=0,光标向左移动,AC=AC−1;S/C=0、R/L=1,光标向右移动,AC=AC+1;S/C=1、R/L=0,显示向左移动,AC=AC;S/C=1、R/L=1,显示向右移动,AC=AC。

(6) 控制功能设定

RS	R/W	DB7	DB6	DB5	DB4	DB3	DB2	DB1	DB0
0	0	0	0	1	DL	x	RE=0	x	x

DL=0,4位并行控制;DL=1,8位并行控制。RE=0,基本指令集功能;RE=1,扩展指令集功能。

(7) 设置CGRAM地址

RS	R/W	DB7	DB6	DB5	DB4	DB3	DB2	DB1	DB0
0	0	0	1	AC5	AC4	AC3	AC2	AC1	AC0

设置CGRAM地址,放在AC中。

(8) 设置DDRAM地址

RS	R/W	DB7	DB6	DB5	DB4	DB3	DB2	DB1	DB0
0	0	1	AC6	AC5	AC4	AC3	AC2	AC1	AC0

设置DDRAM地址,放在AC中。

(9) 读"忙"标志

RS	R/W	DB7	DB6	DB5	DB4	DB3	DB2	DB1	DB0
0	1	BF	AC6=0	AC5	AC4	AC3	AC2	AC1	AC0

读内部状态,BF=1,不能进行读/写操作;BF=0,能进行读/写操作。

(10) 写显示数据到内部RAM

RS	R/W	DB7	DB6	DB5	DB4	DB3	DB2	DB1	DB0
1	0	D7	D6	D5	D4	D3	D2	D1	D0

写显示数据到内部RAM(DDRAM、CGRAM、IRAM、GDRAM)。

(11) 读显示数据

RS	R/W	DB7	DB6	DB5	DB4	DB3	DB2	DB1	DB0
1	1	D7	D6	D5	D4	D3	D2	D1	D0

从内部 RAM(DDRAM、CGRAM、IRAM、GDRAM)读显示数据到 MPU。

10.2.3 STN7920 的扩展指令系统

(1) 待命模式

RS	R/W	DB7	DB6	DB5	DB4	DB3	DB2	DB1	DB0
0	0	D7	D6	D5	D4	D3	D2	1	D0

待命模式,内部硬件驱动停止,执行其他任何一条指令都可以中断此模式。

(2) 卷动位置和 RAM 地址确定

RS	R/W	DB7	DB6	DB5	DB4	DB3	DB2	DB1	DB0
0	0	D7	D6	D5	D4	D3	D2	1	SR

SR=1,允许输入垂直卷动位置;SR=0,在基本指令系统中允许输入 CGRAM 地址,在扩展指令系统中允许输入 IRAM 地址。

(3) 反白选择

RS	R/W	DB7	DB6	DB5	DB4	DB3	DB2	DB1	DB0
0	0	D7	D6	D5	D4	D3	1	R1	R0

选择 4 行中任一行做反白显示。R1、R0 决定做反白显示的行数,初值为 0。

(4) 休眠模式

RS	R/W	DB7	DB6	DB5	DB4	DB3	DB2	DB1	DB0
0	0	D7	D6	D5	D4	1	S/L	x	x

S/L=1,脱离休眠模式;S/L=0,进入休眠模式。

(5) 扩展功能设定

RS	R/W	DB7	DB6	DB5	DB4	DB3	DB2	DB1	DB0
0	0	D7	D6	1	DL	x	RE=1	G	0

DL=1,8 位并行模式;DL=0,4 位并行模式。RE=1,扩展指令系统;RE=0,基本指令系统。G=1,绘图显示 ON;G=0,绘图显示 OFF。

(6) 设定 IRAM 地址或卷动位置

RS	R/W	DB7	DB6	DB5	DB4	DB3	DB2	DB1	DB0
0	0	D7	1	AC5	AC4	AC3	AC2	AC1	AC0

"卷动位置和 RAM 地址确定"指令中 SR=1,AC5～AC0 为垂直卷动位置;SR=0,AC5～AC0 为 ICONRAM 地址。

(7) 设定绘图 RAM 地址

RS	R/W	DB7	DB6	DB5	DB4	DB3	DB2	DB1	DB0
0	0	1	0	0	0	AC3	AC2	AC1	AC0

设定 GDRAM 到 AC 中,先设定垂直坐标(y),再设定水平坐标(x),可以连续写入 2 字节指令来完成。垂直坐标(y)范围:AC6～AC0。水平坐标(x)范围:AC3～AC0。当连续写入

第 10 章　内嵌中文字库的 LCD 显示驱动

数据时,AC 只对 x 坐标值做加 1 计数,当 AC 值等于 0FH 时,AC 又从 0 开始计数,而 y 坐标不能自动做加 1 计数,要由程序判断是否需要修改。

采用绘图方式时要清楚 GDRAM 坐标和显示数据的对照关系,图 10-8 是 256×64 模块的 GDRAM 坐标和显示数据的对照关系,横向(x 坐标)分为 0~15 共 16 页,每页 16 位,对 x 坐标的操作是以页为单位的,当连续写入数据时,AC 只对 x 坐标值做加 1 计数,即页数加 1,x 的范围为 00H~0FH。而 y 坐标不能自动做加 1 计数,要由程序判断修改,y 的范围为 0~63。

		GDRAM水平地址(x)									
		0 页					15 页				
GDRAM垂直地址(y)	0	b15	b14	b13	…	b0	b15	b14	b13	…	b0
	1	b15	b14	b13	…	b0	b15	b14	b13	…	b0
	2	b15	b14	b13	…	b0	b15	b14	b13	…	b0
	3	b15	b14	b13	…	b0	b15	b14	b13	…	b0
	4	b15	b14	b13	…	b0	b15	b14	b13	…	b0
	⋮	⋮	⋮	⋮	⋮	⋮	⋮	⋮	⋮	⋮	⋮
		b15	b14	b13	…	b0	b15	b14	b13	…	b0
		b15	b14	b13	…	b0	b15	b14	b13	…	b0
	⋮										
		b15	b14	b13	…	b0	b15	b14	b13	…	b0
		b15	b14	b13	…	b0	b15	b14	b13	…	b0
	63	b15	b14	b13	…	b0	b15	b14	b13	…	b0

图 10-8　GDRAM 坐标和显示数据的对照关系

10.3　STN7920 的软件驱动程序

10.3.1　STN7920 的汇编语言驱动程序

我们以 LCM12864ZK 为例来叙述 STN7920 的汇编语言驱动程序,STN7920 与微处理器的连接如图 10-6 所示,采用 8 位并行间接方式。本程序和后面的 C 语言驱动程序在随书光盘"10.0"文件夹中。

1. 8 位并行模式

```
//STN7920.ASM
RS     EQU    P3.2
R/W    EQU    P3.1
E      EQU    P3.0
COM    EQU    20H
DAT    EQU    21H

       ORG    0000H
```

```
        LJMP    START
        ORG     0100H
```

(1) 主程序

主程序中有两个显示汉字串程序,可分别调用。

PUTSTR 是显示汉字串"北京欢迎你!",汉字是以内码形式给出的。

PUTSTR1 是输出 4 个汉字子程序,汉字是以区位码形式给出的。

汉字在计算机内部是以"内码"形式存储的,就像英文字母在计算机内部是以"ASCII"码形式存储的一样,一个汉字的"内码"占 2 字节。汉字串在计算机内部就是"内码"串,STN7920 提供的字库就是以"内码"形式存储的国标字库。所以这里可以用汉字串来显示汉字。

如果有《信息交换用汉字编码字符集(基本集)》(GB2312—80),想要在 STN7920 上显示汉字,由于该字符集是按区位码排列的,还要把区位码变成"内码"才能在程序中使用,区位码变成"内码"是把区位码高位字节和低位字节各加 A0H。

如果输入编码是 A1H 以上,则 STN7920 自动结合下一个编码,形成一个汉字的内码,再由内码转换为区位码,进而找到该汉字的字模来显示。向 DDRAM 写入 16 位编码时是通过连续写 2 字节的显示数据来完成的,写入时先写高位(D15～D8),再写低位(D7～D0)。

如果显示的汉字不多,可以像后面 PUTSTR1 子程序一样,分别输入每个汉字的内码。

```
START:
        MOV     SP,#60H
        LCALL   INIT                    ;LCD 初始化
        MOV     COM,#80H                ;设定显示位置,0 行首地址
        MOV     DPTR,#STRING1           ;汉字串 1 首地址给地址指针
        LCALL   PUTSTR                  ;
        ;LCALL  PUTSTR1
        LJMP    $
STRING1:DB"北京欢迎你!",0
PUTSTR:
        LCALL   WRITECOM                ;写命令
LOOP:
        MOV     A,#0
        MOVC    A,@A+DPTR               ;汉字串内码,不等于 0 则显示
        CJNE    A,#0,STRDISP            ;等于 0 则显示结束,返回
        RET
STRDISP:                                ;显示汉字串子程序
        MOV     DAT,A
        LCALL   WRITEDAT                ;写数据
        INC     DPTR
        SJMP    LOOP
```

(2) 初始化子程序

```
INIT:
        MOV     R6,#0
        MOV     R7,#40
```

```
        LCALL       DELAY
        MOV         COM,#30H                ;8位并行模式,基本指令集
        LCALL       WRITECOM                ;写命令子程序
        MOV         R6,#0
        MOV         R6,#1
        LCALL       DELAY
        MOV         COM,#14H                ;光标向右移动
        LCALL       WRITECOM
        MOV         R6,#0
        MOV         R7,#1
        LCALL       DELAY
        MOV         COM,#0CH                ;LCD屏显示 ON,光标显示 OFF
        LCALL       WRITECOM
        MOV         R6,#0
        MOV         R7,#1
        MOV         COM,#01                 ;清屏
        LCALL       WRITECOM
        MOV         R6,#0
        MOV         R7,#40
        LCALL       DELAY
        MOV         COM,06H                 ;光标右移,AC加1,画面不动
        LCALL       WRITECOM
        RET
```

(3) 判"忙"子程序

```
WAITFREE:
        PUSH        ACC
        MOV         P1,#0FFH
```

由于 MCS-51 单片机并行口的结构,P1 口作输入时要先向该口输出 FFH。

```
        CLR         RS
        SETB        R/W
LOOP1:
        SETB        E
        MOV         A,P1
        CLR         E
        JB          ACC.7,LOOP1
        CLR         RS
        CLR         R/W
        POP         ACC
        RET
```

(4) 写命令子程序

```
WRITECOM:
        LCALL       WAITFREE
```

```
        CLR     RS
        CLR     R/W
        SETB    E
        MOV     P1,COM
        CLR     E
        RET
```

(5) 写数据子程序

```
WRITEDAT:
        LCALL   WAITFREE
        SETB    RS
        CLR     R/W
        SETB    E
        MOV     P1,DAT
        CLR     E
        RET
```

(6) 延时子程序

```
DELAY:
        NOP
DELAY1:
        MOV     ACC,#250
DEL:
        NOP
        NOP
        DJNZ    ACC,DEL
        DJNZ    R7,DELAY1
        MOV     A,R6
        JZ      EXIT
        DJNZ    R6,DELAY1
EXIT:
        RET
```

(7) 输出汉字"啊","阿","埃"子程序

```
PUTSTR1:
        MOV     DAT,#0B0H
        LCALL   WRITEDAT
        MOV     DAT,#0A1H
        LCALL   WRITEDAT
        MOV     DAT,#0B0H
        LCALL   WRITEDAT
        MOV     DAT,#0A2H
        LCALL   WRITEDAT
        MOV     DAT,#0B0H
        LCALL   WRITEDAT
```

第 10 章　内嵌中文字库的 LCD 显示驱动

```
        MOV     DAT,#0A3H
        LCALL   WRITEDAT
        RET
        END
```

2. 串行模式

串行模式接口如图 10-7 所示,阅读程序时请参考图 10-5,从一个完整的流程来看,一开始先传启动位,它是 5 个连续的"1"(同步串),再跟随的是传输方向位(R/W=0 是写;R/W=1 是读)和数据/指令选择位(RS=0 是指令;RS=1 是数据),最后是一个"0"。

在接收到同步信号和 R/W、RS 后,每个 8 位的数据或指令被分成二组,高 4 位(DB7~DB4)被放在第一组的 LSB 部分,低 4 位(DB3~DB0)被放在第二组的 LSB 部分,数据线其他 4 位没有使用。

串行模式接口可以节省 I/O 口线,但软件开销要比并行模式大。

```
//7920_1.ASM serial communication
    RS                  +5 V            ;串行口使能
    SID     EQU         P3.1            ;串行数据
    SCLK    EQU         P3.0            ;移位脉冲
    COM     EQU         20H
    DAT     EQU         21H
    ORG     0000H
    JMP     START
    ORG     0100H
SRART:
    LCALL   INIT                        ;调初始化子程序
    MOV     A,#30H
    MOV     A,COM
    LCALL   WRINS                       ;调写命令子程序
    MOV     A,0
    MOV     A,DAT
    LCALL   WRDATA                      ;调写数据子程序
    LCALL   REDATA                      ;调读数据子程序
    MOV     DAT,A
    LJMP    $
```

(1) 初始化子程序

主要是设置 8 位串行模式,使用基本指令集、显示开、清屏等。

```
INIT:
    MOV     R6,#0
    MOV     R7,#40
    LCALL   DELAY
    MOV     COM,#30H                    ;8 位并行模式,基本指令集
    LCALL   WRITECOM                    ;写命令子程序
    MOV     R6,#0
```

```
        MOV     R6,#1
        LCALL   DELAY
        MOV     COM,#14H            ;光标向右移动
        LCALL   WRITECOM
        MOV     R6,#0
        MOV     R7,#1
        LCALL   DELAY
        MOV     COM,#0CH            ;LCD屏显示ON,光标显示OFF
        LCALL   WRITECO
        MOV     R6,#0
        MOV     R7,#1
        MOV     COM,#01             ;清屏
        LCALL   WRITECOM:
        MOV     R6,#0
        MOV     R7,#40
        LCALL   DELAY
        MOV     COM,06H             ;光标右移,AC加1,画面不动
        LCALL   WRITECOM
        RET
DELAY:                              ;延时子程序
        NOP
DELAY1:
        MOV     ACC,#250
DEL:
        NOP
        NOP
        DJNZ    ACC,DEL
        DJNZ    R7,DELAY1
        MOV     A,R6
        JZ      EXIT
        DJNZ    R6,DELAY1
EXIT:
        RET
```

(2) 写命令

阅读程序时请参考图 10-5,其中传输方向位 R/W＝0 是写,数据/指令选择 RS＝0 是指令。

```
WRINS:
        SETB    SID                 ;SID=1,准备发送"1"
        CLR     SCLK
        SETB    SCLK
        CLR     SCLK
        SETB    SCLK
        CLR     SCLK
        SETB    SCLK
```

第 10 章　内嵌中文字库的 LCD 显示驱动

CLR	SCLK	
SETB	SCLK	
CLR	SCLK	
SETB	SCLK	;连续发 5 个 1,是同步串
CLR	SID	;SID = 0,准备发送
CLR	SCLK	
SETB	SCLK	;发第一个"0",R/W = 0,是"写"
CLR	SCLK	
SETB	SCLK	;发第二个"0",RS = 0,表示是"读"
CLR	SCLK	
SETB	SCLK	;再发一个"0"
MOV	SID,A.7	
CLR	SCLK	;发 bit7～bit4
SETB	SCLK	
CLR	SCLK	
MOV	SID,A.6	
SETB	SCLK	
CLR	SCLK	
MOV	SID,A.5	
SETB	SCLK	
CLR	SCLK	
MOV	SID,A.4	
SETB	SCLK	
CLR	SCLK	
CLR	SID	
SETB	SCLK	;发 4 个"0"
CLR	SCLK	
SETB	SCLK	
CLR	SCLK	
SETB	SCLK	
CLR	SCLK	
SETB	SCLK	
CLR	SCLK	
MOV	SID,A.3	
SETB	SCLK	;发 bit3～bit0
CLR	SCLK	
MOV	SID,A.2	
SETB	SCLK	
CLR	SCLK	
MOV	SID,A.1	
SETB	SCLK	
CLR	SCLK	
MOV	SID,A.0	
SETB	SCLK	
CLR	SCLK	

CLR	SID		
SETB	SCLK		;最后再发 4 个"0"
CLR	SCLK		
SETB	SCLK		
CLR	SCLK		
SETB	SCLK		
CLR	SCLK		
SETB	SCLK		
CLR	SCLK		;SCLK 置低后延时返回
MOV	R6,#0		
MOV	R7,#40		
CALL	DRLAY		
RET			

(3) 写数据

阅读程序时请参考图 10-5,其中传输方向位 R/W=0 是写,数据/指令选择 RS=1 是数据。

WRDATA:			
SETB	SID		;SID=1,准备发送"1"
CLR	SCLK		
SETB	SCLK		
CLR	SCLK		
SETB	SCLK		
CLR	SCLK		
SETB	SCLK		
CLR	SCLK		
SETB	SCLK		
CLR	SCLK		
SETB	SCLK		
CLR	SCLK		
CLR	SID		
SETB	SCLK		;发第一个"0",R/W=0,是"写"
CLR	SCLK		
SETB	SID		;SID=1,准备发送"1"
SETB	SCLK		;发"1",表示是数据
CLR	SCLK		
CLR	SID		
SETB	SCLK		;发一个"0",是间隔字符
CLR	SCLK		
MOV	SID,A.7		;SID=A.7
SETB	SCLK		;发 A.7~A.4
CLR	SCLK		
MOV	SID,A.6		;SID=A.6
SETB	SCLK		
CLR	SCLK		

第 10 章　内嵌中文字库的 LCD 显示驱动

```
        MOV     SID,A.5              ;SID = A.5
        SETB    SCLK
        CLR     SCLK
        MOV     SID,A.4              ;SID = A.4
        SETB    SCLK
        CLR     SCLK
        CLR     SID
        SETB    SCLK                 ;发 4 个"0"
        CLR     SCLK
        SETB    SCLK
        CLR     SCLK
        SETB    SCLK
        CLR     SCLK
        SETB    SCLK
        CLR     SCLK
        MOV     SID,A.3
        SETB    SCLK                 ;发 A.3~A.0
        CLR     SCLK
        MOV     SID,A.2
        SETB    SCLK
        CLR     SCLK
        MOV     SID,A.1
        SETB    SCLK
        CLR     SCLK
        MOV     SID,A.0
        SETB    SCLK
        CLR     SCLK
        CLR     SID
        SETB    SCLK                 ;最后再发 4 个"0"
        CLR     SCLK
        SETB    SCLK
        CLR     SCLK
        SETB    SCLK
        CLR     SCLK
        SETB    SCLK
        CLR     SCLK                 ;SCLK 置低后延时返回
        MOV     R6,#0
        MOV     R7,#40
        CALL    DRLAY
        RET
```

(4) 读数据

其中传输方向位 R/W=1 是读, 数据/指令选择 RS=1 是数据, 读的结果存 A 中。

```
REDATA:
        SETB    SID                  ;SID = 1,发送 5 个"1",同步串
```

CLR	SCLK	
SETB	SCLK	
CLR	SCLK	
SETB	SCLK	
CLR	SCLK	
SETB	SCLK	
CLR	SCLK	
SETB	SCLK	
CLR	SCLK	
SETB	SCLK	;发 5 个"1",同步串
CLR	SCLK	
SETB	SID	
SETB	SCLK	;发第一个"1",R/W = 1,表示是"读"
CLR	SCLK	
SETB	SID	;SID = 1,准备发送"1"
SETB	SCLK	;发"1",表示是数据
CLR	SCLK	
CLR	SID	
SETB	SCLK	;发一个"0",是间隔字符
CLR	SCLK	
MOV	A.7,SID	; A.7 = SID
SETB	SCLK	
CLR	SCLK	
MOV	A.6,SID	; A.6 = SID
SETB	SCLK	
CLR	SCLK	
MOV	A.6,SID	; A.5 = SID
SETB	SCLK	
CLR	SCLK	
MOV	A.4,SID	; A.4 = SID
SETB	SCL	
CLR	SCLK	
CLR	SID	
SETB	SCLK	;发 4 个"0"
CLR	SCLK	
SETB	SCLK	
CLR	SCLK	
SETB	SCLK	
CLR	SCLK	
SETB	SCLK	
CLR	SCLK	
MOV	A.3,SID	
SETB	SCLK	;取 A.3~A.0
CLR	SCLK	
MOV	A.2,SID	

第10章 内嵌中文字库的 LCD 显示驱动

```
        SETB    SCLK
        CLR     SCLK
        MOV     A.1,SID
        SETB    SCLK
        CLR     SCLK
        MOV     A.0,SID
        SETB    SCLK
        CLR     SCLK
        CLR     SID
        SETB    SCLK            ;最后再发 4 个"0"
        CLR     SCLK
        SETB    SCLK
        CLR     SCLK
        SETB    SCLK
        CLR     SCLK
        SETB    SCLK
        CLR     SCLK            ;SCLK 置低后延时返回
        MOV     R6,#0
        MOV     R7,#40
        CALL    DRLAY
        RET
```

10.3.2 STN7920 的 C 语言驱动程序

还是以 LCM12864ZK 为例来叙述 STN7920 的 C 语言驱动程序，STN7920 与微处理器的连接如图 10-6 所示，采用 8 位并行间接方式。

```
//STN7920.C
#include <stdio.h>
#include <math.h>
#include <absacc.h>
#include <reg51.h>
#include <def.h>
sbit    E = P3^0;
sbit    RW = P3^1;
sbit    RS = P3^2;
U8 COM;                             //指令寄存器
U8 DAT;                             //数据寄存器
void Delay(void);                   //延时函数
void WaitFfree (void);              //判忙函数
void WriteCommand(U8 cmd);          //发控制字函数
void WriteData(U8 dat);             //发数据函数
void Init(void);                    //初始化函数
void Clear(void);                   //清屏
void DisplayStr1(void);             //显示字符串函数 1
```

```
void DisplayStr2(void);              //显示字符串函数 2
syb1616[] = {
0x08001,0x04182,0x02244,0x01428,0x00C30,0x00C30,0x00A50,0x00990,
0x01188,0x01248,0x02424,0x02814,0x0500A,0x0300C,0x04C32,0x083C1,
    //禁止报警图案
0x00000,0x00180,0x00240,0x00420,0x00420,0x00810,0x00810,0x00810,
0x01008,0x01008,0x02004,0x02004,0x04002,0x0300C,0x00C30,0x003C0,
    //允许报警图案
0x08011,0x04032,0x020D4,0x01318,0x01C10,0x01430,0x01650,0x01590,
0x01590,0x01650,0x01430,0x01C10,0x01318,0x020D4,0x04032,0x08011,
    //禁止蜂鸣图案
0x00010,0x00030,0x000D0,0x00310,0x01C10,0x01410,0x01410,0x01410,
0x01410,0x01410,0x01410,0x01C10,0x00310,0x000D0,0x00030,0x00010};
    //允许蜂鸣图案
```

(1) 基本函数

基本函数包括判忙子程序、写指令、写数据、初始化、清屏和延时子程序。除读状态指令外,其他读写指令必须判 LCD 状态,LCD 空闲才能对其进行读/写操作。

```
//----------------------------------------------------------
//    延时
//----------------------------------------------------------
void   Delay(void)
{
    U16 i,j;
    for(i = 0;i<100;i++)
        for(j = 0;j<100;j++);
}
//----------------------------------------------------------
//   判忙子程序
//----------------------------------------------------------
void   WaitFfree(void)
{
    U8 x;
```

在 MCS-51 中,由于 I/O 口的结构,P1 口做输入时,必须先给它输出 0xFF。

```
    P1 = 0x0FF;                      //P1 做输入,先给 P1 输出 0xFF
      do{
          x = P1;                    //读状态口
      }
    while(x&0x80);                   //判 LCD 是否"忙","忙"则等待
}
//----------------------------------------------------------
//    写命令子程序
//----------------------------------------------------------
void WriteCommand(U8 cmd)
```

```c
{
    WaitFfree();                    //判 LCD 是否"忙"
    RS = 0;                         //选择命令寄存器
    RW = 0;                         //写操作
    E = 1;
    P1 = cmd;                       //命令写入 P1 口
    Delay();
    E = 0;                          //E 的下降沿完成写操作
}
//-------------------------------------------------------------
// 写数据子程序
//-------------------------------------------------------------
void WriteData(U8 dat)
{
    WaitFfree();
    RS = 1;                         //选数据寄存器
    RW = 0;                         //写操作
    E = 1;
    P1 = dat;                       //数据写入 P1 口
    Delay();
    E = 0;                          //E 的下降沿完成写操作
}
//-------------------------------------------------------------
// 清屏子程序
//-------------------------------------------------------------
void Clear (void)
{
    WriteCommand(0x01);             //0x01 是 STN7920 清屏指令
}
//-------------------------------------------------------------
// 初始化子程序
//-------------------------------------------------------------
void Init(void)
{
    WriteCommand(0x30);             //功能设定:8 位并行,基本指令集
    WriteCommand(0x0C);             //显示 ON,光标 OFF,光标反白显示 OFF
    WriteCommand(0x01);             //清屏
    WriteCommand(0x06);             //显示时光标右移,AC = AC + 1
}
//-------------------------------------------------------------
// 输出汉字串子程序 1
//-------------------------------------------------------------
```

(2) 输出汉字串子程序 1

这里输出汉字串是输出一个一个汉字内码,内码是从 STN7920 字库取的。

WriteCommand(0x91)是设置 DDRAM 地址,第 2 字符行,第 1 页。在初始化子程序中,功能设定是 8 位并行,使用基本指令集,采用字符方式。

在这种方式中,写给 LCD 的数据都被认为是字符代码,如果代码范围在 02H～07H,则显示 HCGROM 中的 8×16 ASCII 字符。

如果代码范围在 0000H～0006H,则显示 CGRAM 中用户自定义汉字或图形。

如果代码范围在 A1H 以上,则 STN7920 自动结合下一个编码,形成一个汉字的内码,再由内码转换为区位码,进而找到该汉字的字模来显示。

DDRAM 地址横向是 8 页(0～7 页),纵向分成 4 个字符行,每个字符行 16 字节,在每页一字符行的位置可显示 1 个 16×16 点阵汉字。第一字符行的 DDRAM 地址是:0x80,0x81,…,0x8F;第 2 字符行,0x90,0x91,…,0x9F;第 3 字符行,0xA0,0xA1,…,0xAF;第 4 字符行,0xB0,0xB1,…,0xBF。

```
void DisplayStr1 (void)
{
    U8 i,j;
    p = syb1616;
    WriteCommand(0x91);        //设定 DDRAM 地址:第 2 行,第 1 页
    WriteData(0xB0);           //STN7920 字库取"啊","阿","埃"内码
    WriteData(0xA1);
    WriteData(0xB0);
    WriteData(0xA2);
    WriteData(0xB0);
    WriteData(0xA3);
    Delay();
    Delay();
    WriteData(0xB0);           //显示空格,0xB0A0 是"空格"内码
    WriteData(0xA0);
    WriteData(0xB0);
    WriteData(0xA0);
}
//------------------------------------------------------------
//   输出汉字串子程序 2
//------------------------------------------------------------
```

(3) 输出汉字串子程序 2

输出汉字串子程序 2 采用 8 位并行模式,扩展指令集、点阵方式。

点阵方式设置 DDRAM 地址是通过连续写两个设置地址指令 WriteCommand(0x80+j)、WriteCommand(0x80)来完成的,第 1 个设置地址指令是确定 y 坐标,第 2 个设置地址指令是确定 x(页地址)坐标。以后写显示数据时,每写 2 字节,x(页地址)坐标自动加 1;y 坐标不自动加,要由程序控制计数。

4 个图案字模数据是按字(word)存放的,所以数据指针是 16 位的(U16 * p),一次写 2 字节,写 16 次。每写一次,y 加 1,页不变。CharCode 是要显示图案距离首地址以 16 字为单位的位数。

第10章 内嵌中文字库的LCD显示驱动

```c
void DisplayStr2 (U8 CharCode)
{
    U8 i,j;
    U16 * p;
    p = syb1616 + CharCode * 16;
    WriteCommand(0x36);                //8位并行模式,扩展指令集
    for(i = 0;i<16;i++)                //一次写2字节,写16次
        { WriteCommand(0x80 + j);      //先设定y坐标,i循环1次,y加1
          WriteCommand(0x80);          //再设定x=0。
          WriteData( * p>>8);          //写字模高8位
          WriteData( * p&0x00FF);      //写字模低8位
          p++;                         //字模指针加1,x坐标加1
        }
}
//--------------------------------------------------------------
//   主程序
//--------------------------------------------------------------
void main(void)
{
    Init();
    DisplayStr ();
    WriteCommand (0x08);               //程序结束,进入睡眠状态
}
```

10.3.3 STN7920 显示驱动的进一步探讨

STN7920 与其他 LCD 模块相比,显著特点有三点:一是工作电压低且具有休眠功能,特别适合电池供电的手持设备;二是指令系统丰富,可以编写较复杂的显示程序,例如文本和图形混合显示、滚屏等;三是带有 8×16 ASCII 字符和 16×16 汉字库,显示这些字符和汉字非常简单。

但是如果要显示 8×8 ASCII 字符、想显示 12×12 点阵汉字或 24×24 点阵汉字,这些字体在 STN7920 字库中是没有的,就不那么方便了。

STN7920 在扩展指令中,设置了图形功能,可以利用该功能先解决在 LCD 屏画"点"的功能,其他问题就迎刃而解了。

下面先给出相关程序,然后再详细解释。读者还可以参考 4.4.2 小节的程序和注释。

还是以 LCM12864ZK 为例来叙述 STN7920 的基于画"点"的 C 语言驱动程序,STN7920 与微处理器的连接如图 10-6 所示,采用 8 位并行间接方式。

```c
//STN7920_1.C
#include <stdio.h>
#include <math.h>
#include <absacc.h>
#include <reg51.h>
```

```c
#include <def.h>
#include <syb16.h>
#include <chn16.h>
#include <chn24.h>
#include <asc88.h>
#include <asc816.h>
#include <chn12.h>
sbit    E = P3^0;
sbit    RW = P3^1;
sbit    RS = P3^2;
U8 COM;                                                      //指令寄存器
U8 DAT;                                                      //数据寄存器
void W_DOT(U8 x,U8 y);                                       //绘点函数
void C_DOT(U8 x,U8 y);                                       //清点函数
void WaitFfree (void);                                       //判忙函数
void WriteCommand(U8 cmd);                                   //发控制字函数
void WriteData(U8 dat);                                      //发数据函数
void ReadData(void);                                         //读数据函数
void Init(void);                                             //初始化函数
void Clear(void);                                            //清屏
void DrawHorizOntalLine(U8 xstar,U8 xend,U8 ystar);          //画水平线
void DrawVerticalLine(U8 xstar,U8 ystar,U8 yend);            //画垂直线
void Linexy(U8 stax,U8 stay,U8 endx,U8 endy);                //画斜线
void ClearHorizOntalLine(U8 xstar,U8 xend,U8 ystar);         //清水平线
void ClearVerticalLine(U8 xstar,U8 ystar,U8 yend);           //清垂直线
void ShowSinWave(void);                                      //显示正弦曲线
void disdelay(void);                                         //延时
void DrawOneChn2424(U8 x,U8 y,U8   chnCODE);                 //显示 24×24 汉字
void DrawChnString2424(U8 x,U8 y,U8   *str,U8 s);            //显示 24×24 汉字串
void DrawOneSyb1616(U8 x,U8 y,U16 chnCODE);                  //显示 16×16 标号
void DrawOneChn1212( U8 x,U8 y,U16 chnCODE);                 //显示 12×12 汉字
void DrawOneChn1616( U8 x,U8 y,U16 chnCODE);                 //显示 16×16 汉字
void DrawOneChn16160(U16 x,U16 y,U8 chncode);
void DrawChnString1616(U8 x,U8 y,U8   *str,U8 s);            //显示 16×16 汉字串
void DrawOneAsc816(U8 x,U8 y,U8 charCODE);                   //显示 8×16 ASCII 字符
void DrawAscString816(U8 x,U8 y,U8   *str,U8 s);             //8×16 ASCII 字符串
void DrawOneAsc88(U8 x,U8 y,U8 charCODE);                    //显示 8×8 ASCII 字符
void DrawAscString88(U8 x,U8 y,U8   *str,U8 s);              //8×8 ASCII 字符串
void FillColorScnArea(U8 x1,U8 y1,U8 x2,U8 y2);              //画填充矩形
void DrawOneBoxs(U8 x1,U8 y1,U8 x2,U8 y2);                   //画矩形
void ObtuseAngleBoxs(U8 x1,U8 y1,U8 x2,U8 y2,U8 arc);        //钝角方形
void ReDrawOneChn1616(U8 x,U8 y,U16 chnCODE);                //显示汉字,反白
```

把要显示的 16×16 或 24×24 汉字距小字库首地址的偏移量放入数组 stringp[ ]中,数组 stringp[ ]中每一个数字代表一个汉字距小字库首地址的偏移量。然后调 DrawChnString1616( )

第 10 章 内嵌中文字库的 LCD 显示驱动

或 DrawChnString2424()显示即可。

```
U8 stringp[] = {0,1,2,3,4,5,6,7,8,9,10};
```

把要显示的 8×16 字串直接放入数组 ascstring816[]中,然后调 DrawAscString816()显示即可。

```
U8 ascstring816[] = "123asdABC";
```

把要显示的 8×8 字串直接放入数组 ascstring88[]中,然后调 DrawAscString88()显示即可。

```
U8 ascstring88[] = "123456asdasdABC";
```

(1) 基本函数

基本函数包括:写命令、判"忙"、读/写数据、清屏、初始化、绘点和清点子程序。除判"忙"子程序外,其他对 LCD 的读/写操作都必须判 LCD 状态,LCD "忙"则等,LCD 空闲才能对其进行读/写操作。

```c
//------------------------------------------------------------
//  判忙子程序
//------------------------------------------------------------
void WaitFfree (void)
{
    U8 x;
    P1 = 0xOFF;
    do{
        x = P1;                           //读状态
    }
    while(x&0x80);                        //判"忙"
}
//------------------------------------------------------------
//  写命令子程序
//------------------------------------------------------------
void WriteCommand(U8 cmd)
{
    WaitFfree();                          //判"忙"
    RS = 0;                               //选命令寄存器
    RW = 0;                               //写操作
    E = 1;
    P1 = cmd;                             //写命令
    disdelay();
    E = 0;                                //E下降沿写命令完成
}
//------------------------------------------------------------
//  写数据子程序
//------------------------------------------------------------
void WriteData(U8 dat)
```

```
{
    WaitFfree();                          //判"忙"
    RS = 1;                               //选数据寄存器
    RW = 0;                               //写操作
    E = 1;
    P1 = dat;                             //写数据
    disdelay();
    E = 0;                                //E下降沿写数据完成
}
//-----------------------------------------------------------------
//   读数据子程序
//-----------------------------------------------------------------
void ReadData(void)
{
    WaitFfree();                          //判"忙"
    RS = 1;                               //选数据寄存器
    RW = 1;                               //读操作
    E = 1;
    DAT = P1;
    disdelay();
    E = 0;                                //E下降沿读数据完成
}
//-----------------------------------------------------------------
//   清屏子程序
//-----------------------------------------------------------------
void Clear (void)
{
    WriteCommand(0x01);                   //0x01是清屏指令
}
//-----------------------------------------------------------------
//   初始化子程序
//-----------------------------------------------------------------
void Init(void)
{
    WriteCommand(0x30);                   //8位并行,基本指令集
    WriteCommand(0x30);
    WriteCommand(0x0C);                   //显示 ON,光标 OFF
    WriteCommand(0x01);                   //清屏
    WriteCommand(0x06);                   //光标右移,AC = AC + 1
}
//-----------------------------------------------------------------
//   绘点函数
//-----------------------------------------------------------------
```

绘点函数参数 x、y 是以屏左上角为原点的横向和纵向坐标,首先要把光标移到该点所在字节在 DDRAM 中的地址,$m = x/16$ 是求 x 所在页数(每页 16 点,2 字节)。列数就是参数 y,

然后置 GDRAM 指针,先送 y 坐标,后送 x 坐标(这里 x 是以页为单位),送 m。

读该字节内容,要读两次,第一次空读,第二次才是显示数据。

最后判余数,决定是对高字节还是低字节操作。写之前还要把指针调回读数据前位置,因为读数据时指针自动下移 1 个单元。最后送数据,先送高字节,后送低字节。

```
    void W_DOT(U8 x,U8 y)                    //x、y是以屏左上角为原点的横向和纵向坐标
    {                                        //x,y是以点为单位的,x: 0~127,y: 0~64
        U8 m,n,k1,k2;
        U8 dath,datl;
        m = x/16;                            //求 x 所在页数。每页 16 点,2 字节
        n = x % 16;                          //求 x 在页中的位(bit)数
        k1 = 0x01;
        k2 = 0x80;
        WriteCommand(0x80 + y);              //置 GDRAM 指针,先送 y 坐标
        WriteCommand(0x80 + m);              //后送 x 坐标,这里 x 是以页为单位,送 m
        ReadData();                          //空读一次
        ReadData();                          //读高字节
        dath = DAT;
        ReadData();                          //读低字节
        datl = DAT;
        if (n< = 8)                          //判余数,决定是对高字节还是低字节操作
           {                                 //该点在高字节
               k1 = k1<<(8 - n);             //把 1 移到 x 所对应的 bit(位)
               dath = dath|k1;               //用 1"或"x 所对应的 bit(位)
           }
        if (n> = 9)                          //该点在低位字节
           {
               k2 = k2>>(n-9);
               datl = datl|k2;
           }
        WriteCommand(y);                     //置 GDRAM 指针,先送 y 坐标
        WriteCommand(m);                     //后送 x 坐标
        WriteData(dath);                     //送数据,先送高字节
        WriteData(datl);                     //送数据,后送低字节
    }
// ------------------------------------------------------------
//  清点函数
// ------------------------------------------------------------
```

清点函数基本同绘点函数,只是具体处理有少许不同。

```
    void C_DOT(U8 x,U8 y)
    {
        U8 m,n,k1,k2;
        U8 dath,datl;
        m = x/16;                            //求 x 所在页数。每页 16 点,即 2 字节
```

```
        n = x % 16;                        //求 x 所在页数中的 bit(位)数
        k1 = 0x01;
        k1 = ~k1;
        k2 = 0x80;
        k2 = ~k2;
        WriteCommand(y);                   //置 GDRAM 指针,先送 y 坐标
        WriteCommand(m);                   //后送 x 坐标,这里 x 是以页为单位,送 m
        ReadData();                        //空读一次
        ReadData();                        //读高字节
        dath = DAT;
        ReadData();                        //读低字节
        datl = DAT;
        if (n <= 8)                        //判余数,决定是对高字节还是低字节操作
          {
                k1 = k1<<(8 - n);          //把 0 移到 x 所对应的 bit(位)
                dath = dath&k1;            //用 0"与"x 所对应的 bit(位)
          }
        if (n >= 9)
          {
                k2 = k2>>(n - 9);          //把 0 移到 x 所对应的 bit(位)
                datl = datl&k2;            //用 0"与"x 所对应的 bit(位)
          }
        WriteCommand(y);                   //置 GDRAM 指针,先送 y 坐标
        WriteCommand(m);                   //后送 x 坐标
        WriteData(dath);                   //送数据,先送高字节
        WriteData(datl);                   //送数据,后送低字节
}
//------------------------------------------------------------
//    画水平线
//------------------------------------------------------------
```

(2) 画图函数

下面的画图函数都是基于绘点函数。

```
void DrawHorizOntalLine(U8 xstar,U8 xend,U8 ystar)
{
   U8   i;
   for(i = xstar;i <= xend;i ++ )
     {
        W_DOT(i,ystar);
     }
}
//------------------------------------------------------------
//    画垂直线
//------------------------------------------------------------
void DrawVerticalLine(U8 xstar,U8 ystar,U8 yend)
```

第 10 章　内嵌中文字库的 LCD 显示驱动

```
{
    U8 i;
    for(i = ystar;i< = yend;i + + )
    {
        W_DOT(xstar,i);
    }
}
//---------------------------------------------------------
//    清水平线
//---------------------------------------------------------
void ClearHorizOntalLine(U8 xstar,U8 xend,U8 ystar)
{
    U8 i;
    for(i = xstar;i< = xend;i + + )
    {
        C_DOT(i,ystar);
    }
}
//---------------------------------------------------------
//    清垂直线
//---------------------------------------------------------
void ClearVerticalLine(U8 xstar,U8 ystar,U8 yend)
{
    U8 i;
    for(i = ystar;i< = yend;i + + )
    {
        C_DOT(xstar,i);
    }
}
//---------------------------------------------------------
//    画斜线
//---------------------------------------------------------
void Linexy(U8 stax,U8 stay,U8 endx,U8 endy)
{
    U8 t;
    U8 col,row;                                //行,列值
    U8 xerr,yerr,deltax,deltay,distance;
    U8 incx,incy;
    xerr = 0;
    yerr = 0;
    col = stax;
    row = stay;
    W_DOT(col,row);
    deltax = endx - col;
    deltay = endy - row;
```

```
        if(deltax>0) incx = 1;
        else if( deltax == 0 ) incx = 0;
        else incx = -1;
        if(deltay>0) incy = 1;
        else if( deltay == 0 ) incy = 0;
        else incy = -1;
        deltax = abs( deltax );
        deltay = abs( deltay );
        if( deltax > deltay )
        distance = deltax;
        else distance = deltay;
        for( t = 0;t <= distance + 1; t++ )
        {
          W_DOT(col,row);
          xerr += deltax;
          yerr += deltay;
          if( xerr > distance )
            {
                xerr -= distance;
                col += incx;
            }
          if( yerr > distance )
            {
                yerr -= distance;
                row += incy;
            }
        }
    }
//---------------------------------------------------------------
//   显示一个正弦曲线
//---------------------------------------------------------------
```

本程序要求系统支持浮点运算。详细解释可参见 4.4.2 小节。

```
    void ShowSinWave(void)
    {
        U16 x,j0,k0;
        double y,a,b;
        j0 = 0;
        k0 = 0;
        DrawHorizOntalLine(1,127,32);        //画 x 坐标,范围(0~127)
        DrawVerticalLine(0,0,63);            //画 y 坐标,范围(0~63)
        for (x = 0;x<= 127;x++)
        {
            a = ((float)x/127) * 2 * 3.14;
            y = sin(a);
```

```
                b = (1 - y) * 32;
                W_DOT((U16)x,(U16)b);
                disdelay();
            }
    }
//--------------------------------------------------------------
// 画填充矩形
//--------------------------------------------------------------
void FillColorScnArea(U8 x1,U8 y1,U8 x2,U8 y2)
{
    U8 i;
    for(i = y1;i< = y2;i++)
      {
        DrawHorizOntalLine(x1,x2,i);
      }
}
//--------------------------------------------------------------
// 画矩形框
//--------------------------------------------------------------
void DrawOneBoxs(U8 x1,U8 y1,U8 x2,U8 y2)
{
    DrawHorizOntalLine(x1,x2,y1);
    DrawHorizOntalLine(x1,x2,y2);
    DrawVerticalLine(x1,y1,y2);
    DrawVerticalLine(x2,y1,y2);
}
//--------------------------------------------------------------
// 显示一个 24×24 汉字
//--------------------------------------------------------------
```

(3) 显示汉字

显示汉字程序是基于绘点函数的,详细解释可参见 4.4.2 小节。

```
void DrawOneChn2424(U8 x,U8 y,U8 chnCODE)
{
    U8 i,j,k,tstch;
    U8 * p;
    p = chn2424 + 72 * (chnCODE);
    for (i = 0;i<24;i++)
      {
        for(j = 0;j< = 2;j++)
          {
            tstch = 0x80;
            for (k = 0;k<8;k++)
              {
                if( *(p + 3 * i + j)&tstch)
```

```c
                    W_DOT(x + i,y + j * 8 + k);
                    tstch = tstch>>1;
                }
            }
        }
    }
//-------------------------------------------------------------
//    显示24×24汉字串
//-------------------------------------------------------------
void DrawChnString2424(U8 x,U8 y,U8 * str,U8 s)
{
    U8 i;
    static U16 x0,y0;
    x0 = x;
    y0 = y;
    for (i = 0;i<s;i ++ )
     {
          DrawOneChn2424(x0,y0,(U8) * (str + i));
          x0  += 24;                                    //水平串。如垂直串,y0 + 24
      }
}
//-------------------------------------------------------------
//    显示16×16标号(报警和音响)
//-------------------------------------------------------------
void DrawOneSyb1616(U8 x,U8 y,U16 chnCODE)
{
    int i,k,tstch;
    unsigned int * p;
    p = syb1616 + 16 * chnCODE;
    for (i = 0;i<16;i ++ )
       {
            tstch = 0x80;
            for(k = 0;k<8;k ++ )
                {
                    if( * p>>8&tstch)
                    W_DOT(x + k,y + i);
                    if(( * p&0x00ff)&tstch)
                    W_DOT(x + k + 8,y + i);
                    tstch = tstch >>1;
                }
            p += 1;
       }
}
//-------------------------------------------------------------
//    延时
```

```c
//----------------------------------------------------------
void disdelay(void)
{
    unsigned long i,j;
    i = 0x01;
    while(i!= 0)
        {
            j = 0xFFFF;
            while(j! = 0)
            j -= 1;
            i -= 1;
        }
}
//----------------------------------------------------------
// 显示 12×12 汉字一个
//----------------------------------------------------------
void DrawOneChn1212(U8 x,U8 y,U16 chnCODE)
{
    U16 i,j,k,tstch;
    U8 *p;
    p = chn1212 + 24 * (chnCODE);
    for (i = 0;i<12;i++)
     {
        for(j = 0;j<2;j++)
            {
                tstch = 0x80;
                for (k = 0;k<8;k++)
                  {
                        if( *(p + 2 * i + j)&tstch)
                        W_DOT(x + 8 * j + k,y + i);
                        tstch = tstch>>1;
                  }
            }
     }
    x += 12;
}
//----------------------------------------------------------
// 显示 16×16 汉字一个
//----------------------------------------------------------
void DrawOneChn1616(U8 x,U8 y,U16 chnCODE)
{
    U8 i,k,tstch;
    U16 *p;
    p = chn1616 + 16 * chnCODE;
    for (i = 0;i<16;i++)
```

```c
        {
            tstch = 0x80;
            for(k = 0;k<8;k++)
                {
                    if( *p>>8&tstch)
                    W_DOT(x + k,y + i);
                    if(( *p&0x00FF)&tstch)
                    W_DOT(x + k + 8,y + i);
                    tstch = tstch>>1;
                }
            p += 1;
        }
}
//------------------------------------------------------------
//   反白显示 16×16 汉字一个
//------------------------------------------------------------
void ReDrawOneChn1616(U8 x,U8 y,U16 chnCODE)
{
    U16 i,k,tstch;
    U16 *p;
    p = chn1616 + 16 * chnCODE;
    for (i = 0;i<16;i++)
        {
            tstch = 0x80;
            for(k = 0;k<8;k++)
                {
                    if( (( *p>>8)^0x0FF) &tstch)
                    W_DOT(x + k,y + i);
                    if( (( *p&0x00FF)^0x00FF) &tstch)
                    W_DOT(x + k + 8,y + i);
                    tstch = tstch>>1;
                }
            p += 1;
        }
}
//------------------------------------------------------------
//   显示 16×16 汉字串
//------------------------------------------------------------
void DrawChnString1616(U8 x,U8 y,U8 *str,U8 s)
{
    U8 i;
    static U8 x0,y0;
    x0 = x;
    y0 = y;
    for (i = 0;i<s;i++)
```

```
    {
      DrawOneChn1616(x0,y0,(U8) * (str + i));
      x0 += 16;                                //水平串。如垂直串,y0 + 16
    }
}
//------------------------------------------------------------
//   显示 8×16 字母一个(ASCII Z 字符)
//------------------------------------------------------------
```

(4) 显示 ASCII 字符

显示 ASCII 字符,基于绘点函数。

```
void DrawOneAsc816(U8 x,U8 y,U8 charCODE)
{
  U8 * p;
  U8 i,k;
  int mask[] = {0x80,0x40,0x20,0x10,0x08,0x04,0x02,0x01 };
  p = asc816 + charCODE * 16;
    for (i = 0;i<16;i ++)
      {
          for(k = 0;k<8;k ++)
            {
              if (mask[k % 8]& * p)
              W_DOT(x + k,y + i);
            }
          p ++;
      }
}
//------------------------------------------------------------
//   显示 8×16 ASCII 字符串
//------------------------------------------------------------
void DrawAscString816(U8 x,U8 y,U8 * str,U8 s)
  {
    U8 i;
    static U8 x0,y0;
    x0 = x;
    y0 = y;
    for (i = 0;i<s;i ++)
      {
          DrawOneAsc816(x0,y0,(U8) * (str + i));
          x0 += 8;                             //水平串。如垂直串,y0 + 16
      }
  }
//------------------------------------------------------------
//   显示 8×8 字母一个(ASCII Z 字符)
//------------------------------------------------------------
void DrawOneAsc88(U8 x,U8 y,U8 charCODE)
```

```c
{
    U8 * p;
    U8 i,k;
    int mask[] = {0x80,0x40,0x20,0x10,0x08,0x04,0x02,0x01};
    p = asc88 + charCODE * 8;
    for (i = 0;i<8;i++)
    {
        for(k = 0;k<8;k++)
        {
            if (mask[k % 8]& * p)
                W_DOT(x + k,y + i);
        }
        p++;
    }
}
//-----------------------------------------------------------
//    显示 8×8 字符串
//-----------------------------------------------------------
void DrawAscString88(U8 x,U8 y,U8 * str,U8 s)
{
    U8 i;
    static U8 x0,y0;
    x0 = x;
    y0 = y;
    for (i = 0;i<s;i++)
    {
        DrawOneAsc88(x0,y0,(U8) * (str + i));
        x0 += 10;                                //水平串。如垂直串,y0 + 8
    }
}
//-----------------------------------------------------------
//    主程序
//-----------------------------------------------------------
void main(void)
{
    Init();
    WriteCommand(0x36);                          //8 位并行模式,扩展指令集
    DrawAscString816(110,60,ascstring816,6);     //显示 8×16 ASCII 字符串
    DrawAscString88(120,100,ascstring88,10);     //显示 8×8 ASCII 字符串
    DrawOneSyb1616(210,3,0x01);                  //显示 16×16 标号
    DrawOneSyb1616(230,3,0x0);
    DrawChnString1616(10,75,stringp,3);          //显示 16×16 汉字串
    DrawChnString2424(150,200,stringp,6);        //显示 24×24 汉字串
    ShowSinWave();                               //显示正弦曲线
    WriteCommand(0x08);                          //进入睡眠状态
}
```

第 11 章

SED1520/1521 LCD 显示驱动

11.1 SED1520/1521 功能概述

11.1.1 SED1520/1521 的主要特点

SED1520/1521 的主要特点如下：
- RAM 中每一位控制液晶 LCD 屏的一个点的亮、暗状态。
- 具有 16 个行驱动输出和 61 个列驱动输出。
- 可以直接和 MCS-51 系列单片机相连。
- 驱动占空比为 1/16 或 1/32。
- 可以级连使用，扩展行、列驱动能力。
  SED1520 有两种类型，SED1520DAA 和 SED1520D0A。其引脚定义基本相同，区别在于 SED1520DAA 具有片选端子，工作时需要外部提供 2 kHz 的脉冲信号；而 SED1520D0A 没有片选端子，内部具有 18 kHz 时钟发生器，因此不需要外部提供脉冲信号即可工作。
- SED1520 的工作电压范围和电参数较宽。SED1520 的工作电压范围和电参数如表 11-1、表 11-2 所列。

表 11-1 SED1520 的工作电压范围

参　数	符　号	范　围	单　位
电源电压 1	V_{DD}	0.3～8.0	V
电源电压 2	V_5	−11.5～5.3	V
电源电压 3	$V_1～V_4$	V_5−0.3	V
输入电压	V_I	−0.3～V_{DD}+0.3	V
输出电压	V_O	−0.3～V_{DD}+0.3	V
功耗	P_D	250	mW

表 11-2 SED1520 的电参数

参 数	符 号	最 小	典 型	最 大	单 位
工作电压 1	V_{DD}	2.4	5.0	5.5	V
工作电压 2	V_5	$V_{DD}-13.0$		$V_{DD}-3.5$	V
输入电压(H)	V_{IH}	2.0		V_{DD}	V
输入电压(L)	V_{IL}	V_{SS}		0.8	V
输出电压(H)	V_{OH}	2.4		V_{DD}	V
输出电压(L)	V_{OL}			0.4	V
输入漏电流	I_{LI}	-1.0		1.0	μA
输出漏电流	I_{LO}	-3.0		3.0	μA
无驱动耗电	I_{DDO}		0.05	1.0	μA
工作耗电流	I_{DD}		5.0	10.0	μA
振荡频率(SED1520D0A)	f_{OSC1}	15	18	21	kHz
振荡频率(SED1520DAA)	f_{OSC1}		2		kHz

11.1.2 SED1520/1521 的时序

SED1520/1521 有两种时序，分别对应 6800 系列和 8080 系列 MPU，当复位信号 RST=0 时，SED1520/1521 被设置成 8080 接口；而当 RST=1 时，SED1520/1521 被设置成 6800 接口。

8080 系列 MPU 操作时序如图 11-1 所示，在 WR 或 RD 的上升沿，数据被写进或读出。读/写时序的参数范围如表 11-3 所列。

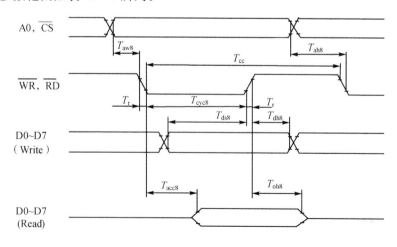

图 11-1 8080 系列 SED1520/1521 读/写时序

6800 系列 MPU(RST=1)的读/写时序如图 11-2 所示，在 Write 或 Read 的上升沿，数据被写进或读出。读/写时序参数如表 11-4 所列。

第 11 章 SED1520/1521 LCD 显示驱动

表 11-3 SED1520/1521 时序参数范围（MPU 为 8080 系列）

参　　数	符　　号	最小值	典型值	最大值	单　　位
地址保持时间	T_{ah8}	10			μs
地址建立时间	T_{aw8}	20			μs
系统周期时间	T_{cyc8}	1 000			μs
控制脉冲宽度	T_{cc}	200			μs
数据建立时间（写）	T_{ds8}	80			μs
数据保持时间（写）	T_{dh8}	10			μs
数据读取时间（读）	T_{acc8}			90	μs
数据保持时间（读）	T_{oh8}	10		60	μs

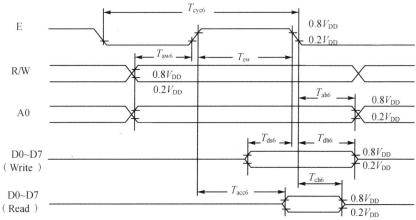

图 11-2　6800 系列 MPU 操作时序

表 11-4　SED1520/1521 时序参数范围（MPU 为 6800 系列）

参　　数			符　　号	最小值	最大值	单　　位
地址建立时间		A0,R/W	T_{aw6}	20	—	
地址保持时间			T_{ah6}	10	—	
系统周期			T_{cyc6}	1000	—	
使能脉冲宽度	读	E	T_{ew}	—	100	ns
	写			—	80	
数据建立时间（写）		D0~D7	T_{ds6}	80	—	
数据保持时间（写）			T_{dh6}	10	—	
数据读取时间（读）			T_{acc6}	—	90	
数据保持时间（读）			T_{ch6}	10	60	

11.1.3　SED1520/1521 的 RAM 结构

SED1520/1521 显示 RAM 的结构如图 11-3 所示，它共有 32 行 80 列。

从图中看出，y 地址共 80 列（0～79）；x 地址是分页的，每页 8 行，4 页共 32 行。每个字节是纵向排列，低位在上，高位在下。**注意**：字节排列的形式和正常字模的排列是不同的，正常字模的排列是横向排列,且高位在前,低位在后。

所以用普通字模在 SED1520/1521 进行显示时,字模要进行逆时针 90°转换。如何进行转换,读者可以参见 8.3.2 小节程序和注释。

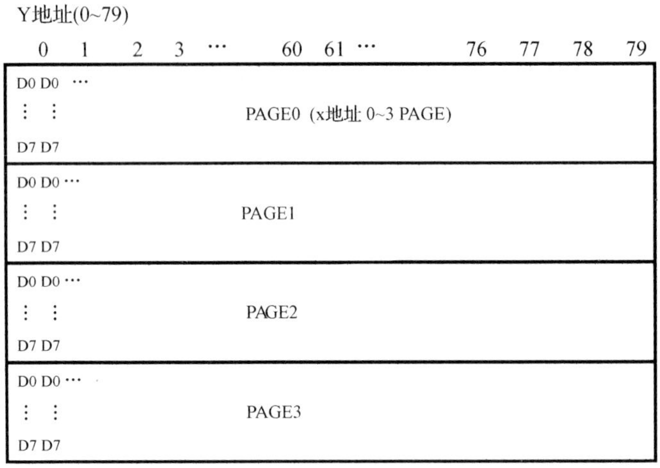

```
Y地址(0~79)
        0   1   2   3  …  60  61  …   76  77  78  79
      ┌─────────────────────────────────────────────┐
      │ D0 D0 …                                     │
      │  :  :           PAGE0 (x地址 0~3 PAGE)       │
      │ D7 D7                                       │
      ├─────────────────────────────────────────────┤
      │ D0 D0 …                                     │
      │  :  :                PAGE1                  │
      │ D7 D7                                       │
      ├─────────────────────────────────────────────┤
      │ D0 D0 …                                     │
      │  :  :                PAGE2                  │
      │ D7 D7                                       │
      ├─────────────────────────────────────────────┤
      │ D0 D0 …                                     │
      │  :  :                PAGE3                  │
      │ D7 D7                                       │
      └─────────────────────────────────────────────┘
```

图 11-3 SED1520/1521 显示 RAM 的结构

11.1.4 SED1520/1521 的指令系统

SED1520/1521 液晶显示驱动器共有 13 条显示指令,下面分别介绍。

(1) 读状态指令

RS	A0	DB7	DB6	DB5	DB4	DB3	DB2	DB1	DB0
1	0	BUSY	ADC	OFF/ON	RESET	0	0	0	0

当 SED1520/1521 处于"忙"状态时,除了读状态指令外,其他指令均不接受,因此在对 SED1520/1521 进行读/写操作时,都要先读状态。

- BUSY=1,SED1520/1521 处于"忙"状态,不能对其进行读/写操作。
- BUSY=0,SED1520/1521 处于"空闲"状态,可以对其进行读/写操作。
- ADC=1,正常输出(右向);ADC=0,反向输出(左向),具体见 ADC 选择。
- OFF/ON,显示关闭/显示打开。
- RESET=1,复位状态;RESET=0,正常状态。

(2) 复位指令

RS	A0	DB7	DB6	DB5	DB4	DB3	DB2	DB1	DB0
0	0	1	1	1	0	0	0	1	0

该指令代码为 0xE2,是软件复位指令,执行该指令后,使显示起始行为 0 行,列地址置为 0,页地址置为 3。

(3) 占空比选择

RS	A0	DB7	DB6	DB5	DB4	DB3	DB2	DB1	DB0
0	0	1	0	1	0	1	0	0	0/1

第11章 SED1520/1521 LCD 显示驱动

DB0＝0（指令代码为 0xA8），占空比为 1/16；DB0＝1（指令代码为 0xA9），占空比为 1/32。

驱动 32 行液晶显示器时，使 DB0＝1；驱动 16 行液晶显示器时，使 DB0＝0。

（4）显示起始行设置

RS	A0	DB7	DB6	DB5	DB4	DB3	DB2	DB1	DB0
0	0	1	1	0	D4	D3	D2	D1	D0

该指令设置了对应 LCD 屏首行的显示 RAM 的行号，有规律地修改该行号，可实现滚屏功能。该指令的代码为"0xC0|D4～D0"。

（5）休闲工作状态设置

RS	A0	DB7	DB6	DB5	DB4	DB3	DB2	DB1	DB0
0	0	1	0	1	0	0	1	0	0/1

该指令使 SED1520/1521 液晶显示驱动器停止 LCD 驱动输出，使系统处于低功耗休闲状态。休闲指令需要在关显示状态下输入。DB0＝1（指令的代码为 0xA5），为休闲状态；DB0＝0（指令的代码为 0xA4），为正常状态。

（6）ADC 选择指令

RS	A0	DB7	DB6	DB5	DB4	DB3	DB2	DB1	DB0
0	0	1	0	1	0	0	1	0	0/1

该指令用来设置列驱动输出与液晶显示屏的列驱动线的连接方式，应根据厂方提供的模块实际连线设置，一般设置 ADC＝0。

（7）显示开/关指令

RS	A0	DB7	DB6	DB5	DB4	DB3	DB2	DB1	DB0
0	0	1	0	1	0	1	1	1	0/1

DB0＝1（指令的代码为 0xAF），为开显示；DB0＝0（指令代码为 0xAE），为关显示。

（8）设置页地址

RS	A0	DB7	DB6	DB5	DB4	DB3	DB2	DB1	DB0
0	0	1	0	1	1	1	0	D1	D0

页地址＝0xB8|D1D0

（9）设置列地址

RS	A0	DB7	DB6	DB5	DB4	DB3	DB2	DB1	DB0
0	0	0	D6	D5	D4	D3	D2	D1	D0

列地址设置指令中 D7＝0，D6～D0 是列地址，列地址范围为 0～79。

（10）改写方式设置指令

RS	A0	DB7	DB6	DB5	DB4	DB3	DB2	DB1	DB0
0	0	1	1	1	0	0	0	0	0

该指令发出后，使得每次写数据后列地址自动增加 1，而读数据后列地址不变。

(11) 改写方式结束指令

RS	A0	DB7	DB6	DB5	DB4	DB3	DB2	DB1	DB0
0	0	1	1	1	0	1	1	1	0

该指令发出后,结束"改写方式设置"。读/写数据后列地址均自动增加1。

(12) 写数据

RS	A0	DB7	DB6	DB5	DB4	DB3	DB2	DB1	DB0
0	1	D7	D6	D5	D4	D3	D2	D1	D0

写数据时,RS=0、A0=1,此时数据线上的数据(D0~D7)就会写入显示内存。

(13) 读数据

RS	A0	DB7	DB6	DB5	DB4	DB3	DB2	DB1	DB0
1	1	D7	D6	D5	D4	D3	D2	D1	D0

读数据时,RS=1、A0=1,此时数据线上的数据(D0~D7)就是显示内存的数据,将读入MPU。

11.2 SED1520/1521 与微处理器的连接

11.2.1 SED1520D0A 与微处理器的连接

使用 SED1520D0A 的 122×32 图形点阵模块的引脚以及和微处理器的连接如表 11-5 所列。

表 11-5 SED1520D0A 和微处理器的连接

引脚符号	状态	引脚名称	功 能
E(R/D)	输入	6800方式:读/写使能信号	在 E 的下降沿,数据被写入 SED1520D0A,在 E 高电平期间,数据被读出
		8080方式:读信号	低电平有效
R/W	输入	6800方式:读/写选择信号	R/W=1 为读,R/W=0 为写
		8080方式:写信号	低电平有效
A0	输入	数据、指令选择信号	A0=1 为数据操作,A0=0 为写指令或读状态
DB0~DB7	三态	数据线	
RST	输入	复位信号和接口方式选泽	上升沿:6800方式,初始化后保持高电平 下降沿:8080方式,初始化后保持低电平

SED1520D0A 的 122×32 图形点阵模块的逻辑如图 11-4 所示,该模块使用两片 SED1520D0A,因为 SED1520D0A 没有片选信号,所以分别把两个芯片的 E 信号引出。

SED1520D0A 和 MCS-51 单片机的连接有直接方式和间接方式,直接方式的连接如图 11-5 所示,MPU 的数据线(P0 口)经锁存器 74LS373 送 32 KB EPROM 27256,27256 的 D0~D7 直接连 SED1520D0A 的 DB0~DB7,并且 P0.0 接 A0,P0.1 接 R/W。

第 11 章　SED1520/1521 LCD 显示驱动

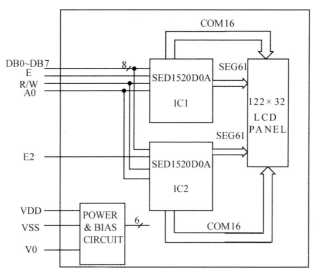

图 11-4　SED1520D0A 122×32 图形点阵模块的逻辑

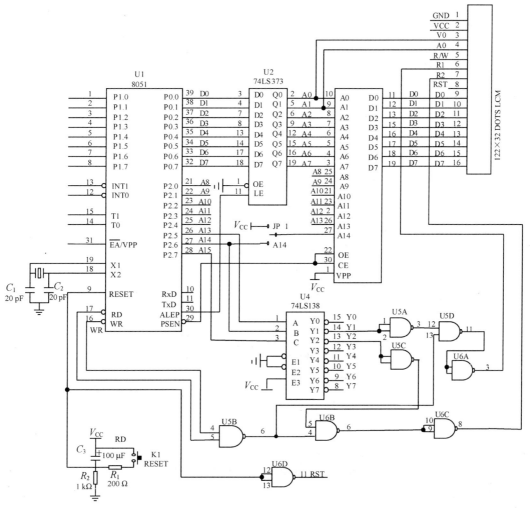

图 11-5　SED1520D0A 和 MCS-51 单片机直接连接

系统采用74LS138译码器的Y1、Y2控制SED1520D0A的E1和E2。

图中,第一片IC(SED1520D0A IC1)的写指令地址为0x2000,写数据地址为0x2001,读指令地址为0x2002,读数据地址为0x2003。

第二片IC(SED1520D0A IC2)的写指令地址为0x4000,写数据地址为0x4001,读指令地址为0x4002,读数据地址为0x4003。

SED1520D0A和MCS-51单片机的间接连接方式如图11-6所示。

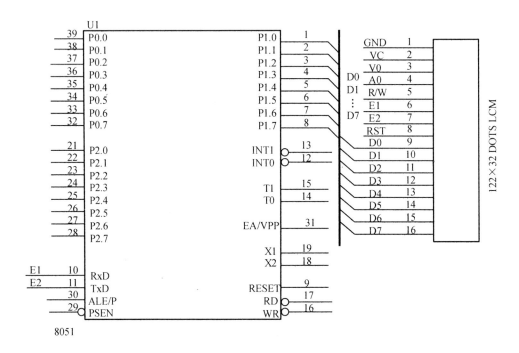

图11-6　SED1520D0A和MCS-51单片机的间接连接方式

在图11-6中,没有使用专门译码电路,而是用RxD(P3.0)接E1,TxD(P3.1)接E2,INT1(P3.3)接R/W,INT0(P3.2)接A0,P1口接SED1520D0A的DB0~DB7。

SED1520D0A的电源接法如图11-7所示。

V0端的电压一般为0 V或负几伏,具体可参见相关产品说明。电位器用来调节对比度。

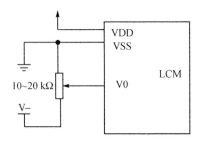

图11-7　SED1520D0A的电源接法

11.2.2 SED1520DAA 与微处理器的连接

使用 SED1520DAA 的 122×32 图形点阵模块的引脚以及和微处理器的连接如表 11-6 所列。

表 11-6 SED1520DAA 图形点阵模块的引脚

引脚符号	状态	引脚名称	功　能
E(R/D)	输入	6800 方式：读/写使能信号	在 E 的下降沿，数据被写入 SED1520DAA，在 E 高电平期间，数据被读出
		8080 方式：读信号	低电平有效
R/W	输入	6800 方式：读/写选择信号	R/W=1 为读，R/W=0 为写
		8080 方式：写信号	低电平有效
A0	输入	数据、指令选择信号	A0=1 为数据操作，A0=0 为写指令或读状态
DB0～DB7	三态	数据线	
RST	输入	复位信号和接口方式选择	上升沿：6800 方式，初始化后保持高电平 下降沿：8080 方式，初始化后保持低电平
CL	输入	振荡信号输入	
$\overline{CS}$	输入	片选信号	低电平有效

SED1520DAA 的 122×32 图形点阵模块的逻辑图如 11-8 所示。

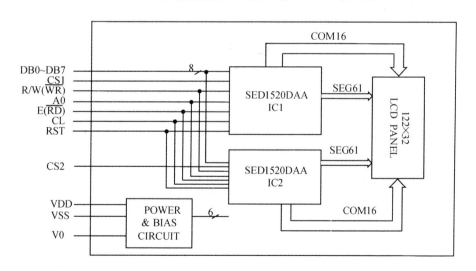

图 11-8 SED1520DAA 的 122×32 图形点阵

SED1520DAA 和单片机的连接也有直接方式和间接方式，SED1520DAA 和 MCS-51 直接连接方式如图 11-9 所示，间接连接方式如图 11-10 所示。

在直接连接方式中，MPU 的数据线（P0 口）经锁存器 74LS373 送 32 KB EPROM 27256，27256 的 D0～D7 直连 SED1520DAA 的 DB0～DB7，并且 P0.0 接 A0。

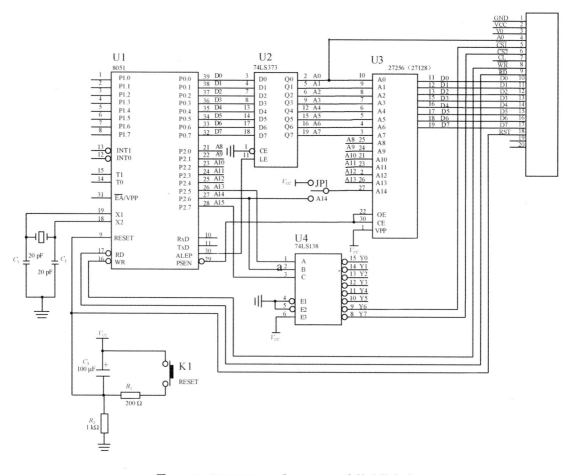

图 11-9 SED1520DAA 和 MCS-51 直接连接方式

系统采用 74LS138 译码器的 Y6、Y7 控制 SED1520DAA 的 CS1 和 CS2。74LS138 译码器的输入由 P2.5、P2.6、P2.7 控制。当 P2.5、P2.6、P2.7 均为高电平时,Y7 输出低电平,CS2 被选中;当 P2.5 为低电平,P2.6、P2.7 均为高电平时,Y6 输出低电平,CS1 被选中。

P0.0 接 A0,当 P0.0 为高电平时是对数据寄存器操作,当 P0.0 为低电平时是对命令寄存器操作。

因此,第一片 SED1520DAA 的读/写指令地址是:0xC001,读/写数据地址是 0xC000;第二片 SED1520DAA 的读/写指令地址是 0xE001,读/写数据地址是 0xE000。

SED1520DAA 的电源接法同 SED1520D0A。

在上面间接连接方式中,第一片 SED1520DAA 的写指令地址是 0x2008,写数据地址是 0x2009,读指令地址是 0x200A,读数据地址是 0x200B;第二片 SED1520DAA 的写指令地址是 0x2004,写数据地址是 0x2005,读指令地址是 0x2006,读数据地址是 0x2007。

第11章 SED1520/1521 LCD 显示驱动

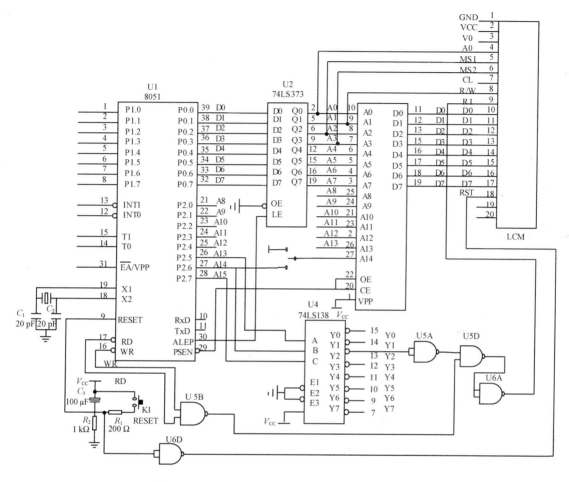

图 11-10　SED1520DAA 和 MCS-51 间接连接方式

11.3　SED1520/1521 软件驱动程序

11.3.1　SED1520/1521 的汇编语言驱动程序

1. 直接访问方式驱动子程序

SED1520D0A 和 SED1520DAA 的指令系统是完全兼容的,这里以图 11-5 为例来说明 SED1520D0A 的汇编语言驱动程序。

```
;SED1520D0A_1.ASM
COM       EQU    20H
DAT       EQU    21H
CWADD1    EQU    2000H
CRADD1    EQU    2002H
DWADD1    EQU    2001H
```

DRADD1	EQU	2003H
CWADD2	EQU	4000H
CRADD2	EQU	4002H
DWADD2	EQU	4001H
DRADD2	EQU	4003H

(1) 写指令代码子程序(E1)

E1 写指令代码,先判 LCD"忙"标志,LCD 空闲则写指令代码。

```
PR0:
    PUSH    DPL
    PUSH    DPH
    MOV     DPTR,#CRADD1        ;状态字地址赋 DPTR
PR01:
    MOVX    A,@DPTR             ;读状态字
    JB      ACC.7,PR01          ;"忙"等待
    MOV     DPTR,#CWADD1        ;指令代码地址赋 DPTR
    MOV     A,COM               ;取指令代码
    MOVX    @DPTR,A             ;写指令代码
    POP     DPH
    POP     DPL
    RET
```

(2) 写显示数据子程序(E1)

E1 写显示数据,先判 LCD"忙"标志,LCD 空闲则写显示数据。

```
PR1:
    PUSH    DPL
    PUSH    DPH
    MOV     DPTR,#CRADD1        ;设置读状态字地址
PR11:
    MOVX    A,@DPTR             ;读状态字
    JB      ACC.7,PR11          ;"忙"等待
    MOV     DPTR,#DWADD1        ;设置写显示数据地址
    MOV     A,DAT               ;取数据
    MOVX    @DPTR,A             ;写数据
    POP     DPH
    POP     DPL
    RET
```

(3) 读显示数据子程序(E1)

E1 读显示数据,先判 LCD"忙"标志,LCD 空闲则读显示数据。

```
PR2:
    PUSH    DPL
    PUSH    DPH
    MOV     DPTR,#CRADD1        ;设置读状态字地址
PR21:
```

```
        MOVX    A,@DPTR         ;读状态字
        JB      ACC.7,PR21      ;"忙"等待
        MOV     DPTR,#DRADD1    ;设置读显示数据地址
        MOVX    A,@DPTR         ;读数据
        MOV     DAT,A           ;存数据
        POP     DPH
        POP     DPL
        RET
```

(4) 写指令代码子程序(E2)

E2 的读写操作同 E1。

```
PR3:
        PUSH    DPL
        PUSH    DPH
        MOV     DPTR,#CRADD2
PR31:
        MOVX    A,@DPTR
        JB      ACC.7,PR31
        MOV     DPTR,#CWADD2
        MOV     A,COM
        MOVX    @DPTR,A
        POP     DPH
        POP     DPL
        RET
```

(5) 写显示数据子程序(E2)

```
PR4:
        PUSH    DPL
        PUSH    DPH
        MOV     DPTR,#CRADD2
PR41:
        MOVX    A,@DPTR
        JB      ACC.7,PR41
        MOV     DPTR,#DWADD2
        MOV     A,DAT
        MOVX    @DPTR,A
        POP     DPH
        POP     DPL
        RET
```

(6) 读显示数据子程序(E2)

```
PR5:
        PUSH    DPL
        PUSH    DPH
        MOV     DPTR,#CRADD2
```

```
PR51:
    MOVX    A,@DPTR
    JB      ACC.7,PR51
    MOV     DPTR,#DRADD2
    MOVX    A,@DPTR
    MOV     DAT,A
    POP     DPH
    POP     DPL
    RET
```

2. 间接访问方式驱动子程序

单片机的 P1 口接 SED1520D0A 的数据线（DB0～DB7），其他控制信号如下：

```
    E1      EQU     P3.0        ;片选 E1
    E2      EQU     P3.1        ;片选 E2
    A0      EQU     P3.2        ;寄存器选择信号
    R/W     EQU     P3.3        ;读写选择信号
```

(1) 写指令代码子程序(E1)

P1 口置 1,作输入,然后读 LCD"忙"标志,LCD 空闲则写指令代码。E 的下降沿指令代码写入 LCD。

```
PR0:
    CLR     A0
    SETB    R/W
PR01:
    MOV     P1,#0FFH            ;P1 口置 1,作输入
    SETB    E1
    MOV     A,P1                ;读状态字
    CLR     E1                  ;锁存数据
    JB      ACC.7,PR01          ;"忙"等待
    CLR     R/W                 ;R/W=0 是"写"操作
    MOV     P1,COM              ;写命令
    SETB    E1                  ;锁存数据
    CLR     E1
    RET
```

(2) 写显示数据子程序(E1)

P1 口置 1,作输入,然后读 LCD"忙"标志,LCD 空闲则写显示数据。E 的下降沿显示数据写入 LCD。

```
PR1:
    CLR     A0
    SETB    R/W
PR11:
    MOV     P1,#0FFH            ;P1 口置 1,作输入
    SETB    E1
```

第11章 SED1520/1521 LCD 显示驱动

```
        MOV     A,P1            ;读状态字
        CLR     E1              ;E = 0
        JB      ACC.7,PR1 1     ;"忙"等待
        SETB    RS              ;RS = 1,是数据请求
        CLR     R/W             ;R/W = 0,是数据写
        MOV     P1,DAT          ;写数据
        SETB    E1              ;
        CLR     E1              ;锁存数据
        RET
```

(3) 读显示数据子程序(E1)

P1 口置 1,作输入,然后读 LCD"忙"标志,LCD 空闲则读显示数据。E 的下降沿显示数据读入 CPU。

```
PR2：
        CLR     A0              ;选指令寄存器
        SETB    R/W             ;R/W = 1,是读
PR21：
        MOV     P1,#0FFH        ;P1 口置 1,作输入
        SETB    E1              ;E = 1
        MOV     A,P1            ;读状态字
        CLR     E1              ;E = 0
        JB      ACC.7,PR21      ;"忙"等待
        SETB    RS              ;RS = 1,是数据请求
        MOV     P1,#0FFH        ;P1 口置 1
        SETB    E1              ;E = 1
        MOV     DAT,P1          ;读数据
        CLR     E1              ;E = 0
        RET
```

(4) 写指令代码子程序(E2)

E2 的读写过程同 E1。

```
PR3：
        CLR     A0
        SETB    R/W
PR31：
        MOV     P1,#0FFH
        SETB    E2
        MOV     A,P1
        CLR     E2
        JB      ACC.7,PR31
        CLR     R/W
        MOV     P1,COM
        SETB    E2
        CLR     E2
        RET
```

(5) 写显示数据子程序(E2)

```
PR4:
    CLR     A0
    SETB    R/W
PR41:
    MOV     P1,#0FFH
    SETB    E2
    MOV     A,P1
    CLR     E2
    JB      ACC.7,PR41
    SETB    RS
    CLR     R/W
    MOV     P1,DAT;
    SETB    E2
    CLR     E2
    RET
```

(6) 读显示数据子程序(E2)

```
PR4:
    CLR     A0
    SETB    R/W
PR41:
    MOV     P1,#0FFH
    SETB    E2
    MOV     A,P1
    CLR     E2
    JB      ACC.7,PR41
    SETB    RS
    MOV     P1,#0FFH
    SETB    E2
    MOV     DAT,P1
    CLR     E2
    RET
```

3. 应用子程序

采用 MCS-51 汇编语言,电路图参见图 11-9,使用两片 SED1520。

(1) 初始化子程序

初始化子程序,实际就是对 SED1520 初始化。具体过程见程序注释。

```
INT:
    MOV     COM,#0E2H       ;0E2H 是复位指令
    LCALL   PR0             ;IC1 复位
    LCALL   PR3             ;IC2 复位
    MOV     COM,#0A4H       ;关闭休闲,进入正常工作状态
    LCALL   PR0
```

```
        LCALL    PR3
        MOV      COM,#0A9H        ;占空比选 1/32
        LCALL    PR0
        LCALL    PR3
        MOV      COM,#0E0H        ;写数据列地址自动加1,读数据列不变
        LCALL    PR0
        LCALL    PR3
        MOV      COM,#0C0H        ;设置起始行为第1行
        LCALL    PR0
        LCALL    PR3
        MOV      COM,#0AFH        ;开显示
        LCALL    PR0
        LCALL    PR3
        RET
```

(2) 清显示 RAM 区(清屏)子程序

0B8H 是页地址设置代码,清显示 RAM 区(清屏)子程序从 0 页到 3 页,每页写 80 字节"0"。

```
CLEAR:
        MOV      R4,#00H          ;页地址暂存器设置
CLEAR1:
        MOV      A,R4
        ORL      A,#0B8H          ;"或"页地址设置代码
        MOV      COM,A            ;页地址设置
        LCALL    PR0
        LCALL    PR3              ;写命令
        MOV      R3,#50H          ;每页写 80 字节
CLEAR2:
        MOV      DAT,#00H         ;写数据"0"
        LCALL    PR1
        LCALL    PR4
        DJNZ     R3,CLEAR2
        INC      R4
        CJNE     R4,#04H,CLEAR1
```

(3) ASCII 字符显示程序

ASCII 字符显示程序适用两种 LCD 模块,模块参数 100×32 PD1 为 32H;模块参数 120×32 PD2 为 3CH。程序首先把字模首地址 CTAB 送 DPTR,CTAB 数组中存储的 ASCII 码 8×8 点阵字模是已经转换好的,可直接使用。

程序的详细解释下面已给出,需要注意几点:显示过程中 PAGE 的 D1、D2 存页地址,D1、D2 的值"或"0xB8 发给 LCD 就可以确定页地址;D7 存字体代码,D7=1,6×8 字体;D7=0,8×8 字体。

每发一字节显示数据,都要判列地址是否超出设置的区域标志,如超出则要重新修改标志,发显示数据要根据标志确定发往右半屏还是左半屏。

```
        PD1     EQU     32H             ;模块参数 100×32
        PD2     EQU     3CH             ;模块参数 120×32
        COLUME  EQU     30H             ;列地址寄存器(列地址 0～63)
        PAGE    EQU     31H             ;页地址寄存器,D1、D2 存页地址
                                        ;D7 存字体。D7=1,6×8;D7=0,8×8
        CODE    EQU     32H             ;要显示的字符代码
        COUNT   EQU     33              ;计数器
CW_PR:
        MOV     DPTR,#CTAB              ;字模首地址送 DPTR
        MOV     A,CODE                  ;要显示的字符代码送 A
        MOV     B,#08                   ;计算字符代码距首地址偏移量
        MUL     AB                      ;每字符占 8 字节
        ADD     A,DPL
        MOV     DPL,A
        MOV     A,B
        ADDC    A,DPH
        MOV     DPH,A                   ;字符地址放 DPTR
        MOV     CODE,#00H               ;CODE 做中间寄存器
        MOV     A,PAGE                  ;PAGE 内容给 A
        JB      ACC.7,CW_1              ;判字体: ACC.7=1,是 8×8
        MOV     COUNT,#06H              ;ACC.7=0,是 6×8,COUNT 存字体
        LJMP    CW_2
CW_1:
        MOV     COUNT,#08H
CW_2:
        ANL     A,#03H                  ;PAGE 的最低二位存的是页数
        ORL     A,#B8H                  ;页数"或"页设置指令
        MOC     COM,A                   ;发页设置指令
        LCALL   PR0
        LCALL   PR3
        MOV     A,COLUMN                ;取"列"数
        CLR     C
        SUBB    A,#PD1                  ;列地址-模块参数
        JC      CW_3                    ;小于 0 是左半屏
        MOV     COLUMN,A                ;大于或等于为右半屏
        MOV     A,PAGE                  ;设置区域标志
        SETB    ACC.3                   ;ACC.3=1 为右半屏,ACC.3=0 为左半屏。
        MOV     PAGE,A
CW_3:
        MOV     COM,COLUMN              ;根据区域标志发"列"设置命令
        MOV     A,PAGE
        JNB     ACC.3,CW_4
        MOV     PAGE,A
        LCALL   PR3
        LJMP    CW_5
```

```
CW_4:
    LCALL   PR0
CW_5:
    MOV     A,CODE              ;取字符代码
    MOVC    A,@A+DPTR
    MOV     DAT,A
    MOV     A,PAGE
    JNB     ACC.3,CW_6          ;根据区域标志发数据
    LCALL   PR4
    LJMP    CW_7
CW_6:
    LCALL   PR1
CW_7:
    INC     CODE                ;字符代码加1
    INC     COLUMN              ;列数加1
    MOV     A,COLUMN            ;存列数
    CJNE    A,#PD1,CW_8         ;判列地址是否超出范围
CW_8:
    JC      CW_9                ;未超出范围,继续
    MOV     A,PAGE
    JB      ACC.3,CW_9          ;已在E2区,从E2区开始
    SETB    ACC.3               ;在E1区,修改为E2区
    MOV     PAGE,A
    MOV     COM,#00H            ;列地址设为"0"
    LCALL   PR3
CW_9:
    DJNE    COUNT,CW_5          ;继续循环
    RET
```

以下字模是已经转换好(正常字模逆时针旋转90°)的8×8 ASCII字符。

```
CTAB:
    DB 000H,000H,000H,000H,000H,000H,000H,000H;    " " = 00H
    DB 000H,000H,000H,04FH,000H,000H,000H,000H;    "!" = 01H
    DB 000H,000H,007H,000H,007H,000H,000H,000H;    """ = 02H
    DB 000H,014H,07FH,014H,07FH,014H,000H,000H;    "#" = 03H
    DB 000H,024H,02AH,07FH,02AH,012H,000H,000H;    "$" = 04H
    DB 000H,023H,013H,008H,064H,062H,000H,000H;    "%" = 05H
    DB 000H,036H,049H,055H,022H,050H,000H,000H;    "&" = 06H
    DB 000H,000H,005H,003H,000H,000H,000H,000H;    "'" = 07H
    DB 000H,000H,01CH,022H,041H,000H,000H,000H;    "(" = 08H
    DB 000H,000H,041H,022H,01CH,000H,000H,000H;    ")" = 09H
    DB 000H,014H,008H,03EH,008H,014H,000H,000H;    "*" = 0AH
    DB 000H,008H,008H,03EH,0H08,008H,000H,000H;    "+" = 0BH
    DB 000H,000H,050H,030H,000H,000H,000H,000H;    ";" = 0CH
    DB 000H,008H,008H,008H,008H,000H,000H,000H;    "-" = 0DH
```

```
DB 000H,000H,060H,060H,000H,000H,000H,000H;     "." = 0EH
DB 000H,020H,010H,008H,004H,002H,000H,000H;     "/" = 0FH
DB 000H,03EH,051H,049H,045H,03EH,000H,000H;     "0" = 10H
DB 000H,000H,042H,07FH,040H,000H,000H,000H;     "1" = 11H
DB 000H,042H,061H,051H,049H,046H,000H,000H;     "2" = 12H
DB 000H,021H,041H,045H,04BH,031H,000H,000H;     "3" = 13H
DB 000H,018H,014H,012H,07FH,010H,000H,000H;     "4" = 14H
DB 000H,027H,045H,045H,045H,039H,000H,000H;     "5" = 15H
DB 000H,03CH,04AH,049H,049H,030H,000H,000H;     "6" = 16H
DB 000H,001H,001H,079H,005H,003H,000H,000H;     "7" = 17H
DB 000H,036H,049H,049H,049H,036H,000H,000H;     "8" = 18H
DB 000H,006H,049H,049H,029H,01EH,000H,000H;     "9" = 19H
DB 000H,000H,036H,036H,000H,000H,000H,000H      ":" = 1AH
DB 000H,000H,056H,036H,000H,000H,000H,000H;     ";" = 1BH
DB 000H,008H,014H,022H,041H,000H,000H,000H;     "<" = 1CH
DB 000H,014H,014H,014H,014H,014H,000H,000H;     "=" = 1DH
DB 000H,000H,041H,022H,014H,008H,000H,000H;     ">" = 1EH
DB 000H,002H,001H,051H,009H,006H,000H,000H;     "?" = 1FH
DB 000H,032H,049H,079H,041H,03EH,000H,000H;     "@" = 20H
DB 000H,07EH,011H,011H,011H,07EH,000H,000H;     "A" = 21H
DB 000H,041H,07FH,049H,049H,036H,000H,000H;     "B" = 22H
DB 000H,03EH,041H,041H,041H,022H,000H,000H;     "C" = 23H
DB 000H,041H,07EH,041H,041H,003H,000H,000H;     "D" = 24H
DB 000H,07EH,049H,049H,049H,049H,000H,000H;     "E" = 25H
DB 000H,07FH,009H,009H,009H,001H,000H,000H;     "F" = 26H
DB 000H,03EH,041H,041H,049H,07AH,000H,000H;     "G" = 27H
DB 000H,07FH,008H,008H,008H,07FH,000H,000H;     "H" = 28H
DB 000H,000H,041H,07FH,041H,000H,000H,000H;     "I" = 29H
DB 000H,020H,040H,041H,03FH,001H,000H,000H;     "J" = 2AH
DB 000H,07FH,008H,014H,022H,041H,000H,000H;     "K" = 2BH
DB 000H,07FH,040H,040H,040H,040H,000H,000H;     "L" = 2CH
DB 000H,07FH,002H,00CH,002H,07FH,000H,000H      "M" = 2DH
DB 000H,07FH,006H,008H,030H,07FH,000H,000H;     "N" = 2EH
DB 000H,03EH,041H,041H,041H,03EH,000H,000H;     "O" = 2FH
DB 000H,07FH,009H,009H,009H,006H,000H,000H;     "P" = 30H
DB 000H,03EH,041H,051H,021H,05EH,000H,000H;     "Q" = 31H
DB 000H,07FH,009H,019H,029H,046H,000H,000H;     "R" = 32H
DB 000H,026H,049H,049H,049H,032H,000H,000H;     "S" = 33H
DB 000H,001H,001H,07FH,001H,001H,000H,000H;     "T" = 34H
DB 000H,03FH,040H,040H,040H,03FH,000H,000H;     "U" = 35H
DB 000H,01FH,020H,040H,020H,01FH,000H,000H;     "V" = 36H
DB 000H,07FH,020H,018H,020H,07FH,000H,000H;     "W" = 37H
DB 000H,063H,014H,008H,014H,063H,000H,000H;     "X" = 38H
DB 000H,007H,008H,070H,008H,007H,000H,000H;     "Y" = 39H
DB 000H,061H,051H,049H,045H,043H,000H,000H;     "Z" = 3AH
```

DB 000H,000H,07FH,041H,041H,000H,000H,000H;   "[" = 3BH
DB 000H,002H,004H,008H,010H,020H,000H,000H;   "\" = 3CH
DB 000H,000H,041H,041H,07FH,000H,000H,000H;   "]" = 3DH
DB 000H,004H,002H,001H,002H,004H,000H,000H;   "↑" = 3EH
DB 000H,040H,040H,000H,040H,040H,000H,000H;   "、" = 3FH
DB 000H,001H,002H,004H,000H,000H,000H,000H;   "←" = 40H
DB 000H,020H,054H,054H,054H,078H,000H,000H;   "a" = 41H
DB 000H,07FH,048H,044H,044H,038H,000H,000H;   "b" = 42H
DB 000H,038H,044H,044H,044H,028H,000H,000H;   "c" = 43H
DB 000H,038H,044H,044H,048H,07FH,000H,000H;   "d" = 44H
DB 000H,038H,054H,054H,054H,018H,000H,000H;   "e" = 45H
DB 000H,000H,008H,07EH,009H,002H,000H,000H;   "f" = 46H
DB 000H,00CH,052H,052H,04CH,03EH,000H,000H;   "g" = 47H
DB 000H,07FH,008H,004H,004H,078H,000H,000H;   "h" = 48H
DB 000H,000H,044H,07DH,040H,000H,000H,000H;   "i" = 49H
DB 000H,020H,040H,044H,03DH,000H,000H,000H;   "j" = 4AH
DB 000H,000H,07FH,010H,028H,044H,000H,000H;   "k" = 4BH
DB 000H,000H,041H,07FH,040H,000H,000H,000H;   "l" = 4CH
DB 000H,07CH,004H,078H,004H,078H,000H,000H;   "m" = 4DH
DB 000H,07CH,008H,004H,004H,078H,000H,000H;   "n" = 4EH
DB 000H,038H,044H,044H,044H,038H,000H,000H;   "o" = 4FH
DB 000H,07EH,00CH,012H,012H,00CH,000H,000H;   "p" = 50H
DB 000H,00CH,012H,012H,00CH,07EH,000H,000H;   "q" = 51H
DB 000H,07CH,008H,004H,004H,008H,000H,000H;   "r" = 52H
DB 000H,058H,054H,054H,054H,064H,000H,000H;   "s" = 53H
DB 000H,004H,03FH,044H,040H,020H,000H,000H;   "t" = 54H
DB 000H,03CH,040H,040H,03CH,040H,000H,000H;   "u" = 55H
DB 000H,01CH,020H,040H,020H,01CH,000H,000H;   "v" = 56H
DB 000H,03CH,040H,030H,040H,03CH,000H,000H;   "w" = 57H
DB 000H,044H,028H,010H,028H,044H,000H,000H;   "x" = 58H
DB 000H,01CH,0A0H,0A0H,090H,07CH,000H,000H;   "y" = 59H
DB 000H,044H,064H,054H,04CH,044H,000H,000H;   "z" = 5AH
DB 000H,000H,008H,036H,041H,000H,000H,000H;   "{" = 5BH
DB 000H,000H,000H,077H,000H,000H,000H,000H;   "|" = 5CH
DB 000H,000H,041H,036H,008H,000H,000H,000H;   "}" = 5DH
DB 000H,002H,001H,002H,004H,002H,000H,000H;   "~" = 5FH

(4) ASCII 字符显示程序实例

设置不同的页、列和字符代码，分别调用 ASCII 字符显示程序。

```
    MOV     PAGE, #03H
    MOV     COLUMN, #40H
    MOV     CODE, #34H
    LCALL   CW_PR
    MOV     PAGE, #03H
    MOV     COLUMN, #0CH
```

```
        MOV     CODE,#45H
        LCALL   CW_PR
        MOV     PAGE,#03H
        MOV     COLUMN,#14H
        MOV     CODE,#4CH
        LCALL   CW_PR
        MOV     PAGE,#03H
        MOV     COLUMN,#1CH
        MOV     CODE,#1AH
        LCALL   CW_PR
        MOV     R7,#00H
        MOV     R6,28H
LOOP:
        MOV     A,R7
        MOV     DPTR,#TAB1
        MOVC    A,@A+DPTR
        MOV     CODE,A
        MOV     PAGE,#83H
        MOV     COLUMN,R6
        LCALL   CW_PR
        INC     R7
        MOV     A,#06H
        ADD     A,R6
        MOV     R6,A
        CJNE    R7,#08H,LOOP
        SJMP    $
TAB1: DB    16H,12H,17H,18H,10H,13H,17H,19H
```

(5) 16×16 点阵汉字显示程序实例

① 汉字装入程序

由于 SED1520 存储器的结构,正常 16×16 点阵汉字字模需要逆时针旋转 90°写入,SED1520 才会正常显示。在下面程序中,CCTAB 为首地址的字模是转换好的,可直接取出显示。

每发一字节显示数据,都要判列地址是否超出设置的区域标志,如超出则要重新修改标志,发显示数据要根据标志确定发往右半屏还是左半屏。

```
        PD1     EQU     32H         ;模块参数 100×32
        PD2     EQU     3CH         ;模块参数 120×32
        COLUME  EQU     30H         ;列地址寄存器(列地址 0~63)
        PAGE    EQU     31H         ;页地址寄存器,D1、D2 存页地址
                                    ;D7 存字体。D7=1,6×8;D7=0,8×8
        CODE    EQU     32H         ;要显示的字符代码
        COUNT   EQU     33H         ;计数器
CCW_PR:
        MOV     DPTR,CCTAB          ;汉字字模首址
```

第 11 章 SED1520/1521 LCD 显示驱动

```
            MOV     A,CODE              ;要显示的汉字代码
            MOV     B,#20H              ;一个汉字 32 字节
            MUL     AB
            ADD     A,DPL
            MOV     DPL,A
            MOV     A,B
            ADDC    A,DPH
            MOV     DPH,A               ;计算要显示的汉字字模地址
            PUSH    COLUME              ;保存列号
            PUSH    COLUME
            MOV     CODE,#00H           ;中间寄存器清 0
    CCW_1:
            MOV     COUNT,#10H          ;计数器 = 16
            MOV     A,PAGE              ;取页地址
            ANL     A,#03H
            ORL     A,#0B8H             ;页地址"或"页设置指令代码
            MOV     COM,A               ;发页设置指令
            LCALL   PR0
            LCALL   PR3
            POP     COLUME              ;取列号
            MOV     A,COLUME
            CLR     C
            SUBB    A,#PD1              ;判列是否超界
            JC      CCW_2               ;没超,继续
            MOV     COLUME,A            ;超界,修改区域标志为 E2
            MOV     A,PAGE
            SETB    ACC.3
            MOV     PAGE,A
    CCW_2:
            MOV     COM,COLUME          ;根据区域标志发列设置指令
            MOV     A,PAGE
            JNB     ACC.3,CCW_3
            LCALL   PR3
            LJMP    CCW_4
    CCW_3:
            LCALL   PR0
    CCW_4:
            MOV     A,CODE              ;取字模数据
            MOVC    A,@A+DPTR
            MOV     DAT,A
            MOV     A,PAGE              ;根据区域标志写数据
            JNB     ACC.3,CCW_5
            LCALL   PR4
            LJMP    CCW_6
    CCW_5:
```

```
        LCALL       PR1
CCW_6:
        INC         CODE                        ;代码加 1
        INC         COLUME                      ;列加 1
        MOV         A,COLUME                    ;判列是否超界
        CJNE        A,#PD1,CCW_7
CCW_7:
        JC          CCW_8                       ;没超,继续写数据
        MOV         A,PAGE
        JB          ACC.3,CCW_8                 ;修改区域标志,已为 E2 就不用修改
        SETB        ACC.3                       ;修改区域标志为 E2
        MOV         PAGE,A                      ;保存区域标志
        MOV         COM,#00H                    ;列地址从 E2 区 0 列开始
        LCAA        PR3
CCW_8:
        DJNE        COUNT,CCW_4                 ;当页循环
        MOV         A,PAGE                      ;取页数
        JB          ACC.7,CCW_9                 ;判完成标志,完成退出
        INC         A                           ;否则页数加 1
        SETB        ACC.7                       ;置完成标志
        CLR         ACC.3                       ;置区域标志为 E1
        MOV         PAGE,A
        MOV         CODE,#10H                   ;中间寄存器置 16
        LJMP        CCW_1                       ;大循环
CCW_9:
        RET
CCTAB:
```

以下字模是正常字模逆时针旋转 90°后的 16×16 点阵汉字。

```
HZ0: DB     008H,00AH,0EAH,0AAH,0AAH,0AAH,0AFH,0E0H
     DB     0AFH,0AAH,0AAH,0AAH,0FAH,028H,00CH,000H
     DB     020H,0A0H,0ABH,06AH,02AH,03EH,02AH,02BH
     DB     02AH,03EH,02AH,06AH,0ABH,0A0H,020H,000H      ;冀
HZ1: DB     040H,042H,0CCH,000H,000H,0FBH,088H,088H
     DB     088H,008H,0FFH,008H,00AH,0CCH,008H,000H
     DB     000H,000H,03FH,090H,048H,03FH,008H,010H
     DB     04FH,020H,013H,01CH,063H,080H,0E0H,000H      ;诚
HZ2: DB     000H,0FBH,048H,048H,048H,048H,0FFH,048H
     DB     048H,048H,048H,0FCH,008H,000H,000H,000H
     DB     000H,007H,002H,002H,002H,002H,03FH,042H
     DB     042H,042H,042H,047H,040H,070H,000H,000H      ;电
HZ3: DB     080H,080H,082H,082H,082H,082H,082H,0E2H
     DB     0A2H,092H,08AH,086H,080H,0C0H,080H,000H
     DB     000H,000H,000H,000H,000H,040H,080H,07FH
     DB     000H,000H,000H,000H,000H,000H,000H,000H      ;子
```

第 11 章　SED1520/1521 LCD 显示驱动

② 汉字显示程序

设置不同的页、列和汉字代码，分别调用汉字显示程序。

下面程序在 0 页和 1 页显示 4 个汉字"冀诚电子"。

```
MOV      PAGE,#00H
MOV      COLUME,#10H
MOV      CODE,#00H
LCALL    CCW_PR
MOV      PAGE,#00H
MOV      COLUME,#20H
MOV      CODE,#01H
LCALL    CCW_PR
MOV      PAGE,#00H
MOV      COLUME,#30H
MOV      CODE,#02H
LCALL    CCW_PR
MOV      PAGE,#00H
MOV      COLUME,#40H
MOV      CODE,#03H
LCALL    CCW_PR
SJMP     $
```

11.3.2　SED1520/1521 的 C 语言驱动程序

由于用汇编语言编写程序难度较大，现在许多读者采用 C 语言来编写驱动程序。我们以图 11-5 为例，来说明 SED1520 的 C 语言编程。MPU 的数据线（P0 口）经锁存器 74LS373 送 32 KB EPROM 27256，27256 的 D0～D7 直接连 SED1520D0A 的 DB0～DB7，并且 P0.0 接 A0，P0.1 接 R/W。

系统采用 74LS138 译码器的 Y1、Y2 控制 SED1520D0A 的 E1 和 E2。

图中，第一片 IC（SED1520D0A IC1）的写指令地址为 0x2000，写数据地址为 0x2001，读指令地址为 0x2002，读数据地址为 0x2003。

第二片 IC（SED1520D0A IC2）的写指令地址为 0x4000，写数据地址为 0x4001，读指令地址为 0x4002，读数据地址为 0x4003。

该程序在随书光盘"11.0"文件夹中，并在"伟福 LAB6000 系列单片机仿真实验系统"上进行了调试，由于硬件接线不同，系统地址和上面介绍的有所不同，LAB6000 的地址是：

```
#define   CWADD1      xBYTE[0x8000]      //写指令代码地址(E1)
#define   CRADD1      xBYTE[0x8002]      //读状态字地址(E1)
#define   DWADD1      xBYTE[0x8001]      //写显示数据地址(E1)
#define   DRADD1      xBYTE[0x8003]      //读显示数据地址(E1)
#define   CWADD2      xBYTE[0x8004]      //写指令代码地址(E2)
#define   CRADD2      xBYTE[0x8006]      //读状态字地址(E2)
#define   DWADD2      xBYTE[0x8005]      //写显示数据地址(E2)
```

```
#define  DRADD2      xBYTE[0x8007]          //读显示数据地址(E2)
#define  PD1         0x3D                   //122×32模块,IC1列数
```

另外,LAB6000 页的排列顺序是:第 2 页(16～23 行)排在最上,之后是第 3 页(24～31 行),再之后是第 0 页(0～7 行),最后是第 1 页(8～15 行)。显示 16×16 点阵汉字时只能在第 2 页和第 3 页(1 个汉字占 2 页)或第 0 页和第 1 页显示才能有正常结果。下面程序是按冀诚电子硬件来设计的,个别程序考虑了 LAB6000 的特点,如画垂直线,画正弦曲线等,要注意。

程序如下:

```
//SED1520.C
#include <stdio.h>
#include <math.h>
#include <absacc.h>
#include <def.h>
#include <asc816.h>
#include <asc88.h>
#include <chn12.h>
#include <chn24.h>
#include <chn16.h>
#include <syb16.h>
#include <sed1520.h>
#define  CWADD1      XBYTE[0x2000]          //写指令代码地址(E1)
#define  CRADD1      XBYTE[0x2002]          //读状态字地址(E1)
#define  DWADD1      XBYTE[0x2001]          //写显示数据地址(E1)
#define  DRADD1      XBYTE[0x2003]          //读显示数据地址(E1)
#define  CWADD2      XBYTE[0x4000]          //写指令代码地址(E2)
#define  CRADD2      XBYTE[0x4002]          //读状态字地址(E2)
#define  DWADD2      XBYTE[0x4001]          //写显示数据地址(E2)
#define  DRADD2      XBYTE[0x4003]          //读显示数据地址(E2)
#define  PD1         0x32                   //100×32模块 IC1列数
#define  PD2         0x3C                   //120×32模块 IC1列数
U8 n[32];                                   //字模转换用中间数组
```

以下是程序声明。

```
void WriteCommand0(U8 cmd);                 //写命令
void WriteCommand1(U8 cmd);
void WriteData0(U8 dat);                    //写数据
void WriteData1(U8 dat);
void SetLocat(U8 x,U8 y);                   //光标定位
void SetLocat0(U8 x,U8 y);
void SetLocat1(U8 x,U8 y);
void clr_screen(void);                      //清屏
void Lcd_Init(void);                        //LCD初始化
void W_DOT(U8 i,U8 j);                      //绘点函数
void DrawHorizontalLine(U8 xstar,U8 xend,U8 ystar);   //画水平线
void DrawVerticalLine(U8 xstar,U8 ystar,U8 yend);     //画垂直线
```

第 11 章 SED1520/1521 LCD 显示驱动

```
void Linexy(U8 stax,U8 stay,U8 endx,U8 endy);              //画斜线
void C_DOT(U8 i,U8 j);                                      //清点函数
void ClearHorizontalLine(U8 xstar,U8 xend,U8 ystar);        //清水平线
void ClearVerticalLine(U8 xstar,U8 ystar,U8 yend);          //清垂直线
void disdelay(void);                                        //延时
void ShowSinWave(void);                                     //画一条正弦曲线
void OneAsc816Char(U8 x,U8 y,U8 Order);                     //8×16 ASCII 字符,字模已旋转
void Putstr(U8 x,U8 y,U8 * str,U8 s);                       //8×16 ASCII 字符串,字模已旋转
void OneAsc816Char0(U8 x,U8 y,U8 Order);                    //8×16 ASCII 字符串,字模没旋转
void Putstr0(U8 x,U8 y,U8 * str,U8 s);                      //8×16 ASCII 字符串,字模没旋转
void DrawOneChn1616( U8 x,U8 y,U8 chnCODE);                 //16×16 汉字,字模已旋转
void DrawChnString1616(U8 x,U8 y,U8 * str,U8 s);            //16×16 汉字串,字模已旋转
void DrawOneChn16160(U8 x,U8 y,U8 chncode);                 //显示 16×16 汉字,字模没旋转
void DrawChnString16160(U8 x,U8 y,U8 * str,U8 s);           //显示 16×16 汉字串,字模没旋转
void DrawOneAsc88(U8 x,U8 y,U8 CODE);                       //8×8 ASCII 字符,字模已旋转
void DrawAscString88(U8 x,U8 y,U8 * str,U8 s);              //8×8 ASCII 字符串,字模已旋转
void DrawOneAsc880(U8 x,U8 y,U8 Order);                     //8×8 ASCII 字符,字模没旋转
void DrawAscString880(U8 x,U8 y,U8 * str,U8 s);             //8×8 ASCII 字符串,字模没旋转
```

以下程序借助绘点程序,字模不用旋转。

```
void DrawOneChn2424(U8 x,U8 y,U8   chnCODE);                //显示 24×24 汉字
void DrawChnString2424(U8 x,U8 y,U8    * str,U8 s);         //显示 24×24 汉字串,s 是串长
void DrawOneSyb1616(U8 x,U8 y,U8 chnCODE);                  //显示 16×16 标号
void DrawOneChn1212( U8 x,U8 y,U8 chnCODE);                 //显示 12×12 汉字
void DrawOneChn16161( U8 x,U8 y,U8 chnCODE);                //显示 16×16 汉字
void DrawChnString16161(U8 x,U8 y,U8 * str,U8 s);           //显示 16×16 汉字串,s 是串长
void DrawOneAsc816(U8 x,U8 y,U8 charCODE);                  //显示 8×16 ASCII 字符
void DrawAscString816(U8 x,U8 y,U8 * str,U8 s);             //8×16 ASCII 字符串,s 是串长
void DrawOneAsc881(U8 x,U8 y,U8 charCODE);                  //显示 8×8 ASCII 字符
void DrawAscString881(U8 x,U8 y,U8 * str,U8 s);             //显示 8×8 ASCII 字符串,s 是串长
void ReDrawOneChn1616(U8 x,U8 y,U8 chnCODE);                //反白显示 16×16 汉字一个
```

程序内容可分为 4 部分,主要是基本函数部分、显示曲线部分、显示汉字和显示 ASCII 字符部分。

(1) 基本函数

基本函数包括 IC1 和 IC2 读/写数据、写指令、读状态、初始化、指针定位、清屏和绘点等。除读状态指令外,其他操作必须判 LCD 状态,LCD"忙"等待,LCD"空闲"才能对其进行读/写操作。

```
//------------------------------------------------------------
//   IC1 写命令
//------------------------------------------------------------
void WriteCommand0(U8 cmd)
{
    while(CRADD1&0x80);                       //判状态,如"忙"则等
```

```c
        CWADD1 = cmd;                                   //如"不忙"则写命令
    }
    //-------------------------------------------------------------
    //    IC2 写命令
    //-------------------------------------------------------------
    void WriteCommand1(U8 cmd)                          //程序解释同上
    {
        while(CRADD2&0x80);                             //判状态,如"忙"则等
        CWADD2 = cmd;
    }
    //-------------------------------------------------------------
    //    IC1 写数据
    //-------------------------------------------------------------
    void WriteData0(U8 dat)
    {
        while(CRADD1&0x80);                             //判状态,如"忙"则等
        DWADD1 = dat;                                   //如"不忙"则写数据
    }
    //-------------------------------------------------------------
    //    IC2 写数据
    //-------------------------------------------------------------
    void WriteData1(U8 dat)                             //程序解释同上
    {
        while(CRADD2&0x80);                             //判状态,如"忙"则等
        DWADD2 = dat;
    }
    //-------------------------------------------------------------
    //    读/写指针定位
    //-------------------------------------------------------------
```

读/写指针定位就是把光标指针移到显示位置对应的 DDRAM,移指针之前要判列地址,根据列地址决定对 IC1 还是 IC2 操作。操作就是发设置页指令和设置列指令。

```c
    void SetLocat(U8 x,U8 y)                            //x 是页地址,y 是列地址
    {
        if(y < PD1)
          {
              WriteCommand0(0xB8 + x&0x03);             //IC1 发设置页指令
              WriteCommand0(y&0x7F);                    //IC1 发设置列指令
          }
        else
          {
              WriteCommand1(0xB8 + x&0x03);             //IC2 发设置页指令
              WriteCommand1((y - PD1)&0x7F);            //IC2 发设置列指令
          }
    }
```

第 11 章 SED1520/1521 LCD 显示驱动

```
//------------------------------------------------------------
//   光标 0 定位
//------------------------------------------------------------
void SetLocat0(U8 x,U8 y)                        //程序解释同上
{
    if(y < PD1)
      {
        WriteCommand0(0xB8 + x&0x03);
        WriteCommand0(y&0x7F);
      }
}
//------------------------------------------------------------
//   光标 1 定位
//------------------------------------------------------------
void SetLocat1(U8 x,U8 y)                        //程序解释同上
{
    if(y >= PD1)
      {
        WriteCommand1(0xB8 + x&0x03);
        WriteCommand1((y - PD1)&0x7F);
      }
}
//------------------------------------------------------------
//   清屏
//------------------------------------------------------------
```

清屏是写 4 页,每页写 80 列数据"0"。

```
void clr_screen(void)
{
    U8 i,j;
    for(i = 0;i<4;i++)                           //写 4 页
    {
        WriteCommand0(0xB8 + i);
        WriteCommand1(0xB8 + i);
        WriteCommand0(0x0);                      //每页从 0 列开始
        WriteCommand1(0x0);
        for(j = 0;j<0x50;j++)                    //每页写 80 列
          {
            WriteData0(0x0);
            WriteData1(0x0);
          }
    }
}
//------------------------------------------------------------
//   LCD 初始化
```

//--

初始化主要是 IC1 和 IC2 复位,关闭休闲,进入正常工作状态,设置起始行和开显示。

```
void Lcd_Init(void)
{
    WriteCommand0(0xE2);                    //IC1 复位
    WriteCommand1(0xE2);                    //IC2 复位
    WriteCommand0(0xA4);                    //关闭休闲,进入正常工作状态
    WriteCommand1(0xA4);
    WriteCommand0(0xA9);                    //占空比选 1/32
    WriteCommand1(0xA9);
    WriteCommand0(0xA0);                    //ADC 选择
    WriteCommand1(0xA0);
    WriteCommand0(0xC0);                    //设置起始行为第 1 行
    WriteCommand1(0xC0);
    WriteCommand0(0xAF);                    //开显示
    WriteCommand1(0xAF);
    clr_screen();
}
```
//--
//   绘点函数
//--

绘点函数的参数 x 和 y 是 LCD 屏上的"点",x 是该点距左上角纵向点距离,y 是该点距左上角横向点距离。确定该"点"所在页数和在字节中位数,利用页数和列数确定光标位置,将该位置显示数据读出。利用"点"所在字节中位数进行"或"1 运算后,再将该字节数据写回。

```
void W_DOT(U8 x,U8 y)
{
    U8 m,n,k,Data;
    m = x /8;                               //求"点"在第几页
    n = x % 8;                              //求"点"在字节中的"位"数
    k = 0x01;
    k = k<<n;                               //将 1 移到该位对应位
    if(y <PD1)                              //如果"点"在左半屏
    {
        WriteCommand0(m&0x03|0xB8);         //确定页地址
        WriteCommand0(y&0x7F);              //确定列地址
        while(CRADD1&0x80);                 //判"忙"
        Data = DRADD1;                      //不"忙",读数据
        Data = DRADD1;                      //为了可靠,读二次
        Data = Data|k;
        WriteCommand0(m&0x03|0xB8);
        WriteCommand0(y&0x7F);
        WriteData0( Data);                  //写回原地址
    }
```

```
        else
          {
                WriteCommand1(m&0x03|0xB8);
                WriteCommand1((y-PD1)&0x7F);          //求读写地址：m是页，y是列
                while(CRADD2&0x80);                   //判"忙"
                Data = DRADD2;                        //不"忙"，读数据
                Data = DRADD2;                        //为了可靠，读二次
                Data = Data|k;
                WriteCommand1(m&0x03|0xB8);
                WriteCommand1((y-PD1)&0x7F);
                WriteData1( Data);                    //写回原地址
          }
  }
//----------------------------------------------------------------
//       清点函数
//----------------------------------------------------------------
```

清点函数和绘点原理一样，只是把"或"1 运算改成"与"0 运算。

```
void C_DOT( U8 x,U8 y)                                //这里 x 和 y 是 LCD 屏的"点"
{                                                     //x 是该点距左上角纵向点距
    U8   m,n,k,Data;                                  //y 是该点距左上角横向点距
    m = x /8;                                         //求 x 在第几页
    n = x % 8;                                        //求 x 是第几位
    k = 0x01;
    k = k<<n;
    k = ~k;                                           //将 1 移到该位对应位置，取反
    if(y <PD1)                                        //如果"点"在左半屏
      {
            WriteCommand0(m&0x03|0xB8);
            WriteCommand0(y&0x7F);                    //求读写地址：m是页，y是列
            while(CRADD1&0x80);                       //判"忙"
            Data = DRADD1;                            //不"忙"，读数据
            Data = DRADD1;                            //为了可靠，读二次
            Data = Data&k;                            //读的数据和k"与"
            WriteCommand0(m&0x03|0xB8);
            WriteCommand0(y&0x7F);
            WriteData0(Data);
      }
    else                                              //y >= DP1 时，对右半屏操作
      {
            WriteCommand1(m&0x03|0xB8);
            WriteCommand1((y-PD1)&0x7F);              //求读写地址：m是页，y是列
            while(CRADD2&0x80);                       //判"忙"
            Data = DRADD2;                            //不"忙"，读数据
            Data = DRADD2;                            //为了可靠，读二次
```

```
                Data = Data&k;
                WriteCommand1(m&0x03|0xB8);
                WriteCommand1((y - PD1)&0x7F);
                WriteData1(Data);
            }
    }
//-------------------------------------------------------------
//    画水平线
//-------------------------------------------------------------
```

(2) 画曲线

画曲线包括画水平线、画垂直线、清水平线、清垂直线、画一条正弦曲线和画斜线等,这些函数都是利用绘点程序,比较简单。

```
    void DrawHorizontalLine(U8 y0,U8 y1,U8 x0)              // x0 不变; i 从 y0 到 y1 绘点
    {
       U8 i;
       for(i = y0;i< = y1;i ++ )
         {
              W_DOT(x0,i);
         }
    }
//-------------------------------------------------------------
//    画垂直线
//-------------------------------------------------------------
    void DrawVerticalLine(U8 ystar,U8 xstar,U8 xend)        //ystar 不变; i 从 xstar 到 xend 绘点
    {
       U8 i;
       for(i = xstar;i< = xend;i ++ )
         {
              W_DOT(i + 16,ystar);                          //Lab6000 i + 16,正常页排列不加 16
         }
    }
//-------------------------------------------------------------
//    清水平线
//-------------------------------------------------------------
    void ClearHorizontalLine(U8 ystar,U8 yend,U8 xstar)     //x0 不变;i 从 y0 到 y1 清除点
    {
       U8 i;
       for(i = ystar;i< = yend;i ++ )
         {
             C_DOT(xstar,i);
         }
    }
//-------------------------------------------------------------
//    清垂直线
```

```c
//------------------------------------------------------------
void ClearVerticalLine(U8 ystar,U8 xstar,U8 xend)       //ystar 不变;i 从 xstar 到 xend
{
  U8 i;
  for(i = xstar;i< = xend;i ++ )
    {
        C_DOT(i + 16,ystar);                            //Lab6000 i + 16,正常页排列不加 16
    }
}
//------------------------------------------------------------
//    画一条正弦曲线
//------------------------------------------------------------
void ShowSinWave(void)                                  //本程序要求系统支持浮点运算
 {                                                      //按 Lab6000 页排列特点考虑
    unsigned int i,j0,k0;
    double y,a,b;
    j0 = 0;
    k0 = 0;
    DrawHorizontalLine(1,120,31);                       //画横坐标,范围(0~120)
    DrawVerticalLine(0,0,63);                           //画纵坐标,范围(0~63)
    for (i = 0; i<120; i ++ )
      {
        a = ((float)i/99) * 2 * 3.14;                   //计算每点对应弧度
        y = sin(a);                                     //计算每点(单位为弧度)的正弦值
        b = (1 - y) * 15;                               //坐标变换,横向坐标轴放屏中间
        W_DOT((U8)b + 16,(U8)i);                        // Lab6000 b + 16,正常页排列不加 16
      }
}
//------------------------------------------------------------
//    画斜线
//------------------------------------------------------------
void Linexy(U8 stay,U8 stax,U8 endy,U8 endx)            //用逐点比较法绘点,见 4.4.2 小节"3.画斜线"
{
  U8 xerr,yerr,delta_x,delta_y,distance,t;
  U8 incx,incy;
  U8 col,row;
  xerr = 0;
  yerr = 0;
  col = stax;
  row = stay;
  W_DOT(col,row);
  delta_x = endx - col;
  delta_y = endy - row;
  if(delta_x>0) incx = 1;
  else if( delta_x == 0 ) incx = 0;
```

```
        else incx = -1;
        if(delta_y>0) incy = 1;
        else if( delta_y == 0 ) incy = 0;
        else incy = -1;
        delta_x = abs( delta_x );
        delta_y = abs( delta_y );
        if( delta_x > delta_y ) distance = delta_x;
        else distance = delta_y;
        for( t = 0;t <= distance + 1; t ++ )
        {
          W_DOT(col,row);
          xerr += delta_x;
          yerr += delta_y;
          if( xerr > distance )
           {
              xerr -= distance;
              col += incx;
           }
          if( yerr > distance )
           {
              yerr -= distance;
              row += incy;
           }
        }
    }
//------------------------------------------------------------
//   显示16×16汉字一个
//------------------------------------------------------------
```

(3) 显示汉字

以下几个程序字模是已经旋转90°的,参数 x 是页地址,参数 y 是列地址。显示16×16点阵汉字时要占用两页的地址,上半部和下半部各占一页,上下半部列要对齐。还要注意的是,在输出显示数据时,每一次都要判列是否超出 IC1 显示范围(k<PD1),如超出,下面的数据要写给 IC2。

```
        void DrawOneChn1616(U8 x,U8 y,U8 chncode)
        {
        U8 i,k, * p;
        U8 bakerx,bakery;
        bakerx = x;                                    //暂存 x、y 坐标,为下半个字符使用
        bakery = y;
        p = chn1616 + chncode * 32;                    // chn1616[]在 sed1520.h 中
        WriteCommand0(m&0x03|0xB8);
        WriteCommand1(m&0x03|0xB8);                    //定读/写指针
        for(i = 0;i<16;i ++ )                          //上半个汉字输出
         {
```

```
      if(k<PD1)
       {
          WriteCommand0(k&0x7F);
          WriteData0(*p);
        }
      else
        { WriteCommand1((k-PD1)&0x7F);
          WriteData1(*p);
        }
       p++;
       k++;
    }
    x = bakerx + 1;                                    //指向下半个字符行
    y = bakery;
    k = y;                                             //列对齐
    WriteCommand0(m&0x03|0xB8);
    WriteCommand1(m&0x03|0xB8);
    for(i=0;i<16;i++)                                  //下半个字符输出
    {
       if(k<PD1)
         {
             WriteCommand0(k&0x7F);
             WriteData0(*p);
          }
        else
         {
             WriteCommand1((k-PD1)&0x7F);
             WriteData1(*p);
          }
       p++;
       k++;
    }
}
//-------------------------------------------------------------
//   显示 16×16 汉字串
//-------------------------------------------------------------
void DrawChnString1616(U8 x,U8 y,U8 *str,U8 s)
{
    U8 i,*p;
    static U8 x0,y0;
    x0 = x;
    y0 = y;
    p = str;
    for (i=0;i<s;i++)                                  //s是串长
    {
```

```
        DrawOneChn1616(x0,y0, * (p + i));           //调显示 16×16 汉字程序
        y0 += 16;
    }
}
//-----------------------------------------------------------------
//    显示一个 8×8 字符
//-----------------------------------------------------------------
```

(4) 显示 ASCII 字符

TALB88 在 sed1520.h 中,字模是已转换好的。

在输出显示数据时,每一次都要判列是否超出 IC1 显示范围(k<PD1),如超出,下面的数据要写给 IC2。

```
void DrawOneAsc88(U8 x,U8 y,U8 charcode)
{
    U8 i, * p;
    p = TALB88 + charcode * 8;                      //将指针指向该字符地址
    WriteCommand0(m&0x03|0xB8);
    WriteCommand1(m&0x03|0xB8);                     //定读/写指针
    for(i = 0;i<8;i ++ )                            //按左右屏输出数据
    {
        if(y<PD1)
          {
              WriteCommand0(y&0x7F);
              WriteData0( * p);
          }
        else
          {
              WriteCommand1((y - PD1)&0x7F);
              WriteData1( * p);
          }
        y ++ ;                                      //这里 y 做计数器
        p ++ ;
    }
}
//-----------------------------------------------------------------
//    显示 8×8 字符串
//-----------------------------------------------------------------
void DrawAscString88(U8 x,U8 y,U8 * str,U8 s)
{ U8 i;
    static U8 x0,y0;
    x0 = x;
    y0 = y;
    for (i = 0;i<s;i ++ )                           // s 是串长
    {
        DrawOneAsc88(x0,y0,(U8)( * (str + i)));     //调显示 8×8 字符程序
```

第 11 章　SED1520/1521 LCD 显示驱动

```
            y0 += 8;
        }
    }
//-----------------------------------------------------------
//      显示 8×16 ASCII 码字符
//-----------------------------------------------------------
```

asc8160 在 sed1520.h 中,ASCII 码是从 0x20 开始,字模是已转换好的。

在输出显示数据时,每一次都要判列是否超出 IC1 显示范围(k<PD1),如超出,下面的数据要写给 IC2。

```c
void OneAsc816Char(U8 x,U8 y,U8 Order)
{
    U8 i,* p;
    U8 bakerx,bakery;
    bakerx = x;                                     //暂存 x、y 坐标,下半个字符使用
    bakery = y;
    p = asc8160 + Order * 16;                       //1 字符 16 字节
    WriteCommand0(x&0x03|0xB8);
    WriteCommand1(x&0x03|0xB8);                     //定读/写指针
    for(i = 0;i<8;i++)
    {
        if(y<PD1)
          {
                WriteCommand0(y&0x7F);
                WriteData0( * p);
          }
        else
          {
                WriteCommand1((y - PD1)&0x7F);
                WriteData1( * p);
          }
        y++;
        p++;
    }
    x = bakerx + 1;                                 //下一页
    y = bakery;                                     //列对齐
    WriteCommand0(x&0x03|0xB8);
    WriteCommand1(x&0x03|0xB8);                     //定读/写指针
    for(i = 0;i<8;i++)
      {
            if(y<PD1)
              {
                    WriteCommand0(y&0x7F);
                    WriteData0( * p);
              }
```

```
        else
          {
               WriteCommand1((y - PD1)&0x7F);
               WriteData1( * p);
          }
     y ++ ;
     p ++ ;
   }
}
//------------------------------------------------------------
//  一个 8×16 ASCII 字串的输出
//------------------------------------------------------------
void Putstr(U8 x,U8 y,U8 * str,U8 s)
{
  U8 i;
  static U8 x0,y0;
  x0 = x;
  y0 = y;
  for (i = 0;i<s;i ++ )                              //s 是串长
    {
       OneAsc816Char(x0,y0,(U8)( * (str + i) - 0x20));    //调 8×16 ASCII 码字符程序
       y0 += 8;
    }
}
//------------------------------------------------------------
//  延时
//------------------------------------------------------------
void disdelay(void)
{
   unsigned long i,j;
               i = 0x01;
               while(i!= 0)
               { j = 0x5FFF;
                  while(j!= 0)
                  j -= 1;
                  i -= 1;
               }
  }
//------------------------------------------------------------
//  显示一个 16×16 汉字
//------------------------------------------------------------
```

(5) 字模是没转换的汉字显示

显示一个 16×16 汉字,字模是没转换的,程序中有自动转换。参数 x 是页地址,参数 y 是列地址。其他同显示一个字模是转换的 16×16 汉字一样。转换部分原理详见 8.3.2 小节。

第11章 SED1520/1521 LCD 显示驱动

```c
void DrawOneChn16160(U8 x,U8 y,U8 chncode)
{
  U8 * p;
  U8 k, * p1;
  int g,s,i,j,m;
  U8 a,hzk1616[32];
  U8 bakerx,bakery;
  bakerx = x;                                    //暂存 x、y 坐标
  bakery = y;
  k = y;
  p = chn16160 + chncode * 32;                   //取汉字,转换。详见 8.3.2 小节
  for(m = 0;m<32;m ++ )
      {
        if(m<8) { g = 14; s = 7;}
        else if( m> = 8 && m<16 ) { g = 15; s = 15;}
        else if( m> = 16 && m<24 ) { g = 30; s = 23;}
        else { g = 31; s = 31;}
        for(j = 0;j<8;j ++ )
           {
             hzk1616[m] = hzk1616[m]<<1;
             a = ( p[g - 2 * j] >>(s - m) )&0x01;
             hzk1616[m] = hzk1616[m] + a;
           }
      }
  p1 = &hzk1616[0];                              //读/写指针指向字模首址
  WriteCommand0(x&0x03|0xB8);
  WriteCommand1(x&0x03|0xB8);                    //确定读/写指针
  for(i = 0;i<16;i ++ )                          //上半个字符输出,16 列
    {
        if(k<PD1)
          {
              WriteCommand0(k&0x7F);
              WriteData0( * p1);
          }
  else
      { WriteCommand1((k - PD1)&0x7F);
        WriteData1( * p1);
      }
  k ++ ;
  p1 ++ ;
  }                                              //上半个字符输出结束
  x = bakerx + 1;                                //页地址加 1
  y = bakery;
  k = y;                                         //列对齐
  WriteCommand0(x&0x03|0xB8);
```

```c
        WriteCommand1(x&0x03|0xB8);                    //确定读/写指针地址
        for(i = 0;i<16;i++)                            //下半个字符输出,16列
          {
              if(k <PD1)
                {
                    WriteCommand0(k&0x7F);
                    WriteData0(*p1);
                }
          else
            { WriteCommand1((k-PD1)&0x7F);
              WriteData1(*p1);
            }
          k++;
          p1++;
          }                                             //下半个字符输出结束
}
//-------------------------------------------------------------
//    显示16×16 汉字串
//-------------------------------------------------------------
void DrawChnString16160(U8 x,U8 y,U8 *str,U8 s)
{
  U8 i,*p;
  static U8 x0,y0;
  x0 = x;
  y0 = y;
  p = str;
  for (i = 0;i<s;i++)                                   //s是串长
    {
      DrawOneChn16160(x0,y0,*(p+i));                    //调显示16×16 汉字程序
      y0 += 16;
    }
}
//-------------------------------------------------------------
//       显示8×16 ASCII 码字符
//-------------------------------------------------------------
```

(6) 显示 8×16 ASCII 字符

显示 8×16 ASCII 字符,原理同显示 16×16 汉字程序。字模是没转换的,程序中有自动转换。参数 x 是页地址,参数 y 是列地址。其他同显示一个字模是转换的 ASCII 字符一样。转换部分原理详见 8.3.2 小节。

```c
void OneAsc816Char0(U8 x,U8 y,U8 Order)
{
  U8 j,m,i,*p;
  U8 g,s,bakerx,bakery;
  U8 a,ascii816[16];
```

第11章 SED1520/1521 LCD 显示驱动

```
bakerx = x;                                    //暂存 x、y 坐标
bakery = y;
p = asc816 + Order * 16;                       //取字符,转换
for(m = 0;m<16;m++)
    {
     if(m<8) { g = 7; s = 7;}
     else { g = 15; s = 15;}
     for(j = 0;j<8;j++)
       {
          ascii816[m] = ascii816[m]<<1;
          a = ( p[g-j] >>(s-m) )&0x01;
          ascii816[m] = ascii816[m] + a;
       }
    }
p = &ascii816[0];                              //读/写指针指向字模首址
WriteCommand0(x&0x03|0xB8);
WriteCommand1(x&0x03|0xB8);                    //确定读/写指针地址
for(i = 0;i<8;i++)
    {
        if(y <PD1)
          {
                WriteCommand0(y&0x7F);
                WriteData0( * p);
          }
        else
          {
                WriteCommand1((y-PD1)&0x7F);
                WriteData1( * p);
          }
      y++;
      p++;
    }                                          //上半个字符输出结束
x = bakerx + 1;                                //页加 1
y = bakery;                                    //列对齐
WriteCommand0(x&0x03|0xB8);
WriteCommand1(x&0x03|0xB8);                    //确定读/写指针地址
for(i = 0;i<8;i++)                             //下半个字符输出,8 列
    {
        if(y <PD1)
          {
                WriteCommand0(y&0x7F);
                WriteData0( * p);
          }
        else
          {
```

```
            WriteCommand1((y - PD1)&0x7F);
            WriteData1(*p);
        }
        y ++ ;
        p ++ ;
    }
}
// ----------------------------------------------------------
//      显示一个 8×16 ASCII 字串的输出
// ----------------------------------------------------------
```

调显示 8×16 ASCII 码字符程序。

```
void Putstr0(U8 x,U8 y,U8 *str,U8 s)
{
    U8 i;
    static U8 x0,y0;
    x0 = x;
    y0 = y;
    for (i = 0;i<s;i ++ )
    {
        OneAsc816Char0(x0,y0,*(str + i));
        y0 += 8;
    }
}
// ----------------------------------------------------------
//      显示 8×8 ASCII 码字符
// ----------------------------------------------------------
```

原理同 8×16 ASCII 码字符显示程序。

```
void DrawOneAsc880(U8 x,U8 y,U8 Order)
{
    U8 j,m,i,*p;
    U8 g,s,bakerx,bakery;
    U8 a,ascii88[8];
    bakerx = x;
    bakery = y;
    p = asc88 + Order * 8;
    for(m = 0;m<8;m ++ )
        {
            g = 7;
            s = 7;
            for(j = 0;j<8;j ++ )
            { ascii88[m] = ascii88[m]<<1;
              a = ( p[g - j] >>(s - m) )&0x01;
              ascii88[m] = ascii88[m] + a;
```

```
            }
        }
    p = &ascii88[0];
    WriteCommand0(x&0x03|0xB8);
    WriteCommand1(x&0x03|0xB8);
    for(i = 0;i<8;i++)
        {
            if(y<PD1)
            {
                    WriteCommand0(y&0x7F);
                    WriteData0 ( * p);
            }
            else
            {
                    WriteCommand1((y - PD1)&0x7F);
                    WriteData1( * p);
            }
            y++;
            p++;
        }
}
//------------------------------------------------------------
//   显示 8×8 字符串
//------------------------------------------------------------
```

显示 8×8 字符串原理同显示 8×16 ASCII 码字符串程序。

```
void DrawAscString880(U8 x,U8 y,U8 * str,U8 s)
{   U8 i;
    static U8 x0,y0;
    x0 = x;
    y0 = y;
    for (i = 0;i<s;i++)
        {
                DrawOneAsc880(x0,y0,(U16)( * (str + i)));
                y0 += 8;
        }
}
//------------------------------------------------------------
//   画一条正弦曲线
//------------------------------------------------------------
```

(7) 画正弦曲线

以下程序借助绘点程序,字模不用旋转。参数 x 和 y 分别是距屏左上角(原点)纵向和横向以点为单位的距离,特别注意,x 不是以页为单位,本程序要求系统支持浮点运算。

程序先画坐标 y,范围(0～99);画坐标 x,范围(0～31)。

横坐标从 0 到 97 循环并计算每点对应弧度,由弧度计算每点正弦值并绘点。b=(1-y)*16 是坐标变换,使曲线对称 x 轴显示。

```
void    ShowSinWave(void)
  {
      unsigned int i,j0,k0;
      double y,a,b;
      j0 = 0;
      k0 = 0;
      DrawHorizontalLine(1,99,16);            //画坐标 y,范围(0～99)
      DrawVerticalLine(0,0,31);               //画坐标 x,范围(0～31)
      for (i = 0; i<98; i++)
      {
          a = ((float)i/99) * 2 * 3.14;       //计算每点对应弧度
          y = sin(a);                         //每点(单位为弧度)的正弦值
          b = (1 - y) * 16;                   //坐标变换
          W_DOT((U8)b,(U8)i);
          disdelay();
      }
  }
//---------------------------------------------------------------
//      显示一个 24×24 汉字
//---------------------------------------------------------------
```

(8) 利用绘点函数显示汉字

下面几个程序利用绘点函数显示汉字,字模就不用转换了。详细原理参见 8.3.2 小节。

```
void DrawOneChn2424(U8 x,U8 y,U8 chnCODE)
{
  U16 i,j,k,tstch;
  U8  * p;
  p = chn2424 + 72 * (chnCODE);
  for (i = 0;i<24;i++)                        //24 列
      {
          for(j = 0;j< = 2;j++)               //每列 3 字节
              {
                  tstch = 0x01;
                  for (k = 0;k<8;k++)         //每字节 8 位,是 1 则绘点
                  {
                      if( * (p + 3 * i + j)&tstch)
                          W_DOT(x + j * 8 + k,y + i);    //y 代表横向坐标,x 代表纵向坐标
                      tstch = tstch<<1;
                  }
              }
      }
}
```

//--
//   显示 24×24 汉字串
//--

显示 12×12、16×16、24×24 点阵汉字串时,str 数组中存放的是要显示汉字距离字模首地址的位数。如:U8 str[]={0,1,2,3},表示要显示距离字模首地址为 0、1、2、3 的 4 个汉字,字串长度 s=4。

```
void DrawChnString2424(U8 x,U8 y,U8 *str,U8 s)
{
    U8 i;
    static U8 x0,y0;
    x0 = x;
    y0 = y;
    for (i = 0;i<s;i++)                         //s 是串长
    {
        DrawOneChn2424(x0,y0,(U8)*(str+i));     //调显示一个 24×24 汉字程序
        y0 += 24;
    }
}
```

//--
//   显示 16×16 标号(报警和音响)
//--

显示 16×16 标号(报警和音响图案)同显示 16×16 点阵汉字一样,因为两者的结构和原理是一样的。

```
void DrawOneSyb1616(U8 x,U8 y,U8 chnCODE)
{
    int i,k,tstch;
    unsigned int *p;
    p = syb1616 + chnCODE * 32;
    for (i = 0;i<16;i++)                        //16 行,每行 2 字节
    {
        tstch = 0x80;
        for(k = 0;k<8;k++)
        {
            if(*p>>8&tstch)                     //判高字节 8 位,bit 为 1 则绘点
                W_DOT(x + i,y + k);             //y 横向坐标,x 纵向坐标
            if((*p&0x00FF)&tstch)               //判低 8 位,bit 为 1 则绘点
                W_DOT(x + i,y + k + 8);
            tstch = tstch >> 1;
        }
        p += 1;
    }
}
```

```
// ------------------------------------------------------------
//   显示 12×12 汉字一个
// ------------------------------------------------------------
```

为编程方便，12×12 汉字字模是按 12×16 点阵排列的，即横向 2 字节（16 点），纵向 12 行。

```
void DrawOneChn1212(U8 x,U8 y,U8 chnCODE)        //原理同显示 16×16 标号程序
{
    U16 i,j,k,tstch;
    U8 *p;
    p = chn1212 + (chnCODE) * 24;
    for (i = 0;i<12;i++)                          //12 行
     {
         for(j = 0;j<2;j++)                       //每行 2 字节
          {
              tstch = 0x80;
              for (k = 0;k<8;k++)                 //每字节 8 位
                {
                   if(*(p+2*i+j)&tstch)           //bit 为"1"绘点，为"0"不打点
                   W_DOT(x+i,y+8*j+k);
                   tstch = tstch>>1;
                }
          }
     }
    x += 12;
}
// ------------------------------------------------------------
//   显示 16×16 汉字一个
// ------------------------------------------------------------
```

利用绘点显示一个 16×16 点阵汉字，字模不用转换。详细解释可参见 8.3.2 小节。

```
void DrawOneChn16161(U8 x,U8 y,U8 chnCODE)
{
    U16 i,k,tstch;
    U16 *p;
    p = chn16161 + 16 * chnCODE;
    for (i = 0;i<16;i++)
     {
         tstch = 0x80;
         for(k = 0;k<8;k++)
           {
               if(*p>>8&tstch)
               W_DOT(x+i,y+k);
               if((*p&0x00FF)&tstch)
               W_DOT(x+i,y+k+8);
```

```
                tstch = tstch>>1;
            }
        p += 1;
    }
}
//-----------------------------------------------------------
//   反白显示 16×16 汉字一个
//-----------------------------------------------------------
```

同显示一个 16×16 汉字类似,只是字模数据取出后再取反。

```
void ReDrawOneChn1616(U8 x,U8 y,U8 chnCODE)
{
    U16 i,k,tstch;
    U16 *p;
    p = chn16161 + 16 * chnCODE;
    for (i = 0;i<16;i++)
    {
        tstch = 0x80;
        for(k = 0;k<8;k++)
        {
            if( (( *p>>8)^0x0ff) &tstch)         //字模数据取"反"后再判"1"
            W_DOT(x + i,y + k);
            if( (( *p&0x00ff)^0x00ff) &tstch)
            W_DOT(x + i,y + k + 8);
            tstch = tstch>>1;
        }
        p += 1;
    }
}
//-----------------------------------------------------------
//   显示 16×16 汉字串
//-----------------------------------------------------------
void DrawChnString16161(U8 x,U8 y,U8 *str,U8 s)
{
    U8 i;
    static U8 x0,y0;
    x0 = x;
    y0 = y;
    for (i = 0;i<s;i++)                          //s 是串长
    {
        DrawOneChn16161(x0,y0,(U8) *(str + i));  //调显示 16×16 汉字程序
        y0 += 16;
    }
}
```

//--
//   显示 8×16 字母一个(ASCII Z 字符)
//--

下面几个程序利用绘点函数显示 ASCII 字符,字模不用转换。显示原理同显示点阵汉字一样。

```c
void DrawOneAsc816(U8 x,U8 y,U8 charCODE)
{
    U8 *p;
    U8 i,k;                                      //mask 是屏蔽字数组
    int mask[] = {0x80,0x40,0x20,0x10,0x08,0x04,0x02,0x01 };
    p = asc816 + charCODE * 16;
    for (i = 0;i<16;i++)                         //16 行,每行 1 字节
    {
        for(k = 0;k<8;k++)                       //判每字节 8 位,bit 为"1"则绘点
        { if (mask[k%8]&*p)
            W_DOT(x + i,y + k);
        }
        p++;
    }
}
```

//--
//   显示 8×16 ASCII 字符串
//--

显示 8×16 ASCII 字串时,str 数组中存放要显示的西文字串即可,如: U8 str [ ] = "123asdABC"即显示"123asdABC"。

```c
void DrawAscString816(U8 x,U8 y,U8 *str,U8 s)
{
    U8 i;
    static U8 x0,y0;
    x0 = x;
    y0 = y;
    for (i = 0;i<s;i++)
    {
        DrawOneAsc816(x0,y0,(U8)*(str + i));
        y0 += 8;                                 //水平串。如垂直串,y0 + 16
    }
}
```

//--
//   显示一个 8×8 字母 (ASCII Z 字符)
//--

利用绘点显示 8×8 点阵 ASCII 字符,字模不用转换。

```c
void DrawOneAsc881(U8 x,U8 y,U8 charCODE)
```

```
{
    U8 * p;
    U8 i,k;
    int mask[] = {0x80,0x40,0x20,0x10,0x08,0x04,0x02,0x01 };
    p = asc88 + charCODE * 8;
    for (i = 0;i<8;i++)                             //8行,每行1字节
        {
            for(k = 0;k<8;k++)
                { if (mask[k%8]& * p)              //判每字节8位,bit 为"1"则绘点
                    W_DOT(x + i,y + k);
                }
                p++;
        }
}
//-------------------------------------------------------------
//    显示 8×8 字符串
//-------------------------------------------------------------
```

显示 8×8 ASCII 字串时,str 数组中存放要显示的西文字串即可,如: U8 str [ ] = "123asdABC"即显示"123asdABC"。

```
void DrawAscString881(U8 x,U8 y,U8 * str,U8 s)
{
    U8 i;
    static U8 x0,y0;
    x0 = x;
    y0 = y;
    for (i = 0;i<s;i++)
    {
        DrawOneAsc881(x0,y0,(U8) * (str + i));      //调显示一个 8×8 字母程序
        y0 += 10;
    }
}
//-------------------------------------------------------------
// 主程序
//-------------------------------------------------------------
```

在主程序中调用了一些函数,具体调程序时可分别调用,临时不用的先屏蔽。

```
void main(void)
{                                                   //分别调试,其他不用程序暂屏蔽
    Lcd_Init();
    clr_screen();
    //W_DOT(30,0);                                  //绘点
    //W_DOT(8,0);
    //W_DOT(3,0);
    //W_DOT(4,0);
```

```
//DrawOneChn16161(16,0,0);              //利用绘点
//DrawChnString16161(16,0,str,3);       //利用绘点
//DrawOneChn16160(2,0,0);               //字模是没转换的
//DrawChnString16160(2,0,str,4);        //字模是没转换的
//DrawOneChn1616(2,0,0);                //字模是转换的
//DrawChnString1616(2,20,str,4);        //字模是转换的
ShowSinWave();                          //显示一条正弦曲线
}
```

第 12 章

SED1330 LCD 显示驱动

12.1 SED1330 功能概述

12.1.1 SED1330 的主要特点和硬件结构

SED1330 和第 11 章介绍的 SED1520 均是日本 EPSON 公司出品的液晶显示控制器,但二者在指令系统和硬件结构上有很大的不同。SED1330 在同类产品中功能是较强的,其特点是:有较强的 I/O 缓冲功能和丰富的指令系统,能四位数据并行发送,最大驱动能力为 640×256 点阵。

SED1330 的硬件结构可分为 MPU 接口、内部控制器和 LCM 驱动器。下面分别叙述这三部分的功能、特点及所属的引脚。

1. 和微处理器接口

和其他 LCD 控制器不同的是,SED1330 有较强的 I/O 缓冲功能,MPU 访问 SED1330 不需判其"忙",SED1330 随时可以接收 MPU 的访问并在内部时序下及时地把 MPU 发来的指令、数据传输就位。

SED1330 接口由指令输入缓冲器、数据输入缓冲器、数据输出缓冲器和标志寄存器组成。这些缓冲器通道的选择是由引脚 A0 和读/写操作信号联合控制的。

忙标志寄存器是一位只读寄存器,它仅有一位"忙"标志位 BF。当 BF=1 时表示 SED1330 正在向液晶显示模块传送有效显示数据。传送完一行有效显示数据到下一行传送开始之间的间歇时间 BF=0。

SED1330 在接口部设置了适配 8080 系列和 6800 系列 MPU 的两种操作时序电路,通过引脚的电平设置,可选择二者之一。

2. SED1330 控制器

SED1330 控制器是 SED1330 的核心。它由振荡器、功能逻辑电路、显示 RAM 管理电路、字符库管理电路以及产生驱动时序的时序发生器组成。振荡器可工作在 1~10 MHz 范围内。

SED1330 能在很高的工作频率下迅速地解译 MPU 发来的指令代码,将参数置入相应的寄存器内,并触发相应的逻辑功能电路运行。

控制部可以管理 64 KB 显示 RAM,管理内藏的字符发生器 CGROM 及外扩的字符发生器 EXCGROM。

SED1330 将 64 KB 显示 RAM 分成以下几种显示区。

(1) 文本显示区

文本显示 RAM 区专用于文本方式显示。在该显示 RAM 区中每个字节的数据都认为是字符代码。SED1330 将使用该字符代码确定该字符在字符库中的地址,然后将相应的字模数据传送到液晶显示模块上。在 LCD 屏上出现该字符的 8×8 点阵,也就是文本显示 RAM 的一个字节对应显示 LCD 屏的一个 8×8 点阵。

(2) 图形显示区

图形显示 RAM 区专用于图形方式显示。在该显示 RAM 区中每个字节的数据直接被送到液晶显示 LCD 屏,每个位(bit)的电平状态决定 LCD 屏一个点显示状态,"1"为显示,"0"为不显示。所以图形显示 RAM 的一个字节对应显示屏的 8×1 点阵。

SED1330 中专有一组寄存器来管理这两种特性的显示区,SED1330 可以单独显示一个显示特性区,也可以两个特性的显示区通过某种逻辑关系合成显示。这些显示方式及特征的设置都是通过软件指令设置实现的。

(3) 字符发生器

SED1330 管理内藏字符发生器 CGROM,在此字符发生器内固化了 160 种 5×7 点阵字符的字模。SED1330 还有外扩字符发生器。这种外扩字符发生器用 RAM 区开辟的 CGRAM,也可用 EPROM 固化字库来扩展 SED1330M 内部字符发生器。

由于 SED1330 字符代码是 8 位的,所以一次最多只能显示及建立 256 种字符。在 SED1330 的字符表中给出了内部字符。在 SED1330 的字符表中也给出了外扩字符发生器内的全部内容。同时给出了外扩字符发生器的字符代码范围:80H～9FH 和 E0H～FFH 共 64 种。

(4) 控制器和 MPU 接口引脚

控制器和 MPU 接口引脚如下。

- DB0～DB7:三态,数据总线。可直接挂在 MPU 数据总线上。
- CS:输入,片选信号。低电平有效。当 MPU 访问 SED1330 时,将其置低。
- A0:输入,I/O 缓冲器选择信号。A0=1,写指令带码和读数据;A0=0,写数据、参数和读忙标志。
- RD:输入,8080 系列 MPU 接口时为读操作信号;6800 系列 MPU 接口时为使能信号。
- WR:输入,8080 系列 MPU 接口时为写操作信号;6800 系列 MPU 接口时为读/写信号。
- RES:输入,复位信号,低电平有效。重新启动 SED1330 时还可以用指令 SYSTEM SET。
- SEL0,SEL1:输入,接口时序类型选择信号。其功能如表 12-1 所列。

表 12-1 接口时序类型选择

SEL0	SEL1	方式	I/O
0	0	8080	D/W
1	0	6800	E
*	1	无效	

(5) 控制器和驱动器接口引脚

控制器和驱动器接口引脚有:

第 12 章 SED1330 LCD 显示驱动

- XG、DX：内部振荡器的输入和输出。可接 1～10 MHz 的晶振。
- VA0～VA15：输入，管理显示 RAM 的地址总线。
- VD0～VD7：三态，显示 RAM 的数据总线。VR/W＝0 时为输出状态。
- VR/W：输出，显示 RAM 的读/写操作信号。VR/W＝0 为写显示 RAM。
- VCE：输出，显示 RAM 的片选信号。
- TEST1、2：测试端。
- VDD：逻辑电源(＋5 V)。
- VSS：逻辑电源(GND)。

3．驱动器

SED1330 驱动器具有各显示区的合成显示能力、传输数据的组织功能及产生液晶显示模块所需要的时序。SED1330 向液晶显示模块传输数据的方式为 4 位并行方式。其与显示屏接口引脚功能如下。

- XD0～XD3：输出，列驱动器数据。
- XSCL：输出，列驱动器的位移时钟信号。等效 CP 信号。
- XECL：输出，列驱动器使能信号。
- LP：输出，数据锁存信号。
- WF：输出，交流驱动波形。
- YSCL：输出，行驱动器的移位脉冲信号。
- YD：输出，帧信号。
- YDIS：输出，液晶显示驱动电源关信号。

12.1.2 SED1330 和微处理器的接口和时序

SED1330 与 8080 系列微处理器及 6800 系列微处理器接口分别如图 12-1 和图 12-2 所示，图中给出的是直接连接方式。当然也可以通过 I/O 口采用间接连接方式。

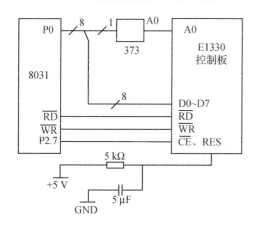

图 12-1 SED1330 与 8080 系列微处理器接口

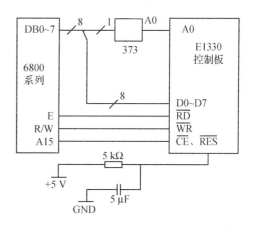

图 12-2 SED1330 与 6800 系列微处理器接口

SED1330 与 8080 系列微处理器及 6800 系列微处理器接口时序分别如图 12-3 和图 12-4

所示,二者使用的控制信号不同,在读/写时序上也有一些不同。

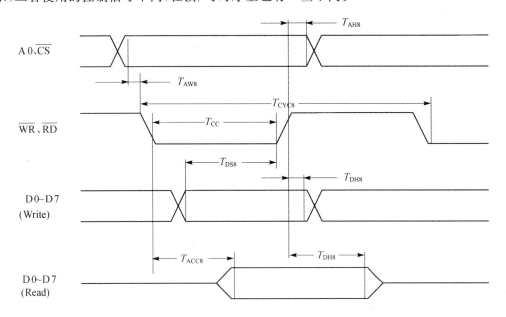

图 12-3　SED1330 与 8080 系列微处理器接口时序

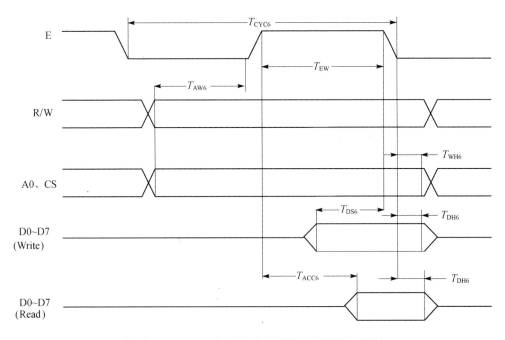

图 12-4　SED1330 与 6800 系列微处理器接口时序

12.2　SED1330 指令系统

　　SED1330 有 13 条指令,多数指令带有参数,参数值由用户根据所控制的液晶显示模块的特征和显示的需要来设置。

第 12 章 SED1330 LCD 显示驱动

12.2.1 系统控制指令

SED1330 有 2 条系统控制指令。

1. 初始化指令(SYSTEM SET)

指令代码 40H,该指令是 SED1330 软件初始化指令,在 MPU 操作 SED1330 及其控制的液晶显示模块时,必须首先要写入这条指令,写入这条指令时 A0 必须为 1。

A0	DB7	DB6	DB5	DB4	DB3	DB2	DB1	DB0
1	0	1	0	0	0	0	0	0

写入这条指令后,接着写入初始化参数,初始化参数共 8 个,写入时 A0 必须为 0。

(1) 显示设置

A0	DB7	DB6	DB5	DB4	DB3	DB2	DB1	DB0
0	0	0	IV	1	W/S	M1	M2	M0

IV:调整负向显示字符时的屏面边界。IV=0,画面首行为边界;IV=1:无边界。
W/S:驱动器系统配置。W/S=0 为单屏结构,W/S=1 为双屏结构。
M2:选择外部字符发生器的字符点阵格式。M2=0,8×8 点阵字体;M2=1,8×16 点阵字体。
M1:选择外部字符发生器 CGRAM 的字符代码范围。M1=0 选择 80H~9FH;M1=1 选择 80H~9FH 和 E0H~FFH 两个代码范围。
M0:内、外字符发生器的选择。M0=0 为内部字符发生器有效;M0=1 为外部字符发生器有效,此时内部字符发生器被屏蔽,字符代码全部供给外部字符发生器。

(2) 字体和驱动器驱动波形设置

A0	DB7	DB6	DB5	DB4	DB3	DB2	DB1	DB0
0	WF	0	0	0	0	D2	D1	D0

WF:选择驱动器的交流驱动波形,通常 WF=1。
FX:显示字符的宽度,FX=D2~D0=字符宽+字间距,FX=0H~7H。

(3) 显示字符高度设置

A0	DB7	DB6	DB5	DB4	DB3	DB2	DB1	DB0
0	0	0	0	0	D3	D2	D1	D0

FY:显示字符的高度,FY=D3~D0=字符高+行间距,FY=0H~FH。

(4) 设置有效显示窗口的长度

A0	DB7	DB6	DB5	DB4	DB3	DB2	DB1	DB0
0	D7	D6	D5	D4	D3	D2	D1	D0

C/R=D7~D0:设置有效显示窗口的长度。C/R 表示在 LCD 上有效显示的字符数。比如 LCD 一行能显示 30 个字符,C/R 设置为 30,则一行全显示;若 C/R 设置为 25,则 LCD 一

行左起显示 25 个字符而后 5 个字符位置为空白。C/R 取值在 00H～FFH。

(5) LCD 工作频率设置

A0	DB7	DB6	DB5	DB4	DB3	DB2	DB1	DB0
0	D7	D6	D5	D4	D3	D2	D1	D0

TC/R＝D7～D0：将晶振频率 f_{osc} 转换成 LCD 工作频率的时间常数，TC/R 由下列公式联合求解。

$$f_{osc} >= TC/R * 9 * L/F * FR$$
$$TC/R >= C/R + 4$$

其中，L/F 为扫描点行数；FR 为 LCD 驱动频率，通常 FR＝70 Hz。

(6) LCD 点行数设定

A0	DB7	DB6	DB5	DB4	DB3	DB2	DB1	DB0
0	D7	D6	D5	D4	D3	D2	D1	D0

L/F＝D7～D0：LCD 的点行数，取值在 00H～FFH 范围内。

(7) APL 设置

A0	DB7	DB6	DB5	DB4	DB3	DB2	DB1	DB0
0	D7	D6	D5	D4	D3	D2	D1	D0

(8) APH 设置

A0	DB7	DB6	DB5	DB4	DB3	DB2	DB1	DB0
0	D7	D6	D5	D4	D3	D2	D1	D0

AP＝C/R＋1，AP 为双字节参数，APH 为高 8 位，APL 为低 8 位。

2. 空闲状态设置(SLEEP IN)

空闲状态设置指令代码 53H。SED1330 在空闲状态下关闭显示驱动电源及其信号，保存所有状态码，保护显示 RAM 区，处于低功耗休眠状态，仅在 SYSTEM SET P1 写入后 SED1330 才重新启动正常工作。

A0	DB7	DB6	DB5	DB4	DB3	DB2	DB1	DB0
1	0	1	0	1	0	0	1	1

12.2.2 显示操作指令

SED1330 有 7 条显示操作指令。

1. 显示开/关命令(DISP ON/OFF)

A0	DB7	DB6	DB5	DB4	DB3	DB2	DB1	DB0
1	0	1	0	1	0	0	0	1/0

第 12 章 SED1330 LCD 显示驱动

操作码＝59H,显示开;操作码＝58H,显示关。

2. 设置显示区域指令(SCROLL)

A0	DB7	DB6	DB5	DB4	DB3	DB2	DB1	DB0
1	0	1	0	0	0	1	0	0

指令码44H,该指令设置显示RAM区中各显示区的起始地址及所占有的显示行数。它与SYSTEM SET 中 AP 参数结合,可确定显示区所占的字节数。该指令带有10个参数,分4个参数组,如表 12－2～12－5所示。

表 12－2 显示区域指令第一参数组

P1 参数	SAD1L(第一显示区首地址低8位)
P2 参数	SAD1H(第一显示区首地址高8位)
P3 参数	SL1(第一显示区行数)

表 12－3 显示区域指令第二参数组

P4 参数	SAD2L(第二显示区首地址低8位)
P5 参数	SAD2H(第二显示区首地址高8位)
P6 参数	SL2(第二显示区行数)

表 12－4 显示区域指令第三参数组

P7 参数	SAD3L(第三显示区首地址低8位)
P8 参数	SAD3H(第三显示区首地址高8位)

表 12－5 显示区域指令第四参数组

P9 参数	SAD4L(第四显示区首地址低8位)
P10 参数	SAD4H(第四显示区首地址高8位)

P7 和 P8,P9 和 P10 分别确定了第三显示区和第四显示区的起始地址 SAD3 和 SAD4。它们分别是第一显示区和第二显示区的补充。在显示屏为双屏结构时第一显示区和第三显示区分别管理显示屏的上半屏和下半屏的显示,从而组成同性质的显示区,此时 SL1 和 SL2 应该为半屏的行数。SAD、SL 和 AP 在单屏结构时的关系如图12－5所示,在双屏结构时的关系如图 12－6 所示。

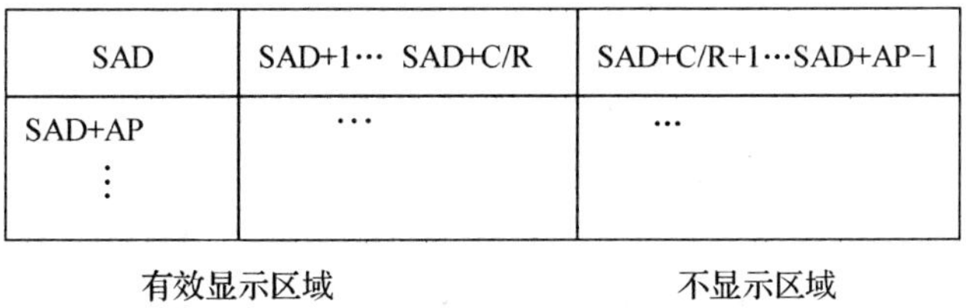

SAD	SAD+1 ··· SAD+C/R	SAD+C/R+1···SAD+AP-1
SAD+AP ⋮	···	···
有效显示区域		不显示区域

图 12－5 单屏 LCD 结构

SAD1	SAD1+1···SAD1+C/R	SAD1+CR+1···SAD1+AP-1
SAD1+AP ⋮ SAD1+SL *AP	上半屏	
SAD3	SAD3+1···SAD3+C/R	SAD3+CR+1···SAD3+AP-1
SAD3+AP ⋮ SAD3+SL *AP	下半屏	

图 12-6　双屏 LCD 结构

3. 设置光标形状(CSRFORM)

A0	DB7	DB6	DB5	DB4	DB3	DB2	DB1	DB0
1	0	1	0	1	1	1	0	1

设置光标形状指令代码为 5DH。该指令设置光标的显示方式及其形状,有 2 个参数。

① 参数 P1

0	0	0	0	0	CRX		

② 参数 P2

CM	0	0	0	CRY			

CRX：光标的水平点列数,在 0H~7H 范围内取值。

CRY：光标的垂直点列数,在 1H~FH 范围内取值。

CM：设置光标显示方式。CM=1,光标是阴影块状显示方式,阴影块大小由 CRX×CRY 确定;CM=0,光标为底线显示方式,底线光标位置由 CRY 确定。

4. 设置 CGRAM 起始地址(CGRAM ADR)

A0	DB7	DB6	DB5	DB4	DB3	DB2	DB1	DB0
1	0	1	0	1	0	0	0	0

指令代码为 50H,该指令设置 CGRAM 的起始地址 SAG。SAG 是用户自定义的字符库。但 SAG 仅是相对地址,实际 CGRAM 地址应由下列公式(如图 12-7 所示)确定。

```
    SAG(CGRAM逻辑地址)    A15 A14 A13 A12 A11 A10 A9 A8 A7 A6 A5 A4 A3 A2 A1 A0
    字符代码                               D7 D6 D5 D4 D3 D2 D1 D0
  +)行地址指针                                                    R2 R1 R0
    ─────────────────────────────────────────────────────────────────────
                         V15 V14 V13 V12 V11 V10 V9 V8 V7 V6 V5 V4 V3 V2 V1 V0
```

图 12-7　CGRAM 地址的确定公式

自定义字符代码为 80H～9FH 和 E0H～FFH。在 SED1330 控制器中,对 E0H～FFH 字符代码作了与 40H 异或的逻辑运算,从而转换成 A0H～BFH。因此 80H～9FH 和 E0H～FFH 是两个不连续的代码域在建立字符库时连续建立的。该指令带 2 个参数。

① 参数 P1

SAGL

② 参数 P2

SAGH

5. 设置光标移动方向(CSRDIR)

A0	DB7	DB6	DB5	DB4	DB3	DB2	DB1	DB0
1	0	1	0	0	1	1	0	0

指令代码为 4CH～DFH。该指令规定了光标地址指针自动移动的方向。SED1330 所控制的光标地址指针实际也是当前显示 RAM 的地址指针。SED1330 在执行完读/写数据操作后,将自动修改光标地址指针。这种修改有四个方向。这是其他液晶显示控制所没有的。

指令代码=4CH,修改方向向右;指令代码=4EH,修改方向向上;指令代码=4DH,修改方向向左;指令代码=4FH,修改方向向下。

6. 设置点单元卷动位置(HDOT SCR)

指令代码为 5AH。该指令设置以点为单位的显示画面水平移动量,相当于一个字节内的卷动(SCROLL),该指令带 1 个参数。

A0	DB7	DB6	DB5	DB4	DB3	DB2	DB1	DB0
1	0	0	0	0	0	D2	D1	D0

其中,D2～D0=0H～7H。当 D2～D0 由 0H 有规律地递增至 7H 时,显示左移;当 D2～D0 由 7H 有规律地递减至 0H 时,显示右移。

7. 设置合成显示方式(OVLAY)

0	0	0	OV	DM2	DM1	Mx1	Mx0

指令代码为 5BH。该指令规定画面重叠显示的合成方式及显示一、三区的显示属性,指令带有 1 个参数。

DM1:显示一区(SAD1)的属性。DM1=0,文本方式;DM1=1,图形方式。

DM2:显示三区(SAD3)的属性。DM2=0,文本方式;DM2=1,图形方式。

OV:合成方式。OV=0,二重合成;OV=1,三重合成。

12.2.3 绘图操作指令

SED1330 有 2 条绘图操作指令。

1. 设置光标地址(CSRW)

A0	DB7	DB6	DB5	DB4	DB3	DB2	DB1	DB0
1	0	1	0	0	0	1	1	0

指令代码为 46H。该指令设置了光标地址 CSR。该地址有两个功能：一是作为显示 LCD 屏光标显示的当前位置，二是作为显示缓冲区的当前地址指针。

如果光标地址值越出了显示屏对应的地址范围，光标将消失。光标地址在读/写数据操作后将根据 CSRDTR 指令的设置自动修改。光标地址不受卷动操作的影响。该指令带有 2 个参数。

① 参数 P1　　　　CSRL

② 参数 P2　　　　CSRH

2. 读光标地址(CSRR)

A0	DB7	DB6	DB5	DB4	DB3	DB2	DB1	DB0
1	0	1	0	0	0	1	1	1

指令代码为 47H。该指令读出当前的光标地址值。在指令写入后，MPU 使用两次读数据操作，就可以把 CSRL 和 CSRH 依次读出。

12.2.4　数据读/写操作指令

SED1330 有 2 条数据读/写操作指令。

1. 数据写(MWRITE)

A0	DB7	DB6	DB5	DB4	DB3	DB2	DB1	DB0
0	0	1	0	0	0	0	1	0

指令代码为 42H。该指令允许 MPU 连续地把显示数据写入显示区内，在使用指令之前要首先设置好光标地址和光标移动方向等参数。在写入数据后，光标地址即根据光标移动方向参数自动修改光标地址。写功能将在下一条指令代码的写入时中止。

2. 数据读(MREAD)

A0	DB7	DB6	DB5	DB4	DB3	DB2	DB1	DB0
1	0	1	0	0	0	0	1	1

指令代码为 43H。该指令输入后，SED1330 将光标所确定的地址的数据送至数据输出缓冲器内供 MPU 读取。同时光标地址根据光标移向参数自动修改。读功能将在下一条指令代码输入时中止。

第12章 SED1330 LCD 显示驱动

注意：指令系统操作时，MPU 把指令代码写入指令输入缓冲器内（即 A0＝1），指令的参数则随后通过数据输入缓冲器（即 A0＝0）写入。带有参数的指令代码其作用之一就是选通相应参数的寄存器，任一条指令的执行（除 SLEEP IN、CSRDIR、CSRR 和 MREAD 外）都产生在附属参数的输入完成之后。

当写入一条新的指令时，SED1330 将在旧的指令运行完成后等待新的参数到来。MPU 可用写入新指令的方式来结束上一条指令参数的写入。此时已写入的新参数与余下的旧参数有效地组合成新的参数组，需要注意的是，虽然参数可以不必全部写入，但所写的参数顺序不能改变，也不能省略。

12.3 SED1330 的软件驱动程序

12.3.1 SED1330 的汇编语言驱动程序

下面以 LCM320240 为例，来说明 SED1330 的汇编语言驱动程序设计，硬件接口采用直接方式，如图 12-1 所示。

```
;LCM320240.ASM
        ORG     0000H
        JMP     START
        ORG     1000H
```

汇编语言驱动程序包括 LCD 初始化、用 CSRDIR 指令画 40×40 矩形、在 LCD 屏画线段、点划线、清屏和显示汉字，基本上包括了 LCD 主要功能。

```
START:
        LCALL   INIT            ;初始化
        LCALL   Box             ;用 CSRDIR 指令画 40×40 矩形
        LCALL   PU              ;延时
        LCALL   TEST            ;在 LCD 屏画线段,点划线
        LCALL   CLEAR           ;清屏
        LCALL   DIS_CC          ;显示汉字
HERE:
        SJMP    START
```

(1) 初始化子程序

首先发系统设置命令 40H，然后发系统设置命令的 8 个参数，8 个参数存在以 TAB1 为首地址的 8 个内存字节单元中。

再发设置显示区域指令 44H，它有 10 个参数，存在以 TAB2 为首地址的 10 个内存字节单元中。

最后发设置合成显示方式指令和图形方式、开显示、清屏。

```
INIT:
        MOV     DPTR,#0001H                     ;命令口地址,A0＝1
```

```
            MOV     A,#40H              ;系统设置命令 40H
            MOVX    @DPTR,A
            MOV     R2,#08H             ;发系统设置命令 8 个参数
            MOV     R3,#00H
    INIT0:
            MOV     DPTR,#TAB1          ;8 个参数首址送 DPTR
            MOV     A,R3
            MOVC    A,@A+DPTR
            MOV     DPTR,#0000H         ;写数据,A0 = 0
            MOVX    @DPTR,A
            INC     R3
            DJNZ    R2,INIT0
            MOV     DPTR,#0001H
            MOV     A,#44H              ;设置显示区域指令
            MOVX    @DPTR,A
            MOV     R2,#0AH             ;发设置显示区域 10 个参数
            MOV     R3,#00H
    INIT1:
            MOV     DPTR,#TAB2          ;10 个参数首址送 DPTR
            MOV     A,R3
            MOVC    A,@A+DPTR
            MOV     DPTR,#0000H         ;数据口,A0 = 0
            MOVX    @DPTR,A
            INC     R3
            DJNZ    R2,INIT1            ;循环发设置显示区域
            MOV     A,#5AH              ;设置点单元卷动位置
            MOV     DPTR,#0001H
            MOVX    @DPTR,A
            MOV     DPTR,#0000H
            MOV     A,#00H              ;P1 = 0,不卷动
            MOVX    @DPTR,A
            MOV     DPTR,#0001H
            MOV     A,#5BH              ;设置合成显示方式
            MOVX    @DPTR,A
            MOV     DPTR,#0000H
            MOV     A,#0CH              ;图形方式,二重合成
            MOVX    @DPTR,A
            LCALL   CLEAR               ;调清屏子程序
            MOV     DPTR,#0001H
            MOV     A,#59H              ;开显示
            MOVX    @DPTR,A
            MOV     DPTR,#0000H
            MOV     A,#04H              ;图形区开
            MOVX    @DPTR,A
            RET
```

```
TAB1:        DB      030H,087H,007H,027H,02BH,0F0H,028H,000H
```

TAB1 是系统设置的 8 个参数：单屏、8×8 字体、内部 ROM 有效、字体宽×高＝7×7、LCD 点行＝240、屏宽 40 字符。

```
TAB2:        DB      000H,000H,0F0H,080H,025H,0F0H,000H,04BH,080H,070H
```

TAB2 是设置显示区域：第一显示区首址 0000H，点行数 240；第二、三、四显示区首址和点行数。

(2) 清屏子程序

设光标自动移动方向向右，设定光标地址为 0000H。单屏结构的两个显示区清 0(40 列、240 行)。

```
CLEAR:
             MOV     DPTR,#0001H              ;命令口地址
             MOV     A,#4CH                   ;光标自动移动方向向右
             MOVX    @DPTR,A
             MOV     A,#46H                   ;设定光标地址,有两个参数
             MOVX    @DPTR,A
             MOV     DPTR,#0000H
             MOV     A,#00H
             MOVX    @DPTR,A
             MOVX    @DPTR,A                  ;设定光标地址为 0000H
             MOV     R1,#02H
             MOV     R2,#0F0H
             MOV     R3,#028H
             MOV     DPTR,#0001H
             MOV     A,#42H                   ;数据写指令
             MOVX    @DPTR,A
             MOV     A,#00H
CLEAR0:
             MOV     DPTR,#0000H
             MOVX    @DPTR,A                  ;写 0
             DJNZ    R3,CLEAR0                ;028H = 40 列
             DJNZ    R2,CLEAR0                ;0F0H = 240 行
             DJNZ    R1,CLEAR0                ;单屏结构的两个显示区
             RET
```

(3) 画一个 40×40 的矩形

这里利用 SED1330 特有的光标向右、向下、向左、向上指令。

设定光标地址为 0000H，首先发光标向右移动指令，写 40 个 FFH；再发光标向下移动指令，写 40 个 80H；再发光标向左移动指令，写 40 个 FFH；最后发光标向上移动指令，写 40 个 01H，画完一个 40×40 的矩形。

```
Box:
             MOV     DPTR,#0001H
             MOV     A,#4CH                   ;光标自动移动方向向右
```

```
        MOVX    @DPTR,A
        MOV     DPTR,#0001H
        MOV     A,#46H              ;设定光标地址,有两个参数
        MOVX    @DPTR,A
        MOV     DPTR,#0000H
        MOV     A,#00H
        MOVX    @DPTR,A
        MOV     A,#00H
        MOVX    @DPTR,A             ;光标地址 = 0000H
        MOV     DPTR,#0001H
        MOV     A,#42H              ;数据写指令
        MOVX    @DPTR,A
        MOV     R0,#028H            ;R0(作列计数器) = 40
```

光标向右移动,写 40 个 FFH。

```
Box1:
        MOV     DPTR,#0000H         ;写数据口
        MOV     A,#0FFH             ;写 FFH
        MOVX    @DPTR,A
        DJNZ    R0,Box1             ;写一行(40 字节)FFH
```

光标向下移动,写 40 个 80H。

```
        MOV     DPTR,#0001H         ;命令口地址
        MOV     A,#4FH              ;光标自动移动方向向下
        MOVX    @DPTR,A
        MOV     DPTR,#0001H
        MOV     A,#42H              ;数据写指令
        MOVX    @DPTR,A
        MOV     R0,#28H             ;R0(作列计数器) = 40
Box2:
        MOV     DPTR,#0000H         ;数据口
        MOV     A,#080H
        MOVX    @DPTR,A
        DJNZ    R0,Box2             ;写一列 80H
        MOV     DPTR,#0001H
```

光标向左移动,写 40 个 FFH。

```
        MOV     A,#4DH              ;光标自动移动方向向左
        MOVX    @DPTR,A
        MOV     DPTR,#0001H
        MOV     A,#42H              ;数据写指令
        MOVX    @DPTR,A
        MOV     R0,#28H             ;R0(计数器) = 28H
Box3:
        MOV     DPTR,#0000H         ;写数据 80H
```

```
            MOV     A,#0FFH
            MOVX    @DPTR,A
            DJNZ    R0,Box3                 ;写 40 个 FFH
            MOV     DPTR,#0001H
```

光标向上移动,写 40 个 01H,画矩形完成。

```
            MOV     A,#4EH                  ;光标自动移动方向向上
            MOVX    @DPTR,A
            MOV     DPTR,#0001H
            MOV     A,#42H                  ;数据写指令
            MOVX    @DPTR,A
            MOV     R0,#028H
Box4:
            MOV     DPTR,#0000H             ;向上写 40 个 01H
            MOV     A,#001H
            MOVX    @DPTR,A
            DJNZ    R0,Box4
            RET
```

(4) 在 LCD 屏画线段,点划线

因为在初始化时 LCD 被设成图形方式,所以发给 LCD 的数据每一字节在屏上都是以点形式显示的,Bit 为 1 绘点,Bit 为 0 不显示。

```
TEST:
            MOV     DPTR,#ADATA             ;字符代码首址给地址指针
            MOV     65H,DPH                 ;保存
            MOV     66H,DPL
            MOV     67H,DPH
            MOV     68H,DPL
            MOV     DPTR,#0001H
            MOV     A,#4CH                  ;光标自动移动方向向右
            MOVX    @DPTR,A
            MOV     R0,#0AH                 ;写 10 个字符
```

设定光标地址为 0000H,自动移动方向向右,写 10 个字符。

```
TEST0:
            MOV     R6,#00H
            MOV     R7,#00H
            MOV     DPTR,#0001H
            MOV     A,#46H                  ;设定光标地址,有参数
            MOVX    @DPTR,A
            MOV     DPTR,#0000H             ;低地址在 R6
            MOV     A,R6
            MOVX    @DPTR,A
            MOV     A,R7
            MOVX    @DPTR,A                 ;高地址在 R7
```

```
            MOV     DPTR,#0001H
            MOV     A,#42H              ;数据写指令
            MOVX    @DPTR,A
            MOV     R1,#1EH             ;R1=30,计数器
TEST1:
            MOV     A,67H
            MOV     65H,A
            MOV     A,68H
            MOV     66H,A
            MOV     R2,#08H
TEST2:
            MOV     R3,#28H             ;行计数
TEST3:
            MOV     DPH,65H
            MOV     DPL,66H
            MOV     A,#00H
            MOVC    A,@A+DPTR
            MOV     65H,DPH
            MOV     66H,DPL
            MOV     DPTR,#0000H
            MOVX    @DPTR,A             ;写数据
            DJNZ    R3,TEST3            ;同一字符写1行
            MOV     DPH,65H
            MOV     DPL,66H
            INC     DPTR
            MOV     65H,DPH
            MOV     66H,DPL
            DJNZ    R2,TEST2            ;写下1字符,共写8个
            DJNZ    R1,TEST1
            SETB    P3.0
            LCALL   PU                  ;延时
            CLR     C
            MOV     A,68H               ;每字符占8字节
            ADD     A,#08H              ;显示下一字符,地址加8
            MOV     68H,A
            JNC     AFLAGA
            INC     67H                 ;低位有进位,高位加1
AFLAGA:
            DJNZ    R0,TEST0
            RET
PU:
            MOV     R4,#04H
PU1:        LCALL   D10MS
            DJNZ    R4,PU1
            RET
```

第 12 章　SED1330 LCD 显示驱动

```
D10MS:          MOV     40H,#020H
D10MS0:         MOV     41H,#032H
D10MS1:         DJNZ    41H,D10MS1
                DJNZ    40H,D10MS0
                RET
```

(5) 显示 16×16 点阵汉字

因光标自动移动方向向下,所以先写字模的左半部,再写字模的右半部。字模正常排列。

```
DIS_CC:
        MOV     DPTR,#0001H
        MOV     A,#4FH
        MOVX    @DPTR,A             ;光标自动移动方向,向下
        MOV     A,#46H
        MOVX    @DPTR,A             ;设定光标地址,有两个参数
        MOV     DPTR,#0000H         ;低地址在 R6
        MOV     A,R4
        MOVX    @DPTR,A
        MOV     A,R5
        MOVX    @DPTR,A             ;高地址在 R7
        MOV     DPTR,#0001H
        MOV     A,#42H               ;数据写指令
        MOVX    @DPTR,A
        MOV     R3,#00H             ;R3=0,计数器清 0
DIS_CC1:
        MOV     DPTR,#DIS_CCH       ;汉字首地址
        MOV     A,R3
        MOVC    A,@A+DPTR
        MOV     DPTR,#0000H
        MOV     @DPTR,A
        INC     R3
        INC     R3
        CJNE    R3,#20H,DIS_CC1     ;写左侧
        MOV     DPTR,#0001H
        MOV     A,#46H
        MOVX    @DPTR,A             ;设定光标地址,有两个参数
        MOV     DPTR,#0000H         ;低地址在 R4
        MOV     A,R4
        ADD     A,#08
        MOV     R4,A
        JNC     DIS_CC2
        ADD     R5,#01H
DIS_CC2:
        MOVX    @DPTR,A
        MOV     A,R5
        MOVX    @DPTR,A             ;高地址在 R5
```

```
                MOV     DPTR,#0001H
                MOV     A,#42H              ;数据写指令
                MOVX    @DPTR,A
                MOV     R3,#01H             ;计数器
    DIS_CC3:
                MOV     DPTR,#DIS_CCH
                MOV     A,R3
                MOVC    A,@A+DPTR
                MOV     DPTR,#0000H
                MOVX    @TPTR,A
                INC     R3                  ;字模的左右两半部分分别写
                INC     R3
                CJNE    R3,#21H,DIS_CC3
                RET
    ADATA: DB   0FFH,000H,0FFH,000H,0FFH,000H,0FFH,000H
           DB   000H,0FFH,000H,0FFH,000H,0FFH,000H,0FFH
           DB   055H,055H,055H,055H,055H,055H,055H,055H
           DB   0AAH,0AAH,0AAH,0AAH,0AAH,0AAH,0AAH,0AAH
           DB   0CCH,0CCH,0CCH,0CCH,0CCH,0CCH,0CCH,0CCH
           DB   033H,033H,033H,033H,033H,033H,033H,033H
           DB   01EH,012H,01EH,012H,01EH,012H,022H,000H
           DB   004H,00FH,014H,00EH,005H,01EH,004H,000H
           DB   008H,00FH,012H,00FH,00AH,01FH,002H,002H
           DB   00EH,011H,001H,00DH,015H,015H,00EH,000H
    DIS_CCH: DB 000H,040H,000H,040H,008H,0A0H,07CH,0A0H
           DB   0A0H,07CH,0A0H,049H,010H,049H,008H,04AH
           DB   049H,008H,04AH,00EH,04DH,0F4H,048H,000H
           DB   0F4H,048H,000H,048H,008H,04BH,0FCH,07AH   ;哈
           DB   008H,000H,00CH,000H,008H,008H,01FH,0FCH
           DB   008H,01FH,0FCH,020H,008H,041H,010H,081H
           DB   041H,010H,081H,000H,001H,000H,009H,040H
           DB   000H,009H,040H,009H,020H,011H,010H,011H   ;尔
           DB   000H,080H,040H,040H,02FH,0FEH,028H,002H
           DB   0FEH,028H,002H,010H,064H,083H,080H,052H
           DB   083H,080H,052H,010H,013H,0F8H,012H,020H
           DB   0F8H,012H,020H,022H,020H,0E2H,024H,03FH   ;滨
                END
```

12.3.2 SED1330 的 C 语言驱动程序

我们以图 12-1 为例,来说明 SED1330 的 C 语言编程。

51 单片机的数据线(P0)直接与 SED1330 的 D0～D7 相连;P0.0 经锁存器控制 A0;P2.7 控制片选 $\overline{CS}$,单片机的 $\overline{RD}$ 和 $\overline{WR}$ 连 SED1330 的 $\overline{RD}$ 和 $\overline{WR}$。因此,SED1330 写指令和读数据地

址是 0x7FFF；而写数据和参数地址为 0x7FFE。

该程序在随书光盘"12.0"文件夹中，并经 Keil C 编译通过。SED1330 带有 CGROM 字符库，请参阅随书光盘"12.0"文件夹中 sed1330.pdf 文件。

程序如下。

```c
//SED1330.C
#include <stdio.h>
#include <math.h>
#include <absacc.h>
#include <def.h>
#include <asc816.h>
#include <asc88.h>
#include <chn16.h>
#include <chn12.h>
#include <chn24.h>
#define CWADD    XBYTE[0x7FFF]              //写指令代码地址
#define DWADD    XBYTE[0x7FFE]              //写显示数据地址
void WriteData(U8 dat);                     //写数据
void ReadData(void);                        //读数据
void WriteCommand(U8 cmd);
void SetLocat(U8 x,U8 y);                   //光标定位
void clr_screen(void);                      //清屏
void Lcd_Init(void);                        //LCD 初始化
void DisOneChn1616(U8 x,U8 y,U16 chnCODE);  //按字节输出一个 16×16 汉字
void W_DOT(U8 i,U8 j);                      //绘点函数
void DrawHorizontalLine(U8 xstar,U8 xend,U8 ystar);   //画水平线
void DrawVerticalLine(U8 xstar,U8 ystar,U8 yend);     //画垂直线
void C_DOT(U8 i,U8 j);                      //清点函数
void ClearHorizontalLine(U8 xstar,U8 xend,U8 ystar);  //清水平线
void ClearVerticalLine(U8 xstar,U8 ystar,U8 yend);    //清垂直线
void disdelay(void);                        //延时
void ShowSinWave(void);                     //画一条正弦曲线
void DrawOneChn2424(U8 x,U8 y,U8  chnCODE); //显示 24×24 汉字
void DrawChnString2424(U8 x,U8 y,U8 *str,U8 s);  //显示 24×24 汉字串,s 是串长
void DrawOneChn1212( U8 x,U8 y,U8 chnCODE); //显示 12×12 汉字
void DrawOneChn1616( U8 x,U8 y,U8 chnCODE); //显示 16×16 汉字
void DrawChnString1616(U8 x,U8 y,U8 *str,U8 s);  //显示 16×16 汉字串,s 是串长
void DrawOneAsc816(U8 x,U8 y,U8 charCODE);  //显示 8×16 ASCII 字符
void DrawAscString816(U8 x,U8 y,U8 *str,U8 s);   //显示 8×16 ASCII 字符串
void DrawOneAsc88(U8 x,U8 y,U8 charCODE);   //显示 8×8 ASCII 字符
void DrawAscString88(U8 x,U8 y,U8 *str,U8 s);    //显示 8×8 ASCII 字符串,s 是串长
U16 Lcd_Adr;                                //LCD 地址指针
U8 Lcd_Adr_H;                               //LCD 地址指针高 8 位
U8 Lcd_Adr_L;                               //LCD 地址指针低 8 位
U8 DAT;                                     //全局变量,读的数据
```

把要显示的 16×16 或 24×24 汉字距小字库首地址的偏移量放入数组 stringp[] 中，数组 stringp[] 中每一个数字代表一个汉字距小字库首地址的偏移量。然后调 DrawChnString1616() 或 DrawChnString2424() 显示即可。数组中数字是要显示从小字库首地址开始的 10 个汉字的例子如下。

```
U8 stringp[] = {0,1,2,3,4,5,6,7,8,9,10};
```

把要显示的 8×16 字串直接放入数组 ascstring816[] 中，然后调 DrawAscString816() 显示即可，数组中字符是要显示 8×16 点阵"123asdABC"字串的例子如下。

```
U8 ascstring816[] = "123asdABC";
```

把要显示的 8×8 字串直接放入数组 ascstring88[] 中，然后调 DrawAscString88() 显示即可。数组中字符是要显示 8×8 点阵"123456asdasdABC"字串的例子如下。

```
U8 ascstring88[] = "123456asdasdABC";
```

(1) 基本函数

基本函数包括：写命令、读/写数据、光标定位、清屏、LCD 初始化、绘点清点函数。SED1330 与其他 LCD 控制器不同点是读/写数据不用判"忙"标志。每个函数都有详细注释。

```
//----------------------------------------------------
//    写命令
//----------------------------------------------------
void WriteCommand(U8 cmd)
{
    *(unsigned char *)CWADD = cmd;              //不判"忙"直接写命令
}
//----------------------------------------------------
//    写数据
//----------------------------------------------------
void WriteData(U8 dat)
{
    *(unsigned char *)DWADD = dat;              //不判"忙"直接写数据
}
//----------------------------------------------------
//    读数据
//----------------------------------------------------
void ReadData(void)
{
    WriteCommand(0x43);                         //发读数据命令
    DAT = *(unsigned char *)CWADD;              //数据给 DAT
}
//----------------------------------------------------
//    读/写指针定位
//----------------------------------------------------
```

SED1330 DDRAM 的地址是 16 位的，发"写光标地址指令"(WriteCommand(0x46))后，

第 12 章　SED1330 LCD 显示驱动

再发的第一个数据是写光标地址低 8 位,第二个数据是光标地址高 8 位。

```c
void SetLocat(U8 x,U8 y)                //x 是横坐标,y 是纵坐标
{                                       //x 单位是字节,y 是点行
    Lcd_Adr = y * 40 +  x;              //初始化时设每行 40 字节
    Lcd_Adr_H = Lcd_Adr/256;             //LCD 地址指针高 8 位
    Lcd_Adr_L = Lcd_Adr % 256;           //LCD 地址指针低 8 位
    WriteCommand(0x46);                  //写光标地址指令
    WriteData(Lcd_Adr_L);                //写光标地址低 8 位
    WriteData(Lcd_Adr_H);                //写光标地址高 8 位
}
//------------------------------------------------------------
//    清屏
//------------------------------------------------------------
```

SED1330 光标自动移动方向,有向上、向下、向左和向右功能,读/写数据时要先确定光标移动方向。单屏结构,240 点行,每行 40 字节循环送数据"0"。

```c
void clr_screen(void)
{
    U8 i,j,k;
    WriteCommand(0x4c);                  //光标自动移动方向向右
    WriteCommand(0x46);                  //设定光标地址,有两个参数
    WriteData(0x00);
    WriteData(0x00);                     //设定光标地址为 0000H
    WriteCommand(0x42);                  //写数据命令
    for(i = 0;i<2;i++)                   //单屏结构内存
        for(j = 0;j<240;j++)             //单屏结构 240 点行
            for(k = 0;k<40;k++)          //每行 40 字节
                WriteData(0x00);         //写 0

}
//------------------------------------------------------------
//    LCD 初始化
//------------------------------------------------------------
```

LCD 初始化主要是系统设置命令设置,8 个参数;设置显示区域指令,10 个参数;置图形方式和清屏。

```c
void Lcd_Init(void)
{
    WriteCommand(0x40);                  //系统设置命令,设置 8 个参数
    WriteData(0x30);                     //无边界、单屏、8×8 字体
    WriteData(0x87);                     //字体宽度 7,选择交流驱动波形
    WriteData(0x07);                     //字符高度 7
    WriteData(0x27);                     //每行有效字符数 = 39
    WriteData(0x2B);                     //工作频率常数 = 43
```

```c
    WriteData(0xF0);                    //点行数 = 240
    WriteData(0x28);                    //显示屏一行所占显示缓冲区字节
    WriteData(0x00);                    //0x0028 = 40 字节(图形方式 320 点)
    WriteCommand(0x44);                 //设置显示区域指令 10 个参数
    WriteData(0x00);                    //第一显示区首址低 8 位 SAD1L
    WriteData(0x00);                    //第一显示区首址高 8 位 SAD1H
    WriteData(0xF0);                    //第一显示区点行数 240
    WriteData(0x80);                    //第二显示区首址低 8 位 SAD2L
    WriteData(0x25);                    //第二显示区首址高 8 位 SAD2H
    WriteData(0xF0);                    //第二显示区点行数 240
    WriteData(0x00);                    //第三显示区首址低 8 位 SAD3L
    WriteData(0x4B);                    //第三显示区首址高 8 位 SAD3H
    WriteData(0x80);                    //第四显示区首址低 8 位 SAD4L
    WriteData(0x70);                    //第四显示区首址高 8 位 SAD4H
    WriteCommand(0x5A);                 //设置点单元卷动位置
    WriteData(0x00);
    WriteCommand(0x5B);                 //设置合成显示方式
    WriteData(0x0C);                    //图形方式,二重合成
    clr_screen();                       //调清屏子程序
    WriteCommand(0x59);                 //开显示
    WriteData(0x04);                    //图形区开
}
//----------------------------------------------------------------
//      绘点函数
//----------------------------------------------------------------
```

绘点函数原理在前面几章中已有介绍,详细解释可参见 4.4.2 小节。

```c
void W_DOT(U8 x,U8 y)                   //x 和 y 是 LCD 屏的"点"
{                                       //x 是该点距左上角横向点距
    U8 m,n,k,Data;                      // y 是该点距左上角纵向点距
    m = x/8;                            //求 x 在第几字节
    n = x%8;                            //求 x 在字节中的位数
    k = 1;
    k = k<<(8 - n);                     //将 1 左移 x 在字节中的位数
    Lcd_Adr = y * 40 + m;               //计算点地址
    Lcd_Adr_H = Lcd_Adr/256;            // LCD 地址指针高 8 位
    Lcd_Adr_L = Lcd_Adr % 256;          // LCD 地址指针低 8 位
    WriteCommand(0x46);                 //设定光标地址,有两个参数
    WriteData(Lcd_Adr_L);
    WriteData(Lcd_Adr_H);
    ReadData();
    DAT| = k;
    WriteCommand(0x46);                 //设定光标地址,有两个参数
    WriteData(Lcd_Adr_L);
    WriteData(Lcd_Adr_H);
```

```
        WriteCommand(0x42);              //写数据命令
        WriteData(DAT);
    }
//------------------------------------------------------------
//      清点函数
//------------------------------------------------------------
```

清点函数原理在前面几章中已有介绍,详细解释可参见 4.4.2 小节。

```
void C_DOT( U8 x,U8 y)
{
    U8 m,n,k,Data;                       //y 是该点距左上角纵向点距
    m = x/8;                             //求 x 在第几字节
    n = x%8;                             //求 x 在字节中的位数
    k = 1;
    k = k<<(8-n);                        //将 1 左移 x 在字节中的位数
    k = ~k;
    Lcd_Adr = y * 40 + m;                //计算点地址
    Lcd_Adr_H = Lcd_Adr/256;             //LCD 地址指针高 8 位
    Lcd_Adr_L = Lcd_Adr % 256;           //LCD 地址指针低 8 位
    WriteCommand(0x46);                  //设定光标地址,有两个参数
    WriteData(Lcd_Adr_L);
    WriteData(Lcd_Adr_H);
    ReadData();
    DAT& = k;
    WriteCommand(0x46);                  //设定光标地址,有两个参数
    WriteData(Lcd_Adr_L);
    WriteData(Lcd_Adr_H);
    WriteCommand(0x42);                  //写数据命令
    WriteData(DAT);
}
//------------------------------------------------------------
//      画水平线
//------------------------------------------------------------
```

(2) 画　线

以下程序借助绘点程序画曲线,比较简单。详细解释可参见 4.4.2 小节。

```
void DrawHorizOntalLine(U8 xstar,U8 xend,U8 ystar)
{
    U8 i;
    for(i = xstar;i< = xend;i++)
    {
        W_DOT(i,ystar);
    }
}
```

```c
//-------------------------------------------------------------
//    画垂直线
//-------------------------------------------------------------
void DrawVerticalLine(U8 xstar,U8 ystar,U8 yend)
{
    U8 i;
    for(i = ystar;i< = yend;i ++ )
      {
          W_DOT(xstar,i);
      }
}
//-------------------------------------------------------------
//    清水平线
//-------------------------------------------------------------
void ClearHorizOntalLine(U8 xstar,U8 xend,U8 ystar)
{
    U8 i;
    for(i = xstar;i< = xend;i ++ )
      {
        C_DOT(i,ystar);
      }
}
//-------------------------------------------------------------
//    清垂直线
//-------------------------------------------------------------
void ClearVerticalLine(U8 xstar,U8 ystar,U8 yend)
{
    U8 i;
    for(i = ystar;i< = yend;i ++ )
      {
        C_DOT(xstar,i);
      }
}

//-------------------------------------------------------------
//    显示一条正弦曲线,本程序要求系统支持浮点运算
//-------------------------------------------------------------
void ShowSinWave(void)
{
    U16 x,j0,k0;
    double y,a,b;
    j0 = 0;
    k0 = 0;
    DrawHorizOntalLine(1,127,32);        //画坐标 x,范围 0~127
    DrawVerticalLine(0,0,63);            //y 范围 0~3
```

```
            for (x = 0;x<= 127;x++)
              {
                a = ((float)x/127)*2*3.14;
                y = sin(a);
                b = (1 - y)*32;
                W_DOT((U16)x,(U16)b);
                disdelay();
              }
        }
//--------------------------------------------------------------
//    输出一个 16×16 汉字,一次输出 1 字节
//--------------------------------------------------------------
```

(3) 输出 16×16 汉字

以下程序借助绘点程序显示汉字。详细解释可参见 4.4.2 小节。

```
void DisOneChn1616(U8 x,U8 y,U16 chnCODE)       //x 是横坐标,y 是纵坐标
{                                                //x 单位是字节,y 是点行
    U8 i;
    U8 *p;                                       //字模是按字节存放的
    p = chn1616 + 32*chnCODE;                    //指针指向要显示的汉字地址
    SetLocat( x,y);                              //读/写指针定位
    WriteCommand(0x4F);                          //光标向下移动
    WriteCommand(0x42);                          //发写数据命令
    for(i = 0;i<16;i++)                          //写左半部
      {
          WriteData(*p);
          p += 2;
      }
    p = chn1616 + 32*chnCODE + 1;                //指针指向要显示的汉字地址 +1
    SetLocat( x+8,y);                            //读/写指针重新定位
    for(i = 0;i<16;i++)                          //写右半部
      {
          WriteData(*p);
          p += 2;
      }
}
//--------------------------------------------------------------
//    显示一个 24×24 汉字
//--------------------------------------------------------------
void DrawOneChn2424(U8 x,U8 y,U8 chnCODE)
{
  U8 i,j,k,tstch;
  U8 *p;
  p = chn2424 + 72*(chnCODE);
  for (i = 0;i<24;i++)
```

```c
        {
          for(j = 0;j <= 2;j ++)
            {
                tstch = 0x80;
                for (k = 0;k<8;k ++)
                  {
                      if( *(p + 3 * i + j)&tstch)
                      W_DOT(x + i,y + j * 8 + k);
                      tstch = tstch>>1;
                  }
            }
        }
}
//-------------------------------------------------------------
//   显示 24×24 汉字串
//-------------------------------------------------------------
void DrawChnString2424(U8 x,U8 y,U8 * str,U8 s)
{
  U8 i;
  static U16 x0,y0;
  x0 = x;
  y0 = y;
  for (i = 0;i<s;i ++)
    {
        DrawOneChn2424(x0,y0,(U8) * (str + i));
        x0  += 24;                              //水平串。如垂直串,y0 + 24
    }
}
//-------------------------------------------------------------
//   延时
//-------------------------------------------------------------
void disdelay(void)
{
   unsigned long i,j;
   i = 0x01;
   while(i!= 0)
        {
            j = 0xFFFF;
            while(j!= 0)
            j -= 1;
            i -= 1;
        }
}
//-------------------------------------------------------------
//   显示 12×12 汉字一个
```

```
//-----------------------------------------------------------
void DrawOneChn1212(U8 x,U8 y,U16 chnCODE)
{
   U16 i,j,k,tstch;
   U8 *p;
   p = chn1212 + 24 * (chnCODE);
   for (i = 0;i<12;i++)
     {
       for(j = 0;j<2;j++)
         {
            tstch = 0x80;
            for (k = 0;k<8;k++)
              {
                  if(*(p + 2 * i + j)&tstch)
                  W_DOT(x + 8 * j + k,y + i);
                  tstch = tstch>>1;
              }
         }
     }
   x += 12;
}
//-----------------------------------------------------------
// 显示 16×16 汉字一个
//-----------------------------------------------------------
```

16×16 汉字的字模是按"字(Word)"存放的,所以地址指针是 16 位的(U16 * p),取出一个字模后,先处理高 8 位,再处理低 8 位。

```
void DrawOneChn1616(U8 x,U8 y,U16 chnCODE)
{
   U8 i,k,tstch;
   U16 *p;
   p = chn16160 + 16 * chnCODE;
   for (i = 0;i<16;i++)
     {
        tstch = 0x80;
        for(k = 0;k<8;k++)
           {
               if(*p>>8&tstch)
               W_DOT(x + k,y + i);
               if((*p&0x00ff)&tstch)
               W_DOT(x + k + 8,y + i);
               tstch = tstch>>1;
           }
        p += 1;
     }
```

```
}
//------------------------------------------------------------
//    显示 16×16 汉字串
//------------------------------------------------------------
void DrawChnString1616(U8 x,U8 y,U8 * str,U8 s)
{
    U8 i;
    static U8 x0,y0;
    x0 = x;
    y0 = y;
    for (i = 0;i<s;i ++ )
    {
        DrawOneChn1616(x0,y0,(U8) * (str + i));
        x0  += 16;                              //水平串。如垂直串,y0 + 16
    }
}
//------------------------------------------------------------
//    显示一个 8×16 点阵 ASCII 字符
//------------------------------------------------------------
```

(4) 显示 ASCII 字符

以下程序借助绘点程序显示 ASCII 字符。详细解释可参见 4.4.2 小节。

```
void DrawOneAsc816(U8 x,U8 y,U8 charCODE)
{
    U8 * p;
    U8 i,k;
    int mask[] = {0x80,0x40,0x20,0x10,0x08,0x04,0x02,0x01 };
    p = asc816 + charCODE * 16;
        for (i = 0;i<16;i ++ )
            {
                for(k = 0;k<8;k ++ )
                    {
                        if (mask[k % 8]& * p)
                        W_DOT(x + k,y + i);
                    }
                p ++ ;
            }
}
//------------------------------------------------------------
//    显示 8×16 ASCII 字符串
//------------------------------------------------------------
void DrawAscString816(U8 x,U8 y,U8 * str,U8 s)
{
    U8 i;
    static U8 x0,y0;
```

```
        x0 = x;
        y0 = y;
        for (i = 0;i<s;i ++ )
        {
            DrawOneAsc816(x0,y0,(U8) * (str + i));
            x0  += 8;                              //水平串。如垂直串,y0 + 16
        }
    }
// -------------------------------------------------------------
//    显示 8×8 字母一个(ASCII Z 字符)
// -------------------------------------------------------------
void DrawOneAsc88(U8 x,U8 y,U8 charCODE)
{
    U8 * p;
    U8 i,k;
    int mask[] = {0x80,0x40,0x20,0x10,0x08,0x04,0x02,0x01 };
    p = asc88 + charCODE * 8;
    for (i = 0;i<8;i ++ )
    {
        for(k = 0;k<8;k ++ )
        {
            if (mask[k % 8]& * p)
            W_DOT(x + k,y + i);
        }
        p ++ ;
    }
}
// -------------------------------------------------------------
//    显示 8×8 字符串
// -------------------------------------------------------------
void DrawAscString88(U8 x,U8 y,U8 * str,U8 s)
{
    U8 i;
    static U8 x0,y0;
    x0 = x;
    y0 = y;
    for (i = 0;i<s;i ++ )
    {
        DrawOneAsc88(x0,y0,(U8) * (str + i));
        x0  += 10;                                //水平串。如垂直串,y0 + 8
    }
}
// -------------------------------------------------------------
//    主程序
// -------------------------------------------------------------
```

```c
void main(void)
{
    Lcd_Init();
    DrawAscString816(110,60,ascstring816,6);      //显示 8×16 ASCII 字符串
    DrawAscString88(120,100,ascstring88,10);      //显示 8×8 ASCII 字符串
    DrawChnString1616(10,75,stringp,3);           //显示 16×16 汉字串
    DrawChnString2424(150,200,stringp,6);         //显示 24×24 汉字串
    ShowSinWave();                                //显示正弦曲线
}
```

第 13 章

嵌入式处理器 S3C2410 显示驱动

13.1 S3C2410 的 LCD 控制器

13.1.1 S3C2410 显示控制特点

在前面几章我们讲述的 LCD 显示驱动，MPU 都使用 MCS-51 系列单片机。其 LCD 控制器、LCD 驱动器以及显示屏做在一个模块上，构成 LCD 显示模块。

MCS-51 系列单片机的代表机型是 8051 单片机，8051 单片机在小型、中型控制系统中使用非常广泛，已成为单片机领域的实际标准，20 世纪 80 年代，Intel 公司将 8051 内核使用权以专利互换或出售的形式转给世界许多著名 IC 制造厂商。

这样，8051 单片机就成为众多厂商支持的、发展出上百个品种的大家族，因此，如何使用 MCS-51 系列单片机来编写 LCD 显示驱动程序就显得非常重要。

今天，随着嵌入式设备和 Internet 的广泛结合，手机、路由器、调制解调器等复杂的高端应用对嵌入式处理器的性能提出了更高的要求。虽然以 8 位为核心的嵌入式技术不断发展，性能也不断提高，但由于其性能的局限性，已无法满足未来高性能嵌入式技术发展的需要。

20 世纪 90 年代后，嵌入式控制系统设计从以嵌入式微处理器 DSP 为核心的"集成电路"级设计逐渐转向"集成系统"级设计。提出了片上系统 SoC(Sytem on a Chip)的基本概念，并开始逐步实用化、规范化。

大量高性能、面向实际应用、集成多种功能的 SoC 芯片成为高端嵌入式控制系统的硬件核心。其中比较有影响的 32 位嵌入式处理器有 ARM 系列、Alpha、PA-RISC、Sparc 等。

ARM 系列单片机由于优良的性能和准确的市场定位、低于 16 位单片机的价格和高于 16 位单片机的性能，在高性能嵌入式应用领域获得了非常广泛的应用。

S3C2410 单片机是 SAMSUNG ELECTRONICS 根据 ARM 公司授权生产的 32 位 ARM9 单片机，由于其优良的性能和合理的价格，在高性能嵌入式应用领域得到了广泛的应用。

本章以 S3C2410 单片机为例，来讲解 ARM9 单片机在 LCD 显示驱动方面应用。

一个完整的 LCD 显示模块应包括:与 MPU 接口、LCD 控制器和 LCD 驱动器。

接口部分实现与 MPU 的控制、数据、地址三总线的连接,接收 MPU 的命令和数据,并把 LCD 内部状态反馈给 MPU。

LCD 控制器对内部逻辑电路进行控制,并把 MPU 来的数据或命令按时序送给驱动器。

LCD 驱动器和显示屏相连,把控制器送来的显示数据变为行列驱动信号,实现 LCD 屏显示。

S3C2410 把 MPU 接口、LCD 控制器做在片上,用户通过 S3C2410 的 I/O 口可以对多种显示器进行驱动控制。

(1) STN LCD 显示器

① 支持 3 种 LCD 板、4 bit 双扫描、4 bit 单扫描、8 bit 单扫描类型。

② 支持单色、4 灰度级、16 灰度级。

③ 支持 256 色、4 096 色的彩色 STN LCD。

④ 支持多种不同尺寸的 LCD 屏,典型的 LCD 屏尺寸如:640×480、320×240、160×160 等。支持现行 256 色模式彩屏的最大尺寸:4 096×1 024、2 048×2 048、1 024×4 096 等。

(2) TFT LCD 显示器

① 支持 1、2、4、8 bpp 彩色显示器。

② 支持 16 bpp 的真彩色显示器。

③ 支持 24 bpp 的真彩色显示器。

④ 支持显示内存 16 MB、24 bpp 的模式。

⑤ 支持多种不同尺寸的 LCD 屏,现行典型的 LCD 屏尺寸:640×480、320×240、160×160。支持现行最大 LCD 屏尺寸为 2 048×1 024(显示内存 4 MB,65 536 高彩色模式)的 LCD 屏。

(3) 共同特点

这种 LCD 控制器有一个专门的数据存储器,它支持从内存中的视频缓冲器获取数据图像资料。同时还具有以下特点:

➢ 专用中断功能(INT_FrSyn 和 INT_FiCnt)。

➢ 系统内存用作显示器内存。

➢ 支持各种现行的显示 LCD 屏(支持水平或立轴式的硬件)。

➢ 通过编程可实现各种显示器件的时序控制。

➢ 支持小型字节类型的数据或 WinCE 数据格式。

13.1.2　S3C2410 的控制信号和外部引脚

S3C2410 的 LCD 控制框图如图 13-1 所示。

S3C2410 的 LCD 控制器引脚及其功能如下。

➢ VFRAME/VSYNC/STV:帧同步信号(STN)/垂直同步信号(TFT)/SEC TFT 信号。

➢ VLINE/HSYNC/CPV:行同步脉冲信号(STN)/垂直同步信号(TFT)。

➢ VCLK/LCD_HCLK:时钟信号(SEC/TFT)/SEC TFT 信号。

➢ VD[23:0]:LCD 像素数据输出端口(STN/TFT/SEC TFT)。

第 13 章 嵌入式处理器 S3C2410 显示驱动

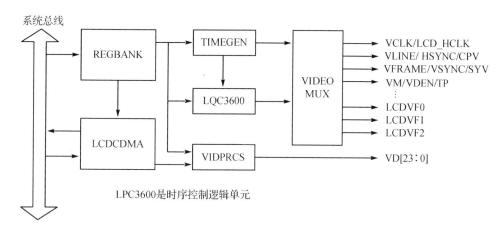

图 13-1 S3C2410 的 LCD 控制框图

- VM/VDEN/TP：LCD 驱动器交流偏置信号(STN)/数据允许信号(TFT)/ SEC TFT 信号。
- LEND/STH：行结束信号(TFT)/ SEC TFT 信号。
- LCD_PWREN：LCD 上电控制允许信号。
- LCDVF0：SEC TFT OE 允许。
- LCDVF1：SEC TFT 信号 REV。
- LCDVF2：SEC TFT 信号 REVB。

总计 33 个输出口,包含 24 个数据口和 9 个控制口。

REGBANK 有 17 个可编程的寄存器和 256×16 个用于构造 LCD 控制器的调色板存储器。

LCD CDMA 是一个专用的数据存储器,它能自动地将帧存储器之中的视频数据传到 LCD 驱动器。当 VIDPRCS 接收到从 LCD CDMA 传来的视频数据之后,首先将其转化为适合的数据格式,然后通过 VD[23:0]再传送给 LCD 驱动器。

这些数据格式包括 8 位的单扫描或 4 位双扫描的显示模式。LCD CDMA 采用先进先出算法。当存储区是空或是部分空闲的时候,采用快速传输模式,LCD CDMA 从帧存储器之中取数据,每个请求连续取 4 字(16 字节)的数据。

当传输请求被总线仲裁接受之后,4 字的数据从内存传送到外部先进先出栈,该栈的大小为 28 字,分别包括 12 字的低位字和 16 字的高位字。S3C2410X 拥有两个先进先出栈来支持双向扫描模式。当为单向扫描模式的时候,只允许高位字使用。

TIMEGEN 包含有可编程的逻辑功能,它支持各种不同 LCD 驱动器所共有的时序和速率结合要求。

TIMEGEN 模块能产生 VFRAME、VLINE、VCLK、VM 等信号。

(1) 定时脉冲发生器

该定时脉发生器产生 LCD 驱动器的控制信号诸如 VFRAME、VLINE、VCLK 和 VM 等,这些控制信号和三基色库中的 LCD 控制寄存器 1~5 的构造有密切联系。

利用这些三基色库中的 LCD 控制寄存器的可编程构造,定时脉冲发生器可以产生适合于各种不同型号的驱动器的可编程控制信号。

(2) VFRAME 脉冲

在第一行的间隔内以每帧一次的频率产生一次。该信号的产生是为了将 LCD 的行指针移到显示的开始以便重新开始。

(3) VM 信号

VM 信号使得 LCD 驱动器调整行和列电压的极性,用于像素的通断。该信号的速率取决于 LCD 控制寄存器 1 的 MMODE 位和 LCD 控制寄存器 4 的 MVAL 位。

如果 MMODE 位为 0,则 VM 信号用于标定每一帧。如果为 1,则用于标定 MVAL[7:0]中 VLINE 的每个特殊信号的下降沿。

13.1.3 S3C2410 STN 的视频操作

S3C2410 LCD 控制器支持 256 灰度级(8 bit)、4 096 灰度级(12 bit)、4 灰度级模式、16 灰度级模式和单色模式。对于黑白或彩色模式,它根据定时扫描算法和帧速率控制算法来增加黑白或彩色的背景。

这些选择可通过一个可编程查询表来实现,这将在下面解释。这种单色模式将绕过 FRC 等模块,将视频数据传送到 LCD 驱动器,它能将 FIFOH(双扫描时用 FIFOH)中的数据装载到 4 bit(4/8 bit 双扫描或 8 bit 单扫描显示模式)数据流之中。

查询表就是允许选择彩色或黑白颜色级的调色板(在 4 灰度级模式之中为 16 选 4,在 256 级彩色模式之中为 16 级中选 8 级红色、8 级绿色和 4 级蓝色),换言之,在 4 灰度级模式之中,通过使用查询表用户可以从 16 灰度级之中选择 4 灰度级。

在 16 灰度级模式之中灰度级不能选,所有的 16 种都必须选定。在 256 级彩色模式中红、绿、蓝的分配分别为 3 位、3 位、2 位。

256 种颜色表示颜色由 8 红、8 绿、4 蓝($8\times8\times4=256$)组成。在彩色模式,利用查表可从 16 种可能的红色中选取 8 种,16 种绿色中选 8 种,16 种蓝色中选 4 种。在 4 096 级彩色模式,没有采用这种模式。

以下将以查询表和帧速率控制的形式,介绍黑白或彩色模式的操作。

1. 查询表

(1) 灰度模式操作

S3C2410X LCD 控制器支持两种灰度模式(2 bit 的 4 灰度级模式和 4 bit 的 16 灰度级模式)。2 bit 灰度级模式通过查询表可以从 16 种可能的灰度级中选择 4 个灰度级。2 bit 模式的查询表和在彩色模式中一样,使用蓝查询表寄存器中的 BLUEVAL[15:0]。

0 灰度级用 BLUEVAL[3:0]的值来表示。如果它为 9,则 0 级用 9~16 灰度级中的任一种表示。如果 BLUEVAL[3:0]为 15,则用 15 或 16 中的一种表示。用上述方法,1 灰度级用 BLUEVAL[7:4]表示,2 灰度级用 BLUEVAL[11:8]表示,3 灰度级用 BLUEVAL[15:12]表示,BLUEVAL[15:0]中的 4 组代表灰度级 0~3。

(2) 256 级彩色模式操作

S3C2410X 支持 8 bit 的 256 灰度级的显示模式。使用扫描算法和帧速率控制法,该彩色显示模式可产生 256 个级。其编码为 3 bit 红色、3 bit 绿色、2 bit 蓝色。彩色显示模式分别使

第13章 嵌入式处理器 S3C2410 显示驱动

用不同的红绿蓝查询表。分别使用可编程查询表内 REDLUT 寄存器中的 REDVAL[31:0]、GREEN 寄存器中的 GREENVAL[31:0]和 BLUELUT 寄存器中的 BLUEVAL[15:0]。

和黑白显示模式相似,REDLUT 寄存器之中 4 bit 中的 8 组,例如 REDLUT[31:28]、REDLUT[27:24]、REDLUT[23:20]、REDLUT[19:16]、REDLUT[15:12]、REDLUT[11:8]、REDLUT[7:4]、REDLUT[3:0]都分配给 16 种级别中的每一种。换言之,用户可通过使用这种查询表选择合适的红色级别。对于绿色,GREENLUT 中的 GREENVAL[31:0]像红色一样也被用作查询表。类似的,BLUELUT 寄存器之中的 BLUEVAL[15:0]也用作查询表。对于蓝色,与 8 级红色或绿色不同的是,只有 2 bit 分配给 4 个颜色级别。

(3) 4 096 级彩色模式操作

S3C2410X LCD 控制器支持 12 bit 的 4 096 级彩色显示模式。使用扫描算法和帧速率控制算法可以产生 4 096 个彩色级。这 12 bit 分别编码为 4 bit 红、4 bit 绿和 4 bit 蓝。

2. 扫描和帧速率控制

对于 STN LCD 显示(不包括单色),视频数据必须使用扫描算法处理。扫描速率控制块有 2 个功能,即定时扫描以减少闪烁和对 STN 板上黑白和彩色显示的帧速率控制。

STN 显示板上基于帧速率控制的黑白和彩色显示的主要原理为:为了显示 16 种级别中的 3 级,应该有 3 个像素显示而其余 13 个关断。换言之,16 帧之中的 3 帧应该被选中,被选中 3 种像素处于一个特殊的状态,而另 13 种处在另一种特殊状态。这 16 帧应该周期性的显示。这就是在 LCD 屏上显示灰度级的基本原理,即所谓的通过 FRC 来显示灰度级,见表 13-1。在表中为了表示第 14 灰度级,我们需要一个 6/7 的填充系数,这就是说 6 倍的时间是开启的,而 1 倍的时间是关断的。

表 13-1 灰度级和显示周期关系

灰度等级	显示周期	灰度等级	显示周期
15	1	7	1/2
14	6/7	6	3/7
13	4/5	5	2/5
12	3/4	4	1/3
11	5/7	3	1/4
10	2/3	2	1/5
9	3/5	1	1/7
8	4/7	0	

对于 STN LCD,我们应该注意相邻帧之间的同时关断像素和开启像素之间的抖动噪声。例如第一帧的所有像素都是开启的,而下一帧的所有像素都是关断的,这时抖动噪声将会最大化。

为了减少 LCD 屏上的抖动噪声,相邻帧的关断和开启像素出现的平均几率应该相同。为了实现这一目的,应该使用时基的扫描算法。更详细描述请参阅随书光盘"13.0"文件夹。

3. 显示方式

LCD 控制器支持 3 种 LCD 驱动器:4 bit 双扫描、4 bit 单扫描、8 bit 单扫描显示模式。3 种不同的单色显示模式如图 13-2~图 13-4 所示。3 种不同的彩色显示模式如图 13-5~图 13-7 所示。

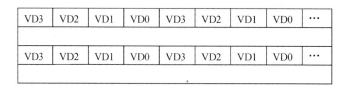

VD3	VD2	VD1	VD0	VD3	VD2	VD1	VD0	…
VD3	VD2	VD1	VD0	VD3	VD2	VD1	VD0	…

图 13-2　单色 4 bit 双扫描

VD3	VD2	VD1	VD0	VD3	VD2	VD1	VD0	…

图 13-3　单色 4 bit 单扫描

VD7	VD6	VD5	VD4	VD3	VD2	VD1	VD0	…

图 13-4　单色 8 bit 单扫描

VD3 R1	VD2 G1	VD1 B1	VD0 R2	VD3 G2	VD2 B2	VD1 R3	VD0 G3	…
← 1Pixel →								
VD7 R1	VD6 G1	VD5 B1	VD4 R2	VD7 G2	VD6 B2	VD5 R3	VD4 G3	…

图 13-5　彩色 4 bit 双扫描

VD3 R1	VD2 G1	VD1 B1	VD0 R2	VD3 G2	VD2 B2	VD1 R3	VD0 G3	…
← 1Pixel →								

图 13-6　彩色 4 bit 单扫描

VD7 R1	VD6 G1	VD5 B1	VD4 R2	VD3 G2	VD2 B2	VD1 R3	VD0 G3	…
← 1Pixel →								

图 13-7　彩色 8 bit 单扫描

(1) 单色 4 bit 双扫描显示模式

4 bit 双扫描显示器使用 8 位并行线同时传输显示数据的高 4 位和低 4 位，如图 13-2 所示。当这两个 4 位的数据都已经传送完之后，帧就结束了。LCD 控制器的输出口的 8 个引脚(VD[7:0])可以直接与 LCD 驱动器相连接。

第 13 章　嵌入式处理器 S3C2410 显示驱动

(2) 单色 4 bit 单扫描模式

4 bit 单扫描显示器每次采用 4 条并行线来连续传送显示器的每水平行的数据,直到整帧数据传送完毕。LCD 控制器的 4 位输出口线（VD[3:0]）可以和 LCD 驱动器相连接,其余的 4 条（VD[7:4]）不使用,如图 13-3 所示。

(3) 单色 8 bit 单扫描显示模式

8 bit 单扫描显示模式每次使用 8 条并行线连续传输显示器的每一条水平数据,直到整帧传送完毕。LCD 控制器的 8 个输出口的引脚（VD[7:0]）可以直接与 LCD 驱动器相连接,如图 13-4 所示。

(4) 256 级彩色显示

彩色显示器每个像素需要 3 bit(红、绿、蓝)的图像数据,所以每行水平移位寄存器的数目是单个水平行的 3 倍,这导致了水平移位寄存器的长度是单色水平行寄存器长度的 3 倍。这三基色通过并行数据线连续地传送到 LCD 驱动器。图 13-5～图 13-7 所示为三种型号的彩色显示器三基色和并行数据线中像素的次序。

(5) 4 096 级彩色显示

彩色显示器每个像素需要 3 bit(红、绿、蓝)的图像数据,所以每行水平移位寄存器的数目是单个水平行的 3 倍。这三基色通过并行数据线连续地传送到 LCD 驱动器。三基色的次序由视频缓冲之中的视频数据序列决定。

4. 存储器数据格式

4 级黑白模式,2 bit 视频数据对应 1 个像素。

16 级黑白模式,4 bit 视频数据对应 1 个像素。

在 256 级彩色模式中,8 bit 视频数据(3 红、3 绿、2 蓝)中的彩色数据格式如表 13-2 所列。

在 4 096 级彩色模式,12 bit 视频数据(4 bit 红、4 bit 绿、4 bit 蓝)对应 1 像素,表 13-3 列出了一个字的彩色数据格式(视频数据必须在 3 字之内(8 像素))。

表 13-2　256 级彩色模式数据格式

Bit[7:5]	Bit[4:2]	Bit[1:0]
Red	Green	Blue

表 13-3　4 096 级彩色模式数据格式

DATA	[31:28]	[27:24]	[23:20]	[19:16]	[15:12]	[11:8]	[7:4]	[3:0]
Word#1	Red(1)	Green(1)	Blue(1)	Red(2)	Green(2)	Blue(2)	Red(3)	Green(3)
Word#2	Blue(3)	Red(4)	Green(4)	Blue(4)	Red(5)	Green(5)	Blue(5)	Red(6)
Word#3	Green(6)	Blue(6)	Red(7)	Green(7)	Blue(7)	Red(8)	Green(8)	Blue(8)

5. 视频数据的传输

数据图像从内存传输到 LCD 驱动器必须使用 VD[7:0]信号。在时钟信号 VCLK 作用下将数据传输到 LCD 移位寄存器之中,当每一水平行的数据都已经传到 LCD 驱动器的移位寄存器时,在 VLINE 信号控制下水平行的数据显示在 LCD 屏上。

VM 信号为显示器提供一个交流信号,因为 LCD 的等离子体在供直流电压时容易损坏。LCD 用这个信号来改变行和列电压的极性,从而控制像素的通和断。通过设定,VM 信号也可以控制每一帧数据 VLINE 信号的数目。

13.1.4 S3C2410 TFT LCD 的视频操作

1. TFT LCD 控制器

在 TFT LCD 模式下，TIMEGEN 产生和 STN LCD 驱动器一样的控制信号，例如 VSYNC、HSYNC、VCLK、VDEN 和 LEND 信号。这些控制信号与 REGBANK 之中 LCD 寄存器 1~5 的设置有密切关系。由于 REGBANK 中 LCD 寄存器是可编程的，TIMEGEN 可以产生适合于各种不同类型 LCD 驱动器的控制信号。

VSYNC 用于命令 LCD 的行指针转到显示行的顶端。VSYNC 和 HSYNC 信号的产生取决于 LCD 控制寄存器 2~3 中 HOZVAL 和 LINEVAL 位的设置。依照下列公式，HOZVAL 和 LINEVAL 可由 LCD 板的尺寸大小来决定。

$$HOZVAL = (Horizontal\ display\ size\ 水平显示尺寸) - 1$$
$$LINEVAL = (Vertical\ display\ size\ 垂直显示尺寸) - 1$$

VCLK 信号的速率取决于 LCD 控制寄存器 1 中 CLKVAL 域的设置。表 13-4 定义了 VCLK 和 CLKVAL 之间的关系，CLKVAL 的最小值为 0，其中：

$$VCLK(Hz) = HCLK/[(CLKVAL+1) \times 2]$$

表 13-4 VCLK 和 CLKVAL 之间的关系（TFT HCLK=60 MHz）

CLKVAL	60 MHz/x	VCLK
1	60 MHz/4	15.0 MHz
2	60 MHz/6	10.0 MHz
⋮	⋮	⋮
1 023	60 MHz/2 048	29.3 kHz

帧速率就是 VSYNC 信号的频率。帧速率与 LCD 控制寄存器 2~4 中的 VSYNC、VBPD、VFPD、LINEVAL、HSYNC、HBPD、HFPD、HOZVAL 和 LCDCON1、CLKVAL 有关。大多数的 LCD 驱动器都有它们各自的适合的帧速率。帧速率的计算方法如下：

$$帧速率 = 1/\{[(VSPW+1)+(VBPD+1)+(LIINEVAL+1)+(VFPD+1)] \times [(HSPW+1)+(HBPD+1)+(HFPD+1)+(HOZVAL+1)] \times [2 \times (CLKVAL+1)/(HCLK)]\}$$

2. 视频操作

S3C2410 之中的 TFT LCD 控制器支持 1、2、4 或 8 bpp 的彩色显示模式和 16 bpp 或 24 bpp 的真彩色显示模式。

3. 256 级的调色板

S3C2410 支持 256 级的调色板以绘制各种彩色图案，这给用户提供了很大的灵活性。

(1) 256 级调色板的使用(TFT)

S3C2410 为 TFT LCD 控制提供了 256 级的彩色调色板。用户可以用两种格式从 64K 的颜色中选取 256 种。这 256 色的颜料板由 256(宽度)×16 bit 的 SPSRSAM 组成。调色板支持 5:6:5(RGB)(见表 13-5)和 5:5:5:1(RGBL)(见表 13-6)两种格式。

当用户使用 5:5:5:1 格式时，每种 RGB 数据 LSB 位是共同的。所以，5:5:5:1 格式等价于 R(5+1):G(5+1):B(5+1)格式，在 5:5:5:1 格式之中，例如用户可以像表 13-6 那样写调色板，然后连接 VD 和 TFT LCD 板的引脚。

Panel(R(5+1)=VD[23:19]+VD[18],VD[10]或 VD[2];G(5+1)=VD[15:11]+VD[18],VD[10]或 VD[2];B(5+1)=VD[7:3]+VD[18],VD[10]或 VD[2]),同时将 LCD 控制寄存器 5 的 FRM565 设置为 0。

表 13-5 5:6:5 格式

Index\Bit Pos	15	14	13	12	11	10	9	8	7	6	5	4	3	2	1	0	Address
00H	R4	R3	R2	R1	R0	G5	G4	G3	G2	G1	G0	B4	B3	B2	B1	B0	
01H	R4	R3	R2	R1	R0	G5	G4	G3	G2	G1	G0	B4	B3	B2	B1	B0	
⋮																	
FFH	R4	R3	R2	R1	R0	G5	G4	G3	G2	G1	G0	B4	B3	B2	B1	B0	
Number of VD	23	22	21	20	19	15	14	13	12	11	7	6	5	4	3		

表 13-6 5:5:5:1 格式

Index\Bit Pos	15	14	13	12	11	10	9	8	7	6	5	4	3	2	1	0	Address
00H	R4	R3	R2	R1	R0	G4	G3	G2	G1	G0	B4	B3	B2	B1	B0	1	
01H	R4	R3	R2	R1	R0	G4	G3	G2	G1	G0	B4	B3	B2	B1	B0	1	
⋮																	
FFH	R4	R3	R2	R1	R0	G4	G3	G2	G1	G0	B4	B3	B2	B1	B0	1	
Number of VD	23	22	21	20	19	15	14	13	12	11	7	6	5	4	3	2	

注意:① Address=0x4D000400 是调色板的起始地址;
② VD18、VD10 和 VD2 具有相同的输出值;
③ DATA[31:16]没使用。

(2) 调色板的读/写控制

当用户在调色板上进行读/写操作时,LCD 控制寄存器 5 的 HSTATUS 和 VSTATUS 位必须清 0,因为当 HSTATUS 和 VSTATUS 处于激活状态时是禁止进行读/写操作的。

(3) 暂态调色板设置

S3C2410 允许用户在没有将一种颜色填充到帧缓冲器或调色板等操作时,将 LCD 显示值写到 TPAL 寄存器中的 TPAVAL 并允许 TPALEN,一个彩色帧就可以临时显示出来,供用户浏览。

13.1.5　LCD 专用控制寄存器

S3C2410 在 REGBANK 有 17 个可编程的寄存器,其中有几个在编程时要经常用到。

1. LCD 控制寄存器

LCD 控制寄存器共有 5 个,它们的使用见表 13-7～表 13-11。

表 13-7 LCD 控制寄存器 1 结构

控制单元名称	Bit 位	说　明	初　值
LINECNT(只读)	[27:8]	行计数值	0x00000000
CLKVAL	[17:8]	确定 VCLK 和 CLKVAL 的频率。 STN:VCLK=HCLK/(CLKVAL×2)(CLKVAL≥2); TFT:VCLK=HCLK/[(CLKVAL+1)×2] (CLKVAL≥0)	0x00000000

续表 13-7

控制单元名称	Bit 位	说 明	初 值
MMODE	[7]	确定 VM 的改变速度。0：每一帧　1：由 MVAL 定义	无
PNRMODE	[6:5]	选择显示模式。 00：4 位双扫描（STN）　01：4 位单扫描（STN） 10：8 位单扫描（STN）　11：TFT LCD 屏	0x00
BPPMODE	[4:1]	选择 bpp 模式（位/每点）。 0000：1 bpp for STN,黑白模式　0001：2 bpp for STN,4 级灰度 0010：4 bpp for STN,16 级灰度　0011：8 bpp for STN,彩色模式 0100：12 bpp for STN,彩色模式　1000：1 bpp for TFT 1001：2 bpp for TFT　1010：4 bpp for TFT 1011：8 bpp for TFT　1100：16 bpp for TFT　1101：24 bpp for TFT	0x0000
ENVID	[0]	LCD 图像输出和逻辑使能。 0：禁止视频和 LCD 控制输出 1：允许视频和 LCD 控制输出	0x0

表 13-8　LCD 控制寄存器 2 结构

控制单元名称	Bit 位	说 明	初 值
VBPD	[31:24]	TFT：当一帧开始时,行线的数量 STN：这些位可以在 STN LCD 中设置为 0	0x0
LINEVA	[23:14]	确定 LCD 面板的垂直尺寸	0x0
VFPD	[13:6]	TFT：当一帧结束时,行线的数量 STN：STN LCD 中设置为 0	0x0
VSPW	[5:0]	TFT：帧同步脉冲宽度 STN：在 STN LCD 中设置为 0	0x0

表 13-9　LCD 控制寄存器 3 结构

控制单元名称	Bit 位	说 明	初 值
HBPD(TFT) WDLY(STN)	[25:19]	TFT：HSYNC 下降沿到有效的数据之间 VCLK 周期的数量 STN：确定 VLINE 到 VCLK 的延时	0x0
HOZVAL	[18:8]	确定 LCD 面板的水平宽度,HOZVAL 必须是 4 的倍数	0x0
HFPD(TFT) LINEBLANK (STN)	[7:0]	TFT：现行的数据开始到 HSYNC 上升沿之间 VCLK 周期的数量 STN：行扫描的空闲时间	0x0

表 13-10　LCD 控制寄存器 4 结构

控制单元名称	Bit 位	说 明	初 值
MVAL	[15:8]	如果 MMODE 被设置成 1 时 VM 信号的速率	0x0
HSPW(TFT) WLH(STN)	[7:0]	TFT：水平同步脉冲宽度 STN：HCLK 的数量	0x0

第 13 章 嵌入式处理器 S3C2410 显示驱动

表 13-11 LCD 控制寄存器 5 结构

控制单元名称	Bit 位	说 明	初 值
Reserved	[31:17]	保留并且为 0	0x0
VSTATUS	[16:15]	TFT:垂直状态(只读) 00：VSYNC　　01：BACK Porch 10：ACTIVE　　11：FRONT Porch	0x0
HSTATUS	[14:13]	TFT:水平状态(只读) 00：HSYNC　　01：BACK Porch 10：ACTIVE　　11：FRONT Porch	0x0
BPP24BL	[12]	确定 24 bpp 图像存储器的顺序	0x0
FRM565	[11]	选择 16 bpp 输出图像数据的格式： 0：5:5:5:1 格式　　1：5:6:5 格式	0x0
INVVCLK	[10]	STN/TFT：控制 VCLK 边缘的极性 0：下降沿　1：上升沿	0x0
INVVLINE	[9]	STN/TFT：控制 VLINE/HSYNC 脉冲极性 0：正常　1：反向	0x0
INVVFRAME	[8]	STN/TFT：控制 VFRAME/VSYNC 脉冲极性 0：正常　1：反向	0x0
INVVD	[7]	STN/TFT:控制 VD(图像数据)脉冲极性 0：正常　1：反向	0x0
INVVDEN	[6]	TFT:控制 VDEN 信号的极性 0：正常　1：反向	0x0
INVPWREN	[5]	STN/TFT:控制 PWREN 信号极性 0：正常　1：反向	0x0
INVLEND	[4]	TFT:控制 LEND 信号的极性 0：正常　1：反向	0x0
PWREN	[3]	STN/TFT:LCD_PWREN 输出信号使能 0：禁止　1：允许	0x0
ENLEND	[2]	TFT:LEND 输出信号使能 0：禁止　1：允许	0x0
BSWP	[1]	STN/TFT:字节交换控制位 0：禁止　1：允许	0x0
HWSWP	[0]	STN/TFT:半字交换控制位 0：禁止　1：允许	0x0

2. 缓存起始地址寄存器

我们在编写 LCD 驱动程序时除了用到上述 5 个控制寄存器外，还要用到下面介绍的 3 个帧缓存器起始地址寄存器,下面通过表 13-12～表 13-14 来介绍它们的使用。

表 13 - 12　缓存器起始地址寄存器 1 结构

控制单元名称	Bit 位	说　明	初　值
LCDBANK	[29:21]	指出在系统存储器中视频缓冲器 A[30:22]的位置。包括移动图像窗口时 LCDBANK 的值不能改变	0x0
LCDBASEU	[20:0]	双重扫描 LCD：地址计数器中的开始地址 单扫描 LCD：LCD 结构缓存器的开始地址	0x0

表 13 - 13　缓存器起始地址寄存器 2 结构

控制单元名称	Bit 位	说　明	初　值
LCDBASEL	[20:0]	双重扫描 LCD：存储区的开始地址 A 计算公式：LCDSEL＝LCDBASEU＋(PAGEWIDTH＋OFFSET)×(LINEVAL)	0x0

表 13 - 14　缓存器起始地址寄存器 3 结构

控制单元名称	Bit 位	说　明	初　值
OFFSIZE	[21:11]	实际 LCD 屏的偏移尺寸(半字的数量)。显示存储区的前行最后半字和后行第 1 个半字之间的半字数	0x0
PAGEWIDTH	[10:0]	实际 LCD 屏的宽,图像窗口宽度	0x0

注意：当 LCD 控制器打开时,为了滚动,用户可以改变 LCDBASEU 和 LCDBASEL 的值。但是,用户决不能通过 LCDCON1 寄存器中的 LINECNT 位来改变 LCDBASEU 和 LCDBASEL 寄存器中的值,因为 LCD 的先进先出栈在改变帧数据之前先取下一帧数据。如果改变了帧,那么先取的数据就会丢失,LCD 此时显示的也是错误的信息。为了核对 LINECNT,中断应该关闭。如果在读取了 LINECNT 的值之后有任何中断被响应了,则 LINECNT 的值将会被丢弃,因为已经阻止了中断服务程序(ISR)。

3. 查表寄存器

查表寄存器分红色查表寄存器、绿色查表寄存器和蓝色查表寄存器 3 种,它们的结构见表 13 - 15～表 13 - 17。

表 13 - 15　红色查找表寄存器 REDLUT 结构

控制单元名称	Bit 位	说　明	初　值
REDVAL	[31:0]	16 级灰度梯度中,红色组选择。 000：REDVAL[3:0]　　001：REDVAL[7:4] 010：REDVAL[11:8]　　011：REDVAL[15:12] 100：REDVAL[19:16]　　101：REDVAL[23:20] 110：REDVAL[27:24]　　111：REDVAL[31:28]	0x0

第13章　嵌入式处理器 S3C2410 显示驱动

表 13-16　绿色查找表寄存器 GREENLUT 结构

控制单元名称	Bit 位	说　明	初　值
GREENVAL	[31:0]	16 级灰度梯度中,绿色组选择。 000：GREENVAL[3:0]　　001：GREENVAL[7:4] 010：GREENVAL[11:8]　　011：GREENVAL[15:12] 100：GREENVAL[19:16]　101：GREENVAL[23:20] 110：GREENVAL[27:24]　111：GREENVAL[31:28]	0x0

表 13-17　蓝色查找表寄存器 BLUELUT 结构

控制单元名称	Bit 位	说　明	初　值
BLUEVAL	[15:0]	16 级灰度梯度中,蓝色组选择。 00：BLUEVAL[3:0]　　01：BLUVAL[7:4] 10：BLUEVAL[11:8]　　11：BLUVAL[15:12]	0x0

4．临时调色板寄存器

临时调色板寄存器(Temp Paletter Register)只有 1 个,结构见表 13-18。

表 13-18　临时调色板寄存器结构

控制单元名称	Bit 位	说　明	初　值
TPALEN	[24]	临时的调色板寄存器使能位。 0：禁止　1：允许	0x0
TPALVAL	[23:0]	临时的调色板寄存器值。 TPAVAL[23:16]：红 TPAVAL[15:8]：绿 TPAVAL[7:0]：蓝	0x0

5．抖动模式寄存器

抖动模式寄存器只有 1 个,结构见表 13-19。

表 13-19　抖动模式寄存器 DITHMODE 结构

控制单元名称	Bit 位	说　明	初　值
DITHMODE	[18:0]	LCD 使用的值：0x00000 或 0x12210	0x0

6．中断寄存器

中断寄存器有 3 个,结构见表 13-20～表 13-22。

表 13-20　LCD 中断状态寄存器 LCDINTPNDJI 结构

控制单元名称	Bit 位	说　明	初　值
INT_FrSyn	[1]	LCD 中断状态标志位。 0：没中断请求　1：有中断请求	0x0
INT_FiCnt	[0]	LCD FIFO 中断状态标志位。 0：没中断请求　1：有 FIFO 中断请求	0x0

表 13-21 LCD 中断源状态寄存器 LCDSRCPND 结构

控制单元名称	Bit 位	说 明	初 值
INT_FrSyn	[1]	中断源状态寄存器。 0：没中断请求 1：有中断请求	0x0
INT_FiCnt	[0]	LCD FIFO 中断源挂起寄存器位。 0：没中断请求 1：有 FIFO 中断请求	0x0

表 13-22 LCD 中断屏蔽寄存器 LCDINTMSK 结构

控制单元名称	Bit 位	说 明	初 值
FIWSEL	[2]	确定 LCD FIFO 的字节数。 0：4 字 1：8 字	0x0
INT_FrSyn	[1]	屏蔽 LCD 中断。 0：可响应中断 1：屏蔽中断	0x0
INT_FiCnt	[0]	屏蔽 LCD FIFO 中断。 0：可响应中断 1：屏蔽中断	0x0

13.2 S3C2410 的 LCD 驱动程序

13.2.1 S3C2410 的系统资源

用户使用 S3C2410 系统时，厂家除提供 ADS 开发平台外，还在 Datasheet 文件夹中提供了 S3C2410.pdf 文件；在 2410test 项目文件夹中提供了许多 S3C2410 编程的 C 语言程序和头文件。仔细地阅读这些程序，对我们编写 LCD 驱动程序有很大帮助。

1. 硬件资源定义

2410addr.h 头文件定义了包括 LCD 驱动在内的系统全部硬件资源，所有使用 S3C2410 微处理器的应用程序都必须引用它。它的使用就像在 MCS-51 系统中使用 "reg51.h" 一样。

2410addr.h 头文件中和 LCD 驱动有关的部分如下：

// LCD CONTROLLER

(1) LCD 控制寄存器(1～5)定义

```
#define rLCDCON1    (*(volatile unsigned *)0x4D000000)  //LCD control 1
#define rLCDCON2    (*(volatile unsigned *)0x4D000004)  //LCD control 2
#define rLCDCON3    (*(volatile unsigned *)0x4D000008)  //LCD control 3
#define rLCDCON4    (*(volatile unsigned *)0x4D00000C)  //LCD control 4
#define rLCDCON5    (*(volatile unsigned *)0x4D000010)  //LCD control 5
```

(2) LCD 启动地址寄存器(1～3)定义

```
#define rLCDSADDR1  (*(volatile unsigned *)0x4D000014)  //STN/TFT startaddress 1
#define rLCDSADDR2  (*(volatile unsigned *)0x4D000018)  //STN/TFT start address 2
```

第13章 嵌入式处理器 S3C2410 显示驱动

```
#define rLCDSADDR3    (*(volatile unsigned *)0x4D00001C)    //STN/TFT start address 3
```

(3) LCD 查表寄存器(1~3)定义

```
#define rREDLUT       (*(volatile unsigned *)0x4D000020)    //STN Red lookup table
#define rGREENLUT     (*(volatile unsigned *)0x4D000024)    //STN Green lookup table
#define rBLUELUT      (*(volatile unsigned *)0x4D000028)    //STN Blue lookup table
```

(4) LCD 抖动寄存器定义

```
#define rDITHMODE     (*(volatile unsigned *)0x4D00004C)    //STN Dithering mode
```

(5) TFT 临时调色板寄存器定义

```
#define rTPAL         (*(volatile unsigned *)0x4D000050)    //TFT Temporary palette
```

(6) LCD 中断挂起寄存器定义

```
#define rLCDINTPND    (*(volatile unsigned *)0x4D000054)    //LCD Interrupt pending
```

(7) LCD 中断源寄存器定义

```
#define rLCDSRCPND    (*(volatile unsigned *)0x4D000058)    //LCD Interrupt source
```

(8) LCD 中断屏蔽寄存器定义

```
#define rLCDINTMSK    (*(volatile unsigned *)0x4D00005C)    //LCD Interrupt mask
```

(9) LCD 控制时序产生寄存器定义

```
#define rLPCSEL       (*(volatile unsigned *)0x4D000060)    //LPC3600 Control
```

(10) 调色板起始地址寄存器定义

```
#define PALETTE       0x4D000400                            //Palette start address
```

在上面的定义中,包括了系统 LCD 驱动使用的全部寄存器。常用的几个在上节已做介绍,系统利用宏定义了全部寄存器,因为我们使用 C 语言来编写程序,所以对寄存器地址不用记忆,只要知道代表寄存器的变量名字即可。变量名字是在寄存器的名字前加一个小写的"r"。

在后面的程序中,我们要用这些变量来对其代表的寄存器进行操作。

2. 初始化程序

基于 ARM 芯片的应用系统,多数为复杂的片上系统。在这类系统中,硬件模块要重新配置,需要由软件设置其工作状态。因此在用户程序没有执行前,需要由一段代码完成系统的初始化工作。由于此类代码直接对处理器内核和硬件操作,因此一般用汇编语言编写。

系统初始化主要完成:

① 分配中断向量表;
② 存储系统初始化;
③ 各种堆栈初始化;
④ 用户环境初始化;
⑤ 切换工作模式。

系统初始化工作是很复杂的,用户有时并不清楚该如何做和调用哪些程序。简单方法就是借鉴例子程序来做这件事。

在 S3C2410 随机文件中,提供了一个项目例子:2410test.mcp。打开该项目,里面有四十几个文件,把无关的应用程序去掉,剩下的大多是完成系统初始化工作的。

还可以进一步简化程序,通过实验再一个一个去掉多余的程序。一但发现系统编译不正常,把刚才去掉的那个程序再恢复,这样系统既简单,同时又达到系统初始化目的。

在 LCD 驱动系统中,系统初始化包括以下程序:2410init.s、2410lib.s、Option.s、2410lib.c、Target.c、2410addr.h、2410lib.h、2410slib.h、Option.h、Target.h。

以上程序多是系统提供的,我们把它们放在一个"startup2410"文件夹中,并将其加入到项目中,程序的内容后面详细介绍。

13.2.2 "LCD 驱动"程序

1. "LCD 驱动"程序的结构

本书开发 S3C2410 LCD 驱动程序,使用 ADS1.2 集成开发环境平台,ADS1.2 的 CodeWarrior For ARM 对用户程序实行项目管理。先建立一个项目 lcd.cmp,然后加入初始化程序和应用程序。CodeWarrior 允许将程序合并为组,并以组的形式加入到项目中。

程序分成 5 组,分别是 LCD 驱动程序组 lcddrv、S3C2410 初始化程序组 startup2410、应用程序组 application、绘图程序组 gui、汉字库程序组 newh。软件系统程序组结构如表 13-23 所列。软件系统树形结构如图 13-8 所示。

表 13-23 "LCD 驱动"项目软件系统结构

组 名	包括文件
LCD 驱动程序组 Lcddrv	Lcd.c lcdlib.c
初始化程序组 Startup2410	2410INIT.S 2410addr.h 2410LIB.C 2410lib.h 2410SLIB.C 2410slib.h TARGET.C option.h Option.s target.h
应用程序组 Application	Main.c
绘图程序组 Gui	Glib.c Glib.h
汉字库程序组 Newh	Asc88.h Chn12.h Asc816.h Syb16.h Chn16.h sinline.h Chn48.h Chn24.h

2. "LCD 驱动"程序

(1) lcddrv 程序组

lcddrv 程序组有 Lcd.c 和 lcdlib.c 两个程序,下面分别介绍。

① Lcd.c 程序

第13章 嵌入式处理器 S3C2410 显示驱动

图 13 - 8 LCD "驱动程序" 树形结构

```
void Lcd_Port_Init(void);                                    //保护 I/O 口 C 和 D 的原状态
void Lcd_Port_Return(void);                                  //恢复 I/O 口 C 和 D 的原状态
unsigned save_rGPCUP,save_rGPCDAT,save_rGPCCON;              //定义保护 I/O 口用的变量
unsigned save_rGPDUP,save_rGPDDAT,save_rGPDCON;
unsigned lcd_count;
//-----------------------------------------------------------
//    I/O 口 C 和 D 状态保存、初始化
//-----------------------------------------------------------
```

S3C2410 的 LCD 显示通用 I/O 口 C 和 D 做数据和控制线,这些 I/O 口均是双功能口,我们使用的是第二功能,在程序中要将第一功能禁止("上拉"寄存器禁止,rGPCUP = 0xFFFFFFFF; rGPDUP=0xFFFFFFFF;)。

在 LCD 程序执行中,为了保护这些口的原有状态,调 Lcd_Port_Init()把口状态放变量中保存,程序结束要调 Lcd_Port_Return()恢复。

```
void Lcd_Port_Init(void)                                     //保护 I/O 口 C 和 D 程序
{
    save_rGPCCON = rGPCCON;
    save_rGPCDAT = rGPCDAT;
    save_rGPCUP = rGPCUP;
    save_rGPDCON = rGPDCON;
    save_rGPDDAT = rGPDDAT;
    save_rGPDUP = rGPDUP;
    rGPCUP = 0xFFFFFFFF;                                     //口 C "上拉" 寄存器禁止
```

```
    rGPCCON = 0xAAAAAAAA;                              //口 C 做 LCD 控制和数据口
    //VD[7:0],LCDVF[2:0],VM,VFRAME,VLINE,VCLK,LEND
    rGPDUP = 0xFFFFFFFF;                               //口 D"上拉"寄存器禁止
    rGPDCON = 0xAAAAAAAA;                              //口 D 做 LCD 控制和数据口
}
//-----------------------------------------------------------------
//    恢复 I/O 口 C 和 D 的原状态
//-----------------------------------------------------------------
void Lcd_Port_Return(void)
{
    rGPCCON = save_rGPCCON;
    rGPCDAT = save_rGPCDAT;
    rGPCUP = save_rGPCUP;
    rGPDCON = save_rGPDCON;
    rGPDDAT = save_rGPDDAT;
    rGPDUP = save_rGPDUP;
}
//-----------------------------------------------------------------
//    LCD 实验程序
//-----------------------------------------------------------------
```

Lcd.c 程序主要是 Test_Lcd_Tft_16Bit_640480( )函数,我们的 LCD 显示程序是以 TFT 16 bit 640×480 的显示器为例,所以要调初始化程序 Lcd_Init(MODE_TFT_16BIT_640480),对 LCD 的控制寄存器 LCDCON1~LCDCON5 初始化。16 bit 就是 LCD 屏每一点(Pixel),在内存中用 16 bit 来描述。

```
void Test_Lcd_Tft_16Bit_640480(void)
{
    Lcd_Port_Init();                          //口初始化
    Lcd_Init(MODE_TFT_16BIT_640480);          //TFT_16BIT_640480 初始化
    Lcd_PowerEnable(0,1);                     //电源允许
    Lcd_EnvidOnOff(1);                        //LCD 电源接通
}
```

② lcdlib.c

lcdlib.c 主要是 Lcd_Init 程序,该段程序如下:

```
//-----------------------------------------------------------------
//    Lcd 模式初始化
//-----------------------------------------------------------------
```

程序针对我们使用的 TFT_16BIT_640480 显示器对 LCD 控制寄存器进行设置,具体含义可对照 13.1.5 小节的介绍。其中使用的几个变量在 LcdLib.h 中定义。

```
unsigned long Lcd_Init(int type)
{
    switch(type)
```

```c
{
    case MODE_TFT_16BIT_640480:
    rLCDCON1 = (CLKVAL_TFT_640480<<8)|(MVAL_USED<<7)|(3<<5)|(12<<1)|0;
    // TFT 640480 显示屏,16 bit,视频禁止
    rLCDCON2 = (VBPD_640480<<24)|(LINEVAL_TFT_640480<<14)|(VFPD_640480<<6)|(VSPW_
               640480);
    rLCDCON3 = (HBPD_640480<<19)|(HOZVAL_TFT_640480<<8)|(HFPD_640480);
    rLCDCON4 = (MVAL<<8)|(HSPW_640480);
    rLCDCON5 = (1<<11)|(1<<9)|(1<<8)|(1);//FRM5:6:5,HSYNC and VSYNC are inverted
    rLCDSADDR1 = ((LCDFRAMEBUFFER>>22)<<21)|M5D(LCDFRAMEBUFFER>>1);
    rLCDSADDR2 = M5D( ((U8)LCDFRAMEBUFFER + (640 * 480 * 2))>>1 );
    rLCDSADDR3 = 0x0;
    rLCDINTMSK |= (3);                              //屏蔽子中断
    rLPCSEL& = (~7);                                //禁止 LPC3600
    rTPAL = 0;                                      //禁止临时调板
    break;
    default:
    break;
}
return 0;


#define VBPD_640480          ((33 - 1)&0xFF)
#define VFPD_640480          ((10 - 1)&0xFF)
#define VSPW_640480          ((2 - 1) &0x3F)
#define HBPD_640480          ((48 - 1)&0x7F)
#define HFPD_640480          ((16 - 1)&0xFF)
#define HSPW_640480          ((96 - 1)&0xFF)
#define CLKVAL_TFT_640480    (8)
#define LCDFRAMEBUFFER 0x33800000                   //LCD 显示缓冲区首址
#define M5D(n) ((n) & 0x1FFFFF)                     //取 n 的低 21 位
```

此外 lcdlib.c 中还有下面程序要用到。

```c
//--------------------------------------------------------------
//   LCD 电源禁止和允许
//--------------------------------------------------------------
void Lcd_PowerEnable(int invpwren,int pwren)        //LCD 电源禁止和允许
{                                                   //G 口位 4 是 LCD 电源管理
    rGPGUP = rGPGUP&(~(1<<4))|(1<<4);               //G 口"上拉"禁止
    rGPGCON = rGPGCON&(~(3<<8))|(3<<8);             //GPG4 LCD 电源允许
    rLCDCON5 = rLCDCON5&(~(1<<3))|(pwren<<3);
    rLCDCON5 = rLCDCON5&(~(1<<5))|(invpwren<<5);    //电源极性为反
}
```

(2) Startup2410 程序组

该组程序较多,我们把后面使用的做简单介绍。

① 2410LIB.C

I/O 口初始化还应包括其他口,这里省略,如读者需要,可参阅 S3C2410.pdf 文件。

S3C2410 的主时钟由外部晶振或外部时钟提供,选择后可生成 3 种时钟信号,分别是 CPU 使用的 FCLK、AHB 总线使用的 HCLK 和 APB 总线使用的 PCLK。

时钟管理模块同时拥有两个锁相环,一个是 MPLL,用于 FCLK、HCLK 和 PCLK;另一个是 UPLL,用于 USB 设备。下面 3 个程序,根据 hdivn、pdivn 因子值,改变系统时钟分配比率和确定 UPLL、MPLL 值。

```
//-------------------------------------------------------------
// I/O 口初始化
//-------------------------------------------------------------
void Port_Init(void)
{
    rGPCCON = 0xAAAAAAAA;            //配置 C 口各位功能
    rGPCUP  = 0xFFFF;                //"上拉"功能禁止
    rGPDCON = 0xAAAAAAAA;            //配置 D 口各位功能
    rGPDUP  = 0xFFFF;                //"上拉"功能禁止
}
//-------------------------------------------------------------
// 改变系统时钟分配比率
//-------------------------------------------------------------
void ChangeClockDivider(int hdivn,int pdivn)
{
                                     //hdivn,pdivn  FCLK: HCLK: PCLK
                                     // 0,    0      1:    1:    1
                                     // 0,    1      1:    1:    2
                                     // 1,    0      1:    2:    2
                                     // 1,    1      1:    2:    4
    rCLKDIVN = (hdivn<<1) | pdivn;
    if(hdivn)
        MMU_SetAsyncBusMode();
    else
        MMU_SetFastBusMode();
}
//-------------------------------------------------------------
// 确定 UPLL 值
//-------------------------------------------------------------
void ChangeUPLLValue(int mdiv,int pdiv,int sdiv)
{
    rUPLLCON = (mdiv<<12) | (pdiv<<4) | sdiv;
}
//-------------------------------------------------------------
```

```
//   确定 MPLL 值
//------------------------------------------------------------
void ChangeMPLLValue(int mdiv,int pdiv,int sdiv)
{
    rMPLLCON = (mdiv<<12) | (pdiv<<4) | sdiv;
}
```

② TARGET.C

该程序把项目所有初始化子程序都放在一个函数中,用户只要调用此函数,即可完成全部初始化工作。

```
//------------------------------------------------------------
//   系统初始化
//------------------------------------------------------------
void Target_Init(void)
{
    ChangeClockDivider(1,1);              //1:2:4
    ChangeMPLLValue(0xA1,0x3,0x1);        //FCLK = 202.8 MHz
    Port_Init();                          //I/O 口初始化
}
```

③ 2410lib.h

该程序主要定义了要使用的几个函数。

```
void ChangeMPLLValue(int m,int p,int s);
void ChangeClockDivider(int hdivn,int pdivn);
void ChangeUPLLValue(int m,int p,int s);
```

④ option.h

该文件定义 c 函数中使用的主频及相关地址声明。

```
#define FCLK 202800000
#define HCLK (202800000/2)
#define PCLK (202800000/4)
#define UCLK PCLK
#define BUSWIDTH      (32)
#define _RAM_STARTADDRESS              0x30000000
#define _NONCACHE_STARTADDRESS         0x31000000
#define _ISR_STARTADDRESS              0x33FFFF00
#define _MMUTT_STARTADDRESS            0x33FF8000
#define _STACK_BASEADDRESS             0x33FF8000
#define HEAPEND                        0x33FF0000
#define ADS10 TRUE
```

⑤ def.h

该文件定义 c 函数中使用的常量。

```
#define U32      unsigned int
```

```
#define U16      unsigned shor
#define U8       unsigned char
#define TRUE     1
#define FALSE    0
```

(3) newh 组

newh 组包含项目使用的各种字库,其中 Asc88.h 和 Asc816.h 是全部 ASCII 码的 8×8 和 8×16 点阵字库;sinline.h 是我们用其他程序得到的正弦曲线数据;Chn16.h、Chn12.h、Chn48.h、Chn24.h 是我们用 3.2.4 小节介绍的通用字模提取程序 MinFonBase 提取的小字库。Syb16.h 是我们画的 16×16 点阵喇叭和警钟图标。

(4) Application 组

Application 组只包含一个 Main.c 程序。

(5) Gui 组

Gui 组有一个 Glib.c 和一个 Glib.h 程序,这些程序是研究的重点,13.2.3 小节介绍。

13.2.3 S3C2410 的汉字和图形显示

Application 组只包含一个 Main.c 程序;Gui 组有一个 Glib.c 和一个 Glib.h 程序,下面分别介绍。

1. Glib.h

Glib.h 内容较简单,只定义了部分颜色值。

```
#define GUI_BLACK           0x000000
#define GUI_BLUE            0x0000FF
#define GUI_GREEN           0x00FF00
#define GUI_CYAN            0xF0F000
#define GUI_RED             0xFF0000
#define GUI_MAGENTA         0x800080
#define GUI_BROWN           0x2020A0
#define GUI_DARKGRAY        0x404040
#define GUI_GRAY            0x808080
#define GUI_LIGHTGRAY       0xD0D0D0
#define GUI_LIGHTBLUE       0xF08080
#define GUI_LIGHTGREEN      0x80F080
#define GUI_LIGHTCYAN       0x80F0F0
#define GUI_LIGHTRED        0x8080F0
#define GUI_LIGHTMAGENTA    0xF080F0
#define GUI_YELLOW          0xF0F000
#define GUI_WHITE           0xFFFFFF
```

2. Glib.c

Glib.c 文件为 GUI 的图形显示程序 API。

第13章　嵌入式处理器 S3C2410 显示驱动

```
#include "Glib.h"
#include "..\..\lcddrv\inc\lcdlib.h"
void SetPixel(U16 x,U16 y,U16 c);                    //绘点
void ClearPixel(U16 x,U16 y);                        //清点
void LCD_ClearHLine   (U16 x0,U16 y0, U16 x1);       //清水平线
void LCD_ClearVLine   (U16 x0,U16 y0, U16 x1);       //清垂直线
U16 LCD_COLOR;                                        //设置颜色
U16 LCD_BKCOLOR;                                      //设置背景颜色
//-----------------------------------------------------------
//    读 x,y 点颜色
//-----------------------------------------------------------
```

LCDFRAMEBUFFER 是在 lcdlib.h 中定义的 Tft_16Bit_640480 显示缓冲区首址,因每行 640 点,每点在显存中用 16 bit 描述,所以对应该点的显示缓存地址是:

$$p=(U16*)LCDFRAMEBUFFER+y*640+x$$

```
U16 READ_MEM(U16 x,U16 y)
{
    U16 *p
    p = (U16 *)LCDFRAMEBUFFER + 640 * y + x;
    return (*p);
}
//-----------------------------------------------------------
//    画点函数,x 和 y 是 LCD 屏的点,c 是颜色
//-----------------------------------------------------------
```

按读 x、y 点颜色的方法找到该点后,用颜色"c"写该点对应的显示内存。绘点函数很重要,要用它来画曲线和显示汉字。

```
void SetPixel(U16 x,U16 y,U16 c)
{
    U16 *p;
    p = (U16 *)LCDFRAMEBUFFER + y * 640 + x;
    *p = c;
}
//-----------------------------------------------------------
//    清点函数,x 和 y 是 LCD 屏的点,LCD_BKCOLOR 是背景颜色
//-----------------------------------------------------------
```

清点函数原理同绘点函数,找到该点对应的显示内存,写背景色即可。用清点函数可以编写清直线或图形程序,进而可以动态刷新 LCD 屏,可参见 main.c 中的 ShowSinWave()程序,该程序利用一条垂直清除线动态刷新正弦曲线。

```
void ClearPixel(U16 x,U16 y)
{
    U16 *p;
    p = (U16 *)LCDFRAMEBUFFER + y * 640 + x;
```

```
        * p = LCD_BKCOLOR;
}
//--------------------------------------------------------------------
//     画水平线函数
//--------------------------------------------------------------------
    void Draw_HLine(U16 y0,U16 x0,U16 x1)
     {
            LCD_DrawHLine(x0,y0,x1);
     }
//--------------------------------------------------------------------
//     画竖直线函数
//--------------------------------------------------------------------
void Draw_VLine(U16 x0,U16 y0,U16 y1)
{
        LCD_DrawVLine(y0,x0,y1);
}
//--------------------------------------------------------------------
//     画斜线函数,输入参数：x1、y1、x2、y2
//--------------------------------------------------------------------
```

画斜线的方法很多。在 4.4.2 小节中,我们介绍了逐点比较法画直线或圆,这里采用 Bresenham 算法。Bresenham 算法借助于一个误差量(直线与当前实际绘制像素点的距离),来确定下一个像素点的位置。

该方法采用增量计算,使得对于每一列,只要检查误差量的符号,就可以确定该下一列曲线 y 的值。y 值要么不变,要么递增 1,可通过比较 d_1 和 d_2 来决定。

根据误差项 d 值来决定是否增 1 的过程如下：

$$d_1 = y - y_i = [k(x_i + 1) + b] - y_i$$
$$d_2 = (y_i + 1) - y = y_i + 1 - [k(x_i + 1) + b]$$
$$d_1 - d_2 = 2k(x_i + 1) - 2y_i + 2b - 1$$

设 $\Delta y = y_1 - y_0$、$\Delta x = x_1 - x_0$,则

$$k = \Delta y / \Delta x$$

$$\Delta x(d_1 - d_2) = 2 \cdot \Delta y \cdot x_i - 2 \cdot \Delta x \cdot y_i + c \frac{-b \pm \sqrt{b^2 - 4ac}}{2a}$$

$c = 2\Delta y + \Delta x(2b - 1)$ 是常量,与像素位置无关。

令 $d_i = \Delta x(d_1 - d_2)$,则 d_1 的计算仅包括整数运算,其符号与 $d_1 - d_2$ 的符号相同。

- 当 $d_1 < 0$ 时,直线上理想位置与像素 $(x_i + 1, y_i)$ 更接近,应取右方像素；
- 当 $d_1 > 0$ 时,像素 $(x_i, y_i + 1)$ 与直线上理想位置更接近；应取上方像素；
- 当 $d_1 = 0$ 时,两个像素与直线上理想位置一样接近,可约定取 $(x_i + 1, y_i + 1)$。

$$d_i = \Delta x(d_1 - d_2) = 2 \cdot \Delta y \cdot x_i - 2 \cdot \Delta x \cdot y_i + c$$

对于 $k + 1$ 步,误差参数为

$$d_{i+1} = 2 \cdot \Delta y \cdot x_{i+1} - 2 \cdot \Delta x \cdot y_{i+1} + c$$
$$d_{i+1} - d_i = 2 \cdot \Delta y \cdot (x_{i+1} - x_i) - 2 \cdot \Delta x \cdot (y_{i+1} - y_i)$$

此时参数 c 已经消去,且 $x_{i+1}=x_i+1$,得
$$d_{i+1} = d_i + 2 \cdot \Delta y - 2 \cdot \Delta x \cdot (y_{i+1} - y_i)$$
- 如果选择右上方像素,即 $y_{i+1}-y_i=1$,则 $d_{i+1}=d_i+2\Delta y-2\Delta x$;
- 如果选择右方像素,即 $y_{i+1}=y_i$,则 $d_{i+1}=d_i+2\Delta y$。

对于每个整数 x,从线段的坐标端点开始,循环地进行误差量的计算。在起始像素(x_0, y_0)的第一个参数 d_0 为
$$d_0 = d_y - \frac{1}{2}d_x$$

误差计算过程如图 13-9 所示。

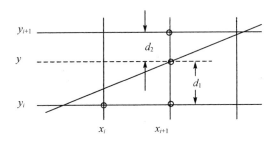

图 13-9 根据误差量来确定理想的像素点

```
void Draw_Line (S32 x1,S32 y1,S32 x2,S32 y2)
{
    S32 dx,dy,e;
    dx = x2 - x1;
    dy = y2 - y1;
    if(dx >= 0)                                             //dx>0
    {
        if(dy >= 0)                                         //dy>=0
        {
            if(dx >= dy)                                    //1/8 octant
            {
                e = dy - dx/2;
                while(x1 <= x2)
                {
                    SetPixel(x1,y1,LCD_COLOR);
                    if(e>0){y1 += 1;e -= dx;}
                    x1 += 1;
                    e += dy;
                }
            }
            else                                            //2/8 octant
            {
                e = dx - dy/2;
                while(y1 <= y2)
                {
```

```
                SetPixel(x1,y1,LCD_COLOR);
                if(e>0){x1+=1;e-=dy;}
                y1+=1;
                e+=dx;
            }
        }
    }
    else                                            //dy<0
    {
        dy=-dy;                                     //dy=abs(dy)

        if(dx>=dy)                                  //8/8 octant
        {
            e=dy-dx/2;
            while(x1<=x2)
            {
                SetPixel(x1,y1,LCD_COLOR);
                if(e>0){y1-=1;e-=dx;}
                x1+=1;
                e+=dy;
            }
        }
        else                                        //7/8 octant
        {
            e=dx-dy/2;
            while(y1>=y2)
            {
                SetPixel(x1,y1,LCD_COLOR);
                if(e>0){x1+=1;e-=dy;}
                y1-=1;
                e+=dx;
            }
        }
    }
}
else                                                //dx<0
{
    dx=-dx;                                         //dx=abs(dx)
    if(dy>=0)                                       //dy>=0
    {
        if(dx>=dy)                                  //4/8 octant
        {
            e=dy-dx/2;
            while(x1>=x2)
            {
```

```c
            SetPixel(x1,y1,LCD_COLOR);
            if(e>0){y1+=1;e-=dx;}
            x1-=1;
            e+=dy;
        }
    }
    else                                    //3/8 octant
    {
        e=dx-dy/2;
        while(y1<=y2)
        {
            SetPixel(x1,y1,LCD_COLOR);
            if(e>0){x1-=1;e-=dy;}
            y1+=1;
            e+=dx;
        }
    }
}
else                                        //dy<0
{
    dy=-dy;                                 //dy=abs(dy)

    if(dx>=dy)                              //5/8 octant
    {
        e=dy-dx/2;
        while(x1>=x2)
        {
            SetPixel(x1,y1,LCD_COLOR);
            if(e>0){y1-=1;e-=dx;}
            x1-=1;
            e+=dy;
        }
    }
    else                                    //6/8 octant
    {
        e=dx-dy/2;
        while(y1>=y2)
        {
            SetPixel(x1,y1,LCD_COLOR);
            if(e>0){x1-=1;e-=dy;}
            y1-=1;
            e+=dx;
        }
    }
}
```

```
        }
    }
//------------------------------------------------------------
//     画圆辅助点函数,输入参数：x0,y0,xoff,yoff
//------------------------------------------------------------
```

画圆辅助绘点函数和下面的画圆函数配合使用,完成画圆工作,解释见下面画圆函数说明。

```
void _DrawPoint(U32 x0,U32 y0,U32 xoff,U32 yoff)
{
    SetPixel(x0 + xoff,y0 + yoff,LCD_COLOR);
    SetPixel(x0 - xoff,y0 + yoff,LCD_COLOR);
    SetPixel(x0 + yoff,y0 + xoff,LCD_COLOR);
    SetPixel(x0 + yoff,y0 - xoff,LCD_COLOR);

    if (yoff)
    {
        SetPixel(x0 + xoff,y0 - yoff,LCD_COLOR);
        SetPixel(x0 - xoff,y0 - yoff,LCD_COLOR);
        SetPixel(x0 - yoff,y0 + xoff,LCD_COLOR);
        SetPixel(x0 - yoff,y0 - xoff,LCD_COLOR);
    }
}
//------------------------------------------------------------
//     画圆函数,输入参数：圆心坐标(x0,y0),半径 r
//------------------------------------------------------------
```

画圆函数很多,在 4.4.2 小节"6. 画圆弧"中,介绍了逐点比较法画圆。这里采用贝森海姆(BSENHAM'S CIRLE ALGORITHM)画法,其基本思想是：x 从 0 增加到 0.707r,y 从 r 递减到 0.707r,然后利用对称性画出其他 7 段。详细内容读者可参阅有关"计算机图形学"书籍,imax=((int)((int)r*707))/1000 + 1 就是 imax=0.707r+1。

```
void Draw_Circle(U32 x0,U32 y0,U32 r)
{
    U32 i;
    U32 imax = ((int)((int)r * 707))/1000 + 1;           //r * 707/1000 = 0.707r
    U32 sqmax = (int)r * (int)r + (int)r/2;
    U16 y = r;
    _DrawPoint(x0,y0,r,0);
    for (i = 1; i<= imax; i++)
    {
        if ((i * i + y * y) > sqmax)
        {
            _DrawPoint(x0,y0,i,y);
            y--;
        }
```

```
            _DrawPoint(x0,y0,i,y);
    }
}
//------------------------------------------------------------
//    填充圆函数,输入参数:圆心坐标(x,y),半径 r
//------------------------------------------------------------
void Fill_Circle(U16 x0,U16 y0,U16 r)
{
    U32 i;
    U32 imax = ((int)((int)r * 707))/1000 + 1;
    U32 sqmax = (int)r * (int)r + (int)r/2;
    U16 x = r;
    LCD_DrawHLine(x0 - r,y0,x0 + r);
    for (i = 1; i< = imax; i++)
    {
        if ((i * i + x * x) >sqmax)
        {
            if (x>imax)
            {
                LCD_DrawHLine (x0 - i + 1,y0 + x,x0 + i - 1);
                LCD_DrawHLine (x0 - i + 1,y0 - x,x0 + i - 1);
            }
            x--;
        }
        LCD_DrawHLine(x0 - x,y0 + i,x0 + x);
        LCD_DrawHLine(x0 - x,y0 - i,x0 + x);
    }
}
//------------------------------------------------------------
//    填充矩形函数,输入参数:左上角坐标(x0,y0);右下角坐标(x1,y1)
//------------------------------------------------------------
void Fill_Rect(U16 x0,U16 y0,U16 x1,U16 y1)
{
    LCD_FillRect(x0,y0,x1,y1);
}
//------------------------------------------------------------
//    逻辑颜色转实际颜色函数,输入参数:color
//------------------------------------------------------------
```

S3C2410 为 TFT LCD 控制提供了 256 级的彩色调色板。用户可以用两种格式从 64K 的颜色中选取 256 种。这 256 色的颜料板由 256(宽度)×16 bit 的 SPSRSAM 组成。

调色板支持 5:6:5(R G B)和 5:5:5:1(R G B L)两种格式,本系统选 5:6:5(R G B)格式 (rLCDCON5＝(1<<11),故将 Color 分解后按表 13 - 5 输出(return b＋(g<<5)＋(r<<11))。

我们定义的颜色值是:

```
#define GUI_RED          0xFF0000
#define GUI_GREEN        0x00FF00
#define GUI_BLUE         0x0000FF
```

则有：

- b＝Color＆255，分解出蓝色成分；g＝(Color >> 8)＆255，分解出绿色成分；r＝Color>>16，分解出红色成分。
- b＝b/8，求出蓝色数值；g＝g/4，求出绿色数值；r＝r/8，求出红色数值。

按图 13－10 输出。

D15	D14	D13	D12	D11	D10	D9	D8	D7	D6	D5	D4	D3	D2	D1	D0
R4	R3	R2	R1	R0	G5	G4	G3	G2	G1	G0	B4	B3	B2	B1	B0

图 13－10　TFT16 bit 5∶6∶5输出

具体格式请参见表 13－5。

```
U16 Log2Phy(U32 Color)
{
    U32 r,g,b;
    b = Color & 255;
    g = (Color>>8) & 255;
    r = Color>>16;
    b = b/8;
    g = g/4;
    r = r/8;
    return b + (g<<5) + (r<<11);
}
//--------------------------------------------------------------
//    逻辑颜色转实际颜色上层函数，输入参数：color
//--------------------------------------------------------------
U16 LCD_Log2Phy(U32 Color)
{
    U16 PhyColor;
    PhyColor = Log2Phy(Color);
    return PhyColor;
}
//--------------------------------------------------------------
//    设定颜色的函数，输入参数：color
//--------------------------------------------------------------
void Set_Color(U32 color)
{
    LCD_SetColor(LCD_Log2Phy(color));
}
//--------------------------------------------------------------
//    设定颜色函数，输入参数：color
//--------------------------------------------------------------
```

```c
void LCD_SetColor(U16 PhyColor)
{
    LCD_COLOR = PhyColor;
}
//-----------------------------------------------------------------
//    设定背景颜色的函数,输入参数: color
//-----------------------------------------------------------------
void Set_BkColor(U32 color)
{
    U16 i,j;
    LCD_SetBkColor(LCD_Log2Phy(color));
    for(j = 0;j<480;j ++ )
            for(i = 0;i<640;i ++ )
                SetPixel(i,j,LCD_BKCOLOR);
}
//-----------------------------------------------------------------
//    设定背景颜色函数,输入参数: color
//-----------------------------------------------------------------
void LCD_SetBkColor(U16 PhyColor)
{
    LCD_BKCOLOR = PhyColor;
}
//-----------------------------------------------------------------
//    画水平线函数;输入参数: x,y,x1
//-----------------------------------------------------------------
void LCD_DrawHLine (U16 x0,U16 y0, U16 x1)
{
    while (x0 < = x1)
    {
        SetPixel(x0,y0,LCD_COLOR);
        x0 ++ ;
    }
}
//-----------------------------------------------------------------
//    清水平线函数,输入参数: x,y,x1
//-----------------------------------------------------------------
void LCD_ClearHLine (U16 x0,U16 y0, U16 x1)
{
    while (x0 < = x1)
    {
        ClearPixel(x0,y0);
        x0 ++ ;
    }
}
//-----------------------------------------------------------------
```

```c
//       画竖直线函数,输入参数: x,y,x1
//-----------------------------------------------------------
void LCD_DrawVLine(U16 x0,U16 y0, U16 y1)
{
    while (y0 <= y1)
    {
        SetPixel(x0,y0,LCD_COLOR);
        y0 ++ ;
    }
}
//-----------------------------------------------------------
//       清竖直线函数,输入参数: x,y,x1
//-----------------------------------------------------------
void LCD_ClearVLine(U16 x0,U16 y0, U16 y1)
{
    while (y0 <= y1)
    {
        ClearPixel(x0,y0);
        y0 ++ ;
    }
}
//-----------------------------------------------------------
//       填充矩形函数,输入参数 : x0,y0,x1,y1
//-----------------------------------------------------------
void LCD_FillRect(U16 x0,U16 y0,U16 x1,U16 y1)
{
    for (; y0 <= y1; y0 ++ )
    {
        LCD_DrawHLine(x0,y0,x1);
    }
}
```

3. Main.c

Main.c 是主程序模块,其中包括主函数、显示汉字、图形、ASCII 字符 4 部分。

```c
//-----------------------------------------------------------
//     Main.c
//-----------------------------------------------------------
//#include "..\gui\glib\glib.h"
#include "glib.h"
//#include "..\..\lcddrv\inc\lcdlib.h"
#include "lcdlib.h"
#include "target.h"
#include "2410LIB.h"
#include "2410addr.h"
```

```
#include "math.h"
#include "stdio.h"
#include "asc88.h"
#include "asc816.h"
#include "chn16.h"
#include "chn24.h"
#include "chn12.h"
#include "syb16.h"
#include "chn48.h"
#include "sinline.h"
void ShowSinWave(void);                              //显示实时正弦曲线
void ShowSinWave1(void);                             //显示正弦曲线
void disdelay(void);                                 //延时
void DrawOneChn1212( U16 x,U16 y,U8 chnCODE);        //显示 12×12 汉字
void DrawOneChn2424(U16 x,U16 y,U8   chnCODE);       //显示 24×24 汉字
void DrawChnString2424(U16 x,U16 y,U8   *str,U8 s);  //显示 24×24 汉字串,s 串长
void DrawOneChn4848(U16 x,U16 y,U8   chncode);       //显示 48×48 汉字
void DrawChnString4848(U16 x,U16 y,U8   *str,U8 s);  //显示 48×48 汉字串
void DrawOneSyb1616(U16 x,U16 y,U8 chnCODE);         //显示 16×16 标号
void DrawOneChn1616( U16 x,U16 y,U8 chnCODE);        //显示 16×16 汉字
void DrawChnString1616(U16 x,U16 y,U8 *str,U8 s);    //显示 16×16 汉字串,s 串长
void DrawOneAsc816(U16 x,U16 y,U8 charCODE);         //显示 8×16 ASCII 字符
void DrawAscString816(U16 x,U16 y,U8 *str,U8 s);     //显示 8×16 ASCII 字符串
void DrawOneAsc88(U16 x,U16 y,U8 charCODE);          //显示 8×8 ASCII 字符
void DrawAscString88(U16 x,U16 y,U8 *str,U8 s);      //显示 8×8 ASCII 字符串
```

把要显示的 16×16 或 24×24 汉字距小字库首地址的偏移量放入数组 stringp[]中,数组 stringp[]中每一个数字代表一个汉字距小字库首地址的偏移量。然后调 DrawChnString1616()或 DrawChnString2424()显示即可。数组中数字要显示从小字库首地址开始的 10 个汉字的例子如下。

```
U8 stringp[] = {0,1,2,3,4,5,6,7,8,9,10};
```

把要显示的 8×16 字串直接放入数组 ascstring816[]中,然后调 DrawAscString816()显示即可,数组中字符要显示 8×16 点阵"123asdABC"字串的例子如下。

```
U8 ascstring816[] = "123asdABC";
```

把要显示的 8×8 字串直接放入数组 ascstring88[]中,然后调 DrawAscString88()显示即可。数组中字符要显示 8×8 点阵"123456asdasdABC"字串的例子如下。

```
U8 ascstring88[] = "123456asdasdABC";
extern LCD_COLOR;
extern U16 LCD_BKCOLOR;
```

(1) 主函数

```
//-----------------------------------------------------------
//    Main(void)
//-----------------------------------------------------------
void Main(void){
    Target_Init();                                      //项目初始化,见 2410LIB.C
    Test_Lcd_Tft_16Bit_640480();                        //调 LCD 初始化,见 LCD.C
    Set_Color(GUI_WHITE);                               //设字体颜色为白
    Set_BkColor(GUI_BLUE);                              //设背景颜色为蓝
    Draw_HLine   (300,0,639);                           //画水平线
    Draw_VLine   (50,50,479);                           //画垂直线
    Draw_Line    (639,0,0,479);                         //画斜线
    Fill_Circle (80,180,40);                            //画实心圆
    Draw_Circle(300,150,100);                           //画圆
    DrawOneChn2424(70,350,0x02);                        //显示 1 个 24×24 点阵汉字
    DrawOneChn2424(100,350,0x03);
    DrawAscString816(110,60,ascstring816,6)             //在(110,60)显示 8×16 西文字串
    DrawAscString88(120,100,ascstring88,10);            //在(120,100)显示 8×8 西文字串
    DrawOneSyb1616(210,3,0x01);                         //在(210,3)显示 16×16 警钟符号
    DrawOneSyb1616(230,3,0x0);                          //在(230,3)显示 16×16 喇叭符号
    DrawOneChn1616(325,380,0x01);                       //显示 16×16 点阵汉字
    DrawOneAsc816(350,400,0x31);                        //显示 8×16 点阵英文字符
    DrawOneAsc88(370,420,0x41);                         //显示 8×8 点阵英文字符
    DrawChnString1616(10,75,stringp,3);                 //显示 16×16 点阵汉字串
    DrawChnString2424(150,200,stringp,6);               //显示 24×24 点阵汉字串
    DrawChnString4848(150,250,stringp,5);               //显示 48×48 点阵汉字串
    ShowSinWave();                                      //显示实时正弦曲线
    ShowSinWave1();                                     //显示正弦曲线
    while(1);
}
```

(2) 显示曲线

```
//-----------------------------------------------------------
//     显示一条正弦曲线
//-----------------------------------------------------------
```

使用绘点方法显示一条正弦曲线,方法前面几章已介绍了,除绘点函数外,其他完全相同。

```
void ShowSinWave(void)
{
    U16 x,j0,k0;
    double y,a,b;
    j0 = 0;
    k0 = 0;
    Set_Color(GUI_RED);                                 //设颜色为红
    for (x = 0;x<639;x++)                               //x 轴从 0 到 639 逐点变化
    {
```

```
        a = ((float)x/638) * 4 * 3.14;              //求每点的弧度值
        y = sin(a);                                 //求每点的正弦值
        b = (1 - y) * 240;                          //量化,使曲线满屏
        SetPixel((U16)x,(U16)b,LCD_COLOR);          //绘点画线
        disdelay();                                 //调整延时,曲线变化清晰
    }
}
//--------------------------------------------------------------
//    动态显示正弦曲线
//--------------------------------------------------------------
```

使用画线方法显示一条正弦曲线,数据(sinzm1[51][2])是通过其他程序得到的,方法前面几章已介绍了,除绘点函数外,其他完全相同。

```
void ShowSinWave1(void)
{
    U8 i,j,k,j0,k0;
    Set_Color(GUI_RED);                             //使用红色
    Draw_HLine(1,50,30);                            //在屏左上角画 x,y 坐标
    Draw_VLine  (0,0,60);
    k0 = 0;                                         //曲线起点
    j0 = 30;
    while(1)
    {
        Set_Color(GUI_WHITE);                       //用白色画
        for(i = 0;i<52;i++)                         //横向从 0 到 52 循环
        {
            if(i<50)
            {
                LCD_ClearVLine(i + 2,0,60);         //画一条动态刷新线
                SetPixel(i,30,LCD_COLOR);           //把刷新线涂掉的 x 轴补上
            }
            j = sinzm1[i][0];                       //更新终点坐标
            k = sinzm1[i][1];
            if(i<50)
            Draw_Line(j0,k0,j,k);                   //二点间画线,也可用绘点
            j0 = j;                                 //更新起点坐标
            k0 = k;
            disdelay();                             //调整曲线变化速率
        }
        j0 = 0;                                     //一帧显示结束,重新开始
        k0 = 0;
        i = 0;
    }
}
```

(3) 显示汉字

```
//----------------------------------------------------------
//   显示一个 24×24 汉字
//----------------------------------------------------------
```

本程序和下面的显示汉字程序都是使用绘点函数,方法前面几章已介绍了,除绘点函数外,其他完全相同。

```c
void DrawOneChn2424(U16 x,U16 y,U8 chnCODE)
{
    U16 i,j,k,tstch;
    U8 *p;
    p = chn2424 + 72 * (chnCODE);              //字模在 Chn24.h 中,用户可修改
    for (i = 0;i<24;i++)                       //24 列
    {
        for(j = 0;j<=2;j++)                    //每列 3 字节
        {
            tstch = 0x80;
            for (k = 0;k<8;k++)                //判每字节的 8 位
            {
                if(*(p+3*i+j)&tstch)
                    SetPixel(x+i,y+j*8+k,LCD_COLOR);   //位值等于 1,该位绘点
                tstch = tstch>>1;
            }
        }
    }
}
//----------------------------------------------------------
//   显示 24×24 汉字串
//----------------------------------------------------------
void DrawChnString2424(U16 x,U16 y,U8 *str,U8 s)
{
    U16 i;
    static U16 x0,y0;
    x0 = x;
    y0 = y;
    for (i = 0;i<s;i++)
    {
        DrawOneChn2424(x0,y0,(U8)*(str+i));    //调显示一个 24×24 汉字程序
        x0 += 24;                              //水平串。如垂直串,y0+24
    }
}
//----------------------------------------------------------
//   显示 16×16 标号(报警和音响)
//----------------------------------------------------------
void DrawOneSyb1616(U16 x,U16 y,U8 chnCODE)
```

```
{
    int i,k,tstch;
    unsigned int * p;
    p = Syb1616 + 16 * chnCODE;                        //字模在 syb16.h,喇叭警钟点阵
    for (i = 0;i<16;i ++ )                             //16 行
        {
            tstch = 0x80;
                for(k = 0;k<8;k ++ )                   //每行 16 位(2 字节),每字节 8 位
                    {
                        if( * p>>8&tstch)              //先判高 8 位
                        SetPixel(x + k,y + i,LCD_COLOR);   //位值等于 1,该位绘点
                        if(( * p&0x00ff)&tstch)        //再判低 8 位
                        SetPixel(x + k + 8,y + i,LCD_COLOR);  //位值等于 1,该位绘点
                        tstch = tstch >> 1;
                    }
            p += 1;
        }
}
//-----------------------------------------------------------
//  延时
//-----------------------------------------------------------
void disdelay(void)
{
    unsigned long   i,j;
    i = 0x45;
    while(i!= 0)
        {
            j = 0xFFFF;
            while(j!= 0)
            j -= 1;
            i -= 1;
        }
}
//-----------------------------------------------------------
//  显示 16×16 点阵汉字一个
//-----------------------------------------------------------
void DrawOneChn1616(U16 x,U16 y,U8 chnCODE)
{
    U16 i,k,tstch;
    unsigned int * p;
    p = chn1616 + 16 * chnCODE;                        //字模在 Chn16.h 中,可修改
    for (i = 0;i<16;i ++ )                             //16 行
        {
            tstch = 0x80;
            for(k = 0;k<8;k ++ )                       //每行 16 位(2 字节),每字节 8 位
```

```
                {
                    if( *p>>8&tstch)                    //先判高 8 位
                    SetPixel(x + k,y + i,LCD_COLOR);    //位值等于 1,该位绘点
                    if((*p&0x00FF)&tstch)               //再判低 8 位
                    SetPixel(x + k + 8,y + i,LCD_COLOR);//位值等于 1,该位绘点
                    tstch = tstch>>1;
                }
            p += 1;
        }
}
//---------------------------------------------------------------
//    反白显示 16×16 汉字一个
//---------------------------------------------------------------
void ReDrawOneChn1616(U16 x,U16 y,U8 chnCODE)          //原理同上,只是字模数据取反
{
    U16 i,k,tstch;
    unsigned int *p;
    p = chn1616 + 16 * chnCODE;
    for (i = 0;i<16;i++)
     {
        tstch = 0x80;
          for(k = 0;k<8;k++)
                {
                    if( ((*p>>8)^0x0FF) &tstch)
                    SetPixel(x + k,y + i,LCD_COLOR);
                    if( ((*p&0x00FF)^0x00FF) &tstch)
                    SetPixel(x + k + 8,y + i,LCD_COLOR);
                    tstch = tstch>>1;
                }
            p += 1;
        }
}
//---------------------------------------------------------------
//    显示 16×16 汉字串
//---------------------------------------------------------------
void DrawChnString1616(U16 x,U16 y,U8 *str,U8 s)
{
    U16 i;
    static U16 x0,y0;
    x0 = x;
    y0 = y;
    for (i = 0;i<s;i++)
    {
        DrawOneChn1616(x0,y0,(U8)*(str + i));          //显示一个 16×16 汉字程序
```

第13章 嵌入式处理器 S3C2410 显示驱动

```c
      x0 += 16;                                    //水平串。如垂直串,y0 + 16
   }
}
//------------------------------------------------------------
//    显示一个 48×48 点阵汉字
//------------------------------------------------------------
void DrawOneChn4848(U16 x,U16 y,U8 chncode)
{
U16 i,j,k,tstch;
U8 *p;
p = chn4848 + 288 * chncode;                       //字模在 Chn4848.h 中
for (i = 0;i<48;i++)                               //48 行
   {
      for(j = 0;j<6;j++)                           //每行 48 位(6 字节)
         {
            tstch = 0x80;
            for (k = 0;k<8;k++)                    //判每字节 8 位
               {
                  if(*(p + 6 * i + j)&tstch)
                  SetPixel(x + j * 8 + k,y + i,LCD_COLOR); //位值等于 1,该位绘点
                  tstch = tstch>>1;
               }
         }
   }
}
//------------------------------------------------------------
//    显示 48×48 汉字串
//------------------------------------------------------------
void DrawChnString4848(U16 x,U16 y,U8  *str,U8 s)
{
   U8 i;
   static U16 x0,y0;
   x0 = x;
   y0 = y;
   for (i = 0;i<s;i++)
   {
      DrawOneChn4848(x0,y0,(U8)*(str + i));
      x0 += 48;                                    //水平串。如垂直串,y0 + 48
   }
}
```

(4) 显示 ASCII 字符

```
//------------------------------------------------------------
//    显示一个 8×16 ASCII 字符
//------------------------------------------------------------
```

本程序和下面的显示 ASCII 字符程序都是使用绘点函数,方法前面几章已介绍了,除绘点函数外,其他完全相同。

```c
void DrawOneAsc816(U16 x,U16 y,U8 charCODE)
{
  U8 *p;
  U16 i,k;
  int mask[] = {0x80,0x40,0x20,0x10,0x08,0x04,0x02,0x01};
  p = asc816 + charCODE * 16;                          //字模在 asc816.h 中
     for (i = 0;i<16;i++)                              //16 行,每行 1 字节
       {
           for(k = 0;k<8;k++)                          //判每字节 8 位
             {
                 if (mask[k%8]& *p)
                 SetPixel(x + k,y + i,LCD_COLOR);      //位值等于 1,该位绘点
             }
             p++;
       }
}
//---------------------------------------------------------------
//   显示 8×16 ASCII 字符串
//---------------------------------------------------------------
void DrawAscString816(U16 x,U16 y,U8 *str,U8 s)
{
  U16 i;
  static U16 x0,y0;
  x0 = x;
  y0 = y;
  for (i = 0;i<s;i++)
     {
         DrawOneAsc816(x0,y0,(U8)*(str + i));          //调显示一个 8×16 ASCII 码程序
         x0 += 8;                                      //水平串。如垂直串,y0 + 8
     }
}
//---------------------------------------------------------------
//   显示一个 8×8 ASCII 字符
//---------------------------------------------------------------
void DrawOneAsc88(U16 x,U16 y,U8 charCODE)
{
  U8 *p;
  U16 i,k;
  int mask[] = {0x80,0x40,0x20,0x10,0x08,0x04,0x02,0x01};
  p = asc88 + charCODE * 8;                            //字模在 asc88.h 中
     for (i = 0;i<8;i++)
       {
           for(k = 0;k<8;k++)
```

```
            {
                if (mask[k%8]&*p)
                    SetPixel(x+k,y+i,LCD_COLOR);
            }
            p++;
        }
    }
//------------------------------------------------------------
//      显示 8×8 字符串
//------------------------------------------------------------
void DrawAscString88(U16 x,U16 y,U8 * str,U8 s)
{
    U16 i;
    static U16 x0,y0;
    x0 = x;
    y0 = y;
    for (i = 0;i<s;i++)
        {
            DrawOneAsc88(x0,y0,(U8)*(str+i));        //调显示一个 8×8 ASCII 码程序
            x0 += 10;                                 //水平串。如垂直串,y0+8
        }
}
```

整个项目文件在随书光盘"13.0/LCD"文件夹中,并在北京达盛公司 ARM830 实验箱和深圳英蓓特 Embest EDUKIT-II/III 实验系统上调试通过,ARM830 实验箱上 LCD 是 TFT 640×480 的,EDUKIT-II/III 实验系统上 LCD 是 TFT 320×240 的,如系统 LCD 是其他规格,只要修改绘点函数,程序的其他部分不用修改就可使用。修改绘点函数可参考 lcdlib.c 中程序 Lcd_Init(int type)。

第 14 章

灰度液晶 HD66421 的应用

第 13 章介绍了用 ARM9 单片机 S3C2410 驱动 STN 和 TFT 显示器的程序,实际上也可以像使用其他单片机一样,用 S3C2410 的 I/O 口来驱动 LCD 显示器,本章介绍 S3C2410 驱动 HD66421 的例子。

14.1 HD66421 的硬件简介

灰度液晶 HD66421 因为体积小,价格低廉,编程容易,具有灰度显示等特点,特别是具有较低的工作电压,适合手持设备,应用较广。在随书光盘"14.0"文件夹中有它的 pdf 文件,供读者参考。这里仅对编程涉及的内容作一简单介绍,HD66421 模块如图 14-1 所示。它的左侧引脚接 CPU,由程序控制,右侧引脚接 LCD PANEL。和控制程序有关的左侧引脚是:

1. GND 电源地
2. VCC 数字电源+
3. NC 空脚(输出电压)
4. RS 寄存器选择
5. WR 写选通
6. CS 片选
7. D0~D7 数据线
15. RD 读选通
16. BLCS 背光使能
17. RST 复位
18. NC(VLCD)(液晶驱动电压)
19. A 背光电源+
20. K 背光电源—

它的工作时序如图 14-2 所示,向它写数据时先要把目的寄存器号放在索引寄存器中,然后写 2 字节,读数据时也要把源寄存器号放在索引寄存器中,然后读 2 字节。

HD66421 与 CPU 连接很简单,如图 14-3 所示,系统的 MPU 为 SAMSUNG 电子公司 ARM9 单片机 S3C2410。S3C2410 内置 LCD 控制器,支持 STN 和 TFT 各种规格的 LCD 屏,

第14章 灰度液晶 HD66421 的应用

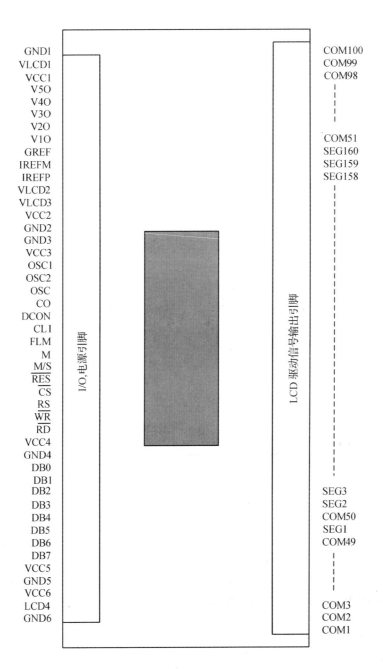

图 14-1 HD66421 模块

该系统中,硬件连接使用 D 口和 C 口,具体连接如下:

GPD0→RD GPD1→WR GPD2→RS GPD3→CS GPC8~GPC15→DATA

S3C2410 有 117 个多功能 I/O 口,具体使用请参见随书光盘 "13.0" 文件夹中的 S3C2410.pdf 文件。

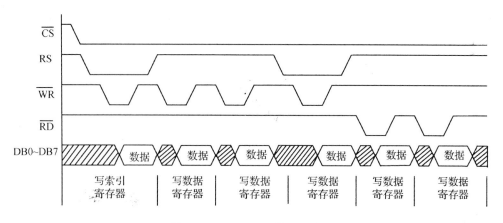

图 14-2　HD66421 的工作时序

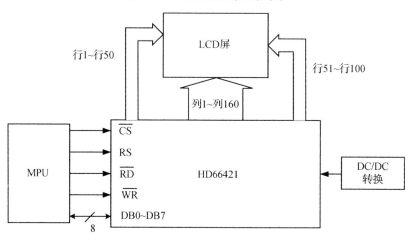

图 14-3　HD66421 与 ARM9 的连接

14.2　HD66421 的软件编程

14.2.1　HD66421 的内部寄存器

HD66421 工作的顺序为：

① 上电复位；

② R0 寄存器 PWM、AMP 位置位（打开外部 VLCD 和内部运放的电源），根据实际情况设置 R0、R1 寄存器中 ADC、DTY1、DTY0、INC 位，写数据到其他控制参数寄存器和显存；

③ 设置 R0 中的 DISP 位，打开显示。

HD66421 的所有寄存器如下。

(1) 索引寄存器(IR)

CS	RS	R/W	D7	D6	D5	D4	D3	D2	D1	D0
0	1	W				IR4	IR3	IR2	IR1	IR0

第14章 灰度液晶 HD66421 的应用

HD66421 共有 18 个寄存器,对所有寄存器的读/写操作都必须将要操作的寄存器号写入索引寄存器,IR4～IR0 寄要操作的寄存器索引。

(2) 控制寄存器 1(R0)

CS	RS	R/W	D7	D6	D5	D4	D3	D2	D1	D0
0	1	W	RMW	DISP	STBY	PWR	AMP	REV	HOLT	ADC

- RMW:读/写方式选择。RMW=1,仅在写操作后地址自动加 1;RMW=0,读/写操作后地址都自动加 1。
- DISP:显示开关。DISP=1,开显示;DISP=0,关显示。
- STBY:待机开关。STBY=1,进入待机方式;STBY=0,普通方式。
- PWR:外部 VLCD 控制。PWR=1,打开;PWR=0,关闭 VLCD。
- AMP:内部运放电源开关。AMP=1,打开;AMP=0,关闭。
- REV:转换显示。REV=1,转换;REV=0,正常。
- HOLT:挂起。HOLT=1,内部操作停止;HOLT=0,内部操作开始。
- ADC:左右转换。ADC=1,转换;ADC=0,正常。

(3) 控制寄存器 2(R1)

CS	RS	R/W	D7	D6	D5	D4	D3	D2	D1	D0
0	1	W	BIS1	BIS0	WLS	GRAY	DTY1	DTY0	INC	BLK

- BIS1、BIS0:液晶偏置电压选择。(1/8 对应较低 VLCD,1/11 则对应较高的 VLCD)
- WLS:数据宽度。WLS=1,6 bit;WLS=0,8bit。
- GRAY:灰度选择。GRAY=1,4 级固定灰度;GRAY=0,4 个灰度值可从 32 级灰度中选择。
- DTY1～0:显示行数(应该选择 100 行)。DTY1～0=11,8 行;DTY1～0=10,64 行;DTY1～0=01,80 行;DTY1～0=00,100 行。
- INC:自增 1 选择。INC=1,x 地址自增 1;INC=0,Y 地址自增 1。
- BLK:使用闪烁功能。BLK=1,打开;BLK=0,关闭。

(4) x 地址寄存器(R2)

CS	RS	R/W	D7	D6	D5	D4	D3	D2	D1	D0
0	1	W			xA5	xA4	xA3	xA2	xA1	xA0

显示内存中 x 地址,范围为 0x00～0x27,可以通过软件设定,在 CPU 读写操作时自动增 1。

(5) Y 地址寄存器(R3)

CS	RS	R/W	D7	D6	D5	D4	D3	D2	D1	D0
0	1	W		YA6	YA5	YA4	YA3	YA2	YA1	YA0

显示内存中 Y 地址,范围为 0x00～0x40,可以通过软件设定,在 CPU 读写操作时自动增 1。

(6) 显存控制寄存器(R4)

CS	RS	R/W	D7	D6	D5	D4	D3	D2	D1	D0
0	1	W	DB7	DB6	DB5	DB4	DB3	DB2	DB1	DB0

控制显示内存的访问。如果是写访问,则数据直接写入显示内存;如果是读访问,则由于系统结构的关系,必须先空读一次,然后第二次才能读得真实数据。

(7) 显示起始行控制寄存器(R5)

CS	RS	R/W	D7	D6	D5	D4	D3	D2	D1	D0
0	1	W		ST6	ST5	ST4	ST3	ST2	ST1	ST0

控制显示屏最上面一行的显示是从显示内存中哪行开始,该功能主要控制滚屏操作。

(8) 闪烁起始行控制寄存器(R6)

CS	RS	R/W	D7	D6	D5	D4	D3	D2	D1	D0
0	1	W		BSL6	BSL5	BSL4	BSL3	BSL2	BSL1	BSL0

控制显示 LCD 屏闪烁起始行。

(9) 闪烁终止控制寄存器(R7)

CS	RS	R/W	D7	D6	D5	D4	D3	D2	D1	D0
0	1	W		BEL6	BEL5	BEL4	BEL3	BEL2	BEL1	BEL0

控制显示 LCD 屏闪烁终止行。

(10) 闪烁寄存器

① 闪烁寄存器 1(R8)

CS	RS	R/W	D7	D6	D5	D4	D3	D2	D1	D0
0	1	W	BK0	BK1	BK2	BK3	BK4	BK5	BK6	BK7

② 闪烁寄存器 2(R9)

CS	RS	R/W	D7	D6	D5	D4	D3	D2	D1	D0
0	1	W	BK8	BK9	BK10	BK11	BK12	BK13	BK14	BK15

③ 闪烁寄存器 3(R10)

CS	RS	R/W	D7	D6	D5	D4	D3	D2	D1	D0
0	1	W					BK16	BK17	BK18	BK19

闪烁寄存器 1~3 每位控制一组(8 位)显示的闪烁,如果全部置 1,则全屏显示均闪烁。

(11) 局部显示模块寄存器(R11)

CS	RS	R/W	D7	D6	D5	D4	D3	D2	D1	D0
0	1	W				CLE	PB3	PB2	PB1	PB0

局部显示模块寄存器与显示区域的关系如表 14-1 所列。

表 14-1 显示模块寄存器与显示区域的关系

设定值	列 号	设定值	列 号
0x00	COM1~COM8	0x06	COM100~COM93
0x01	COM9~COM16	0x07	COM92~COM85
0x02	COM17~COM24	0x08	COM84~COM77
0x03	COM25~COM32	0x09	COM76~COM69
0x04	COM33~COM40	0x0A	COM68~COM61
0x05	COM41~COM48	0x0B	COM60~COM53

(12) 灰度调色板

① 灰度调色板 1(R12)

CS	RS	R/W	D7	D6	D5	D4	D3	D2	D1	D0
0	1	W				GP14	GP13	GP12	GP11	GP10

② 灰度调色板 2(R13)

CS	RS	R/W	D7	D6	D5	D4	D3	D2	D1	D0
0	1	W				GP24	GP23	GP22	GP21	GP20

③ 灰度调色板 3(R14)

CS	RS	R/W	D7	D6	D5	D4	D3	D2	D1	D0
0	1	W				GP34	GP33	GP32	GP31	GP30

④ 灰度调色板 4(R15)

CS	RS	R/W	D7	D6	D5	D4	D3	D2	D1	D0
0	1	W				GP44	GP43	GP42	GP41	GP40

灰度调色板 1～4 中的 GP10～GP44 取值确定了灰度值 1/31～30/31。

(13) 对比度控制寄存器(R16)

CS	RS	R/W	D7	D6	D5	D4	D3	D2	D1	D0
0	1	W		CM1	CM0	CC	CC	CC	CC	CC

对比度选择和扫描周期关系见表 14-2 所列。

表 14-2 对比度选择和扫描周期关系

CM1	CM0	周期选择	CM1	CM0	周期选择
0	0	1	1	0	11
0	1	7	1	1	13

(14) 屏选择寄存器(R17)

CS	RS	R/W	D7	D6	D5	D4	D3	D2	D1	D0
0	1	W						MON	DSEL	PSEL

- MON：屏色选择。MON＝1,单色显示；MON＝0,4 级灰度。
- DSEL：屏选择。DSEL＝1,选屏 1；DSEL＝0,选屏 2。
- PSEL：屏访问。PSEL＝1,CPU 访问屏 1；PSEL＝0,CPU 访问屏 0。

14.2.2 HD66421 与微处理器的接口及驱动程序

1. HD66421 与微处理器的接口

编写 S3C2410 的 LCD 驱动程序,主要是对 S3C2410 的 I/O 口进行操作,所以要熟悉 S3C2410 的 I/O 口。

S3C2410 共有 117 个多功能输入/输出口,分为 8 组：

- 4 组 16 位的 I/O 口：PORT C、PORT D、PORT E、PORT G。
- 2 组 11 位的 I/O 口：PORT B、PORT H。
- 1 组 8 位的 I/O 口：PORT F。
- 1 组 23 位的 I/O 口：PORT A。

这些通用的 GPIO 口功能可以通过相应寄存器进行配置。

(1) 端口数据寄存器(GPADAT～GPHDAT)

如果端口设置成输出口，则数据可以使用 PnDAT 口的相应位输出；如果端口设置成输入口，则数据可以从 PnDAT 口的相应位读入。

(2) 端口上拉寄存器(GPBUP～GPHUP)

端口上拉寄存器控制端口上拉阻抗的允许或禁止，当上拉寄存器相应位为"0"时，则端口相应位上拉允许；当上拉寄存器相应位为"1"时，则端口相应位上拉禁止。

如果端口上拉寄存器是允许时，则上拉阻抗起作用，端口作多功能口，其输入、输出、外部中断等功能禁止。

(3) 多功能控制寄存器(Miscellaneous Control Register)

这个寄存器控制数据口输入/输出、高阻状态、USB 引脚和 CLKOUT 选择等。

此外还有外部中断控制寄存器(Externai Interrupt Control Register)和电源断开模式寄存器(POWER_OFF MODE)，读者可参考 S3C2410.pdf 详细了解。

我们使用 S3C2410 的 D 口和 C 口部分引脚和 HD66421 连接。具体连接如图 14 - 4 所示。

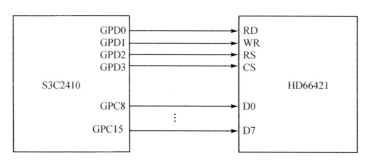

图 14 - 4　HD66421 和 S3C2410 接口

2. HD66421 软件驱动程序

该程序在随书光盘"14.0"文件夹中，并在 ADS1.2 调试通过。程序内容分基本函数、显示汉字、显示曲线、显示 ASCII 字符 4 部分。

```
//------------------------------------------------------------
//File Name:  HD66421.C
//------------------------------------------------------------
#include<stdlib.h>
#include<string.h>
#include<stdio.h>
#include"2410addr.h"
#include"2410lib.h"
```

```c
#include"2410lib.c"
#include"def.h"
#include"chn12.h"
#include"chn16.h"
#include"chn24.h"
#include"syb16.h"
#include"asc816.h"
#include"asc88.h"
void Arm9Init(void);
void CLEAR(void);                                    //清屏
void Wdot(U8 x,U8 y);                                //绘点
void Cdot(U8 x,U8 y);                                //清点
void DrawOneChn1616_1(U8 x,U8 y,U8 chnCODE);         //16×16 汉字,按字节显示
void DrawOneChn2424_1(U8 x,U8 y,U8 chnCODE);         //24×24 汉字,按字节显示
void DrawOneSyb1616(U8 x,U8 y,U8 chnCODE);           //显示一个 16×16 标号
void DrawChnString1616(U8 x,U8 y,U8 * str,U8 s);     //显示一个 16×16 汉字串
void DrawOneAsc816(U8 x,U8 y,char charCODE);         //显示一个 8×16 ASCII 字符
void DrawAscString816(U8 x,U8 y,char * strptr,U8 s); //显示 8×16 ASCII 字符串
void Wcreg(U8 regnum);                               //写命令
void Wdreg(U8 regdata);                              //写数据
U8   Rdreg(void);                                    //读数据
void Line(U16 x1,U16 y1,U16 x2,U16 y2);              //画线
void clear_Line(U16 x1,U16 y1,U16 x2,U16 y2);        //清线
void FilledRectangle(U16 x1,U16 y1,U16 x2,U16 y2);   //画填充矩型
void Rectangle(U16 x1,U16 y1,U16 x2,U16 y2);         //画矩型
void Clear_Rectangle(U16 x1,U16 y1,U16 x2,U16 y2);   //清矩型
void DrawOneChn1616(U8 x,U8 y,U8 chnCODE);           //显示一个 16×16 汉字
U16 temp[15];                                        //临时变量
```

(1) 基本函数

基本函数包括绘点函数、清点函数、ARM 9 初始化、写命令、读/写命令、清屏。每个函数都给出了详细解释。

```c
//-----------------------------------------------------------
//  绘点函数
//-----------------------------------------------------------
void Wdot(U8 x,U8 y)
{
  U8 k,dd;
  U8 i,j;
  i = x/8;
  k = x%8;
  Wcreg(0x02);                                       //列地址代码
  Wdreg(2 * i);                                      //写入列地址
  Wcreg(0x03);                                       //行地址代码
  Wdreg(y);                                          //写入行地址
```

```
    Wcreg(0x04);                              //数据读/写代码
    dd = Rdreg();                             //空读一次
    dd = Rdreg();                             //读数据
    Wcreg(0x02);                              //列地址代码
    Wdreg(2 * i);                             //写入列地址
    Wcreg(0x03);                              //行地址代码
    Wdreg(y);                                 //写入行地址
    j = 0x80>>k;                              //移位 k = x%8 位
    Wcreg(0x04);                              //数据读/写代码
    Wdreg(dd|j);                              //写数据
}
//-----------------------------------------------------------
//   清点函数
//-----------------------------------------------------------
void Cdot(U8 x,U8 y)
{
    U8 k,dd;
    U8 i,j;
    i = x/8;
    k = x%8;
    Wcreg(0x02);                              //列地址代码
    Wdreg(2 * i);                             //写入列地址
    Wcreg(0x03);                              //行地址代码
    Wdreg (y);                                //写入行地址
    Wcreg(0x04);                              //数据读/写代码
    dd = Rdreg();                             //空读一次
    dd = Rdreg();                             //读数据
    Wcreg(0x02);                              //列地址代码
    Wdreg(2 * i);                             //写入列地址
    Wcreg(0x03);                              //行地址代码
    Wdreg(y);                                 //写入行地址
    j = 0x00>>k;                              //移位 k = x%8 位
    Wcreg(0x04);                              //数据读/写代码
    Wdreg(dd&j);                              //写数据
}
//-----------------------------------------------------------
//   ARM9 初始化
//-----------------------------------------------------------
```

ARM9 2410 和 I/O 口初始化,这部分主要是设置系统工作频率,屏蔽外部中断等工作,详情请参阅 2410test 相关程序。

I/O 口初始化,I/O 口是这样安排的:GPD0→RD,GPD1→WR,GPD2→RS,GPD3→CS;GPC8～GPC15→DATA。

rGPCCON 是 GPC 口的工作方式控制寄存器,GPC 口是 32 位口,每 2 位为一个控制组,控制字为 01 则该组二位为输出,控制字为 11 则该组二位为输入,rGPCCON＝0x5555FFFF

第14章 灰度液晶 HD66421 的应用

就是高 16 位设为输出,低 16 位设为输入,用低 16 位做 MPU 和 HD66421 的数据通道。

rGPCUP 是 GPC 口的上拉控制寄存器,上拉寄存器某位为 1,激活 GPC 相应位,为 0 则禁止 GPC 相应位。这里 rGPCUP=0xFF00 就是 GPC 高 8 位做数据口,低 8 位不用。下面的 GPD 口初始化也同 GPC 口初始化一样,HD66421 寄存器操作可以参照 14.2.1 小节。

```
void Arm9Init(void)
{
    ChangeClockDivider(1,1);          //时钟比率分配
                                       //hdivn, pdivn  FCLK: HCLK: PCLK
                                       // 0,    0      1:    1:    1
                                       // 0,    1      1:    1:    2
                                       // 1,    0      1:    2:    2
                                       // 1,    1      1:    2:    4

    ChangeMPllValue(0xa1,0x3,0x1);    //改变 MPll 值,见 2410lib.c
    Port_Init();                       //I/O 口初始化,见 2410lib.c
    rGPCCON = 0x5555FFFF;              //高 16 位为输出,低 16 位为输入
    rGPCUP = 0xFF00;                   //高 8 位上拉禁止,数据口;低 8 位不用
    rGPDCON = 0xFFFFFF55;              //高 24 位输入,低 8 位输出
    rGPDUP = 0x000F;
    Wcreg(0x00);                       //命令寄存器 0,方式设置
    Wdreg(0x48);                       //开显示,休眠方式关闭
                                       //正常显示,内部操作开
    Wcreg(0x01);                       //方式设置 2
    Wdreg(0x10);                       //8×8 点阵,y 增加,不用光标
    Wcreg(0x11);                       //寄存器 17 是颜色设置
    Wdreg(0x04);
                                       //单色显示
}
//------------------------------------------------------------
//    写命令
//------------------------------------------------------------
```

要满足 CS=0、RS=0、WR=0、RD=1;命令写给 D 口高 8 位。

```
void Wcreg(U8 regnum)
{
    U16 dd = 0;
    dd = (U16)regnum;
    rGPDDAT = (rGPDDAT & 0xFF00)|0x01;       //CS = 0、RS = 0、WR = 0、RD = 1
    rGPCDAT = (rGPCDAT & 0x00FF)|(dd<<8);    //dd|= rGPCDAT 高 8 位
    rGPDDAT = (rGPDDAT & 0xFF00)|0x03;       //RD = 1、WR = 1
}
//------------------------------------------------------------
//    写数据
//------------------------------------------------------------
```

要满足 CS=0、RS=1、WR=0、RD=1;数据写给 D 口高 8 位。

```
void Wdreg(U8 regdata)
{
    U16 dd = 0;
    dd = (U16)regdata;
    rGPDDAT = (rGPDDAT & 0xFF00)|0x05;      //CS=0、RS=1、WR=0、RD=1
    rGPCDAT = (rGPCDAT & 0x00FF)|(dd<<8);
    rGPDDAT = (rGPDDAT & 0xFF00)|0x07;      //CS=0、RS=1、RD=1、WR=1
}
//------------------------------------------------------------
//    读数据
//------------------------------------------------------------
U8 Rdreg(void)                              //参见写数据
{
    U8 dat,i;
    U16 dat1;
    rGPCCON = 0x0000FFFF;                   //C 口高 16 位输出,低 16 位输入
    rGPCUP = 0xFF00;                        //GPC8~GPC15 位上拉禁止
    rGPDDAT = ( rGPDDAT & 0xFF00)|0x06;
    for(i = 0;i<127;i++);                   //延时
    rGPDDAT = ( rGPDDAT & 0xFF00)|0x07;
    dat = dat1>>8;
    rGPCCON = 0x5555FFFF;
    rGPCUP = 0xFF00;
    return dat;
}
//------------------------------------------------------------
//    清屏
//------------------------------------------------------------
void CLEAR(void)
{
    U16 i,count;
    for (count = 0;count<39;count++)        //清 40 页
        {
            Wcreg(0x02);
            Wdreg(count);                   //页地址代码
            for(i = 0;i<100;i++)            //一次清 100 列
                {
                    Wcreg(0x03);            //列地址代码
                    Wdreg(i);               //写入列地址
                    Wcreg(0x04);            //数据读/写代码
                    Wdreg(0x00);            //写入数据
                }
        }
}
```

(2) 显示曲线

```
//------------------------------------------------------------
// 画矩形
//------------------------------------------------------------
void Rectangle(U16 x1,U16 y1,U16 x2,U16 y2)
{
    Line(x1,y1,x2,y1);
    Line(x2,y1,x2,y2);
    Line(x1,y2,x2,y2);
    Line(x1,y1,x1,y2);
}
//------------------------------------------------------------
//    清矩形
//------------------------------------------------------------
void Clear_Rectangle(U16 x1,U16 y1,U16 x2,U16 y2)
{
    U16 i;
    for(i = y1; i<= y2;i ++ )
    clear_Line(x1,i,x2,i);
}
//------------------------------------------------------------
//    画填充矩形
//------------------------------------------------------------
void FilledRectangle(U16 x1,U16 y1,U16 x2,U16 y2)
{
    U16 i;
    for(i = y1;i<= y2;i ++ )
    Line(x1,i,x2,i);
}
//------------------------------------------------------------
//    画直线
//------------------------------------------------------------
void Line(U16 x1,U16 y1,U16 x2,U16 y2)
{
    U16 i;
    if(x1 == x2)
     { for(i = y1;i<= y2;i ++ )
        Wdot(x1,i);
     }
    if(y1 == y2)
     {
        for(i = x1;i<= x2;i ++ )
        Wdot(i,y1);
     }
}
```

```
//------------------------------------------------------------
//    清直线
//------------------------------------------------------------
void clear_Line(U16 x1,U16 y1,U16 x2,U16 y2)
{
  U16 i;
  if(x1 == x2)
    {
      for(i = y1;i<= y2;i++)
      Cdot(x1,i);
    }
  if(y1 == y2)
    {
      for(i = x1;i<= x2;i++)
      Cdot(i,y1);
    }
}
```

(3) 显示汉字

显示汉字使用绘点方法,原理跟前面章节介绍的一样,不再赘述。

```
//------------------------------------------------------------
//    显示1个16×16点阵汉字
//------------------------------------------------------------
void DrawOneChnl616(U8 x,U8 y,U8 chnCODE)
{
  U8 i,k,tstch;
  unsigned short   * p;
  p = chn1616 + 16 * (chnCODE - 1);            //小字库 chnl616 在 chn16.h 中
  for(i = 0;i<16;i++)                          //16 行,每行 2 字节
    {
      tstch = 0x80;
      for(k = 0; k<8;k++)                      //每字节 8 位
      {
        if( *p>>8&tstch)                       //先判高 8 位,bit 为 1 绘点
        Wdot(x + k,y + i);
        if( ( *p&0x00FF)&tstch)                //后判低 8 位,bit 为 1 绘点
        Wdot(x + k + 8,y + i);
        tstch = tstch>>1;
      }
      p += 1;
    }
}
//------------------------------------------------------------
//    显示一个16×16点阵符号
//------------------------------------------------------------
```

第14章　灰度液晶HD66421的应用

```
void DrawOneSybl616(U8 x,U8 y,U8 chnCODE)          //解释同上
{
    U8 i,k,tstch;
    unsigned short * p;
    p = syb1616 + 16 * (chnCODE - 1);
    for(i = 0;i<16;i++)
    {
        tstch = 0x80;
        for(k = 0;k<8;k++)
            {
                if(*p>>8&tstch)
                Wdot(x+k,y+i);
                if((*p&0x00FF)&tstch)
                Wdot(x+k+8,y+i);
                tstch = tstch>>1;
            }
        p += 1;
    }
}
//----------------------------------------------------------------
//    显示一个16×16点阵汉字串
//----------------------------------------------------------------
void DrawChnString1616(U8 x,U8 y,U8 * str,U8 s)
{
    U8 i;
    for(i = 0;i<s;i++)
        {
            DrawOneChn1616(x,y,(U8)*(str+i));
            x += 20;
        }
        return;
}
//----------------------------------------------------------------
//    显示一个24×24汉字,一次显示一个字节
//----------------------------------------------------------------
```

(4) 显示汉字,不用绘点函数,一次显示一个字节

以前我们介绍的汉字显示都是基于"绘点程序",把汉字字模按字节取出,然后按位判断,bit=1 相应位绘点;bit=0 相应位不绘点。

那么我们是否可以把取出的汉字字模不按位判断而直接按字节输出呢,这样速度不更快吗?答案是肯定的,但是按字节输出在排版上有些限制,不如按"点"输出方便,这里的差别在编制和调试显示程序时就会有体会。建议在速度允许时用绘点程序。

24×24 点阵由于是为打印设计的,故显示时还不能把字模按顺序取出直接显示,要把打印字模转换为显示字模。

24×24 打印字模在内存中排列如图 14-5 所示(以字模左上角为例,整个字模的 1/9),转换后显示字模应变为图 14-6 示。

0字节	3字节	6字节	9字节	12字节	15字节	18字节	21字节
D7	D7	D7	D7	D7	D7	D7	D7
D6	D6	D6	D6	D6	D6	D6	D6
D5	D5	D5	D5	D5	D5	D5	D5
D4	D4	D4	D4	D4	D4	D4	D4
D3	D3	D3	D3	D3	D3	D3	D3
D2	D2	D2	D2	D2	D2	D2	D2
D1	D1	D1	D1	D1	D1	D1	D1
D0	D0	D0	D0	D0	D0	D0	D0

图 14-5 24×24 点阵打印字模的左上角

0字节	D7	D6	D5	D4	D3	D2	D1	D0
3字节	D7	D6	D5	D4	D3	D2	D1	D0
6字节	D7	D6	D5	D4	D3	D2	D1	D0
9字节	D7	D6	D5	D4	D3	D2	D1	D0
12字节	D7	D6	D5	D4	D3	D2	D1	D0
15字节	D7	D6	D5	D4	D3	D2	D1	D0
18字节	D7	D6	D5	D4	D3	D2	D1	D0
21字节	D7	D6	D5	D4	D3	D2	D1	D0

图 14-6 24×24 点阵显示字模的左上角

打印字模是一列排三个字节,如第一列是 0、1、2 三个字节,第二列是 3、4、5 三个字节……,一直到第 23 列是 69、70、71 三个字节。

而显示字模是一行三个字节,如第一行是 0、1、2 三个字节,第二行是 3、4、5 三个字节,一直到 69 行是 69、70、71 三个字节。

要想把打印字节转换为显示字节,首先要把打印字节的 0、3、6、9、12、15、18、21 各字节的 bit7 取出,依次组装为 0 号显示字节的 bit7、bit6、bit5、bit4、bit3、bit2、bit1、bit0;把打印字节的 24、27、30…45 字节的 bit7 取出组成 1 号显示字节的 bit7、bit6、bit5、bit4、bit3、bit2、bit1、bit0;将打印字节的 48、51、…69 字节的 bit7 取出组成 2 号显示字节的 bit7、bit6、bit5、bit4、bit3、bit2、bit1、bit0。

然后再把打印字节的 0、3、6、9、12、15、18、21 各字节的 bit6 取出,依次组装为 3 号显示字节的 bit7、bit6、bit5、bit4、bit3、bit2、bit1、bit0;将打印字节的 24、27、30…45 字节的 bit6 取出组成 4 号显示字节的 bit7、bit6、bit5、bit4、bit3、bit2、bit1、bit0;以此类推完成字模转换。

程序中 for(c=0;c<=2;c++)是最外部循环,控制完成每列的三个字节;for(f=0;f<8;f++)中,f 是字节的屏蔽字,把各个字节的相同位屏蔽出来;"for(d=0;d<24;d++) a=*(p+d*3+c)&msk[f]"是把打印字节按 0~23 的顺序取出和屏蔽字相与,把相同位取出放到 a 中。

后面的语句就是取出的各 bit 位并将中间结果放在 b 中。"if(((d+1)%8)==0)

n[g++]=b"是判一个字节是否组装完毕,如完成将该字节放数组 n 中,变量 e 记忆组装的 bit 位。对数组 n 我们就可以正常显示了。如果用绘点的办法来显示 24×24 点阵汉字,则不用进行转换。

```c
void DrawOneChn2424_1(U8 x,U8 y,U8 chnCODE)
{
  U8 a,b,c,d,e,f,g,i,j,k;
  U8 *p;
  U8 n[72];
  U8 msk[8] = {0x80,0x40,0x20,0x10,0x08,0x04,0x02,0x01};
  p = chn2424 + 72 * (chnCODE - 1);                    //字库在 chn24.h
  b = 0;
  g = 0;
  e = 0;                                                //打印字模转换显示字模
  for(c = 0;c <= 2;c++)
    for(f = 0;f < 8;f++)
      for(d = 0;d < 24;d++)
       {
          a = *(p+d*3+c)&msk[f];
          if(e-f>0)
          a = a>>e-f;
          if(e-f<0)
          a = a<<f-e;
          b = b + a;
          e++;
          if(((d+1) % 8) == 0)
           {
             n[g++] = b;
             e = b = 0;
           }
       }
  j = x;
  k = y;
  for(i = 0;i<3;i++)
    {
        Wcreg(0x03);                                   //选 Y 地址寄存器
        Wdreg(k);                                      //写 Y 地址数据
  for(g = 0;g<24;g++)
    {
        Wcreg(0x02);                                   //选 X 地址寄存器
        Wdreg(j);                                      //写 X 地址数据
        Wcreg(0x04);                                   //选数据寄存器
        Wdreg(n[3*g+i]);                               //写数据
    }
    j+=2;                                              //因为是有浓度的显示,j+2
```

    }
  }
//--
//   显示一个 16×16 汉字,一次显示一个字节
//--

按字节输出 16×16 点阵汉字,因为 16×16 点阵汉字是按显示字模排列,故不用进行字模转换,直接取出显示即可。

```c
void DrawOneChn1616_1(U16 x,U16 y,U8 chnCODE)
{
    U8 i,u;
    U16 j,k;
    unsigned short * p;
    p = chn1616 + 16 * (chnCODE - 1);
    j = x;
    k = y;
    for(i = 0;i<2;i ++ )
    {
        Wcreg(0x03);                          //选 Y 地址寄存器
        Wdreg(k);                             //写 Y 地址数据
        for(u = 0;u<16;u ++ )
        {
            Wcreg(0x02);                      //选 X 地址寄存器
            Wdreg(j);                         //写 X 地址数据
            Wcreg(0x04);                      //选数据寄存器
            if (i == 0)                       //高位字节写数据
            Wdreg((char)( * p>>8));
            Else                              //低位字节写数据
            Wdreg((char) * p&0x00FF);
            p += 1;
        }
        j += 2;
        p = chn1616 + 16 * (chnCODE - 1);     //因为是有浓度的点,页地址 j+2
    }
}
```

(5) 显示 ASCII 字符

显示 ASCII 字符使用绘点函数,比较简单。解释参见前面章节。

```c
//------------------------------------------------------------
//    显示一个 8×16 ASCII 字符
//------------------------------------------------------------
void DrawOneAsc816(U8 x,U8 y,char charCODE)
{
    U8 * p;
    U8 i,k,tstch;
```

第14章　灰度液晶HD66421的应用

```
        p = asc816 + charCODE * 16;
        tstch = 0x80;                              //字库在asc816.h
        for(i = 0;i<16;i++)
          {
            for(k = 0;k<8;k++)
              {
                if(*p&tstch)
                Wdot(x+k,y+i);
                tstch = tstch>>1;
              }
              p++;
          }
}
//-----------------------------------------------------------
//     显示8×16 ASCII字符串
//-----------------------------------------------------------
void DrawAscString816(U8 x,U8 y,char *strptr,U8 s)
{
    U16 i;
    for(i = 0; i<s; i++)
    {
        DrawOneAsc816(x,y,(char) *(strptr+i));
        x += 8;
    }
    return;
}
//-----------------------------------------------------------
//     主程序
//-----------------------------------------------------------
void main(void)
{
    Arm9Init();                                    //ARM9初始化
    CLEAR();                                       //清屏
    DrawOneChnl616(5,21,0x01);
    DrawOneChnl616(22,21,0x01);                    //显示一个16×16汉字
    DrawOneSybl616(80,21,0x01);                    //显示两个16×16图案
    DrawOneSybl616(100,21,0x03);                   //02 报警允许  01 报警禁止
                                                   //04 鸣笛允许  03 鸣笛禁止
    Rectangle(140,27,150,35);                      //画矩形
    Rectangle(150,30,152,32);
    DrawAscString816(5,39,"ARM9 MPU",19);          //显示8×16英文字串
    DrawAscString816(0,55,"lcd160100 test",20);
}
```

第 15 章

S3C6410(ARM11)显示驱动

15.1 嵌入式操作系统

在第13章我们讲述了嵌入式微处理器 S3C2410(ARM9)的 LCD 显示驱动,在项目中我们把 S3C2410 只当成是 32 位精简指令单片机(RISC Microprocessor),随着嵌入式控制系统与 Internet 的逐步结合,PDA、手机、路由器、调制解调器等复杂的高端应用对嵌入式控制器提出了更高的要求,在少数高端应用领域以 ARM 技术为基础的 32 位精简指令系统单片机得到越来越多的青睐。

随着嵌入式控制系统的进一步发展,应用程序变得越来越复杂,例如应用程序与 Internet 的结合、多线程、复杂的数据处理、高分辨率图形图案显示等,如果没有操作系统支持,应用程序的编写和运行将变得非常困难。因此人们在"目标机"上和"嵌入式控制器"一同嵌入某种功能较强且占用内存较少的操作系统,该操作系统对用户程序提供内存管理、多线程、复杂的数据处理等技术支持。

通常也把这种操作系统叫嵌入式操作系统,嵌入式操作系统有多种,如比较著名的 Windows CE、Linux、μC/OS-II 等。特别是 Linux 操作系统,由于代码简练、功能强大、内核公开等优点,获得广泛应用。

采用 Linux 操作系统来开发嵌入式系统,首先在"宿主机"上建立 Linux 开发环境,这有两种做法,一是"宿主机"放弃原来的 Windows 操作系统,改装 Linux 操作系统;二是在原来的 Windows 操作系统上安装一个虚拟机,在该虚拟机中安装 Linux 操作系统,如 Cygwin 1.5.10(可从 http://www.cygwin.com 下载并安装最新版本)。

接着要根据应用程序的需要编写一个驱动程序,把该驱动程序和 Linux 操作系统一起编译,形成一个包含此驱动程序的 Linux 内核可执行文件,将此文件下载到"目标机"。今后,实现应用程序的功能,只需对内核中相应函数进行调用即可。

15.2 基于 FrameBuffer 的 LCD 驱动程序简介

我们使用的硬件平台是北京博创公司的 UP-CUP6410 实验开发系统,该系统的嵌入式

第15章 S3C6410(ARM11)显示驱动

微处理器是 ARM11(S3C6410),嵌入式操作系统是 Linux Fedore 9。

FrameBuffer 设备是图形硬件设备的抽象层,它描述视频硬件的帧缓冲区,提供一组非常方便的应用软件访问图形硬件的接口,应用软件不用了解底层硬件设备的任何信息就可完成显示工作。

基于 FrameBuffer 的 LCD 设备驱动程序厂家已经编写完成,名为 lcd.h 和 lcd.c,并将它们编译进内核。lcd.h 主要是定义函数、变量;lcd.c 是一些函数功能的实现。

用户在应用程序中可以很方便地调用 LCD 设备驱动程序,完成显示工作。

C 语言头文件代码如下:

```
//---------------------------------------------------------
//   定义函数
//---------------------------------------------------------
void DrawCharEN(short x, short y, unsigned char c, ColorType color);
void DrawCharCHS(int x, int y, unsigned char c[2], ColorType color);
int display_init();
int draw_background(short x1,short y1,short x2,short y2,ColorType color );
void DrawOneChn1616(UINT16T x,UINT16T y,/* UINT8T chnCODE, */unsigned char * chn16,ColorType
    color)  ;
void DrawChnString1616(UINT16T x,UINT16T y,UINT8T * str,/* unsigned char * chn16, */UINT8T s,
    ColorType color);
void DrawOneChn2424(UINT16T x, UINT16T y, UINT8T  chnCODE,unsigned char * chn24,ColorType col-
    or)  ;
void DrawChnString2424(UINT16T x, UINT16T y, UINT8T * str,unsigned char * chn24,UINT8T s,Col-
    orType color);
int draw_English_txt(short x,short y,char * ascTxt,ColorType color);
int draw_Chinese_txt(short x,short y,char * chsTxt,ColorType color);
char my_random(void);
```

C 语言源文件代码如下。

```
//---------------------------------------------------------
//   包含头文件
//---------------------------------------------------------
#ifndef __FB_LCD_C
#define __FB_LCD_C
#include <unistd.h>
#include <stdlib.h>
#include <stdio.h>
#include <fcntl.h>
#include <sys/stat.h>
#include <fcntl.h>
#include <unistd.h>
#include <sys/mman.h>
#include <string.h>
#include <linux/fb.h>
#include <linux/kd.h>
```

```c
#include <sys/mman.h>
#include <sys/types.h>
#include <sys/stat.h>
#include <termios.h>
#include <sys/time.h>
#include <sys/ioctl.h>
#include "lcd.h"
int current_vt;
struct termios term;
// Framebuffer device routine
int fb_con = 0;                              /* framebuffer device handle */
void * frame_base = 0;                       /* lcd framebuffer base address */
//---------------------------------------------------------------
//    Framebuffer initialization.   Failed return -1, succeed return 0.
//---------------------------------------------------------------
int fb_Init(void)
{
    struct fb_fix_screeninfo finfo;          /* fixed screen information */
    struct fb_var_screeninfo vinfo;          /* variable screen information */
    struct termios current;
    unsigned short red[256], green[256], blue[256];
    struct fb_cmap new_map = {0, 256, red, green, blue, NULL};    /* new system palette */
    tcgetattr(0, &term);
    current = term;
    current.c_lflag &= ~ICANON;
    current.c_lflag &= ~ECHO;
    current.c_cc[VMIN] = 1;
    current.c_cc[VTIME] = 0;
    tcsetattr(0, TCSANOW, &current);
    // Open vitual terminal
    current_vt = open("/dev/tty", O_RDWR);
    ioctl(current_vt, KDSETMODE, KD_GRAPHICS);
    // Open framebuffer device
    fb_con = open("/dev/fb/0", O_RDWR, 0);
    if (fb_con < 0)
    {
        printf("Can't open /dev/fb0.\n");
        return -1;
    }
    // Get fixed screen information
    if (ioctl(fb_con, FBIOGET_FSCREENINFO, &finfo) < 0)
    {
        printf("Can't get FSCREENINFO.\n");
        close(fb_con);
        return -1;
```

```c
    }
    // Get variable screen information
    if (ioctl(fb_con, FBIOGET_VSCREENINFO, &vinfo) < 0)
    {
        printf("Can't get VSCREENINFO.\n");
        close(fb_con);
        return -1;
    }
    // Palette opertion
    srand(time(0));
    // Make up a new palette
    fb_MakePalette(&new_map);
    // Apply new framebuffer palette
    if (finfo.visual == FB_VISUAL_DIRECTCOLOR || vinfo.bits_per_pixel == 8)
    {
        if (ioctl(fb_con, FBIOPUTCMAP, &new_map) < 0)
        {
            printf("Error putting Colormap.\n");
            return -1;
        }
    }
    // Configure framebuffer color settings
    switch (vinfo.bits_per_pixel)
    {
        case 8:
            fb_pixel_size = 1;
            break;
        case 16:
            fb_pixel_size = 2;
            vinfo.red.offset = 11;
            vinfo.red.length = 5;
            vinfo.green.offset = 5;
            vinfo.green.length = 6;
            vinfo.blue.offset = 0;
            vinfo.blue.length = 5;
            break;
        default:
            fprintf(stderr, "Current color depth is NOT surpported.\n");
            fb_pixel_size = 1;
            break;
    }
}
//-------------------------------------------------------------
//   Put a color pixel on the screen
//-------------------------------------------------------------
void fb_PutPixel(short x, short y, ColorType color)
```

```c
{
    void * currPoint;
    if (x < 0 || x >= SCREEN_WIDTH || y < 0 || y >= SCREEN_HEIGHT)
    {
    #ifdef ERR_DEBUG
        printf("DEBUG_INFO: Pixel out of screen range.\n");
        printf("DEBUG_INFO: x = %d, y = %d\n", x, y);
    #endif
        return;
    }
    // Calculate address of specified point
    currPoint = (ByteType *)frame_base + y * LINE_SIZE + x * PIXEL_SIZE;
    #ifdef DEBUG
        printf("DEBUG_INFO: x = %d, y = %d, currPoint = 0x%x\n", x, y, currPoint);
    #endif
    switch (BPP)
    {
        case 8:
            *((ByteType *)currPoint) = (color & 0xFF);
            break;
        case 16:
            *((WordType *)currPoint) = (color & 0xFFFF);
            break;
        case 24:
            *((DWordType *)currPoint) = (color & 0x00FFFFFF);
            break;
        case 32:
            *((DWordType *)currPoint) = (color & 0xFFFFFFFF);
            break;
    }
    return;
}
```

lcd.c中还有一些功能函数,为节省篇幅略去。lcd.c中最重要的是上面的打点函数:fb_PutPixel,有了这个函数我们就可以利用前面熟悉的知识来完成显示。如果在打点函数中,颜色取背景色,打点函数就变成清点函数。

15.3 利用打点函数完成图形和汉字显示

在嵌入式控制系统人机界面设计中,采用"打点"方法来显示汉字、英文字符和各种曲线是直接对显示内存进行操作,因而显示速度最快,技术最先进。

"打点"方法可以适用于各种平台的嵌入式控制系统人机界面设计。

```c
//---------------------------------------------------------------
// 显示一个 24×24 点阵汉字,依此法可以显示各种点阵汉字,点阵汉字串和点阵图案
// chn2424[]中存 24×24 点阵小汉字字模
//---------------------------------------------------------------
void DrawOneChn2424(U8 x,U8 y,U8   chnCODE,ColorType color    )
{
    U16 i,j,k,tstch;
    U8  * p;
    p = chn2424 + 72 * (chnCODE);
    for (i = 0;i<24;i++)                       //24 列
        {
            for(j = 0;j< = 2;j++)              //每列 3 字节
            {
                tstch = 0x80;
                for (k = 0;k<8;k++)            //每字节 8 bit
                {
                    if( * (p + 3 * i + j)&tstch)
                    fb_PutPixel (x + i,y + j * 8 + k,color);
                    tstch = tstch>>1;
                }
            }
        }
}

//---------------------------------------------------------------
// 在屏上显示一条实时正弦曲线,依此法可以显示各种可以用数学表达方式描述的实时曲线
//---------------------------------------------------------------
void ShowSinWave(void)
{
    unsigned   int x;
    double y,a,b;
    for (x = 0;x<128;x++)
    {
        a = ((float)x/127) * 2 * 3.14;
        y = sin(a);
        b = (1 - y) * 32;
        fb_PutPixel ((U8)x,(U8)b,color);
        disdelay();
    }
}
//---------------------------------------------------------------
// 显示一个 8×16 英文字符,asc816[]中存 8×16 点阵字模。依此可以显示国标上有的拉丁
// 文数字、一般符号、序号、日文假名、希腊字母、英文、俄文、汉语拼音符号和汉语注音字母等
//---------------------------------------------------------------
void DrawOneAsc816(U8 x,U8 y,U8 charCODE,ColorType color)
{
```

```
U8 * p;
U8 i,k;
int mask[] = {0x80,0x40,0x20,0x10,0x08,0x04,0x02,0x01 };
p = asc816 + charCODE * 16;
   for (i = 0;i<16;i++)
      {
         for(k = 0;k<8;k++)
            {
               if (mask[k%8]& * p)
               fb_PutPixel (x+k,y+i,color);
            }
         p++;
      }
```

其他图形和汉字的显示可参见前面章节,只是把打点函数换成 fb_PutPixel,增加一个颜色参数。

15.4 显示程序调试

在主机上运行 Cygwin,进入用户程序所在目录,编译连接用户程序。
① 通过以太网使用 TFTP 或 FTP 下载刚编译好的用户程序。
② 修改用户程序属性,使其具有可执行性。
③ 执行下载好的用户程序,观察显示效果。更详尽的调试过程,可见参考文献[17]。

参考文献

[1] 王士元.C高级实用程序设计.北京:清华大学出版社,2000.
[2] 郭强.液晶显示应用技术.北京:电子工业出版社,2000.
[3] 李宏,等.液晶显示器件应用技术.北京:机械工业出版社,2004.
[4] 李维諟,等.液晶显示应用手册.北京:电子工业出版社,2002.
[5] 冀诚电子有限公司.T6963C控制器应用手册.2000.
[6] 冀诚电子有限公司.KS0108控制驱动器的应用.2000.
[7] 精电蓬远显示技术有限公司.HD61830图形液晶显示模块使用手册.2001.
[8] 利尔达单片机技术有限公司.LSD12864CT产品使用说明书.2000.
[9] 精电蓬远显示技术有限公司.点阵字符型液晶显示模块使用说明书.2001.
[10] 矽创电子有限公司.STN7920中文点阵LCD控制/驱动器.2001.
[11] 精电蓬远显示技术有限公司.液晶显示模块HD44780使用说明书.2001.
[12] 冀诚电子有限公司.SED1520液晶显示控制/驱动的应用.2000.
[13] 德彼克创新科技有限公司.SED1330/SED1335液晶控制器的应用.2001.
[14] SAMSUNG ELECTRONICS. S3C2410X 32-BIT RISC MICROPROCESSOR USER'S MANUAL. 2003.
[15] HD66421 DOT MATRIx GRAPHICS LCD. HITACHI SEMICONDUCTOR,1999.
[16] 孙俊喜.LCD驱动电路、驱动程序设计及典型应用.北京:人民邮电出版社,2009.
[17] 田泽.ARM9嵌入式LINUX开发实验与实践.北京:北京航空航天大学出版社,2006.